Jörg Kahlert
Hubert Frank

**Fuzzy-Logik und
Fuzzy-Control**

Eine anwendungsorientierte Einführung
mit Begleitsoftware

**vieweg**
Informatik & Computer

**Mehr als nur Programmieren ...
Eine Einführung in die Informatik**
von Rainer Gmehlich und Heinrich Rust

**Simulation neuronaler Netze**
von Norbert Hoffmann

**Wissensbasierte Systeme**
von Doris Altenkrüger und Winfried Büttner

**Modellbildung und Simulation**
von Hartmut Bossel

**Regelungstechnik und Simulation**
Ein Arbeitsbuch mit Visualisierungssoftware
von Anatoli Makarov

## Fuzzy-Logik und Fuzzy-Control
Eine anwendungsorientierte Einführung mit Begleitsoftware
von Jörg Kahlert und Hubert Frank

**Fuzzy Sets and Fuzzy Logic**
von Siegfried Gottwald

**Dynamische Systeme und Fraktale**
von Karl-Heinz Becker und Michael Dörfler

**Formale Methoden und kleine Systeme**
von Dirk Siefkes

**Numerik sehen und verstehen**
Ein kombiniertes Lehr- und Arbeitsbuch mit Visualisierungssoftware
von Kim Kose, Rolf Schröder und Kornel Wieliczek

**Computersicherheit**
von Rolf Oppliger

**Vieweg**

Jörg Kahlert
Hubert Frank

# Fuzzy-Logik und Fuzzy-Control

Eine anwendungsorientierte Einführung
mit Begleitsoftware

2., verbesserte und erweiterte Auflage

Die Deutsche Bibliothek - CIP-Einheitsaufnahme

**Kahlert, Jörg:**
Fuzzy-Logik und Fuzzy-Control: eine anwendungsorientierte
Einführung mit Begleitsoftware / Jörg Kahlert; Hubert Frank. -
2., verb. und erw. Aufl. - Braunschweig; Wiesbaden: Vieweg, 1994
   ISBN 978-3-322-89198-3     ISBN 978-3-322-89197-6 (eBook)
   DOI 10.1007/ 978-3-322-89197-6
NE: Frank, Hubert:


Das in diesem Buch enthaltene Programm-Material ist mit keiner Verpflichtung oder Garantie irgendeiner Art verbunden. Die Autoren und der Verlag übernehmen infolgedessen keine Verantwortung und werden keine daraus folgende oder sonstige Haftung übernehmen, die auf irgendeine Art aus der Benutzung dieses Programm-Materials oder Teilen davon entsteht.


1. Auflage 1993
2., verbesserte und erweiterte Auflage 1994


Alle Rechte vorbehalten
© Springer Fachmedien Wiesbaden
Ursprünglich erschienen bei Friedr. Vieweg & Sohn Verlagsgesellschaft mbH, Braunschweig/Wiesbaden, 1994
Softcover reprint of the hardcover 2nd edition 1994

Das Werk einschließlich aller seiner Teile ist urheberrechtlich geschützt. Jede Verwertung außerhalb der engen Grenzen des Urheberrechtsgesetzes ist ohne Zustimmung des Verlags unzulässig und strafbar. Das gilt insbesondere für Vervielfältigungen, Übersetzungen, Mikroverfilmungen und die Einspeicherung und Verarbeitung in elektronischen Systemen.

Gedruckt auf säurefreiem Papier

## Vorwort zur zweiten Auflage

Fuzzy-Logik hat sich durchgesetzt - daran besteht mittlerweile kein Zweifel mehr. Aus der anfänglichen Spielwiese einiger "verweichlichter" Mathematiker, Informatiker und Ingenieure hat sich inzwischen eine ganze Palette allgemein anerkannter Themenkomplexe und Technologien entwickelt, die ihre Praxistauglichkeit an einer Vielzahl von Anwendungen unterschiedlichster Art unter Beweis gestellt hat.

So sehen wir uns also bereits ein knappes Jahr nach der glücklichen Fertigstellung unseres Werks genötigt, erneut aktiv zu werden, um es auf den neuesten Stand zu bringen. Die rasche Entwicklung der Fuzzy-Logik und ihrer Abkömmlinge hat unsere gut fundierte Grundlegung und unsere Stoffauswahl jedoch nicht in Zweifel gebracht, sondern vielmehr noch bestätigt. Wir haben uns daher entschlossen, im wesentlichen nur kleine Korrekturen und Änderungen vorzunehmen und am Ende in Kapitel 8 einen neuen Abschnitt *Welche Entwurfsmethode?* einzufügen. Dieser Abschnitt ist als zusätzliche Orientierungshilfe gedacht und möchte dem Leser wichtige Hinweise geben, wenn er das im Buch erworbene Wissen erfolgreich einsetzen möchte.

*Hamm/Werl im Februar 1994*     **J. Kahlert**     **H. Frank**


## Vorwort

Der Boom der Fuzzy-Logik, der seit nunmehr fast zwei Jahren auch im europäischen Raum unvermindert anhält, hat bei Wissenschaftlern und potentiellen Anwendern zu einer Polarisierung geführt, wie sie selbst die Expertensysteme in ihrer Blütezeit nur ansatzweise auszulösen vermochten. Auf der einen Seite trifft man auf grenzenlose Euphorie - meist gepaart mit glatter Unkenntnis oder purer Ignoranz dessen, was bereits seit langem mit konventioneller Technik möglich ist. Auf der anderen Seite zurückhaltende Skepsis bis hin zu schroffer Ablehnung - diese wiederum von der Angst geprägt, sämtliches mathematische und systemtheoretische Wissen, welches man sich mühsam angeeignet und gepflegt hat, werde auf einmal bedeutungslos.

Die Wahrheit liegt - wie so oft - in der Mitte. Dieses Buch soll einen Beitrag dazu leisten, die gespaltenen Lager einander näherzubringen, indem das ohne Zweifel vorhandene Potential der Fuzzy-Logik, aber auch ihre Unzulänglichkeiten möglichst objektiv gegenübergestellt werden. Das Resümee - soviel sei bereits jetzt vorweggenommen - wird dabei keineswegs die häufig werbewirksam vertretene Auffassung "Nimm Fuzzy-Logik, und alles geht von selbst!" sein. Ziel ist es vielmehr, diejenigen Problemstellungen herauszuarbeiten, bei denen das Konzept der Unschärfe *wirklich* Vorteile - welcher Art auch immer - mit sich bringt, aber auch auf die zahlreichen Fallen hinzuweisen, in die der Nutzer bei unbedachter Anwendung tappen kann.

Im Teil I befassen wir uns zunächst mit der Fuzzy-Set-Theorie. Sie beinhaltet die von Lotfi A. ZADEH bereits 1965 vorgeschlagene Beschreibung unscharfer (engl. *fuzzy*) Informationen als Kennlinien und den darauf basierenden Verknüpfungen. Ein wichtiger Begriff ist der der Fuzzy-Relation, d. h. des Inbeziehungsetzens von unscharfen Informationen. Die Fuzzy-Relation liefert die algorithmische Grundlage für das fuzzy-logische Schließen und die Fuzzy-Controller.

Da Fuzzy-Controller auf Systemen von Inferenz-Regeln aufgebaut werden, müssen die Grundlagen des regelbasierten Entscheidens und der Fuzzy-Inferenz behandelt werden. Dabei haben wir uns auf das MAX-MIN-Inferenzschema konzentriert, weil es in der überwiegenden Anzahl von technischen Anwendungen zum Tragen kommt und gewichtige Gründe aus der Mathematik dafür sprechen. Auf andere Verfahren und tieferliegende Fragen und Methoden wird wie an anderen Stellen nur hingewiesen und entsprechende Literatur dazu benannt. Es geht uns bei dieser Darstellung darum, mit möglichst wenig Ballast die notwendigen Grundlagen für Fuzzy-Control zu vermitteln. Bei den Defuzzifizierungsverfahren, d. h. der Decodierung des Fuzzy-Inferenzergebnisses, haben wir eine umfassende Darstellung gewählt, da die Auswahl einer geeigneten Defuzzifizierung am Ende über den Erfolg einer Entwicklung und über die Kosten der Realisierung entscheidet.

Dem Themenkomplex Fuzzy-Control, der Bestandteil von Teil II des Buches ist, werden wir uns von der klassischen Regelungstechnik her nähern. Dieser für Seiteneinsteiger ohne systemtheoretische und regelungstechnische Grundkenntnisse sicherlich etwas mühsame Weg scheint uns die unabdingbare Voraussetzung für einen objektiven Vergleich konventioneller Methoden mit dem Konzept von Fuzzy-Control und letztlich auch für dessen erfolgreichen Einsatz zu sein. Wir müssen uns daher zunächst mit der Klassifizierung dynamischer Systeme, der Struktur und Komponenten von konventionellen Regelungssystemen sowie klassischen Entwurfsverfahren beschäftigen, bevor wir im Vergleich dazu Fuzzy-Regelungssysteme betrachten. Dabei werden wir erkennen, daß bei allen Gegensätzlichkeiten der beiden Lösungsansätze doch viele Gemeinsamkeiten existieren. Unsere besondere Aufmerksamkeit verdienen insbesondere auch hybride Regelungssysteme, bei denen sich konventionelle und Fuzzy-Komponenten in idealer Weise ergänzen.

Fuzzy-Hardware und Entwicklungswerkzeuge für Fuzzy-Controller stehen in Teil III zur Diskussion an. Zum einen scheinen uns die wesentlichen Unterschiede zur bisher bekannten Rechnerarchitektur von Interesse. Zum anderen werden die bekanntesten Hardware-Plattformen und deren Entwicklungsumgebungen mit uns wichtig erscheinenden Kommentaren aufgeführt. Nicht alles, was in der mathematischen Theorie interessant und schön erscheint, wird insbesondere von digitaler Hardware gewürdigt.

Die Ausblicke in Teil IV kommen zur Empfehlung, Fuzzy-Control als Stand der Technik anzusehen und als sinnvolle Ergänzung der klassischen Steuerungs- und Regelungstheorie anzuerkennen. Die Neuro-Fuzzy-Controller erscheinen uns als wichtiges Bindeglied zwischen dem Einsatz neuronaler Netze in Expertensystemen und Fuzzy-Control. Bis zum erfolgreichen industriellen Einsatz ist jedoch noch viel Entwicklungsarbeit zu leisten und noch so manches wissenschaftliche Forschungsergebnis beizusteuern.

Der abschließende Teil V des Buches bietet eine Einführung in Leistungsmerkmale und Handhabung der mitgelieferten Fuzzy-Software. Diese besteht aus zwei Programmen zu den Themenkomplexen Fuzzy-Logik und Fuzzy-Control. Die Software läuft unter der grafischen Benutzeroberfläche WINDOWS und stellt damit ein komfortables Werkzeug dar, um den im theoretischen Teil des Buches vermittelten Stoff nachzuvollziehen, eigene Experimente durchzuführen oder sogar Fuzzy-Projekte zu realisieren. Auch der primär der Theorie zugeneigte Leser möge die Software nicht als gezwungenermaßen mit dem Buch erworbenes (und bezahltes) Anhängsel betrachten, das fortan in einer dunklen Diskettenbox verschwindet, sondern sich die Mühe machen, die Software einmal auszuprobieren - es lohnt sich *wirklich*, soviel sei an dieser Stelle ohne falsche Bescheidenheit angemerkt.

Im übrigen mag dieses Buch - immer unter der Prämisse, daß es beim Leser Anklang findet - als Beweis dafür gelten, daß die Zusammenarbeit zwischen Ingenieuren und Mathematikern entgegen landläufiger Meinung durchaus fruchtbar sein kann.

*Hamm/Werl im März 1993*     *J. Kahlert*     *H. Frank*

# Inhaltsverzeichnis

## Teil I: Fuzzy-Logik

**Kapitel 1: Fuzzy-Set-Theorie** ............................................................... **5**
   1.1 Unscharfe Informationen und Fuzzy-Sets ................................................ 7
   1.2 Operatoren auf Fuzzy-Mengen .............................................................. 21
   1.3 Fuzzy-Relationen ................................................................................... 28
   1.4 Zusammenfassung .................................................................................. 38

**Kapitel 2: Fuzzy-Inferenz** ..................................................................... **41**
   2.1 Fuzzy-Implikation .................................................................................. 43
   2.2 Linguistische Variablen und Terme ....................................................... 52
   2.3 Fuzzy-Inferenzschema ........................................................................... 62
   2.4 Grundzüge der Fuzzy-Logik .................................................................. 77

**Kapitel 3: Regelbasierte Systeme** ......................................................... **83**
   3.1 Fuzzy-Logik regelbasierter Systeme ..................................................... 85
   3.2 Defuzzifizierung .................................................................................... 89
   3.3 Variationen des Inferenzschemas .......................................................... 105

## Teil II: Von der Fuzzy-Logik zu Fuzzy-Control

**Kapitel 4: Klassische Regelungssysteme** .............................................. **115**
   4.1 Begriffsklärung und Definitionen .......................................................... 119
   4.2 Klassifizierung dynamischer Systeme .................................................. 123
   4.3 Beschreibungsformen für dynamische Systeme ................................... 127
   4.4 Klassische Reglertypen .......................................................................... 132
        4.4.1 PID-Regler .................................................................................. 132
        4.4.2 Kennlinien- und Kennfeldregler ................................................ 137
        4.4.3 Zustandsregler ............................................................................ 139

4.5 Klassischer Reglerentwurf ........................................................................ 140
    4.5.1    Entwurfsschritte ........................................................................ 140
    4.5.2    Faustformelverfahren ............................................................... 144
    4.5.3    Frequenzkennlinienverfahren ................................................. 145
    4.5.4    Wurzelortsverfahren ................................................................ 148
    4.5.5    Lineare Zustandsraummethoden ........................................... 150
    4.5.6    Entwurfsverfahren für nichtlineare Systeme ..................... 151
4.6 Stabilität und Robustheit konventioneller Regelungssysteme ............. 153
4.7 Zusammenfassung ....................................................................................... 155

**Kapitel 5: Fuzzy-Regelungssysteme .................................................................. 159**
    5.1 Struktur von Fuzzy-Regelungssystemen ............................................... 163
    5.2 FC-Entwurfsschritte ................................................................................. 168
        5.2.1    Wahl der Ein- und Ausgangsgrößen ................................... 169
        5.2.2    Definition der linguistischen Terme ................................... 170
        5.2.3    Erstellen der Regelbasis ......................................................... 174
    5.3 Übertragungsverhalten von Fuzzy-Controllern .................................. 177
    5.4 Typen von Fuzzy-Controllern ................................................................ 189
        5.4.1    Realisierung konventioneller Reglertypen ....................... 190
        5.4.2    Fuzzy-PID-Regler .................................................................... 195
        5.4.3    Sliding-Mode-FC ..................................................................... 212
        5.4.4    FC nach SUGENO und TAKAGI ............................................ 219
    5.5 Strukturvarianten von Fuzzy-Regelkreisen ......................................... 222
    5.6 Stabilität und Robustheit ......................................................................... 226
    5.7 Anwendungsbeispiele für Fuzzy-Control ............................................. 235
    5.8 Zusammenfassung ..................................................................................... 238

## Teil III: Fuzzy-Hardware und Entwicklungswerkzeuge

**Kapitel 6: Fuzzy-Chips und Hardwaresysteme ............................................. 245**
    6.1 Elektronische Fuzzy-Bauelemente ........................................................ 247
    6.2 Spezielle Fuzzy-Hardware ....................................................................... 249
    6.3 Eigenschaften der Fuzzy-Hardware ...................................................... 252
    6.4 Zusammenfassung ..................................................................................... 256

**Kapitel 7: Microprozessoren, Hybridsysteme, Software ........................... 257**
    7.1 Microprozessoren ...................................................................................... 259
    7.2 Hybride Systeme und ihre Shells ........................................................... 261
    7.3 Software-Systeme ..................................................................................... 264

## Teil IV: Ausblick

**Kapitel 8: Ausblick** .................................................................................. **265**
    8.1 Anwendungspotential von Fuzzy-Logik und Fuzzy-Control ................ 267
    8.2 Fuzzy-Logik und Neuronale Netze ....................................................... 268
    8.3 Welche Entwurfsmethode? .................................................................. 273
    8.4 Abschließende Bemerkungen .............................................................. 278

## Teil V: Die Software zum Buch

**Kapitel 9: Fuzzy Logic Operating Program** ................................................ **283**
    9.1 Übersicht ............................................................................................... 285
    9.2 Linguistische Variablen und Terme ..................................................... 286
        9.2.1   Definition und Bearbeitung .................................................. 286
        9.2.2   Berechnung von Zugehörigkeitswerten ............................... 292
        9.2.3   Verknüpfung und Modifikation von Fuzzy-Sets .................. 292
    9.3 Dateioperationen ................................................................................. 295
    9.4 Definition und Bearbeitung einer Regelbasis ..................................... 296
    9.5 Inferenz ................................................................................................ 301
    9.6 Regelbasis und Inferenz bei zwei Eingangsgrößen ............................. 304
    9.7 Relationsmatrizen ................................................................................ 307
    9.8 Optionen .............................................................................................. 309

**Kapitel 10: Fuzzy-PID-Reglerentwurf** ........................................................ **311**
    10.1 Übersicht ............................................................................................ 313
    10.2 Bildschirmaufbau ............................................................................... 314
    10.3 Regelkreis .......................................................................................... 316
    10.4 Simulation .......................................................................................... 318
    10.5 Optionen ............................................................................................ 321
    10.6 Beispieldateien .................................................................................. 322

**Kapitel 11: Fuzzy Construction Unit - Demo** ............................................ **323**
    11.1 Übersicht ............................................................................................ 325
    11.2 Bildschirmaufbau ............................................................................... 326
    11.3 Übersicht über die Arbeitsschritte ..................................................... 327
    11.4 Datei-Operationen ............................................................................. 328

11.5 Definition der Controller-Struktur ................................................... 328
11.6 Bearbeiten der Regelbasis............................................................... 329
11.7 Simulation ....................................................................................... 331
11.8 Beispieldaten .................................................................................. 333

**Literaturverzeichnis**............................................................................... 335

**Installation der Software**...................................................................... 351

**Sachwortverzeichnis** ............................................................................ 355

# Teil I

# Fuzzy-Logik

*So mancher Benutzer eines Computers hat sich sicherlich schon einmal gewünscht, daß der Computer seine mühseligen Eingaben akzeptieren möge, auch wenn sie nicht bis auf den Punkt genau korrekt sind. Nicht anders ist dies zu sehen, wenn Sensorik an einen Steuerungsrechner angeschlossen ist. Auch hier wünscht sich ein Entwicklungsingenieur mehr Toleranz gegenüber den Unzulänglichkeiten der Sensorik. Lotfi A. ZADEH, ein Wissenschaftler der Elektrotechnik an der Universität in Berkeley, Californien-USA, hatte 1965 die entscheidende Idee dazu, wie ein Rechnersystem mit unscharfen und unpräzisen Informationen umgehen kann. Er bezeichnete die mathematische Beschreibung einer unpräzisen Information als fuzzy set. Dann zeigte er, wie der sprachliche Umgang mit unpräzisen Informationen in rechnergestützte Algorithmen umgewandelt werden kann. Seine Theorie wird **Fuzzy-Set-Theorie** genannt.*

*Es ist leicht einzusehen, daß eine solche Theorie unscharfer Informationen nicht nur im technischen Bereich anwendbar ist, sondern auf viele andere Gebiete übertragen werden kann. Man denke an Prozeßabläufe, Mustererkennung, Expertensysteme usw., kurz an alles, was mit Sprache beschrieben werden kann.*

*Gerade sprachliche Beschreibungen bieten beliebig viele Ungenauigkeiten und Unschärfen, so daß sie z. B. für wissenschaftliche Zwecke zu Fachsprachen bis hin zu Programmiersprachen verdichtet werden müssen. Am Ende landen wir also wieder beim Computer mit der Forderung nach absoluter Präzision, die sich in einer harten Wahr-Falsch-Logik dokumentiert.*

*Es ist das Verdienst von ZADEH, daß wir uns bei der Präzisierung der Begriffe von Informationen mit einer Stufe vor der Endstufe der Wahr-Falsch-Logik, oder lockerer ausgedrückt, der Schwarz-Weiß-Malerei, begnügen können. Mit Grauwerten lassen sich unsere sprachlichen Konstrukte viel leichter und besser beschreiben als in Schwarz-Weiß-Technik. Das ist ein gewaltiger Fortschritt!*

*Zur Gestaltung der sprachlichen Konstrukte sind wir als Anwender der Fuzzy-Set-Theorie selbst gefordert. Dann stehen jedoch Algorithmen zur Verfügung, die die sprachlichen Verknüpfungen in Operationen auf den fuzzy sets übertragen. Nach erfolgter Auswahl ist ein Automatismus in Gang gesetzt, der keine Anstrengungen mehr vom Anwender erwartet.*

# Kapitel 1

# Fuzzy-Set-Theorie

## 1.1 Unscharfe Informationen und Fuzzy-Sets

Wir sind es alltäglich gewohnt, mit unscharfen Informationen umzugehen. Dabei können wir im wesentlichen drei Arten von Unschärfe unterscheiden:

- Stochastische Unschärfe

  Sie wird in Zahlen zwischen 0 und 1 als *Wahrscheinlichkeit* für das Eintreten eines Ereignisses ausgedrückt. Z. B. beträgt die Wahrscheinlichkeit 1/6, mit einem (idealen) Würfel eine 6 zu werfen. Wahrscheinlichkeiten werden nach mathematischen Verfahren berechnet oder geschätzt. Sie haben keinen Bezug zum tatsächlichen Eintreten eines Ereignisses (auch bei sechsmaliger Wiederholung eines Würfelwurfes muß keine 6 erscheinen). Wahrscheinlichkeiten täuschen oft scharfe Realitäten nur vor.

- Lexikale (sprachliche) Unschärfe

  Beispiele: große Tiere, schöne Urlaubstage, stabile Währung.

  > Sprachliche Unschärfe kann im Kontext oft zu Begriffsdefinitionen verdichtet werden.

  Ein Rechner kann jedoch nicht selbständig Begriffe im Kontext abklären, so daß man ihn mit unscharfen Informationen nicht alleine lassen kann.

- Informale Unschärfe

  Beispiel: Kreditwürdigkeit.

  Sie basiert nicht selten auf mangelndem Wissen und fehlenden Informationen, die häufig auch nicht zu beschaffen sind.

In der ingenieurtechnischen Praxis, aber auch in der Mathematik und in vielen exakten Wissenschaften, sind unscharfe Informationen unerwünscht, jedoch oft nicht vermeidbar. Selbst in der Mathematik werden unscharfe Begriffe teilweise mit erstaunlicher Virtuosität benutzt, man denke etwa an "sehr große Zahlen". Es bedarf nur geeigneter Hilfsmittel zu ihrer Handhabung. Solche Hilfsmittel sind in der Mathematik und Informatik zu finden (z. B. Wahrscheinlichkeitstheorie, Fuzzy-Set-Theorie).

Es ist verständlich, daß eine Theorie der Unschärfe, wie sie bereits 1965 von L. A. ZADEH entworfen und publiziert wurde, lange Zeit in den exakten Wissenschaften keine Anerkennung finden konnte. Inzwischen wissen wir, daß eine solche Theorie der Unschärfe sich mit Vorteil und erfolgreich in der ingenieurtechnischen Praxis einsetzen läßt.

Damit unscharfe Informationen in Maschinen und Prozessen verarbeitet werden können, müssen sie zunächst in eine rechnergerechte Darstellung gebracht werden. Der Schlüssel zur Lösung dieser Aufgabe liegt darin, die auf dem klassischen *Zweiwertigkeitsprinzip*

$$\begin{array}{ccc} \text{nein} & \leftrightarrow & \text{ja} \\ \text{falsch} & \leftrightarrow & \text{wahr} \\ 0 & \leftrightarrow & 1 \end{array}$$

beruhende Mengenzugehörigkeit durch einen *Zugehörigkeitsgrad* aufzuweichen, der Zwischenwerte

| von | "gehört nicht zur Menge" | bis | "gehört zur Menge" |
|---|---|---|---|
| von | nein | bis | ja |
| von | falsch | bis | wahr |
| von | 0 | bis | 1 |

zuläßt. Betrachten wir dazu zunächst die Menge $M$ der reellen Zahlen von 3 bis 4

$$M := \{x \mid x \in \mathfrak{R},\ 3 \leq x \leq 4\}.$$

Dann gilt z. B.

$x = 1$   ist nicht Element von $M$,
$x = 2.9$ ist nicht Element von $M$,
$x = 3$   ist Element von $M$,
$x = 3.5$ ist Element von $M$,
$x = 10$  ist nicht Element von $M$.

Grafisch läßt sich die Menge $M$ etwa wie in Bild 1.1 veranschaulichen. Die Funktion $\mu(x)$ gibt dabei die Zugehörigkeit eines Elements $x$ der Grundmenge $\mathfrak{R}$ zur Menge $M$ an und wird daher als *Zugehörigkeitsfunktion* bezeichnet.

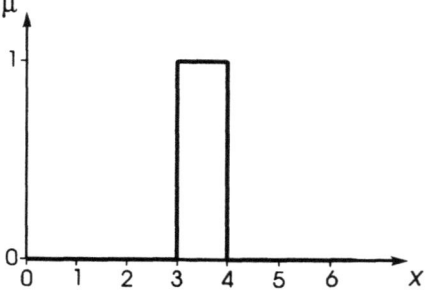

**Bild 1.1.** Grafische Darstellung der Menge $M$ der reellen Zahlen von 3 bis 4.

## 1.1 Unscharfe Informationen und Fuzzy-Sets

Wir erkennen:

> In der klassischen Mengenlehre nimmt die Zugehörigkeitsfunktion $\mu(x)$ nur die Werte 0 und 1 an. Gehört ein Element $x$ zur Menge, so besitzt es den Zugehörigkeitsgrad $\mu(x) = 1$, sonst den Zugehörigkeitsgrad $\mu(x) = 0$.

Betrachten wir nun die Menge $M$ der reellen Zahlen, die "viel größer" sind als 1

$$M := \{x \mid x \in \Re, x \gg 1\}.$$

Wir erkennen unmittelbar die Problematik: Der Vergleich "viel größer" ist mathematisch nicht eindeutig definiert, sondern muß von uns problembezogen interpretiert - oder wie wir künftig sagen werden: *modelliert* - werden. Bild 1.2 zeigt den Versuch einer klassischen Modellierung dieser Menge. Diese Festlegung würde bedeuten

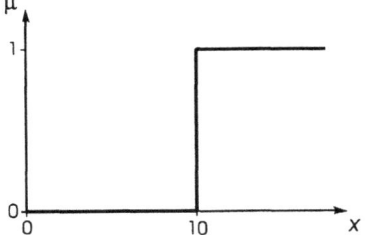

**Bild 1.2.** Klassische Modellierung der Menge der Zahlen "viel größer als 1".

$x = 10$ ist viel größer als 1,

$x = 9.9$ ist nicht viel größer als 1.

Dieser harte, unstetige Wechsel der Mengenzugehörigkeit an der Stelle $x = 10$ widerspricht unserem gesunden Menschenverstand. Die klassische Mengenlehre eignet sich offensichtlich nicht zur Modellierung derartiger Mengen.

Eine Abhilfe dieses Mangels besteht in der Modellierung als *unscharfe Menge*, wie sie Bild 1.3 zeigt. Wir wollen unsere Modellierung zunächst verbal interpretieren: Für Werte $x \leq 1$ sind wir uns sicher, daß sie das Kriterium "viel größer als 1" nicht erfüllen. Ebenso sicher sind wir uns bei Werten $x > 20$ - sie sollen in jedem Fall zur Menge gehören. Zwischen diesen beiden Werten existiert jedoch nun ein fließender Übergangsbereich, dessen Elemente "mehr oder weniger" zur Menge gehören. Dieses "mehr oder weniger" drük-

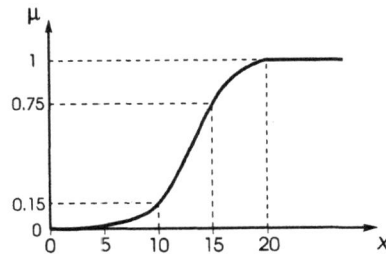

**Bild 1.3.** Modellierung mit einer unscharfen Menge.

ken wir in Zugehörigkeitsgraden zwischen 0 und 1 aus. Wir können unserer Zugehörigkeitsfunktion z. B. entnehmen:

Der Zugehörigkeitsgrad von $x = 1$ zur Menge ist 0.

Der Zugehörigkeitsgrad von $x = 10$ zur Menge ist 0.15.

Der Zugehörigkeitsgrad von $x = 15$ zur Menge ist 0.75.

Der Zugehörigkeitsgrad von $x = 20$ zur Menge ist 1.

Im Gegensatz zur klassischen Menge gilt also:

> Bei *Unscharfen Mengen* (*Fuzzy-Mengen*, *Fuzzy-Sets*) sind auch Zugehörigkeitsgrade *zwischen* 0 und 1 zulässig.

ZADEH hat daher für unscharfe Informationen den Begriff "fuzzy set", zu deutsch "unscharfe Menge", eingeführt und ihn mathematisch gefaßt. Die formale Definition der Fuzzy-Menge lautet:

*Definition. Ist G eine Grundmenge, so heißt die Abbildung*

$$\mu: G \to [0, 1]$$

*eine **Fuzzy-Menge** (unscharfe Menge, Fuzzy-Set) in G. $\mu$ wird auch als **Zugehörigkeitsfunktion** der Fuzzy-Menge bezeichnet, die jedem Element $x \in G$ den **Zugehörigkeitsgrad** $\mu(x)$ aus dem Intervall [0, 1] zuordnet.*

*Eine andere Beschreibungsform, die häufig bei endlichen Mengen G verwendet wird, ist*

$$M := \{\mu(x)/x \mid x \in G\}.$$

*Die Wertepaare $\mu(x)/x$ tragen auch den Namen **Singleton**.* ∎

Die Darstellungsform $\mu(x)/x$ für ein Singleton ist etwas gewöhnungsbedürftig. Sie deutet nicht etwa auf eine Division hin, sondern entspricht inhaltlich völlig der gewohnten Darstellung von Wertepaaren in der Form $(x, \mu(x))$. Da sie sich jedoch im Rahmen der Fuzzy-Logik eingebürgert hat, werden wir sie so beibehalten.

Einige weitere Anmerkungen zur Definition der Fuzzy-Menge (siehe auch Abschnitt 1.4, letzte Bemerkung):

- In den vorangegangenen Beispielen war die Grundmenge G jeweils die Menge $\Re$ der reellen Zahlen.

## 1.1 Unscharfe Informationen und Fuzzy-Sets

- Fuzzy-Mengen werden häufig durch Kennlinien angegeben.
- Der Zugehörigkeitsgrad eines Elements $x$ zu einer Fuzzy-Menge bzw. der Erfüllungsgrad der entsprechenden Aussage $x$ ist Element der Fuzzy-Menge hat i. a. nichts mit Wahrscheinlichkeiten zu tun!
- Klassische Mengen sind Spezialfälle von Fuzzy-Mengen.

Wenden wir uns nunmehr einem Problem aus dem täglichen Leben zu.

**Beispiel:** Modellierung des Begriffs "Junger Mann"

Wir widmen uns der Frage: In welchem Alter ist ein Mann ein junger Mann? Mathematisch gesehen suchen wir nach einer Teilmenge der natürlichen Zahlen, die ein Alter angeben, das auf "Junger Mann" zutrifft. Diese Teilmenge läßt sich nicht exakt angeben, denn es handelt sich um eine subjektiv geprägte Sprachhülse. Dieser Sprachhülse geben wir einen Inhalt, indem wir zu jeder Altersstufe in Jahren

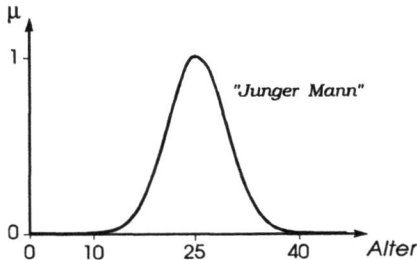

Bild 1.4. Modellierung des Begriffs "Junger Mann" über eine Zugehörigkeitsfunktion.

einen Grad zwischen 0 und 1 angeben, mit dem wir die Altersstufe dem Begriff "Junger Mann" zuordnen (Bild 1.4).

Auch diese Fuzzy-Menge wollen wir interpretieren: Sowohl Jungen unter 10 Jahren als auch Männern über 40 wollen wir das Attribut "Junger Mann" vollständig absprechen. Den "Idealfall" eines jungen Mannes haben wir auf ein Alter von 25 Jahren festgelegt. Von dort aus fällt die Zugehörigkeit zur Menge nach beiden Seiten symmetrisch - in diesem Fall ähnlich einer Gaußverteilung - ab. ∎

Klar ist, daß die Form der Fuzzy-Menge und gewisse Kennlinienparameter (z. B. der Ort des Maximums) subjektive Merkmale sind, die vom Problemlösenden abhängen. So werden männliche Personen im gesetzteren Alter sicherlich das Kennlinienmaximum ein wenig nach rechts verschieben, während sich manch Sechzehnjähriger vielleicht schon vollständig zu den jungen Männern zählt. Der grundsätzliche (qualitative) Kennlinienverlauf aber (z. B. für sehr kleine und sehr große Werte des Alters) wird bei allen Befragten ähnlich aussehen.

Wir können also unsere bisherigen Betrachtungen wie folgt resümieren:

> **Unscharfe Informationen** können durch **Fuzzy-Mengen** beschrieben und durch Kennlinien visualisiert werden.

Für Fuzzy-Mengen gibt es eine Reihe unterschiedlicher Beschreibungsformen:

- Direkte *grafische Darstellung* durch Vorgabe der Kennlinie $\mu(x)$.

- *Parametrische Darstellung* in Form analytischer Funktionen, die den Verlauf der Kennlinie als Ganzes oder stückweise beschreiben.

- *Diskrete Darstellung* durch Angabe einer Anzahl diskreter Wertepaare (Singletons) $\mu(x_i)/x_i$.

Die Bilder 1.5 bis 1.7 zeigen zunächst einige gebräuchliche analytische Funktionen als Grundlage einer Fuzzy-Menge. Während Gaußkurve und Cosinushalbwelle zu symmetrischen Zugehörigkeitsfunktionen führen, sind bei den sogenannten *LR-Fuzzy-Sets* unterschiedliche Funktionen für ansteigende und abfallende Flanken möglich.

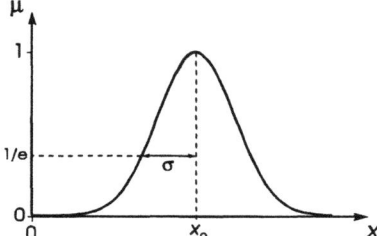

**Bild 1.5.** Gauß-Kurve mit dem Mittelwert $x_0$ und der Standardabweichung $\sigma$.

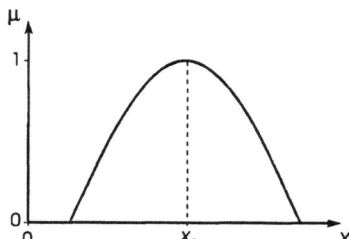

**Bild 1.6.** Cosinushalbwelle.

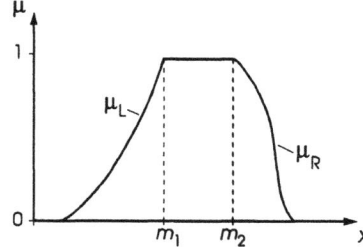

**Bild 1.7.** LR-Fuzzy-Set.

Für praktische Anwendungen von weitaus größerer Bedeutung - die Gründe dafür werden wir in Kürze genauer untersuchen - sind *trapezförmige* Zugehörigkeitsfunktionen. Sie sind Spezialfälle von LR-Fuzzy-Sets mit linear ansteigenden bzw. abfallenden Flanken und über die vier Parameter $m_1$, $m_2$, $\alpha$ und $\beta$ festgelegt (Bild 1.8). Im Grenzfall $m_1 = m_2 = m$ gehen sie in dreiecksförmige Fuzzy-Sets über (Bild 1.9). Lassen wir die Breite einer Fuzzy-Menge gegen Null gehen, so erhalten wir im Grenzfall einen nunmehr scharfen Wert, ein Singleton (Bild 1.10). Die Größe $m$ wird gelegentlich auch als *Modalwert* bezeichnet.

## 1.1 Unscharfe Informationen und Fuzzy-Sets

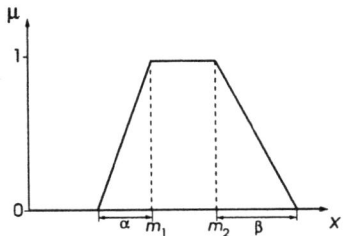
**Bild 1.8.** Trapezförmiges Fuzzy-Set.

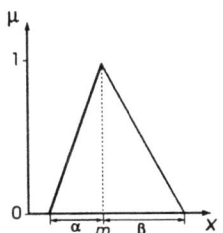
**Bild 1.9.** Dreiecksförmiges Fuzzy-Set.

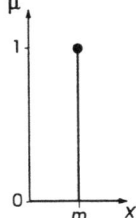
**Bild 1.10.** Singleton.

Zwei entscheidende Kenngrößen einer Fuzzy-Menge sind ihre *Einflußbreite* und ihre *Toleranz*. Diese Parameter sind wie folgt definiert:

**Definition.** Ist $\mu$ eine Fuzzy-Menge in G, so heißt

$$\mathrm{supp}(\mu) = T(\mu) := \left\{ x \,|\, x \in G, \mu(x) > 0 \right\}$$

*Support*, *Träger* oder *Einflußbreite* der Fuzzy-Menge $\mu$ in G. ∎

**Definition.** Ist $\mu$ eine Fuzzy-Menge in G, so heißt das Intervall

$$[m_1, m_2] = \left\{ x \,|\, \mu(x) = 1 \right\}$$

*Toleranz* der Fuzzy-Menge $\mu$. ∎

Der Einflußbereich der trapezförmigen Fuzzy-Menge nach Bild 1.8 ist nach dieser Definition also das Intervall $[m_1 - \alpha, m_2 + \beta]$. Bild 1.9 können wir außerdem entnehmen, daß die Toleranz dreiecksförmiger Fuzzy-Sets immer eine einelementige Menge oder - wie wir häufig nicht ganz exakt sagen - 0 ist. Ein Singleton als scharfer Wert weist wiederum weder eine Einflußbreite noch eine Toleranz auf.

Trapezförmige und dreiecksförmige Fuzzy-Mengen sind spezielle Darstellungen von *Fuzzy-Zahlen* (Bild 1.11). Diesen Zusammenhang können wir unmittelbar an der zugehörigen Definition erkennen.

**Definition.** Eine **Fuzzy-Zahl** $z$ ist bestimmt durch die Toleranz

$$[m_1, m_2] = \{x \mid z(x) = 1\}$$

und den Träger (Einflußbreite, Support)

$$\mathrm{supp}(z) := \,]a_1, a_2[\, = \{x \mid z(x) > 0\}$$

sowie einen scharfen Wert $z_0$, der zwischen $m_1$ und $m_2$ liegt. ∎

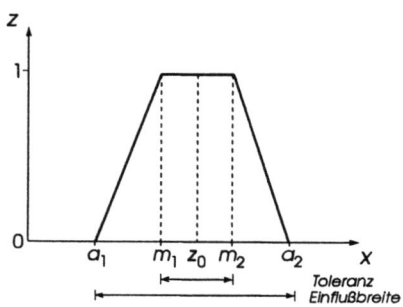

Bild 1.11. Fuzzy-Zahl $z$ als trapezförmige Fuzzy-Menge.

Diskrete Fuzzy-Mengen können in Form einer endlichen Menge von Singletons $\mu(x)/x$ angegeben werden, z. B.

$$M := \{0/0.2,\ 0.1/0.3,\ 0.3/0.4,$$
$$0.6/0.5,\ 1/0.6,\ 0.6/0.7,$$
$$0.3/0.8,\ 0.1/0.9,\ 0/1\}.$$

Sie können aus kontinuierlichen Mengen durch Diskretisierung der Grundmenge gewonnen werden oder umgekehrt durch Interpolation von Zwischenwerten in kontinuierliche Mengen verwandelt werden.

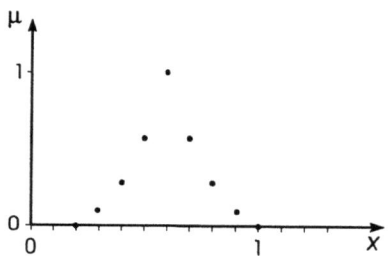

Bild 1.12. Diskrete Fuzzy-Menge.

Fuzzy-Mengen können spezielle Eigenschaften besitzen, von denen wir im folgenden die wichtigsten kurz anführen wollen.

**Definition.** Ist $\mu$ eine Fuzzy-Menge in $G$, so heißt

$$H(\mu) := \max\{\mu(x) \mid x \in G\}$$

die **Höhe** von $\mu$. $\mu$ heißt eine **normale** Fuzzy-Menge, wenn $H(\mu) = 1$ gilt, sonst **subnormal**. ∎

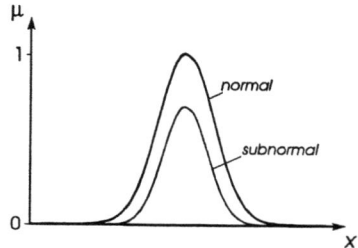

Bild 1.13. Normale und subnormale Fuzzy-Menge.

Existiert das Maximum von $\mu$ auf G nicht, so ist mathematisch das Supremum zu bestimmen.

**Beispiel:** Die in Bild 1.14 dargestellte Fuzzy-Menge für "Zahl viel größer als 1" ist eine normale Fuzzy-Menge, obwohl keine Zahl größer als 1 den Zugehörigkeitswert 1 zur Fuzzy-Menge tatsächlich annimmt. ∎

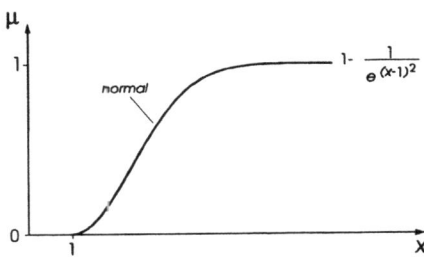

Bild 1.14.

Sieht man einmal vom Sonderfall der leeren Menge ab, so besitzt jede klassische Menge mindestens ein Element, d. h. die Zugehörigkeitsfunktion nimmt für mindestens ein Element der Grundmenge den Wert 1 an. Diese Forderung ist auch für Fuzzy-Mengen sinnvoll und - wie wir später bei der Verknüpfung von Fuzzy-Mengen sehen werden - auch erforderlich. Wir wollen uns daher an dieser Stelle bereits merken:

---

Für den praktischen Einsatz der Fuzzy-Logik ist es wichtig, daß nur mit **normalen** Fuzzy-Mengen gearbeitet wird.

---

Es sollte also auch in einer Fuzzy-Menge immer mindestens ein Element geben, das den Zugehörigkeitsgrad 1 besitzt oder ihm beliebig nahe kommt. Zwei für den praktischen Einsatz allerdings nur sekundäre Spezialfälle stellen die *leere* und die *universelle* Fuzzy-Menge dar (Bild 1.15):

*Definition. Eine Fuzzy-Menge $\mu$ in G heißt **leer**, wenn*

$$\mu(x) = 0 \quad \text{für alle } x \in G.$$

*Eine Fuzzy-Menge $\mu$ in G heißt **universell**, wenn*

$$\mu(x) = 1 \quad \text{für alle } x \in G. \quad ∎$$

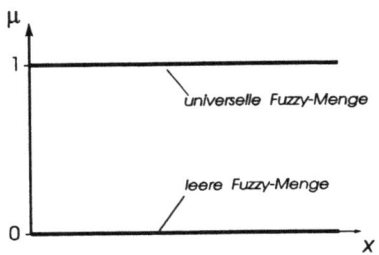

Bild 1.15. Leere und universelle Fuzzy-Menge.

Ähnlich wie in der klassischen Mengenlehre läßt sich der Begriff der *Fuzzy-Teilmenge* einführen:

**Definition.** *Eine Fuzzy-Menge $\mu_1$ heißt **Fuzzy-Teilmenge** einer Fuzzy-Menge $\mu_2$ auf der Grundmenge G, wenn gilt*

$$\mu_1(x) \leq \mu_2(x) \quad \text{für alle } x \in G$$

*Schreibweise: $\mu_1 \subseteq \mu_2$* ∎

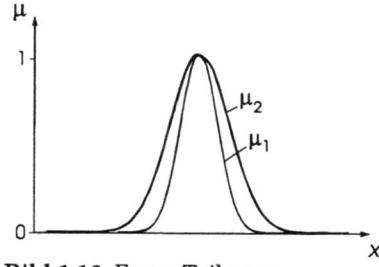

**Bild 1.16.** Fuzzy-Teilmenge.

Kehren wir nochmals zu einem früheren Beispiel zurück, der Menge aller reellen Zahlen, die "viel größer sind als 1". Dazu ist eine Vielzahl möglicher Modellierungen in Form unterschiedlicher Fuzzy-Mengen denkbar, d. h. verschiedene Experten sind sich in der Darstellungsform nicht einig, meinen jedoch dasselbe. Bild 1.17 zeigt einige dieser Möglichkeiten auf der Basis unterschiedlicher analytischer Funktionen. Welche dieser Möglichkeiten soll man nun wählen? Diese Frage führt uns auf ein grundlegendes

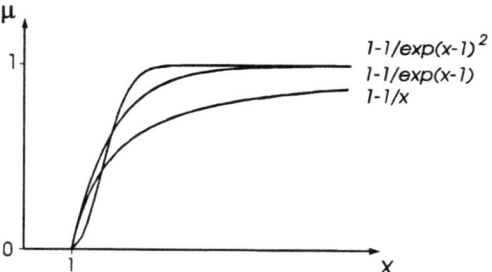

**Bild 1.17.** Unterschiedliche Fuzzy-Mengen für reelle Zahlen viel größer als 1.

Problem, mit dem wir uns intensiver beschäftigen müssen. Für die Informationstechnik ist es von entscheidender Bedeutung zu wissen, wie sehr sich die individuellen Darstellungen ein und derselben unscharfen Information unterscheiden dürfen. Antwort auf diese Frage gibt der Begriff der *Fuzzy-Ähnlichkeit*, das "unscharfe" Pendant zur Gleichheit von Mengen im klassischen Fall. Der Korrektheit wegen geben wir den Begriff zunächst in einer mathematischen Definition und erläutern ihn dann anhand von Beispielen.

Wir betrachten zunächst *Schnitte* von Fuzzy-Mengen in der Höhe $\alpha$, die in Kurzform auch $\alpha$-*Schnitte* genannt werden (Bild 1.18).

**Definition.** *Es sei $\mu: G \to [0, 1]$ eine Fuzzy-Menge auf der Grundmenge G und $\alpha \in\, ]0, 1]$. Dann heißt*

$$\mu_\alpha: G \to [0, 1] \quad \text{mit } \mu_\alpha(x) = \begin{cases} 1 & \text{für } \mu(x) \geq \alpha \\ 0 & \text{sonst} \end{cases}$$

*der **Schnitt der Fuzzy-Menge** $\mu$ **in der Höhe** $\alpha$.* ∎

## 1.1 Unscharfe Informationen und Fuzzy-Sets

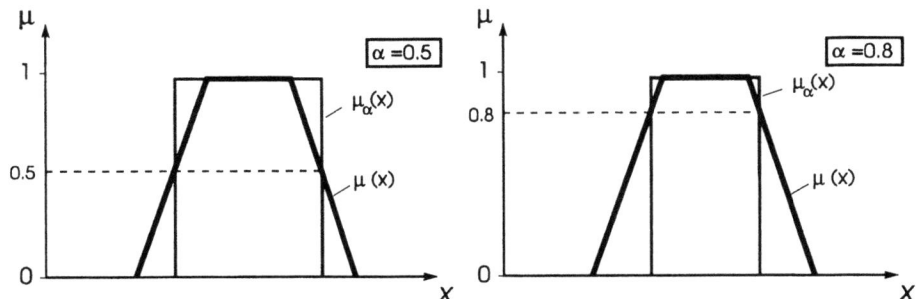

Bild 1.18. α-Schnitte einer trapezförmigen Fuzzy-Menge.

Wie wir der Definition unschwer entnehmen können, sind derartige Schnitte von Fuzzy-Mengen klassische Mengen.

Hierauf aufbauend können wir nun die Fuzzy-Ähnlichkeit wie folgt definieren:

**Definition.** *Zwei Fuzzy-Mengen $\mu_1, \mu_2: G \to [0, 1]$ heißen **fuzzyähnlich**, wenn es zu jeder Höhe $\alpha \in ]0, 1[$ Zahlen $\alpha_1, \alpha_2$ mit $\alpha < \alpha_i \leq 1$ gibt, so daß gilt:*

$$\mathrm{supp}(\alpha_1\mu_1)_\alpha \subseteq \mathrm{supp}(\mu_2)_\alpha \quad (*)$$
$$\mathrm{supp}(\alpha_2\mu_2)_\alpha \subseteq \mathrm{supp}(\mu_1)_\alpha \quad (**)$$

*Schreibweise: $\mu_1 \approx \mu_2$* ∎

Die inhaltliche Bedeutung dieser Definition wollen wir grafisch veranschaulichen. Dazu betrachten wir zunächst Bild 1.19, welches noch einmal zwei alternative Modellierungen der Menge aller Zahlen "viel größer als 1" zeigt. Wir müssen die Gültigkeit der Gleichungen (*) und (**) zwar für *jede* Höhe α nachweisen, versuchen es aber zunächst einmal für α = 0.5. Dargestellt sind daher die Einflußbreiten der zugehörigen Schnitte für diesen Wert. Wir erkennen, daß die Men-

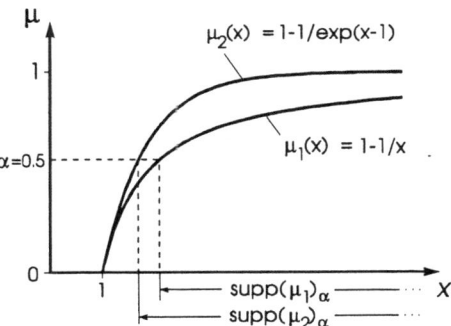

Bild 1.19. Fuzzy-ähnliche Fuzzy-Mengen?

ge $\mu_1$ eine Fuzzy-Teilmenge von $\mu_2$ ist. Die erste Bedingung für Fuzzy-Ähnlichkeit

$$\mathrm{supp}(\alpha_1\mu_1)_{0.5} \subseteq \mathrm{supp}(\mu_2)_{0.5}$$

ist daher bereits für $\alpha_1 = 1$ und damit für *jeden* Wert $0.5 < \alpha_1 \leq 1$ erfüllt.

Für die Erfüllung der zweiten Bedingung

$$\mathrm{supp}(\alpha_2\mu_2)_{0.5} \subseteq \mathrm{supp}(\mu_1)_{0.5}$$

müssen wir nun ein $\alpha_2$ mit $0.5 < \alpha_2 \leq 1$ finden, welches die Kennlinie $\mu_2(x)$ unterhalb von $\mu_1(x)$ "drückt". Dies gelingt uns beispielsweise mit $\alpha_2 = 0.6$ (Bild 1.20).

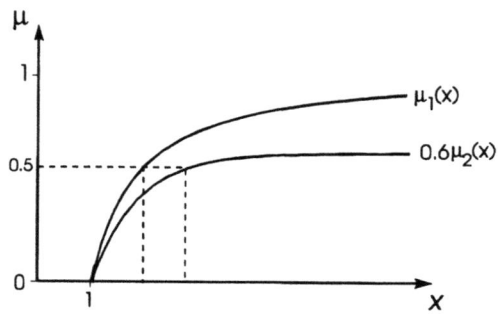

**Bild 1.20.** Zum Nachweis der Fuzzy-Ähnlichkeit.

Diese Vorgehensweise können wir für jeden anderen Wert von $\alpha$ zwischen 0 und 1 wiederholen. Die beiden Fuzzy-Mengen sind daher fuzzy-ähnlich.
Bezüglich der Fuzzy-Ähnlichkeit von Fuzzy-Mengen gilt folgender Satz, den wir hier ohne Beweis angeben wollen (siehe [FRL92]):

*Satz. Sind zwei Fuzzy-Mengen $\mu_1$ und $\mu_2$ fuzzy-ähnlich, so weisen sie dieselbe Toleranz auf* [1]:

$$\mathrm{supp}(\mu_1)_1 = \mathrm{supp}(\mu_2)_1 \quad \blacksquare$$

Für Fuzzy-Mengen, die uns im Bereich Fuzzy-Control begegnen (beschränkte Trägermenge, diskrete oder stetige Zugehörigkeitsfunktion) gilt auch die Umkehrung dieses Satzes. Dies bedeutet etwa, daß die Verkrümmung der linearen Flanken von trapezförmigen Fuzzy-Mengen auf fuzzy-ähnliche Mengen führt, sofern die Toleranz unverändert bleibt (Bild 1.21). Wird jedoch auch die Toleranz der Fuzzy-Menge geändert, so erhalten wir keine dazu fuzzy-ähnliche Menge (Bild 1.22).

---

[1] Wie wir an der Definition der Toleranz einer Fuzzy-Menge ablesen können, entspricht die Toleranz gerade der Einflußbreite des Schnitts der Fuzzy-Menge in der Höhe 1, d. h. es gilt

$$\{x \in G \mid \mu(x) = 1\} = \mathrm{supp}(\mu)_1$$

## 1.1 Unscharfe Informationen und Fuzzy-Sets

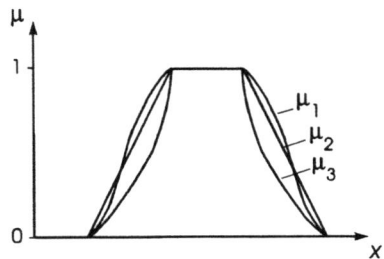

Bild 1.21. $\mu_1, \mu_2, \mu_3$ sind fuzzy-ähnlich.

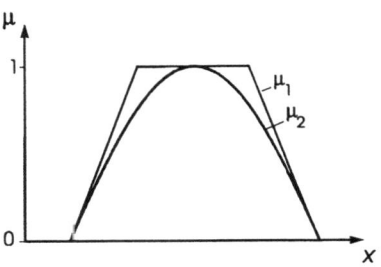

Bild 1.22. $\mu_1, \mu_2$ sind **nicht** fuzzy-ähnlich wegen unterschiedlicher Toleranz.

In manchen Fällen benötigt man eine noch etwas strengere Fassung des Ähnlichkeitsbegriffes. So zeigt Bild 1.23 zwei Fuzzy-Mengen, die unterschiedliche Einflußbreite aufweisen, nach unserer Definition aber dennoch fuzzy-ähnlich sind. Abhilfe schafft hier die Forderung einer *strengen Fuzzy-Ähnlichkeit*:

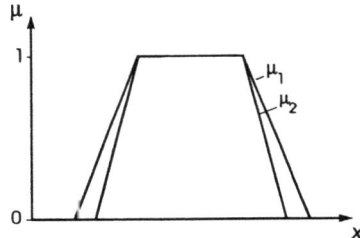

Bild 1.23. $\mu_1, \mu_2$ sind fuzzy-ähnlich trotz unterschiedlicher Einflußbreite.

***Definition.*** *Zwei Fuzzy-Mengen* $\mu_1, \mu_2: G \to [0,1]$ *heißen* **streng fuzzy-ähnlich**, *wenn gilt*

$$\mu_1 \approx \mu_2$$
$$1 - \mu_1 \approx 1 - \mu_2 \quad \blacksquare$$

Aus dieser Definition läßt sich zusammen mit dem vorangegangenen Satz für die uns interessierende Klasse von Fuzzy-Mengen unmittelbar ablesen:

***Satz.*** *Zwei Fuzzy-Mengen, deren Toleranz und Einflußbreite übereinstimmen, sind streng fuzzy-ähnlich und umgekehrt.* $\blacksquare$

Dies bedeutet beispielsweise, daß die beiden in Bild 1.24 dargestellten Fuzzy-Mengen streng fuzzy-ähnlich sind. Wir können insbesondere erkennen, daß ein monotoner Anstieg bzw. Abfall der Flanken der Fuzzy-Menge kein Erfordernis für Fuzzy-Ähnlichkeit ist.

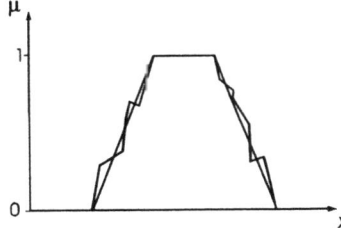

Bild 1.24. Streng fuzzy-ähnliche Fuzzy-Mengen.

Der Begriff der (strengen) Fuzzy-Ähnlichkeit bringt wichtige Konsequenzen mit sich, die wir wie folgt formulieren wollen:

> Es ist für praktische Anwendungen i. a. ausreichend, die ansteigenden und abfallenden Flanken der Fuzzy-Mengen linear zu wählen, d. h. **trapezförmige** bzw. **dreiecksförmige** Fuzzy-Mengen zu benutzen.
>
> **Wesentliche** Änderungen in der Beschreibung von unscharfen Informationen durch Fuzzy-Mengen werden durch Änderung der **Toleranz** und der **Einflußbreite** erzielt.

Die Fuzzy-Ähnlichkeit ist eine echte Verallgemeinerung für die Gleichheit von Mengen. Für den Fall der klassischen Mengenlehre wird aus der Fuzzy-Ähnlichkeit die Gleichheit zweier Mengen.

Wir wollen Kapitel 6 etwas vorgreifen und uns einige Gedanken zu Fuzzy-Hardware machen. Bei der Realisierung von Fuzzy-Mengen auf Hardware müssen diese in der Regel diskretisiert werden. Diskretisierungen von Fuzzy-Mengen versetzen diese in eine Treppenform (Bild 1.25). Bei Steigungen von weniger als 45° erhält man durch Digitalisieren von fuzzy-ähnlichen Fuzzy-Mengen solche, die nicht mehr fuzzy-ähnlich sind, da sich Toleranz und/oder Einflußbreite ändern. Bild 1.26 zeigt solche nicht fuzzy-ähnlichen Verfälschungen für Fuzzy-Mengen mit nichtlinearen Flanken. In der Praxis bedeutet dies, daß nichtlineare Fuzzy-Mengen auf digitaler Hardware gegenüber dem Entwurf wesentlich geändert werden. Dieser Effekt kann unerwünscht sein und ist beim Entwurf zu berücksichtigen. Wir werden uns in Abschnitt 6.3 genauer mit solchen Effekten beschäftigen.

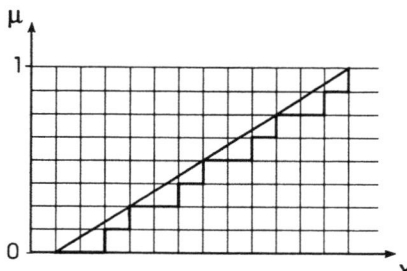

Bild 1.25. Treppenform einer Geraden durch Digitalisierung.

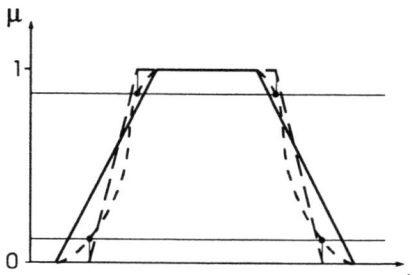

Bild 1.26. Verfälschung von Toleranz und Einflußbreite für nichtlineare Flanken.

In Ergänzung zu den vorangegangenen Richtlinien können wir also festhalten:

## 1.2 Operatoren auf Fuzzy-Mengen

> Bei der Digitalisierung von nichtlinearen Fuzzy-Mengen mit Steigungen kleiner als 45° werden die Toleranz und die Einflußbreite geändert, d. h. es wird die Fuzzy-Ähnlichkeit gestört.
>
> Speziell auf digitaler Hardware sollten daher nur lineare Flanken für die Fuzzy-Mengen benutzt werden.

## 1.2 Operatoren auf Fuzzy-Mengen

Wir sind es gewohnt, Informationen etwa durch "UND" und "ODER" miteinander zu verknüpfen. Die Verknüpfungen zweier unscharfer Informationen durch UND und ODER müssen nun eine Entsprechung auf Fuzzy-Mengen besitzen, wenn die Fuzzy-Modellierung einen Sinn haben soll.

Erinnern wir uns an die klassische Mengenlehre. Dort wurde die Menge aller Elemente, die zu einer Menge $M_1$ UND einer Menge $M_2$ gehörten, als Schnittmenge der beiden Mengen bezeichnet. Wählen wir etwa die Mengen

$$M_1 = \{x \mid x \in \Re,\ 1 \leq x \leq 3\}$$
$$M_2 = \{x \mid x \in \Re,\ 2 \leq x \leq 4\}$$

so erhalten wir die Schnittmenge

$$M_1 \cap M_2 = \{x \mid x \in \Re,\ 2 \leq x \leq 3\}.$$

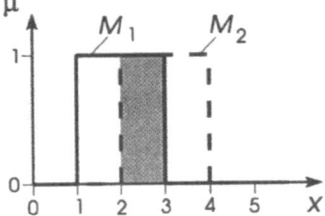

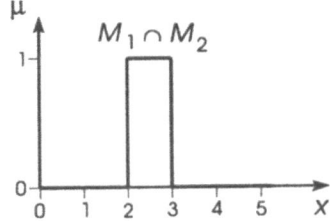

Bild 1.27 zeigt die grafische Veranschaulichung im Sinne von Zugehörigkeitsfunktionen. Die Zugehörigkeitsfunktion der Schnittmenge ist gerade die Einhüllende des Überlappungsbereiches beider Mengen.

**Bild 1.27.** Schnittmenge klassischer Mengen.

Diese Definition können wir direkt auf Fuzzy-Mengen übertragen. Wir wollen die UND-Verknüpfung für Fuzzy-Mengen daher zunächst definieren als den *Durchschnitt der Flächen* unter den Graphen ihrer Zugehörigkeitsfunktionen. Mathematisch ist dies für die Zugehörigkeitsfunktionen selbst gerade der MIN²-Operator:

**Definition.** *Seien $\mu_1, \mu_2$ zwei Fuzzy-Mengen auf der Grundmenge G. Dann heißt*

$$\mu_1 \cap \mu_2: G \to [0, 1] \quad mit \ (\mu_1 \cap \mu_2)(x) := \text{MIN}(\mu_1(x), \mu_2(x))$$

*der **Durchschnitt** der Fuzzy-Mengen $\mu_1$ und $\mu_2$. Dieser soll im folgenden zur Modellierung der Verknüpfung*

$$\mu_1 \ \text{UND} \ \mu_2$$

*herangezogen werden.* ∎

**Beispiel:** Wir betrachten die beiden Ausdrücke *mittlere Temperatur* und *hohe Temperatur* mit den zugehörigen Fuzzy-Mengen nach Bild 1.28. Dann ist die Fuzzy-Menge zum Ausdruck *mittlere UND hohe Temperatur* gegeben durch den Überlappungsbereich beider Mengen. ∎

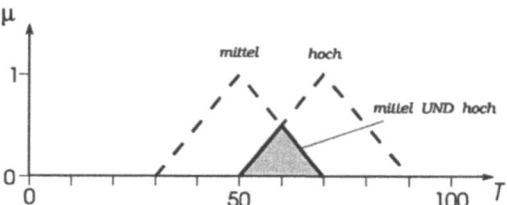

Bild 1.28. UND-Verknüpfung der Fuzzy-Mengen *mittel* und *hoch* der Temperatur $T$.

Es liegt dann mathematisch nahe, die ODER-Verknüpfung für Fuzzy-Mengen mit dem MAX-Operator zu bilden. Graphisch bedeutet dies, daß die mengentheoretische *Vereinigung der Flächen* unter den Graphen der Zugehörigkeitsfunktionen gebildet wird:

**Definition.** *Seien $\mu_1, \mu_2$ zwei Fuzzy-Mengen auf der Grundmenge G. Dann heißt*

$$\mu_1 \cup \mu_2: G \to [0, 1] \quad mit \ (\mu_1 \cup \mu_2)(x) := \text{MAX}(\mu_1(x), \mu_2(x))$$

---

[2] Da wir Verknüpfungen wie UND und ODER durch Großbuchstaben kennzeichnen, werden wir im folgenden auch die in diesem Zusammenhang auftretenden Operatoren MIN und MAX mit Großschrift versehen - in vollem Bewußtsein, damit gegen sämtliche Konventionen zu verstoßen.

## 1.2 Operatoren auf Fuzzy-Mengen

die **Vereinigung** der Fuzzy-Mengen $\mu_1$ und $\mu_2$. Diese soll im folgenden zur Modellierung der Verknüpfung

$$\mu_1 \text{ ODER } \mu_2$$

herangezogen werden. ∎

**Beispiel:** Wir betrachten nochmals die Terme *mittlere Temperatur* und *hohe Temperatur*. Dann ist die ODER-Verknüpfung *mittlere ODER hohe Temperatur* gegeben durch die in Bild 1.29 skizzierte Einhüllende der beiden verknüpften Mengen. ∎

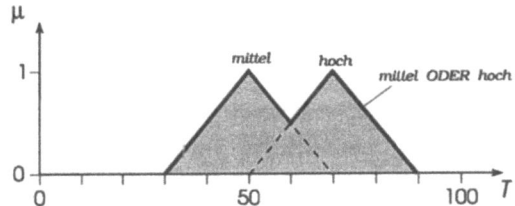

**Bild 1.29.** ODER-Verknüpfung der Fuzzy-Mengen *mittel* und *hoch* der Temperatur $T$.

Die hier zunächst eingeführten Vereinbarungen

UND-Verknüpfung $\to$ MIN-Operator

ODER-Verknüpfung $\to$ MAX-Operator

sind die am häufigsten benutzten Realisierungsarten der Grundverknüpfungen. Daneben existiert eine Vielzahl weiterer, komplexerer Realisierungsvorschläge, auf die wir in Abschnitt 3.3 eingehen werden.

Blicken wir noch einmal auf die beiden voranstehenden Verknüpfungsdiagramme für Fuzzy-Mengen, so erheben sich unmittelbare Fragen, die die Zweckmäßigkeit und die Tragfähigkeit derartiger mathematischer Modellierungen anzweifeln lassen. Warum werden UND und ODER beispielsweise nicht wie in Bild 1.30 definiert?

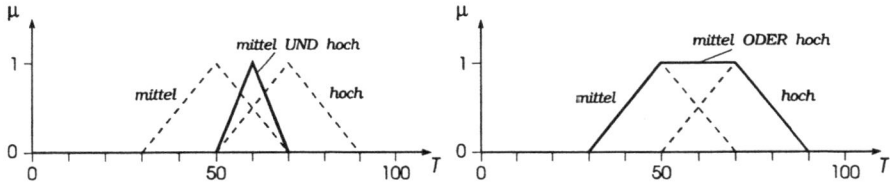

**Bild 1.30.** Alternative Modellierungen von UND und ODER.

Schließlich ist zu erwarten, daß im gemeinsamen Gültigkeitsbereich für zwei Eigenschaften wie hier *mittlere Temperatur UND hohe Temperatur* auch der Zugehörigkeitswert 1 angenommen werden darf und daß für die gleichwertige Gültigkeit der Eigenschaften *mittlere ODER hohe Tempera-*

*tur*, d. h. auch wenn beides vorliegt, der Zugehörigkeitswert nicht unter 1 absinken soll. Es zeigt sich, daß solche Feinheiten der Modellierung für die Praxis von Fuzzy-Control weitgehend keine Rolle spielen. Für den Gebrauch von Verknüpfungsoperatoren von entscheidender Bedeutung ist aber die Forderung der Erfüllung des Assoziativgesetzes

$$(\mu_1 \text{ UND } \mu_2) \text{ UND } \mu_3 = \mu_1 \text{ UND } (\mu_2 \text{ UND } \mu_3)$$

$$(\mu_1 \text{ ODER } \mu_2) \text{ ODER } \mu_3 = \mu_1 \text{ ODER } (\mu_2 \text{ ODER } \mu_3).$$

Es gilt nämlich:

---
Das Assoziativgesetz erlaubt die **rekursive** Verknüpfung von Fuzzy-Mengen. Ist das Assoziativgesetz für einen Operator nicht erfüllt, so ist das Ergebnis bei mehrmaliger Anwendung von der Reihenfolge der Eingaben abhängig.

---

Neben den Grundverknüpfungen sind weitere Verknüpfungen von Fuzzy-Mengen von Interesse, da sie leicht mit elektronischen Bauelementen realisiert werden können:

$(\mu_1 \mu_2)(x) := \mu_1(x) \cdot \mu_2(x)$ (algebraisches Produkt)

$(\mu_1 \oplus \mu_2)(x) := \mu_1(x) + \mu_2(x) - \mu_1(x) \cdot \mu_2(x)$ (direkte Summe)

$(\mu_1 \stackrel{\frown}{-} \mu_2)(x) := \text{MAX}(0, \mu_1(x) + \mu_2(x) - 1)$ (abgeschnittene Differenz)

$(\mu_1 \stackrel{\frown}{+} \mu_2)(x) := \text{MIN}(1, \mu_1(x) + \mu_2(x))$ (abgeschnittene Summe)

$(\mu_1 \stackrel{.}{-} \mu_2)(x) := \text{MIN}(\mu_1(x), 1 - \mu_2(x))$

$(\mu_1 \stackrel{.}{=} \mu_2)(x) := \text{MIN}(1, 1 - \mu_1(x) + \mu_2(x))$

$(\mu_1 \downarrow \mu_2)(x) := \text{MIN}(1 - \mu_1(x), 1 - \mu_2(x))$

Diese Operatoren sind für praktische Anwendungen bisher jedoch von untergeordneter Bedeutung. Wir werden sie zum Teil in Abschnitt 3.3 noch einmal ansprechen.

Für Realisierungen durch elektronische Schaltungen erweist sich die folgende Reihe von Ungleichungen als wichtig:

$$\mu_1 \mu_2 \leq \mu_1 \cap \mu_2 \leq \mu_1 \cup \mu_2 \leq \mu_1 \oplus \mu_2$$

## 1.2 Operatoren auf Fuzzy-Mengen

Das algebraische Produkt verkleinert den Wert der verknüpften Informationen am stärksten. Bei der direkten Summe ist der Wert der verknüpften Informationen am größten.

**Beispiel:** Wahrscheinlichkeit als Fuzzy-Menge

Wahrscheinlichkeiten von Ereignissen sind Werte zwischen 0 und 1 und definieren daher Zugehörigkeitsfunktionen auf Ereignisräumen im Sinne von Fuzzy-Mengen. Dort tritt z. B. auch die direkte Summe als Verknüpfungsoperator unabhängiger Ereignisse auf. Bei einem Wurf mit einem Würfel, der die Zahlen 1 bis 6 trägt, ist die Wahrscheinlichkeit, eine 6 zu würfeln, gleich 1/6. Die Wahrscheinlichkeit, bei zwei Würfen mindestens eine 6 als Ergebnis zu bekommen und dann das Würfeln abbrechen zu können, ist gegeben durch die direkte Summe

$$\frac{1}{6}+\frac{1}{6}-\frac{1}{6}\cdot\frac{1}{6}.$$

Die Wahrscheinlichkeiten auf der Menge unabhängiger Ereignisse bestimmen eine Fuzzy-Menge. Wie das Beispiel "sehr große Zahl" zeigt, kann eine Fuzzy-Menge nicht immer als eine Wahrscheinlichkeitsverteilung gedeutet werden. Wahrscheinlichkeiten sind für die Fuzzy-Modellierung untauglich, da es sich nicht um normale Fuzzy-Mengen handelt. ∎

Betrachten wir die Liste der Verknüpfungsoperatoren genauer, so erkennen wir Zugehörigkeitsfunktionen der Form 1-$\mu$. Es ist üblich, diese Bildung der *Verneinung* einer Information zuzuschreiben:

*Definition. Ist $\mu$ eine Fuzzy-Menge auf der Grundmenge G, so heißt*

$$\mu^c: G \to [0, 1] \; mit \; \mu^c(x) := 1 - \mu(x)$$

*das **Komplement** von $\mu$. Dieses soll im folgenden zur Modellierung der Negation*

NICHT $\mu$

*herangezogen werden.* ∎

**Beispiel:** Wir betrachten die aus vorangegangenen Beispielen bekannte Fuzzy-Menge *hohe Temperatur*. Dann hat die zum Ausdruck *NICHT hohe Temperatur* gehörige Fuzzy-Menge die in Bild 1.31 skizzierte Gestalt. ∎

Die Operation NICHT ist der klassischen zweiwertigen Logik (siehe Abschnitt 2.4) entnommen. Im Sinne einer Fuzzy-Modellierung hat sie keine Bedeutung, da es hierbei nicht um eine harte Verneinung einer Information im Sinne eines Tertium Non Datur (d. h. ei-

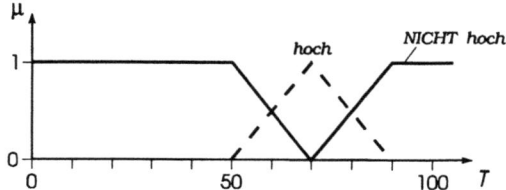

Bild 1.31. Bildung des Ausdrucks *NICHT hohe Temperatur* über das Komplement.

ne dritte Möglichkeit gibt es nicht) geht, vielmehr gibt es eine Information "mehr oder weniger nicht". Solche vagen Verneinungen müssen entweder als Fuzzy-Mengen neu definiert werden oder sind als *Modifikationen* von gegebenen Fuzzy-Modellierungen zu betrachten (siehe Ende dieses Abschnitts).

Auch mathematisch bereitet der obige NICHT-Operator Schwierigkeiten. In der klassischen Logik gelten die Gesetze

$\mu$ UND NICHT $\mu$ = 0   (falsch),

$\mu$ ODER NICHT $\mu$ = 1   (wahr).

Diese Gesetzmäßigkeiten gelten in der Fuzzy-Logik nicht, wie das folgende Beispiel zeigt.

**Beispiel:** Wir betrachten die Fuzzy-Menge $\mu(x)$ und ihr Komplement nach Bild 1.32. Die Überprüfung obiger Gesetze der klassischen Logik liefert für die UND-Verknüpfung von $\mu$ und $\mu^c$

$\mu \cap (1-\mu) = \mu \neq 0$

und für die ODER-Verknüpfung

$\mu \cup (1-\mu) = 1 - \mu \neq 1$. [3] ∎

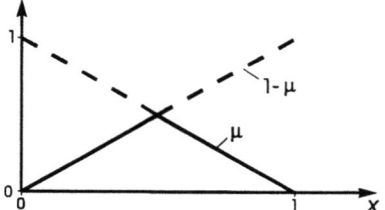

Bild 1.32. Zur Problematik des NICHT-Operators.

Das Beispiel läßt also folgende wichtige Schlußfolgerung zu:

> Die Algebra der Fuzzy-Mengen ist nicht boolesch.

---

[3] Man beachte, daß hier als Ausgangsmenge eine *subnormale* Fuzzy-Menge gewählt wurde, um die Diskrepanz zur klassischen Logik besonders deutlich werden zu lassen. Wie der Leser leicht überprüfen kann, tritt der Effekt aber auch bei einer normalen Fuzzy-Menge auf.

## 1.2 Operatoren auf Fuzzy-Mengen

Die klassische Schaltungsalgebra der Elektrotechnik ist eine "boolesche Algebra", die die beiden voranstehenden Gesetze der klassischen Logik erfüllt. Modifizierte Fuzzy-Mengen im Sinne des voranstehenden NICHT-Operators können daher von einer Fuzzy-Schaltungslogik nicht richtig interpretiert werden.

Wir greifen den Begriff der Modifikation auf und betrachten im folgenden spezielle Arten von Operatoren auf Fuzzy-Mengen, die sogenannten *Modifikatoren*. Diese dienen zur Modifikation der Form von Fuzzy-Mengen, um Begriffe wie *sehr, ziemlich, etwas* usw. nachzubilden. Verbreitet sind hier im wesentlichen drei Operatoren:

- Der *Konzentrationsoperator*

$$\mathrm{CON}(\mu(x)) = \mu(x)^2$$

sorgt unter Beibehaltung von Toleranz und Einflußbreite für eine Konzentration der ursprünglichen Fuzzy-Menge - die Fuzzy-Menge wird "schärfer" (Bild 1.33).

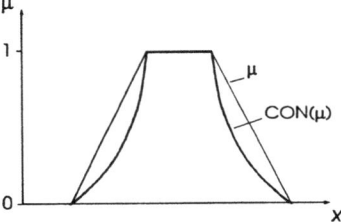

Bild 1.33. Wirkungsweise des Konzentrationsoperators CON.

- Der *Dilationsoperator*

$$\mathrm{DIL}(\mu(x)) = \sqrt{\mu(x)}$$

bewirkt den umgekehrten Effekt - die Fuzzy-Menge wird "unschärfer" (Bild 1.34). Auch hierbei bleiben Toleranz und Einflußbreite unbeeinflußt.

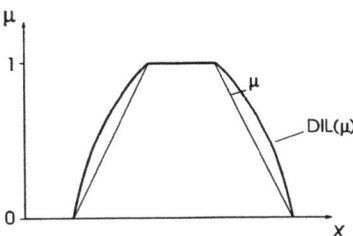

Bild 1.34. Wirkungsweise des Dilationsoperators DIL.

- Die *Kontrastintensivierung*

$$\mathrm{INT}(\mu(x)) = \begin{cases} 2\mu(x)^2 & \text{für } \mu(x) < 0.5 \\ 1 - 2(1-\mu(x))^2 & \text{sonst} \end{cases}$$

sorgt im unteren Bereich für eine Konzentration, im oberen Bereich für eine Aufspreizung der ursprünglichen Fuzzy-Menge (Bild 1.35). Toleranz und Einflußbreite bleiben dabei wiederum unangetastet.

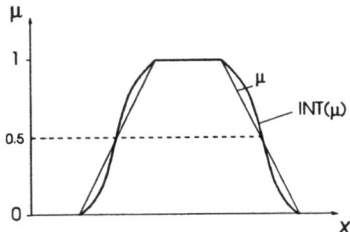

Bild 1.35. Wirkungsweise der Kontrastintensivierung INT.

Wir erkennen, daß - sofern die Ausgangsmenge $\mu$ trapezförmig (bzw. dreiecksförmig) war - durch die beschriebenen Modifikatoren eine *fuzzy-ähnliche* Menge erzeugt wird. Nach den Bemerkungen über die Digitalisierung in Abschnitt 6.3 tragen diese Modifikationen zu Verfälschungen der Informationen auf digitaler Hardware bei.

Fassen wir unsere Betrachtungen bezüglich Operatoren auf Fuzzy-Mengen zusammen:

> Die **wesentlichen Verknüpfungen** im Zusammenhang mit unscharfen Informationen, **UND** bzw. **ODER**, können durch den **MIN**- bzw. **MAX**-Operator realisiert werden, der dem **Durchschnitt** bzw. der **Vereinigung** der zugehörigen Fuzzy-Mengen entspricht.
>
> Die **Negation NICHT** wird durch das **Komplement** nachgebildet und ist nicht fuzzy-adäquat.
>
> Die Anwendung von **Modifikatoren** für Fuzzy-Mengen führt in den meisten Fällen auf **fuzzy-ähnliche** Mengen und bewirkt daher **keine wesentlichen Änderungen** der Information.

## 1.3 Fuzzy-Relationen

Bisher haben wir uns lediglich mit Fuzzy-Mengen auf einfachen Grundmengen $G$ beschäftigt. Wir haben mögliche Darstellungsweisen für Fuzzy-Mengen kennengelernt und gesehen, auf welche Art wir sie modifizieren oder miteinander verknüpfen können.

Der Begriff der Fuzzy-Menge läßt sich verallgemeinern, wenn wir von der einfachen Grundmenge $G$ übergehen zu Fuzzy-Mengen auf *Kreuzproduktmengen* $G_1 \times G_2 \times ... \times G_n$. Die Fuzzy-Menge auf einer Kreuzproduktmenge wird dann in Analogie zur klassischen Mengenlehre zur *Fuzzy-Relation*.

Das Kreuzprodukt $G_1 \times G_2$ zweier Grundmengen $G_1, G_2$ ist auch als Rechteckmenge bekannt. Eine Teilmenge einer Rechteckmenge wird als eine Relation bezeichnet, weil sie die Elemente aus den Grundmengen zu Paaren in eine Beziehung setzt. Der Beziehung kann man einen Namen geben, der die in der Beziehung angesprochene Eigenschaft der Teilmenge widerspiegelt.

## 1.3 Fuzzy-Relationen

Allgemein gilt also:

> **Relationen** sind **Beziehungen zwischen Mengen** auf i. a. **unterschiedlichen Grundmengen**.
>
> Eine Relation selbst ist **auch wieder eine Menge** und zwar eine Teilmenge der Kreuzproduktmenge der Grundmengen.

Wir wollen zunächst die formale Definition der Fuzzy-Relation einführen:

**Definition.** *Seien $G_1$, $G_2$ Grundmengen und $G_1 \times G_2$ die Rechteckmenge, so ist*

$$R: G_1 \times G_2 \to [0, 1]$$

*eine Fuzzy-Menge und heißt zweistellige **Fuzzy-Relation**. Besteht die Kreuzproduktmenge aus n Grundmengen, so sprechen wir von einer n-stelligen Fuzzy-Relation. R läßt sich beschreiben durch die Zugehörigkeitsfunktion $\mu_R(x, y)$, die jedem Element $(x, y) \in G_1 \times G_2$ den Zugehörigkeitsgrad $\mu$ aus dem Intervall $[0, 1]$ zuordnet.* ∎

Gemäß dieser Definition waren die bisher betrachteten Fuzzy-Mengen also einstellige Fuzzy-Relationen, die wir als Kennlinien über der Grundmenge darstellen konnten. Demgegenüber ist der Graph einer zweistelligen Fuzzy-Relation im allgemeinen Fall eine *Fläche* über einer Ebene, die von den beiden Grundmengen aufgespannt wird, stellt also eine Art "Gebirge" dar. Im Fall diskreter endlicher Grundmengen können wir die Fuzzy-Relation als Tabelle in Matrizenform darstellen:

> Eine zweistellige Fuzzy-Relation auf diskreten endlichen Grundmengen ist durch eine *Fuzzy-Relationsmatrix* gegeben.

Die Fuzzy-Relationsmatrix ist die Verallgemeinerung der diskreten Fuzzy-Menge.

Die inhaltliche Bedeutung des Relationsbegriffs ist ausgesprochen vielschichtig, was der Grund dafür sein mag, daß seine Darstellung in der Literatur häufig nicht eben von Verständlichkeit geprägt ist. Das liegt im wesentlichen daran, daß sowohl der Typ der durch die Relation in Beziehung gesetzten Mengen als auch die Art der Beziehung sehr unterschiedlich sein kann. Wir wollen uns daher anhand einer Reihe recht verschiedenartiger Beispiele mit dem Begriff der Fuzzy-Relation vertraut machen.

**Beispiel:** Gegeben seien die diskreten Grundmengen $G_1 = \{1, 2, 3, 4, 5\}$ und $G_2 = \{3, 4, 5, 6\}$. Wir wollen die beiden unscharfen Relationen $R_1: x < y$ und $R_2: x = y$ mit $x \in G_1$, $y \in G_2$ betrachten. Die Operatoren < bzw. = sollen also nicht im strengen klassischen Sinne interpretiert werden, sondern als "unscharfe" Operatoren. Da die Grundmengen diskret sind, können wir die Fuzzy-Relationen in Tabellenform darstellen. Während diese im klassischen Fall scharfer Relationen nur die Elemente 0 und 1 enthalten würden, sind jetzt auch Zwischenwerte möglich. Sinnvolle Modellierungen könnten etwa wie folgt aussehen (siehe auch [TIL91]):

| $R_1: x < y$    $x \setminus y$ | 3 | 4 | 5 | 6 |
|---|---|---|---|---|
| 1 | 0.4 | 0.6 | 0.8 | 1 |
| 2 | 0.2 | 0.4 | 0.6 | 0.8 |
| 3 | 0 | 0.2 | 0.4 | 0.6 |
| 4 | 0 | 0 | 0.2 | 0.4 |
| 5 | 0 | 0 | 0 | 0.2 |

| $R_2: x = y$    $x \setminus y$ | 3 | 4 | 5 | 6 |
|---|---|---|---|---|
| 1 | 0.4 | 0.1 | 0 | 0 |
| 2 | 0.7 | 0.4 | 0.1 | 0 |
| 3 | 1 | 0.7 | 0.4 | 0.1 |
| 4 | 0.7 | 1 | 0.7 | 0.4 |
| 5 | 0.4 | 0.7 | 1 | 0.7 |

Betrachten wir als Beispiel die Relation $R_1$, so bedeutet unsere Modellierung etwa, daß wir dem Wertepaar $(x, y) = (1, 6)$ die Eigenschaft $x < y$ in vollem Maße, d. h. mit dem Zugehörigkeitsgrad 1 zur Relation zugestehen, dem Wertepaar $(2, 3)$ jedoch nur mit dem Zugehörigkeitsgrad 0.2, da die Differenz zwischen $x$ und $y$ hier nur recht gering ist. ∎

Diese Art von auf Vergleichsoperatoren wie < oder = basierenden Fuzzy-Relationen ist für die von uns ins Auge gefaßten Anwendungen eher untypisch. Derartige Relationen sind nur konstruierbar, wenn die zugrundelie-

## 1.3 Fuzzy-Relationen

genden Grundmengen vom gleichen Typ - hier einer Teilmenge der natürlichen Zahlen - sind (dies entspricht der Volksweisheit, daß man "nicht Äpfel mit Birnen vergleichen kann").

Wenden wir uns daher einem zweiten Beispiel zu.

**Beispiel: Farbe-Reifegrad-Relation**

Wir wollen versuchen, den jedermann bekannten Zusammenhang zwischen der *Farbe* $x$ und dem *Reifegrad* $y$ einer Frucht mit Hilfe einer Relation zu modellieren. Dazu gehen wir aus von der Menge möglicher Farben $G_1 = \{grün, gelb, rot\}$ und der Menge möglicher Reifegrade $G_2 = \{unreif, halbreif, reif\}$. Dann können wir die Relation $R_1$ "zueinander passender" Paare wie folgt bilden:

$$R_1 = \{(grün, unreif), (gelb, halbreif), (rot, reif)\}.$$

Diese können wir nun in einer Rechteck-Tabelle derart zusammenfassen, daß wir für die Paare der Relation eine 1 und sonst eine 0 eintragen:

$R_1$:

| $x \setminus y$ | *unreif* | *halbreif* | *reif* |
|---|---|---|---|
| *grün* | 1 | 0 | 0 |
| *gelb* | 0 | 1 | 0 |
| *rot* | 0 | 0 | 1 |

Die in der Tabelle mit 1 markierten Paare sind in der Relation $R_1$ enthalten, die mit 0 bezeichneten Paare dagegen nicht. Das "Innere" der Tabelle stellt die zugehörige Relationsmatrix

$$R_1 = \begin{pmatrix} 1 & 0 & 0 \\ 0 & 1 & 0 \\ 0 & 0 & 1 \end{pmatrix}$$

dar. Inhaltlich bedeutet dieses Aufsuchen "zueinander passender" Paare hier nichts anderes, als daß wir die auf unserer Erfahrung beruhenden Regeln

WENN eine Frucht *grün* ist   DANN ist sie *unreif*,

WENN eine Frucht *gelb* ist   DANN ist sie *halbreif*,

WENN eine Frucht *rot* ist    DANN ist sie *reif*

in die Gestalt einer Relation gebracht haben. Wir erkennen also:

> **Relationen** eignen sich zur Modellierung von **WENN...DANN...-Regeln**.

Diese Tatsache spiegelt die Grundlage regelbasierter Fuzzy-Systeme wider.

Da die Relationsmatrix zunächst nur Nullen und Einsen enthält, handelt es sich noch nicht um eine wirkliche Fuzzy-Relation. Nun wissen wir aber, daß unsere Erfahrungsregeln nicht exakt stimmen, sondern eben "nur so ungefähr". Wir wandeln die Relation daher im Sinne einer Fuzzy-Relation $R_2$ ab, indem wir auch Werte zwischen 0 und 1 zulassen:

$R_2$:

| $x \setminus y$ | unreif | halbreif | reif |
|---|---|---|---|
| grün | 1 | 0.5 | 0 |
| gelb | 0.3 | 1 | 0.3 |
| rot | 0 | 0.5 | 1 |

Wir lesen dann etwa für das Paar in der 1. Zeile und der 2. Spalte (*grün, halbreif*) einen Zugehörigkeitsgrad 0.5 zur Farbe-Reifegrad-Relation ab. ∎

Wir wollen ein drittes Beispiel betrachten, das wieder anders gelagert ist.

**Beispiel:** Wir betrachten die beiden Begriffe *Junger Mann* und *Großer Mann*, deren Fuzzy-Mengen die in Bild 1.36 dargestellte Form haben sollen.

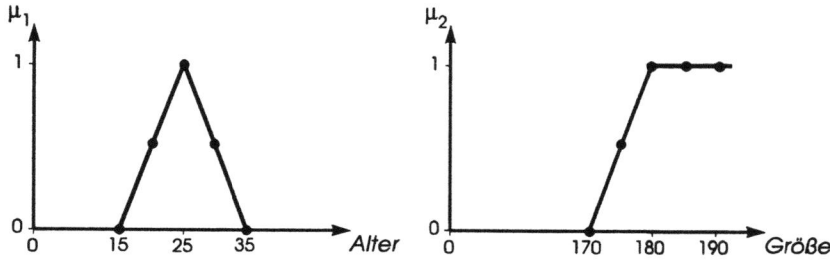

**Bild 1.36.** Fuzzy-Mengen für *Junger Mann* und *Großer Mann*.

Beide Fuzzy-Mengen sind auf unterschiedlichen Grundmengen definiert: $\mu_1$ auf der Menge möglicher Werte des Alters in Jahren, $\mu_2$ auf der Menge möglicher Größenwerte (in cm). Wir wollen nun versuchen, den Begriff *Junger großer Mann* zu modellieren. Damit meinen wir natürlich - ohne daß wir das explizit hinzufügen - einen *jungen UND großen Mann*. Wir erinnern

## 1.3 Fuzzy-Relationen

uns, daß wir seinerzeit bei der UND-Verknüpfung der Terme *mittlere Temperatur* und *hohe Temperatur* den MIN-Operator benutzt hatten, um die resultierende Fuzzy-Menge zu erhalten. Das gleiche wollen wir hier versuchen. Da wir jedoch jetzt Terme auf unterschiedlichen Grundmengen verknüpfen, ist unser Verknüpfungsergebnis eine Fuzzy-Relation $R$ auf der Rechteckmenge unserer beiden Grundmengen:

$$\mu_R(Alter, Größe) = \text{MIN}(\mu_1(Alter), \mu_2(Größe))$$

Zur Darstellung der Relation in Form einer Relationsmatrix diskretisieren wir beide Fuzzy-Mengen wie in Bild 1.36 dargestellt im interessierenden Bereich an jeweils fünf äquidistanten Stützstellen auf die Grundmengen $G_1 = \{15, 20, 25, 30, 35\}$ für das Alter und $G_2 = \{170, 175, 180, 185, 190\}$ für die Größe. Die Anwendung des MIN-Operators liefert dann folgende Tabellendarstellung der Relationsmatrix:

| Alter \ Größe | 170 | 175 | 180 | 185 | 190 |
|---|---|---|---|---|---|
| 15 | 0 | 0 | 0 | 0 | 0 |
| 20 | 0 | 0.5 | 0.5 | 0.5 | 0.5 |
| 25 | 0 | 0.5 | 1 | 1 | 1 |
| 30 | 0 | 0.5 | 0.5 | 0.5 | 0.5 |
| 35 | 0 | 0 | 0 | 0 | 0 |

Unsere Relation besagt beispielsweise, daß ein Mann im Alter von 25 Jahren mit einer Größe von mindestens 180 cm das Kriterium *Junger großer Mann* voll erfüllt. Im Gegensatz dazu ist der Zugehörigkeitsgrad für einen Mann mit einem Alter von 15 oder 35 Jahren unabhängig von seiner Größe Null. Das gleiche gilt für Männer mit einer Größe von 170 cm unabhängig vom Alter. ∎

Wir können aus diesem Beispiel ablesen:

> Fuzzy-Mengen auf einfachen Grundmengen können durch Operatoren wie beispielsweise den MIN-Operator für die UND-Verknüpfung zu Fuzzy-Relationen auf der Kreuzproduktmenge der zugrundeliegenden Grundmengen verbunden werden.

Unmittelbar klar ist, daß wir etwa eine Relation wie *Junger ODER großer Mann* auf völlig analoge Weise wie in unserem Beispiel bilden können, indem wir den MIN-Operator durch den MAX-Operator ersetzen.

Wegen seiner Bedeutung bei der Bildung von Fuzzy-Relationen aus Fuzzy-Mengen hat der oben gebildete Ausdruck

$$\mu_R(x, y) = \text{MIN}(\mu_1(x), \mu_2(y))$$

einen speziellen Namen. Er wird als *Kreuzprodukt* oder *cartesisches Produkt* der Fuzzy-Mengen bezeichnet:

**Definition.** *Seien* $\mu_1: G_1 \to [0, 1]$, $\mu_2: G_2 \to [0, 1]$ *Fuzzy-Mengen. Dann ist das* **Kreuz-Produkt** *(cartesisches Produkt)*

$$\mu_1 \times \mu_2: G_1 \times G_2 \to [0, 1]$$

*gegeben durch*

$$(\mu_1 \times \mu_2)(x, y) := \text{MIN}(\mu_1(x), \mu_2(y)), \quad (x, y) \in G_1 \times G_2. \quad \blacksquare$$

Falls $G_1, G_2$ diskrete Mengen sind, d. h. $\mu_1(x), \mu_2(y)$ als Vektoren vorliegen, gilt

$$\mu_1 \times \mu_2 = \mu_1^T \circ \mu_2.$$

Der Verknüpfungsoperator ∘ kennzeichnet das Fuzzy-Vektor- bzw. Matrizenprodukt. Dieses unterscheidet sich vom normalen Matrizenprodukt dadurch, daß bei der Operation "Zeile mal Spalte" die Produktbildung durch den MIN-Operator und die Addition durch den MAX-Operator ersetzt wird.

**Beispiel:** Die Relationsmatrix für obiges Beispiel *Junger großer Mann* erhalten wir zu

$$R = \mu_{jung} \times \mu_{gro\beta} = \begin{pmatrix} 0 \\ 0.5 \\ 1 \\ 0.5 \\ 0 \end{pmatrix} \circ (0 \ \ 0.5 \ \ 1 \ \ 1 \ \ 1) = \begin{pmatrix} 0 & 0 & 0 & 0 & 0 \\ 0 & 0.5 & 0.5 & 0.5 & 0.5 \\ 0 & 0.5 & 1 & 1 & 1 \\ 0 & 0.5 & 0.5 & 0.5 & 0.5 \\ 0 & 0 & 0 & 0 & 0 \end{pmatrix} \quad \blacksquare$$

Die große Bedeutung des Kreuzprodukts kommt insbesondere dadurch zustande, daß es - und darauf werden wir im Rahmen der Fuzzy-Inferenz in Kapitel 2 intensiv eingehen - in völlig analoger Form wie bei der UND-Verknüpfung auch zur Modellierung von Regeln der Form WENN *A* DANN *B* mit Fuzzy-Mengen *A* und *B* geeignet ist.

## 1.3 Fuzzy-Relationen

Wie wir früher am Beispiel der Begriffe *mittlere Temperatur* und *hohe Temperatur* gesehen hatten, lassen sich Fuzzy-Mengen auf derselben Grundmenge etwa über den MIN-Operator verknüpfen zu einer neuen Fuzzy-Menge. Diese besitzt ebenfalls dieselbe Grundmenge wie die verknüpften Mengen. In völlig analoger Weise lassen sich auch Fuzzy-Relationen auf derselben Produktmenge miteinander verknüpfen. Dazu können wir die bereits eingeführten Operatoren für einfache Fuzzy-Mengen sinngemäß auf Fuzzy-Relationen übertragen:

**Definition.** *Seien $R_1, R_2: G_1 \times G_2 \to [0, 1]$ zweistellige Fuzzy-Relationen. Dann gilt für den **Durchschnitt** von $R_1$ und $R_2$ (**UND**-Verknüpfung)*

$$\mu_{R_1 \cap R_2}(x, y) = \text{MIN}\bigl(\mu_{R_1}(x, y), \mu_{R_2}(x, y)\bigr)$$

*und für die **Vereinigung** (**ODER**-Verknüpfung)*

$$\mu_{R_1 \cup R_2}(x, y) = \text{MAX}\bigl(\mu_{R_1}(x, y), \mu_{R_2}(x, y)\bigr)$$

*mit $(x, y) \in G_1 \times G_2$.* ∎

**Beispiel:** Wir betrachten nochmals die Fuzzy-Relationen $R_1: x < y$ und $R_2: x = y$ aus einem vorangegangenen Beispiel. Wir erhalten als Vereinigung von $R_1$ und $R_2$ die Fuzzy-Relation $R_1 \cup R_2: x \leq y$, die wir mit "x kleiner ODER gleich y" bezeichnen können und deren Relationsmatrix sich aus den zu $R_1$ und $R_2$ gehörigen Relationsmatrizen durch Anwendung des MAX-Operators ergibt:

| $R_1 \cup R_2$: | $x \setminus y$ | 3 | 4 | 5 | 6 |
|---|---|---|---|---|---|
| | 1 | 0.4 | 0.6 | 0.8 | 1 |
| | 2 | 0.7 | 0.4 | 0.6 | 0.8 |
| | 3 | 1 | 0.7 | 0.4 | 0.6 |
| | 4 | 0.7 | 1 | 0.7 | 0.4 |
| | 5 | 0.4 | 0.7 | 1 | 0.7 |

∎

Dies bedeutet also

> Fuzzy-Relationen über **gleichen** Produkträumen werden kombiniert
> - über den MIN-Operator zur UND-Verknüpfung
> - über den MAX-Operator zur ODER-Verknüpfung.
>
> Die resultierende Fuzzy-Relation ist dann über demselben Produktraum definiert wie die verknüpften Relationen.

"Zueinander passende" Relationen lassen sich miteinander kombinieren. Wir sprechen dann von der sogenannten *Komposition* von Fuzzy-Relationen:

**Definition.** *Sind* $R: G_1 \times G_2 \to [0,1]$, $S: G_2 \times G_3 \to [0,1]$ *zwei Fuzzy-Relationen, dann ist das* **Produkt** *oder die* **Komposition der Fuzzy-Relationen** $R \circ S: G_1 \times G_3 \to [0,1]$ *gegeben durch*

$$\mu_{R \circ S}(x, z) = \underset{y \in G_2}{\text{MAX}}\bigl(\text{MIN}(\mu_R(x, y), \mu_S(y, z))\bigr)$$

*mit* $(x, z) \in G_1 \times G_3$. ∎

Im Fall diskreter Fuzzy-Relationen entspricht die Operation $R \circ S$ dem Fuzzy-Matrizenprodukt der beiden Relationsmatrizen, das, wie oben bereits erwähnt, aus der bekannten Matrizenmultiplikation durch die Ersetzungen

Produktbildung → MIN-Operator

Addition → MAX-Operator

hervorgeht.

Diese Komposition von Fuzzy-Relationen ermöglicht es, WENN...DANN-Regeln in Form von Relationsmatrizen miteinander zu *Schlußfolgerungsketten* zu verknüpfen. Wir wollen uns dies an einem einfachen Beispiel verdeutlichen.

**Beispiel:** Die Fuzzy-Relation $R$ möge den Zusammenhang zwischen der *Farbe x* und dem *Reifegrad y* einer Frucht beschreiben und durch die folgende Relationsmatrix gegeben sein:

## 1.3 Fuzzy-Relationen

| $x \setminus y$ | unreif | halbreif | reif |
|---|---|---|---|
| grün | 1 | 0.5 | 0 |
| gelb | 0.3 | 1 | 0.4 |
| rot | 0 | 0.2 | 1 |

Die Relation $S$ soll den Zusammenhang zwischen dem *Reifegrad y* und dem *Geschmack z* beschreiben und durch folgende Relationsmatrix gegeben sein:

| $y \setminus z$ | sauer | süßsauer | süß |
|---|---|---|---|
| unreif | 1 | 0.2 | 0 |
| halbreif | 0.7 | 1 | 0.3 |
| reif | 0 | 0.7 | 1 |

Wir erkennen, daß die "Ausgangsgröße" von $R$ (*Reifegrad*) gerade "Eingangsgröße" von $S$ ist. Beide Relationen können wir nun zu einer resultierenden Relation

$$T = R \circ S$$

verknüpfen, die den Zusammenhang zwischen *Farbe x* und *Geschmack z* beschreibt. Wir erhalten mit der Fuzzy-Matrizenmultiplikation

| $x \setminus z$ | sauer | süßsauer | süß |
|---|---|---|---|
| grün | 1 | 0.5 | 0.3 |
| gelb | 0.7 | 1 | 0.4 |
| rot | 0.2 | 0.7 | 1 |

Führen wir den Rechenvorgang exemplarisch für das markierte Element $T_{11}$ in der 1. Zeile und der 1. Spalte aus, so erhalten wir:

$$T_{11} = \text{MAX}(\text{MIN}(1, 1), \text{MIN}(0.5, 0.7), \text{MIN}(0, 0))$$
$$= \text{MAX}(1, 0.5, 0)$$
$$= 1 \qquad \blacksquare$$

Da diese Art der Komposition von Fuzzy-Relationen auf dem MAX- und dem MIN-Operator basiert, wird sie als *MAX-MIN-Komposition* bezeichnet. Zwei alternative Kombinationsmöglichkeiten bestehen darin, die Produktbildung wie bei der "normalen" Matrizenmultiplikation vorzunehmen (*MAX-PROD-Komposition*) oder durch eine Mittelwertbildung zu ersetzen (*MAX-Average-Komposition*).

Im folgenden Kapitel über die Fuzzy-Inferenz werden wir diese Komposition für das *fuzzy-logische Schließen* mit WENN...DANN...-Regeln nutzen, indem wir eine Fuzzy-Menge $\mu_1$ auf der Grundmenge $G_1$, die ein aktuelles Ereignis repräsentiert, über eine Fuzzy-Relation $R$ auf der Kreuzproduktmenge $G_1 \times G_2$ als Abbild der Regel in eine Fuzzy-Menge $\mu_2$ auf der Grundmenge $G_2$ überführen gemäß

$$\mu_2 = \mu_1 \circ R.$$

Die Fuzzy-Menge $\mu_2$ stellt dann die gesuchte Schlußfolgerung dar.

## 1.4 Zusammenfassung

Wir wollen unsere bisherigen Erkenntnisse in einer ersten Zusammenfassung bündeln:

☞ Unscharfe und ungenaue Informationen lassen sich durch *Fuzzy-Mengen* beschreiben. Diese können durch Kennlinien visualisiert werden.

☞ Nimmt die Zugehörigkeitsfunktion einer Fuzzy-Menge auf einem Element der Grundmenge den Wert 1 an, so gilt für dieses Element die Zugehörigkeit im Sinne der klassischen Mengenlehre. Die Fuzzy-Menge heißt dann *normal*. Für die Praxis von Fuzzy-Control sind nur die normalen Fuzzy-Mengen von Interesse.

☞ Meinen Experten dasselbe und können sie sich nicht auf eine Darstellung einigen, so sollen ihre Darstellungen wenigstens *fuzzy-ähnlich* sein.

☞ Wesentliche Änderungen in der Beschreibung von Fuzzy-Mengen sind Änderungen der *Toleranz* und der *Einflußbreite*.

☞ Werden unscharfe Informationen durch UND und ODER verbunden, so werden die dazu gehörenden Fuzzy-Mengen durch den MIN- bzw. den MAX-Operator verknüpft.

## 1.4 Zusammenfassung

☞ *Fuzzy-Relationen* sind Fuzzy-Mengen über Produkträumen.

☞ Im Falle diskreter Grundmengen können Fuzzy-Relationen übersichtlich in Form von *Fuzzy-Relationsmatrizen* dargestellt werden.

☞ Fuzzy-Mengen können beispielsweise über MIN- oder MAX-Operator zu Fuzzy-Relationen verknüpft werden. Dadurch können die verschiedenartigsten Beziehungen der Fuzzy-Mengen zueinander wie UND-Verknüpfung, ODER-Verknüpfung oder WENN...DANN...-Regeln modelliert werden.

☞ Fuzzy-Relationen über gleichen Produkträumen können über den MIN-Operator UND-verknüpft bzw. über den MAX-Operator ODER-verknüpft werden. Die resultierende Fuzzy-Relation ist dann über demselben Produktraum definiert wie die verknüpften Relationen.

☞ Fuzzy-Relationen können durch *Komposition* zu Schlußfolgerungsketten zusammengefügt werden.

☞ Für Mathematiker und Philosophen: Die Zugehörigkeitsfunktion $\mu: G \to [0, 1]$ einer Fuzzy-Menge und ihre Mengendarstellung $M = \{\mu(x)/x \mid x \in G, \mu(x) \in [0, 1]\}$ mit Hilfe von Singletons beinhalten exakt dieselbe Information. Wir werden daher im Rahmen dieses Buches zwischen der Zugehörigkeitsfunktion $\mu$ einer Fuzzy-Menge und der Mengendarstellung $M$ sprachlich nicht unterscheiden.

# Kapitel 2

# Fuzzy-Inferenz

## 2.1 Fuzzy-Implikation

Eine fundamentale Anwendung der Relationen, die wir in den vorangegangenen Abschnitten bereits angedeutet haben, ist die *Fuzzy-Inferenz*, die das *fuzzy-logische Schließen* auf unscharfen Informationen zum Inhalt hat. Eine *Inferenz* besteht aus einer oder mehreren *Regeln*, die auch als *Implikationen* bezeichnet werden, einem *Faktum*, das einen aktuellen Zustand oder ein aktuelles Ereignis feststellt, und einem *Schluß*, der das Faktum unter Berücksichtigung der Implikation(en) durch ein neues Faktum ersetzt. Wir wählen als Beispiel die Relation des Farbe-Reifegrades für Tomaten:

*Implikation*: WENN eine Tomate rot ist, DANN ist sie reif.
*Faktum*: Die (vorliegende) Tomate ist hellrot.

*Schluß*: Die (vorliegende) Tomate ist weniger reif.

Diese Art des Schließens wurde von ZADEH als *approximate reasoning*, also angenähertes oder, wie wir besser sagen, unscharfes Schließen bezeichnet (siehe [ZAD73,75]). Schon dieses Beispiel zeigt, daß das unscharfe Schließen nicht mit der klassischen Logik beschrieben werden kann. Der Unterschied liegt hier darin, daß die Verneinung von "rot" im Beispiel nicht "nicht rot" sondern "hellrot" oder "sehr rot" sein kann (siehe Abschnitt 2.4).

Wir werden zunächst die Implikationen behandeln und dann in einem eigenen Abschnitt 2.3 das unscharfe Schließen untersuchen. Eine Implikation besteht aus einer WENN...DANN...-Regel. Dabei bezeichnen wir den WENN-Teil der Regel, d. h. die Bedingung, als *Prämisse*, den DANN-Teil, d. h. die Schlußfolgerung, als *Konklusion*. Im obigen Beispiel wird eine Zuordnung der beobachteten Eigenschaft "rot" zur Eigenschaft "reif" gegeben. Im folgenden Beispiel wird diese Zuordnung durch eine Relation *Farbe-Reifegrad* bestimmt, mit der wir die Implikation als Regel in einen Rechenalgorithmus überführen.

**Beispiel:** Wir betrachten wie bereits mehrmals den Zusammenhang zwischen *Farbe x* und *Reifegrad y*, jetzt jedoch für eine Tomate und daher mit etwas modifizierten Farb- bzw. Reifewerten. Wir formulieren die Farben und die Reifegrade jeweils auf drei Grundwerten als Vektoren in der Form

$hellrot = (1, 0, 0),\quad rot = (0, 1, 0),\quad dunkelrot = (0, 0, 1)$

$unreif = (1, 0, 0),\quad reif = (0, 1, 0),\quad überreif = (0, 0, 1).$

Die (zunächst scharfe) Relation sei als Matrix

$$R_1 = \begin{pmatrix} 1 & 0 & 0 \\ 0 & 1 & 0 \\ 0 & 0 & 1 \end{pmatrix}$$

gegeben. Haben wir nun beispielsweise eine hellrote Tomate vorliegen, so erhalten wir den zugehörigen Reifegrad durch MAX-MIN-Komposition über das Fuzzy-Vektor-Matrizenprodukt

$$(1, 0, 0) \circ \begin{pmatrix} 1 & 0 & 0 \\ 0 & 1 & 0 \\ 0 & 0 & 1 \end{pmatrix} = (1, 0, 0) \quad \text{oder in Worten}$$

$$hellrot \circ \quad R_1 \quad = unreif.$$

Insgesamt finden wir auf diese Weise:

$hellrot \circ R_1 = unreif$ \qquad oder \quad $hellrot \xrightarrow{R_1} unreif$

$rot \circ R_1 = reif$ \qquad oder \quad $rot \xrightarrow{R_1} reif$

$dunkelrot \circ R_1 = überreif$ \qquad oder \quad $dunkelrot \xrightarrow{R_1} überreif$ ∎

In der Fuzzy-Set-Theorie bildet also eine zweistellige Relation $R$ auf der Grundmenge $G_1 \times G_2$ eine Fuzzy-Menge $\mu_1$ auf $G_1$ in eine Fuzzy-Menge $\mu_2$ auf $G_2$ ab:

**Definition.** *Seien* $R: G_1 \times G_2 \to [0, 1]$ *eine zweistellige Fuzzy-Relation und* $\mu_1: G_1 \to [0, 1]$ *eine Fuzzy-Menge auf der Grundmenge* $G_1$, *so wird* $\mu_1$ *durch* $R$ *in eine Fuzzy-Menge* $\mu_2: G_2 \to [0, 1]$ *abgebildet vermittels*

$$\mu_2(y) = \MAX_{x \in G_1}\bigl(\MIN(\mu_1(x), \mu_R(x, y))\bigr), \; y \in G_2$$

*Formelmäßig:* \quad $\mu_2 = \mu_1 \circ R$

$\mu_2$ *heißt die bezüglich* $R$ *aus* $\mu_1$ *hergeleitete Fuzzy-Menge oder das* **Fuzzy-Inferenz-Bild** *von* $\mu_1$ *bezüglich der Fuzzy-Relation* $R$. ∎

## 2.1 Fuzzy-Implikation

Die Fuzzy-Menge $\mu_1$ beschreibt demnach das aktuell vorliegende Ereignis (Faktum), die Relation $R$ die Regel selbst und die Fuzzy-Menge $\mu_2$ die Schlußfolgerung. Wir haben damit - zumindest zunächst für den diskreten Fall - eine Rechenvorschrift, wie wir aus einem aktuellen Faktum über eine als Relation vorliegende Regel bzw. einen Satz von Regeln eine Schlußfolgerung ziehen können. Unser Beispiel wies allerdings noch keinerlei Unschärfe auf. Das soll sich nun ändern.

**Beispiel:** Wir ändern die Relationsmatrix aus unserem vorangegangenen Beispiel auf die Fuzzy-Relation

$$R_2 = \begin{pmatrix} 1 & 0.5 & 0 \\ 0.3 & 1 & 0.3 \\ 0 & 0.6 & 1 \end{pmatrix}.$$

Wir finden die Fuzzy-Inferenz-Bilder bezüglich $R_2$

$hellrot \circ R_2$ = (1, 0.5, 0)

$rot \circ R_2$ = (0.3, 1, 0.3)

$dunkelrot \circ R_2$ = (0, 0.6, 1).

Umgangssprachlich können wir das Ergebnis etwa so interpretieren:

WENN eine Tomate *hellrot* ist,
DANN ist sie wahrscheinlich *unreif*, höchstens aber *reif*.

WENN eine Tomate *rot* ist,
DANN ist sie wahrscheinlich *reif*, evtl. aber auch *unreif* oder *überreif*.

WENN eine Tomate *dunkelrot* ist,
DANN ist sie *überreif*, mindestens aber *reif*. ∎

Wir sehen also erneut:

---
**Fuzzy-Relationen** eignen sich zur Modellierung **unscharfer Implikationen** der Form $x \to y$ (WENN ... DANN ...-Regeln).

---

Hier lautete die Implikation speziell

*Farbe* $\to$ *Reifegrad* .

Unsere Eingangs-Fuzzy-Mengen waren dabei bisher Singletons auf der Grundmenge {*hellrot, rot, dunkelrot*}, da die entsprechenden Vektoren wie

z. B. *hellrot* = (1, 0, 0) lediglich an einer Position eine Eins, sonst aber nur Nullen aufwiesen. Das Rechenschema können wir jedoch - wie wir später noch zeigen werden - in völlig identischer Weise anwenden, wenn wir z. B. eine Tomate vorliegen haben, die *hellrot bis rot* ist, also etwa durch die Fuzzy-Menge $\mu_1 = (0.5, 1, 0)$ beschrieben wird.

Diese Art der Implikation im Sinne einer WENN... DANN...-Regel funktioniert auch noch dann, wenn wir für die Fuzzy-Inferenz-Bilder bereits Fuzzy-Mengen festgelegt haben.

**Beispiel:** Wir legen im vorangehenden Beispiel auch die Fuzzy-Mengen der Reifegrade in harter Form fest, wie wir dies bei einer Klasseneinteilung der Güte nach (z. B. "Handelsklasse I" usw.) tun werden. Beachten wir die Fuzzy-Ähnlichkeit aus Abschnitt 1.1, so finden wir als harte Interpretation des im vorangehenden Beispiel errechneten Ergebnisses:

$$hellrot \circ R_2 \approx unreif$$
$$rot \circ R_2 \approx reif$$
$$dunkelrot \circ R_2 \approx überreif. \blacksquare$$

Für die Praxis der Fuzzy-Logik ist es von entscheidender Bedeutung, daß Fuzzy-Modellierungen von Implikationen robust gegen fuzzy-ähnliche Modifikationen der Fuzzy-Mengen und der Fuzzy-Relationen sind. Die beiden folgenden wichtigen Aussagen werden hier ohne Begründung angegeben.

> Zwei fuzzy-ähnliche Fuzzy-Mengen ergeben bezüglich einer Fuzzy-Relation fuzzy-ähnliche Ergebnismengen. Eine Fuzzy-Menge ergibt bezüglich zwei fuzzy-ähnlichen Fuzzy-Relationen fuzzy-ähnliche Ergebnismengen. Die Fuzzy-Informationstechnik ist robust gegenüber der Fuzzy-Ähnlichkeit (siehe [FRL92]).

Bei den bisherigen Beispielen hatten wir die Relationsmatrix als Modell für eine Regel bzw. einen Satz von Regeln immer als gegeben hingenommen. Gehen wir dagegen von WENN...DANN...-Regeln auf unscharfen Informationen aus, so haben wir die Fuzzy-Mengen, die in der Regel vorkommen, oft bereits definiert, bevor wir die Fuzzy-Relation angeben können. Es erhebt sich daher folgende wichtige Frage: Können wir zu vorgegebenen Fuzzy-Mengen, die die Prämisse und die Konklusion einer WENN...DANN...-Regel beschreiben, eine Fuzzy-Relation finden, die die WENN...DANN...-Regel modelliert? Die Beantwortung dieser Frage führt uns zurück auf den Begriff des Kreuzproduktes: Für normale Fuzzy-Mengen wird eine Fuzzy-Relation der WENN...DANN...-Regel durch das Kreuzprodukt gegeben. Es gibt viele weitere Fuzzy-Relationen, z. B. die zum

## 2.1 Fuzzy-Implikation

Kreuzprodukt fuzzy-ähnlichen Fuzzy-Relationen, die entsprechende Ergebnisse liefern.

Die Verwendung des auf dem MIN-Operator basierenden Kreuzprodukts zur Modellierung der Implikation bedeutet, daß wir die WENN... DANN...-Verknüpfung von Fuzzy-Mengen genauso realisieren wie die UND-Verknüpfung. Dies scheint zunächst sinnvoll zu sein, da wir auch in der klassischen Logik eine Implikation, d. h. WENN... DANN...-Regel als wahr bezeichnen, wenn Prämisse UND Schlußfolgerung wahr sind. Dennoch besteht ein gravierender Unterschied zur klassischen Implikation, über den wir jedoch erst am Ende dieses Abschnitts diskutieren wollen.

Stattdessen wollen wir zunächst ein Beispiel betrachten, das uns die Ermittlung einer Relationsmatrix aus Prämissen- und Konklusions-Fuzzy-Menge einer Regel verdeutlicht und darüber hinaus noch einige Hinweise zum Thema Fuzzy-Ähnlichkeit und Komplement von Fuzzy-Mengen gibt.

**Beispiel:** Wir betrachten folgende Fuzzy-Mengen aus Singletons auf der Grundmenge $G = \{1, ..., 10\}$ (Bild 2.1):

$M_{klein}$ = {1/1, 0.7/2, 0.3/3, 0.2/4, 0.1/5, 0/6, 0/7, 0/8, 0/9, 0/10}

$M_{groß}$ = {0/1, 0/2, 0/3, 0/4, 0.1/5, 0.3/6, 0.7/7, 0.9/8, 1/9, 1/10},

die beiden zugehörigen Komplementmengen

$M_{nicht\,klein}$ = {0/1, 0.3/2, 0.7/3, 0.8/4, 0.9/5, 1/6, 1/7, 1/8, 1/9, 1/10}

$M_{nicht\,groß}$ = {1/1, 1/2, 1/3, 1/4, 0.9/5, 0.7/6, 0.3/7, 0.1/8, 0/9, 0/10}

sowie die beiden Regeln für $x \in G$

$R_1$: WENN $x = klein$
DANN $x = nicht\,groß$

$R_2$: WENN $x = groß$
DANN $x = nicht\,klein$[4].

Die Relationsmatrix $R_1$ zur ersten Regel erhalten wir durch Bildung des Kreuzproduktes von $M_{klein}$ und $M_{nicht\,groß}$ zu

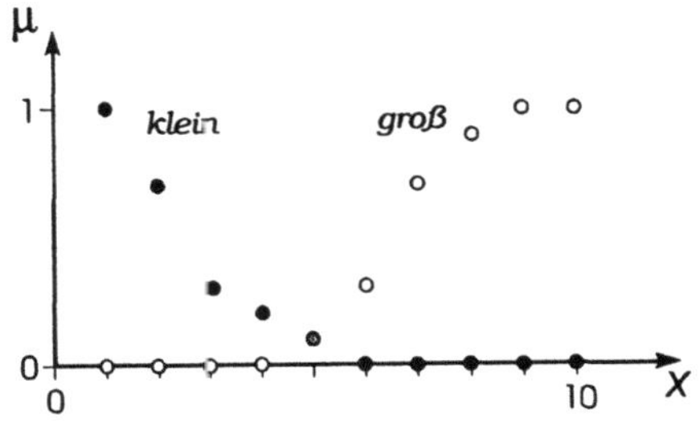

**Bild 2.1.** Diskrete Fuzzy-Mengen $M_{klein}$ und $M_{groß}$.

$$R_1 = M_{klein} \times M_{nicht\,groß} = M_{klein}^T \circ M_{nicht\,groß}$$

---

[4] Man beachte, daß in diesem Beispiel im Gegensatz zu den vorangegangenen Beispielen Prämisse und Konklusion der Regeln auf *derselben* Grundmenge $G$ definiert sind.

$$= \begin{pmatrix} 1 & 1 & 1 & 1 & 0.9 & 0.7 & 0.3 & 0.1 & 0 & 0 \\ 0.7 & 0.7 & 0.7 & 0.7 & 0.7 & 0.7 & 0.3 & 0.1 & 0 & 0 \\ 0.3 & 0.3 & 0.3 & 0.3 & 0.3 & 0.3 & 0.3 & 0.1 & 0 & 0 \\ 0.2 & 0.2 & 0.2 & 0.2 & 0.2 & 0.2 & 0.2 & 0.1 & 0 & 0 \\ 0.1 & 0.1 & 0.1 & 0.1 & 0.1 & 0.1 & 0.1 & 0.1 & 0 & 0 \\ 0 & 0 & 0 & 0 & 0 & 0 & 0 & 0 & 0 & 0 \\ 0 & 0 & 0 & 0 & 0 & 0 & 0 & 0 & 0 & 0 \\ 0 & 0 & 0 & 0 & 0 & 0 & 0 & 0 & 0 & 0 \\ 0 & 0 & 0 & 0 & 0 & 0 & 0 & 0 & 0 & 0 \\ 0 & 0 & 0 & 0 & 0 & 0 & 0 & 0 & 0 & 0 \end{pmatrix}$$

Entsprechend erhalten wir für die zweite Regel

$$R_2 = M_{groß}^T \circ M_{nicht\ klein}$$

$$= \begin{pmatrix} 0 & 0 & 0 & 0 & 0 & 0 & 0 & 0 & 0 & 0 \\ 0 & 0 & 0 & 0 & 0 & 0 & 0 & 0 & 0 & 0 \\ 0 & 0 & 0 & 0 & 0 & 0 & 0 & 0 & 0 & 0 \\ 0 & 0 & 0 & 0 & 0 & 0 & 0 & 0 & 0 & 0 \\ 0 & 0.1 & 0.1 & 0.1 & 0.1 & 0.1 & 0.1 & 0.1 & 0.1 & 0.1 \\ 0 & 0.3 & 0.3 & 0.3 & 0.3 & 0.3 & 0.3 & 0.3 & 0.3 & 0.3 \\ 0 & 0.3 & 0.7 & 0.7 & 0.7 & 0.7 & 0.7 & 0.7 & 0.7 & 0.7 \\ 0 & 0.3 & 0.7 & 0.8 & 0.9 & 0.9 & 0.9 & 0.9 & 0.9 & 0.9 \\ 0 & 0.3 & 0.7 & 0.8 & 0.9 & 1 & 1 & 1 & 1 & 1 \\ 0 & 0.3 & 0.7 & 0.8 & 0.9 & 1 & 1 & 1 & 1 & 1 \end{pmatrix}$$

Wir führen eine Kontrollrechnung durch:

$$M_{groß} \circ R_2 = \{0/1,\ 0.3/2,\ 0.7/3,\ 0.8/4,\ 0.9/5,\ 1/6,\ 1/7,\ 1/8,\ 1/9,\ 1/10\}$$

$$= M_{nicht\ klein} \quad \checkmark$$

Die beiden Matrizen $R_1$ und $R_2$ für die beiden Regeln weisen viele Nullen auf. Wir können eine bessere Nutzung der Matrix erreichen, wenn wir die beiden Regeln durch ein ODER verbinden und die zugehörigen Matrizen mit dem MAX-Operator verknüpfen:

$$R_{MAX} = R_1 \cup R_2 = R_1\ \text{ODER}\ R_2$$

## 2.1 Fuzzy-Implikation

$$= \begin{pmatrix} 1 & 1 & 1 & 1 & 0.9 & 0.7 & 0.3 & 0.1 & 0 & 0 \\ 0.7 & 0.7 & 0.7 & 0.7 & 0.7 & 0.7 & 0.3 & 0.1 & 0 & 0 \\ 0.3 & 0.3 & 0.3 & 0.3 & 0.3 & 0.3 & 0.3 & 0.1 & 0 & 0 \\ 0.2 & 0.2 & 0.2 & 0.2 & 0.2 & 0.2 & 0.2 & 0.1 & 0 & 0 \\ 0.1 & 0.1 & 0.1 & 0.1 & 0.1 & 0.1 & 0.1 & 0.1 & 0.1 & 0.1 \\ 0 & 0.3 & 0.3 & 0.3 & 0.3 & 0.3 & 0.3 & 0.3 & 0.3 & 0.3 \\ 0 & 0.3 & 0.7 & 0.7 & 0.7 & 0.7 & 0.7 & 0.7 & 0.7 & 0.7 \\ 0 & 0.3 & 0.7 & 0.8 & 0.9 & 0.9 & 0.9 & 0.9 & 0.9 & 0.9 \\ 0 & 0.3 & 0.7 & 0.8 & 0.9 & 1 & 1 & 1 & 1 & 1 \\ 0 & 0.3 & 0.7 & 0.8 & 0.9 & 1 & 1 & 1 & 1 & 1 \end{pmatrix}$$

Die Anwendung dieser Gesamtmatrix liefert nun

$M_{klein} \circ R_{MAX} = \{1/1,\ 1/2,\ 1/3,\ 1/4,\ 0.9/5,\ 0.7/6,\ 0.3/7,\ 0.1/8,\ 0.1/9,\ 0.1/10\}$

$\approx M_{nicht\ groß}$

$M_{groß} \circ R_{MAX} = \{0.1/1,\ 0.3/2,\ 0.7/3,\ 0.8/4,\ 0.9/5,\ 1/6,\ 1/7,\ 1/8,\ 1/9,\ 1/10\}$

$\approx M_{nicht\ klein}$

Wir erhalten also nicht exakt die ursprünglichen Mengen. Dies war aber auch nicht zu erwarten, da sich die Fuzzy-Mengen $M_{klein}$ und $M_{groß}$ überlappen (Bild 2.1) und es damit $x$-Werte gibt, für die beide Regeln zutreffen. In den zugehörigen Relationsmatrizen $R_1$ und $R_2$ spiegelt sich diese Tatsache darin wider, daß es Positionen gibt, in denen beide Matrizen Elemente ungleich 0 aufweisen. Im Rahmen der Diskretisierungsgenauigkeit von 0.1 gilt jedoch Fuzzy-Ähnlichkeit - die Matrix $R_{MAX}$ gibt beide Regeln befriedigend wieder.

Wir wollen einen Schritt weiter gehen und die zweite Regel umkehren zur Regel

$R_3$: WENN  $x = nicht\ klein$   DANN  $x = groß$

mit der zugehörigen Relationsmatrix

$$R_3 = M^{\mathrm{T}}_{nicht\ klein} \circ M_{groß}$$

$$= \begin{pmatrix} 0 & 0 & 0 & 0 & 0 & 0 & 0 & 0 & 0 & 0 \\ 0 & 0 & 0 & 0 & 0.1 & 0.3 & 0.3 & 0.3 & 0.3 & 0.3 \\ 0 & 0 & 0 & 0 & 0.1 & 0.3 & 0.7 & 0.7 & 0.7 & 0.7 \\ 0 & 0 & 0 & 0 & 0.1 & 0.3 & 0.7 & 0.8 & 0.8 & 0.8 \\ 0 & 0 & 0 & 0 & 0.1 & 0.3 & 0.7 & 0.9 & 0.9 & 0.9 \\ 0 & 0 & 0 & 0 & 0.1 & 0.3 & 0.7 & 0.9 & 1 & 1 \\ 0 & 0 & 0 & 0 & 0.1 & 0.3 & 0.7 & 0.9 & 1 & 1 \\ 0 & 0 & 0 & 0 & 0.1 & 0.3 & 0.7 & 0.9 & 1 & 1 \\ 0 & 0 & 0 & 0 & 0.1 & 0.3 & 0.7 & 0.9 & 1 & 1 \\ 0 & 0 & 0 & 0 & 0.1 & 0.3 & 0.7 & 0.9 & 1 & 1 \end{pmatrix}$$

Wie wir unmittelbar erkennen können, ist $R_3$ gerade die Transponierte zur Matrix $R_2$. Die Kontrollrechnung liefert dementsprechend

$$M_{nicht\ klein} \circ R_3 = \{0/1,\ 0/2,\ 0/3,\ 0/4,\ 0.1/5,\ 0.3/6,\ 0.7/7,\ 0.9/8,\ 1/9,\ 1/10\}$$
$$= M_{groß}.$$

Führen wir jetzt eine ODER-Verknüpfung der Regeln

$R_1$: WENN $x = klein$ DANN $x = nicht\ groß$
$R_3$: WENN $x = nicht\ klein$ DANN $x = groß$

durch, die sich gerade durch zueinander komplementäre Prämissen auszeichnen, so erhalten wir als resultierende Matrix

$$\hat{R}_{\mathrm{MAX}} = R_1 \cup R_3 = R_1\ \mathrm{ODER}\ R_3$$

$$= \begin{pmatrix} 1 & 1 & 1 & 1 & 0.9 & 0.7 & 0.3 & 0.1 & 0 & 0 \\ 0.7 & 0.7 & 0.7 & 0.7 & 0.7 & 0.7 & 0.3 & 0.3 & 0.3 & 0.3 \\ 0.3 & 0.3 & 0.3 & 0.3 & 0.3 & 0.3 & 0.7 & 0.7 & 0.7 & 0.7 \\ 0.2 & 0.2 & 0.2 & 0.2 & 0.2 & 0.3 & 0.7 & 0.8 & 0.8 & 0.8 \\ 0.1 & 0.1 & 0.1 & 0.1 & 0.1 & 0.3 & 0.7 & 0.9 & 0.9 & 0.9 \\ 0 & 0 & 0 & 0 & 0.1 & 0.3 & 0.7 & 0.9 & 1 & 1 \\ 0 & 0 & 0 & 0 & 0.1 & 0.3 & 0.7 & 0.9 & 1 & 1 \\ 0 & 0 & 0 & 0 & 0.1 & 0.3 & 0.7 & 0.9 & 1 & 1 \\ 0 & 0 & 0 & 0 & 0.1 & 0.3 & 0.7 & 0.9 & 1 & 1 \\ 0 & 0 & 0 & 0 & 0.1 & 0.3 & 0.7 & 0.9 & 1 & 1 \end{pmatrix}$$

## 2.1 Fuzzy-Implikation

Die Anwendung dieser Gesamtmatrix liefert

$$M_{klein} \circ \hat{R}_{MAX} = \{1/1,\ 1/2,\ 1/3,\ 1/4,\ 0.9/5,\ 0.7/6,\ 0.3/7,\ 0.3/8,\ 0.3/9,\ 0.3/10\}$$
$$\approx M_{nicht\ groß}$$

und

$$M_{nicht\ klein} \circ \hat{R}_{MAX} = \{0.3/1,\ 0.3/2,\ 0.3/3,\ 0.3/4,\ 0.3/5,\ 0.3/6,\ 0.7/7,\ 0.9/8,\ 1/9,\ 1/10\}$$
$$\approx M_{groß}.$$

Wegen der nicht booleschen Eigenschaft der Fuzzy-Logik gilt Übereinstimmung nur im unteren bzw. im oberen Teil mit $M_{nicht\ groß}$ bzw. $M_{groß}$ - die Fuzzy-Ähnlichkeit ist zwar nicht verletzt, aber das Ergebnis stark gestört. Diese "Störung" ist begründet durch die Tatsache, daß sich die Fuzzy-Mengen $M_{klein}$ und $M_{nicht\ klein}$ aufgrund der Wahl des Komplements als NICHT-Operator sehr stark überlappen. ∎

Als Schlußfolgerung aus dem vorangegangenen Beispiel können wir festhalten:

> Es sollen einer Fuzzy-Relationsmatrix keine zwei zueinander komplementären Fuzzy-Prämissen aufgeprägt werden. Dann können **mehrere Implikationen** mit der ODER-Verknüpfung über den MAX-Operator in **einer einzigen Relationsmatrix** zusammengefaßt werden.

Es liegt nun nahe, die Implikation der klassischen Logik mit der Fuzzy-Implikation, die durch eine Relation vermittels des auf dem MIN-Operator basierenden Kreuzprodukts bestimmt ist, zu vergleichen. Wir beschreiben sie im folgenden mit dem üblichen Doppelpfeil:

WENN die Aussage $A$ gilt, DANN gilt die Aussage $B$

oder

$$A \Rightarrow B.$$

Die klassische Implikation hat gemäß Definition nur dann den Wahrheitswert falsch, wenn aus etwas wahrem etwas falsches gefolgert wird, d. h. die Prämisse wahr, die Konklusion aber falsch ist. Diese Art des Schließens können wir daher als "optimistisches Schließen" bezeichnen. Im Gegensatz dazu ist das fuzzy-logische Schließen "vorsichtiger", man könnte es auch als "pessimistisches Schließen" bezeichnen: Da wir den MIN-Operator benutzen, erhält die Implikation - sofern wir wie in der klassischen Logik nur Aussagen im Sinne der Wahrheitswerte falsch (= 0) und wahr (= 1) zulassen - schon dann den Wahrheitswert falsch, wenn entweder Prämisse oder Konklusion falsch ist. Tabelle 2.1 zeigt die klassische Implikation $A \Rightarrow B$ und die Fuzzy-Implikation $A \times B$ im Vergleich. Wir sehen unmittelbar, daß eine auf einer mit dem MIN-Operator gebildeten Relation $R$ beruhende Implikation nur im Fall $A$ = wahr mit der klassischen Implikation des logischen Schließens übereinstimmt:

| $A\ B$ | $A \Rightarrow B$ | $A \times B$ |
|---|---|---|
| 0 0 | 1 | 0 |
| 0 1 | 1 | 0 |
| 1 0 | 0 | 0 |
| 1 1 | 1 | 1 |

Tabelle 2.1.

> Das fuzzy-logische Schließen unterscheidet sich vom mathematisch-logischen Schließen immer dann, wenn der harte Wahrheitswert falsch (=0) in der Prämisse einer Implikation auftritt.

Trotz dieses prinzipiellen Mangels spielt das Kreuzprodukt als Realisierungsform der Implikation in der Fuzzy-Logik bisher die dominierende Rolle. Gründe dafür werden wir später anführen.

## 2.2 Linguistische Variablen und Terme

Wir haben uns bisher einer Sprache bedient und Beispiele angegeben, in denen sich die Sprachelemente in Fuzzy-Mengen, also geometrischen Figuren im Sinne von (u. U. diskretisierten) Kennlinien ausdrücken lassen, so daß sprachliche Aussagen wie WENN...DANN...-Regeln in Form von Algorithmen zu Berechnungsverfahren werden. Es bietet sich daher geradezu an, alle Problemstellungen, die sich in sprachlicher Form beschreiben lassen, in algorithmische Berechnungsverfahren zu überführen.

Ein solches allgemeines Konzept bietet die *Fuzzy-Linguistik*. Ihre Grundelemente sind die *linguistische Variable* und der *linguistische Term*. Wir haben bisher im wesentlichen nur einzelne Fuzzy-Mengen betrachtet. Sprachhülsen wie "niedrige Temperatur" haben wir als eine Fuzzy-Menge beschrieben. Eine solche Sprachhülse beinhaltet mindestens zwei Teilbegriffe: im vorliegenden Beispiel die *Temperatur* als Kenngröße und *niedrig* als umgangssprachlicher Wert der Kenngröße (Bild 2.2). Dieser wird als Fuzzy-Menge beschrieben. Zur Charakterisierung von Kenngrößen wird i. a. *ein ganzer Satz* von Fuzzy-Mengen benötigt.

## 2.2 Linguistische Variablen und Terme

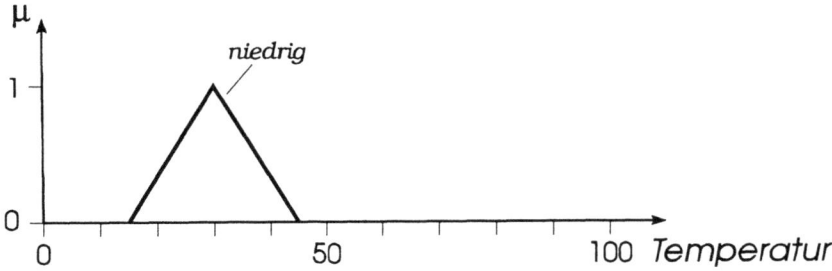

**Bild 2.2.** Linguistischer Term *niedrig* der linguistischen Variablen *Temperatur*.

**Beispiel:** Wir betrachten die Temperatur einer Flüssigkeit im Bereich zwischen 0 und 100 °C. Bild 2.3 zeigt einen möglichen Satz von Fuzzy-Mengen, der den gesamten Wertebereich ausschöpft. ∎

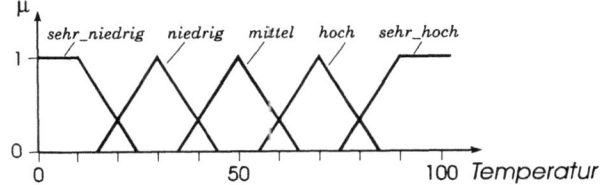

**Bild 2.3.** Satz von linguistischen Termen für die linguistische Variable *Temperatur*.

Man bezeichnet also die Kenngröße (hier *Temperatur*) als linguistische Variable, ihre zugehörigen Werte (Fuzzy-Mengen, hier *sehr_niedrig*[5], *niedrig*, *mittel*, *hoch* und *sehr_hoch*) als linguistische Terme. Die linguistische Variable ist demnach die Grundmenge der Kenngröße in der Fuzzy-Modellierung. Für technische Anwendungen gelten die Analogien

$$\text{linguistische Variable} \Leftrightarrow \text{Signalkanal}$$

$$\text{linguistischer Term} \Leftrightarrow \text{Fuzzy-Signalwert}.$$

Bild 2.3 läßt bereits einige typische Merkmale der Modellierung von Fuzzy-Termen erkennen:

- Der Rand des Wertebereichs einer linguistischen Variablen wird meist durch trapezförmige Fuzzy-Mengen abgedeckt. Für den Zwischenbereich werden in vielen Fällen (symmetrische) dreiecksförmige Fuzzy-Mengen benutzt.
- Die Anzahl linguistischer Terme hängt vom Anwendungsfall ab; typisch sind Werte zwischen 2 und 7.

---

[5] Wir werden Terme wie *sehr_niedrig* oder *sehr_hoch* im folgenden durch einen Unterstrich kennzeichnen, um zu verdeutlichen, daß es sich um einen eigenständigen Term und nicht etwa um eine Modifikation des Termes *niedrig* bzw. *hoch* handelt.

- Die Fuzzy-Mengen werden häufig so gewählt, daß sich nebeneinanderliegende Fuzzy-Mengen mehr oder weniger stark überlappen, d. h. ein (scharfer) Signalwert zu mehreren Fuzzy-Mengen gleichzeitig gehören kann. In welchem Maße eine Überlappung sinnvoll ist, hängt jedoch von der Art der Defuzzifizierung - mit der wir uns in Abschnitt 3.2 intensiv beschäftigen werden - ab.

Wie findet nun der Übergang von einem scharfen Signalwert zum Fuzzy-Signalwert statt? Betrachten wir dazu zunächst wieder ein Beispiel.

**Beispiel:** Wir gehen aus von der linguistischen Variable *Temperatur T* mit den zugehörigen linguistischen Termen nach Bild 2.3 und betrachten die scharfen Temperaturwerte $T_1$, $T_2$ und $T_3$ (Bild 2.4). Umgangssprachlich können wir diese dann etwa wie folgt charakterisieren:

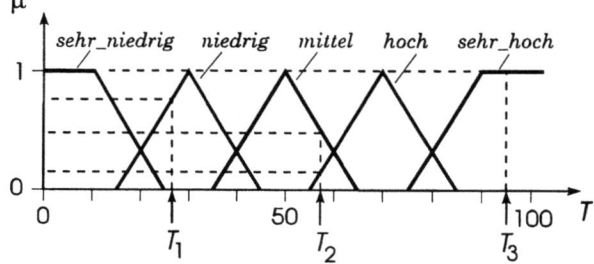

Die Temperatur $T_1 = 28°$ ist *niedrig*.

Die Temperatur $T_2 = 58°$ ist *mittel bis hoch, eher mittel*.

Bild 2.4. Fuzzifizierung scharfer Temperaturwerte.

Die Temperatur $T_3 = 95°$ ist *sehr_hoch*.

Eine vollständige Beschreibung erhalten wir, wenn wir für jeden scharfen Temperaturwert den Zugehörigkeitsgrad bezüglich aller linguistischen Terme angeben. Dieser Vorgang wird als *Fuzzifizierung* bezeichnet:

> Man bezeichnet den Übergang vom scharfen Signalwert $T$ auf den zugehörigen Fuzzy-Signalwert $T^*$, hier
> 
> $$T^* = \left(\mu_{sehr\_niedrig}(T), \mu_{niedrig}(T), \mu_{mittel}(T), \mu_{hoch}(T), \mu_{sehr\_hoch}(T)\right),$$
> 
> als *Fuzzifizierung*.

**Man beachte:** Als Vorgriff auf später sei bereits angemerkt, daß die Fuzzifizierung in der hier definierten Form *nicht* das aussagenlogische Pendant der Defuzzifizierung in der Fuzzy-Logik der regelbasierten Systeme ist. Während bei der Defuzzifizierung eine Fuzzy-Menge in einen scharfen Wert zurückverwandelt wird, wird bei der Fuzzifizierung eben nicht ein scharfer Wert in eine Fuzzy-Menge überführt, sondern in einen *Vektor von Zugehörigkeitsgraden*. Da jedoch alle Welt diese Begriffsbildung benutzt, lassen wir sie so stehen. In diesem Sinne:

## 2.2 Linguistische Variablen und Terme

> Das fuzzifizierte Signal ist ein $n$-Tupel von Zugehörigkeitsgraden, wobei $n$ die Anzahl der linguistischen Terme auf dem Signalkanal angibt.

Hier liefert die Fuzzifizierung

$$T_1 = 28° \xrightarrow{Fuzzifizierung} T_1^* = (0, 0.8, 0, 0, 0)$$

$$T_2 = 58° \xrightarrow{Fuzzifizierung} T_2^* = (0, 0, 0.5, 0.15, 0)$$

$$T_3 = 95° \xrightarrow{Fuzzifizierung} T_3^* = (0, 0, 0, 0, 1)$$

Linguistische Terme lassen sich entsprechend dem umgangssprachlichen Gebrauch durch UND und ODER verknüpfen. Wir unterscheiden zwei Fälle, die wir bereits in Kapitel 1 angedeutet haben:

Die Verknüpfung von linguistischen Termen *einer* linguistischen Variablen, d. h. nur einer Kenngröße, wird definiert wie die Verknüpfung der dazu gehörenden Fuzzy-Mengen als UND mit dem MIN-Operator und als ODER mit dem MAX-Operator.

**Beispiel:** Wir betrachten die Verknüpfung der Terme *mittel* und *hoch* für die linguistische Variable *Temperatur* nach Bild 2.4. Bild 2.5 zeigt die resultierenden Fuzzy-Mengen. ∎

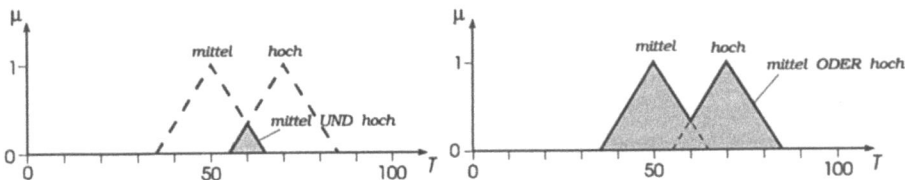

**Bild 2.5.** Verknüpfung linguistischer Terme einer linguistischen Variablen.

Es sind alle in Abschnitt 1.2 aufgeführten Verknüpfungsvarianten als Operatoren auf Fuzzy-Mengen möglich.

Im zweiten Fall betrachten wir linguistische Terme auf unterschiedlichen linguistischen Variablen, d. h. Kenngrößen. Da die Kenngrößen verschieden sind, können wir davon ausgehen, daß eine linguistische Variable bezüglich jeder anderen Kenngröße unabhängig ist. Die Kenngrößen sind für uns die Grundmengen der linguistischen Terme, so daß wir diese Unabhängigkeit auf dem Kreuzprodukt der Grundmengen ausdrücken können.

Die Vorgehensweise im Falle diskreter Grundmengen haben wir bereits in Abschnitt 1.3 bei der Verknüpfung der Terme *Junger Mann* und *Großer Mann* betrachtet. Wir wollen uns die Zusammenhänge jetzt an einem Beispiel mit kontinuierlichen Grundmengen grafisch verdeutlichen.

**Beispiel:** Wir betrachten den Term *niedrig* für die linguistische Variable *Temperatur* und den Term *mittel* für die linguistische Variable *Druck* nach Bild 2.6.

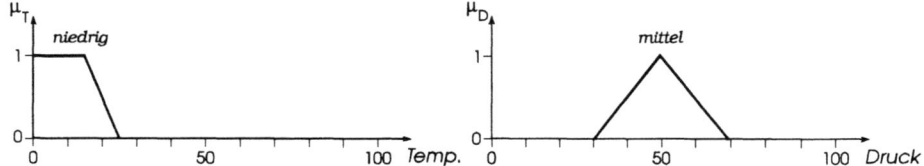

**Bild 2.6.** Definition linguistischer Terme auf unterschiedlichen Kenngrößen.

Bevor wir die beiden Terme verknüpfen können, müssen wir zunächst die *zylindrische Erweiterung* der beiden Fuzzy-Mengen auf der Kreuzproduktmenge ihrer Kenngrößen bilden (Bild 2.7).

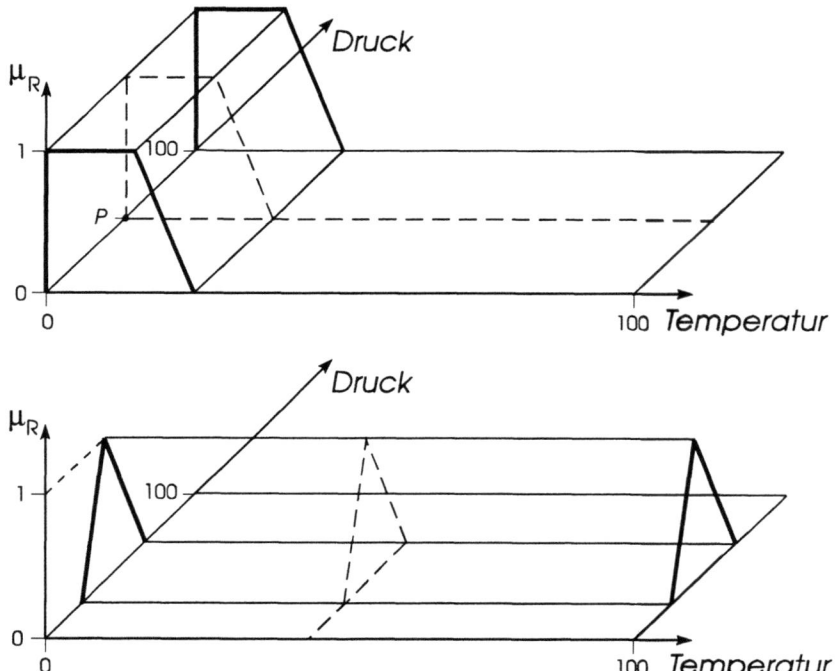

**Bild 2.7.** Zylindrische Erweiterung des Terms *niedrige Temperatur* (oben) bzw. *mittlerer Druck* (unten).

Wir sehen aus der Darstellung, daß die Fuzzy-Menge *niedrige Temperatur* für jeden Wert des Drucks gleich ist. Dazu legt man einen vertikalen Schnitt für den Druck $P$ durch das Diagramm. Für einen Zylinder über der Fuzzy-Menge *niedrige Temperatur* in Richtung der Darstellungsachse

## 2.2 Linguistische Variablen und Terme

*Druck* sind alle diese Schnitte gleich. Analoge Verhältnisse ergeben sich bei der zylindrischen Erweiterung der Fuzzy-Menge *mittlerer Druck*. Wir haben auf diese Weise also die beiden Fuzzy-Mengen auf zunächst unterschiedlichen Grundmengen überführt in Fuzzy-Relationen auf *derselben* Kreuzproduktmenge:

> Zwei linguistische Terme auf verschiedenen Kenngrößen lassen sich im Fuzzy-Kalkül nur durch Operatoren wie UND und ODER verknüpfen, wenn sie zuvor zylindrisch erweitert worden sind.

Nunmehr können wir die eigentliche Verknüpfung vornehmen. Dazu werden die zylindrischen Erweiterungen für eine UND-Verknüpfung mit dem MIN-Operator, für eine ODER-Verknüpfung mit dem MAX-Operator kombiniert. Bild 2.8 zeigt die resultierenden Fuzzy-Relationen als "Gebirge" über der *Temperatur-Druck*-Ebene. Exakt die gleiche Relation wie bei der UND-Verknüpfung würden wir auch für die Implikation WENN *Temperatur = niedrig* DANN *Druck = mittel* bzw. die umgekehrte Regel WENN *Druck = mittel* DANN *Temperatur = niedrig* erhalten, da wir diese ebenfalls über den MIN-Operator definiert haben. ∎

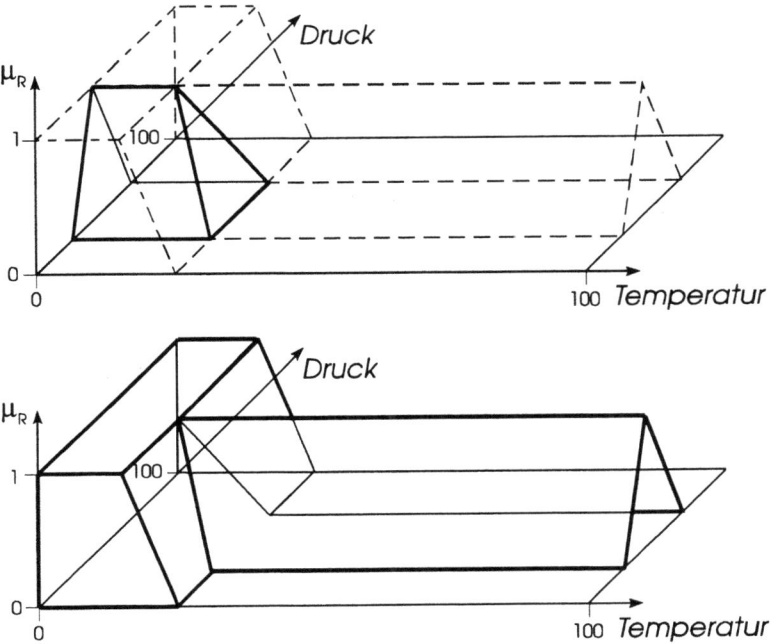

**Bild 2.8.** Bildung der Fuzzy-Relationen *niedrige Temperatur* UND *mittlerer Druck* (oben) bzw. *niedrige Temperatur* ODER *mittlerer Druck* (unten).

Die beiden Schritte

- zylindrische Erweiterung der zu verknüpfenden Fuzzy-Mengen auf Fuzzy-Relationen
- Verknüpfung der Fuzzy-Relationen über den MIN- bzw. MAX-Operator

können wir, wie bereits im Beispiel *Junger großer Mann* geschehen, in der Vorschrift

$$\mu_R(x, y) = \text{MIN}(\mu_1(x), \mu_2(y)) \text{ bzw.}$$
$$\mu_R(x, y) = \text{MAX}(\mu_1(x), \mu_2(y))$$

zusammenfassen. Angewendet auf unser Beispiel erhalten wir:

$$\mu_R(Temperatur, Druck) = \text{MIN}(\mu_T(Temperatur), \mu_D(Druck)) \text{ bzw.}$$
$$\mu_R(Temperatur, Druck) = \text{MAX}(\mu_T(Temperatur), \mu_D(Druck))$$

Den zur zylindrischen Erweiterung entgegengesetzten Vorgang stellt die *Projektion* dar. Mit ihrer Hilfe können wir eine zweistellige Fuzzy-Relation in eine Fuzzy-Menge auf einer einfachen Grundmenge überführen. Projizieren wir z. B. die Relation *niedrige Temperatur UND mittlerer Druck* (Bild 2.8 oben) auf die $\mu_R - Druck$-Ebene, so erhalten wir eine Fuzzy-Menge auf der Grundmenge des Drucks. Diese entspricht dem Umriss des Fuzzy-Relationsgebirges, den wir wahrnehmen, wenn wir "von rechts" auf die Relation blicken. Sie ist bei einer normalen Fuzzy-Relation identisch mit unserer ursprünglichen Fuzzy-Menge für *mittleren Druck*. Wir erkennen an dieser Stelle auch, wie wichtig die Forderung ist, nur mit normalen Fuzzy-Mengen zu arbeiten: Sind die verknüpften Fuzzy-Mengen nämlich normal, so ist auch die resultierende Fuzzy-Relation normal. Ist hingegen eine der Fuzzy-Mengen subnormal, so gehen bei der Verknüpfung über den MIN-Operator die "Höhen" der normalen Fuzzy-Menge verloren und sie läßt sich über die Projektion nicht zurückgewinnen.

Blicken wir "von hinten" auf die Fuzzy-Relation, erhalten wir als Umriss dementsprechend die ursprüngliche Fuzzy-Menge für *niedrige Temperatur* zurück. Formelmäßig sind die beiden Projektionen, die auch als *erste* bzw. *zweite Projektion* bezeichnet werden, im allgemeinen Fall gegeben durch die Ausdrücke

$$\mu_R^1(x) = \text{MAX}_{y \in G_2}(\mu_R(x, y)) \text{ bzw.}$$
$$\mu_R^2(y) = \text{MAX}_{x \in G_1}(\mu_R(x, y))$$

## 2.2 Linguistische Variablen und Terme

Wie man sich am unteren Teilbild von Bild 2.8 unmittelbar plausibel machen kann, ist die Anwendung einer Projektion auf eine auf dem MAX-Operator basierenden Fuzzy-Relation nicht sinnvoll. Da wir den Begriff der Projektion nachfolgend nicht mehr benötigen, wollen wir es bei diesen Ausführungen belassen.

Wir können also wie in der Umgangssprache mit linguistischen Termen Ausdrücke bilden, indem wir sie sukzessiv aus linguistischen Termen und deren Verknüpfungen mit UND, ODER oder auch WENN... DANN... aufbauen, beispielsweise

*(niedrige Temperatur UND mittlerer Druck) ODER*
*(hohe Temperatur    UND hoher Druck)*

oder

WENN *(hohe Temperatur UND großes Volumen)* DANN *hoher Druck.*

Die Klammerung dient dazu, das logische Verständnis dieser Ausdrucksbildung zu unterstreichen und wird im allgemeinen weggelassen.

Nehmen wir Terme weiterer Kenngrößen auf anderen Grundmengen wie z. B. im zweiten Fall *großes Volumen* hinzu, so erhöht sich die Stelligkeit der Fuzzy-Relation für jede neue Kenngröße um eins. So stellt obige WENN...DANN...-Regel mit zwei Prämissen bereits eine dreistellige Fuzzy-Relation dar. Auf die grafische Darstellung solcher Konstrukte wollen wir aus begreiflichen Gründen verzichten. Auf analoge Weise erhöht sich auch die Dimension der zugehörigen Relationsmatrix.

Nachzureichen bleibt die formale Definition der zylindrischen Erweiterung:

**Definition.** *Sind $\mu_1: G_1 \to [0, 1]$, $\mu_2: G_2 \to [0, 1]$ zwei Fuzzy-Mengen auf verschiedenen Grundmengen $G_1$, $G_2$, dann heißen*

$$\mu_1^*, \mu_2^*: G_1 \times G_2 \to [0, 1]$$

*mit $\mu_1^*(x, y) = \mu_1(x)$ für alle $y \in G_2$ und $\mu_2^*(x, y) = \mu_2(y)$ für alle $x \in G_1$ die **zylindrischen Erweiterungen** $\mu_1^*$, $\mu_2^*$ von $\mu_1$ und $\mu_2$ auf $G_1 \times G_2$.* ■

Das Konzept der Fuzzy-Linguistik ermöglicht Anwendungen der Fuzzy-Set-Theorie auf vielen Gebieten, die weit über das Anwendungsziel dieses Buches hinausgehen. Wir wollen dies lediglich an einem Beispiel erläutern, das im weitestgehenden Sinne dem Gebiet der optimalen Entscheidungsfindung zuzuordnen ist.

**Beispiel:** Baufirma

Wir betrachten die Auftragslage einer Baufirma, der die *Auftragsmenge* $A = \{x_1, x_2, x_3, x_4\}$ vorliegt. Die Baufirma soll nach den Kriterien *Wirkung, Gewinn* und *Baudauer* entscheiden, welcher der vorliegenden Aufträge als nächster durchgeführt werden soll. In der vorliegenden Problemumgebung ist die Menge der linguistischen Terme $S = \{große\_Wirkung, großer\_Gewinn, lange\_Baudauer\}$ auf der Grundmenge $A$ der Aufträge (Kenngröße) durch ein Bewertungsschema definiert (siehe nebenstehende Tabelle).

| Term | $x_1$ | $x_2$ | $x_3$ | $x_4$ |
|---|---|---|---|---|
| $\mu_{große\_Wirkung}$ | 1 | 0.6 | 0 | 0 |
| $\mu_{großer\_Gewinn}$ | 0.5 | 0.7 | 1 | 1 |
| $\mu_{lange\_Baudauer}$ | 0.9 | 0.6 | 1 | 0 |

Die *Ziele* $Z_i$ der Baufirma können mit Hilfe dieser Terme und modifizierenden Attributen, die wir als Modifikatoren (siehe Abschnitt 1.2) interpretieren, beschrieben werden:

$Z_1$ = "nicht sehr große Wirkung"    d. h. $\mu_{Z_1} = 1 - \mu^2_{große\_Wirkung}$

$Z_2$ = "sehr großer Gewinn"    d. h. $\mu_{Z_2} = \mu^2_{großer\_Gewinn}$

$Z_3$ = "annähernd lange Baudauer"    d. h. $\mu_{Z_3} = \text{INT}(\mu_{lange\_Baudauer})$

Durch den Auftraggeber gibt es Einschränkungen $E_i$ für die Entscheidung der Baufirma, die als mit Attributen versehene linguistische Terme angegeben werden können:

$E_1$ = "sehr große Wirkung"    d. h. $\mu_{E_1} = \mu^2_{große\_Wirkung}$

$E_2$ = "kurze Baudauer"    d. h. $\mu_{E_2} = 1 - \mu_{lange\_Baudauer}$

Für die zu den Zielen und Einschränkungen gehörenden Fuzzy-Mengen erhalten wir dann das nebenstehende Schema.

|  | $x_1$ | $x_2$ | $x_3$ | $x_4$ |
|---|---|---|---|---|
| $\mu_{Z_1}$ | 0 | 0.64 | 1 | 1 |
| $\mu_{Z_2}$ | 0.25 | 0.49 | 1 | 0 |
| $\mu_{Z_3}$ | 0.92 | 0.68 | 1 | 0 |
| $\mu_{E_1}$ | 1 | 0.36 | 0 | 0 |
| $\mu_{E_2}$ | 0.1 | 0.4 | 0 | 1 |

Die Entscheidung der Baufirma wird von Regeln abhängig gemacht, die in der Umgangssprache auf der Menge der Ziele der Baufirma und der Einschränkungen der Auftraggeber mit den Verknüpfungen UND, ODER, NICHT, WENN...DANN... beschrieben werden können. Mögliche Beispiele für solche Regeln sind:

- Pessimistische Entscheidungsregel $R_P$:

    WENN alle Einschränkungen der Auftraggeber
    UND    alle Ziele der Baufirma gefordert werden,
    DANN  soll ein Auftrag alle Forderungen mit möglichst hohem Bewertungsgrad erfüllen.

## 2.2 Linguistische Variablen und Terme

Formell: $R_P := E_1$ UND $E_2$ UND $Z_1$ UND $Z_2$ UND $Z_3$

- Optimistische Entscheidungsregel $R_O$:
  WENN die Einschränkung $E_1$ UND das Ziel $Z_3$
  ODER $E_2$ UND $Z_2$ eine für alle akzeptable Baudauer ergeben,
  DANN soll ein Auftrag diese Forderungen mit möglichst hohem Bewertungsgrad erfüllen.
  Formell: $R_O := (E_1$ UND $Z_3)$ ODER $(E_2$ UND $Z_2)$

Im Fuzzy-Modell erhalten wir dann die zu diesen Entscheidungsregeln gehörenden Fuzzy-Mengen

$$\mu_P = \mu_{E_1} \cap \mu_{E_2} \cap \mu_{Z_1} \cap \mu_{Z_2} \cap \mu_{Z_3},$$

$$\mu_O = \left(\mu_{E_1} \cap \mu_{Z_3}\right) \cup \left(\mu_{E_2} \cap \mu_{Z_2}\right),$$

und lesen aus dem nebenstehenden Schema für jedes Ereignis (Auftrag) das Inferenzergebnis als Bewertung bezüglich jeder Regel ab.

|       | $x_1$ | $x_2$ | $x_3$ | $x_4$ |
|-------|-------|-------|-------|-------|
| $\mu_P$ | 0     | 0.36  | 0     | 0     |
| $\mu_O$ | 0.92  | 0.4   | 0     | 0     |

Wir können nun als Kriterium für die Erfüllung einer Entscheidungsregel die Höhe des Bewertungsgrades für einen Auftrag betrachten. Derjenige Auftrag, der die Entscheidungsregel mit maximalem Bewertungsgrad erfüllt, wird durchgeführt. Im Falle einer pessimistischen Entscheidung erhalten wir Auftrag $x_2$ mit

$$\mu_P(x_2) = 0.36,$$

für die optimistische Entscheidung Auftrag $x_1$ mit

$$\mu_O(x_1) = 0.92.$$

Wir können auch verlangen, daß beide Entscheidungsregeln für einen Auftrag gleichzeitig einen möglichst hohen Bewertungsgrad erbringen:

Formell: $R_P$ UND $R_O$.

Dann finden wir diese neue Entscheidungsregel für $x_2$ erfüllt mit

$$\mu_P(x_2) \cap \mu_O(x_2) = 0.36.$$

Die letzten Schritte verdeutlichen, wie das Inferenzergebnis interpretiert, genauer gesagt decodiert werden kann. Das Auffinden eines Auftrags, der eine Regel mit maximalem Bewertungsgrad erfüllt, wird auch als *Defuzzifizierung* bezeichnet (siehe Abschnitt 3.2). ∎

## 2.3 Fuzzy-Inferenzschema

Im Abschnitt 2.1 haben wir auf diesen Abschnitt bereits hingewiesen und das Ziel als *fuzzy-logisches Schließen* bezeichnet. Es handelt sich um das regelbasierte Schließen mit unscharfen Aussagen, das wir hier zunächst an einfachsten, aber fundamentalen Beispielen behandeln. Wir nennen dieses Schließen **Fuzzy-Inferenz**:

> Eine **Fuzzy-Inferenz** ist im Prinzip eine "**Verarbeitungsvorschrift**" für WENN ... DANN ... - **Regeln** bzw. ganze Gruppen von Regeln auf unscharfen Aussagen.

Wir erinnern noch einmal an das Beispiel für ein fuzzy-logisches Schließen in Abschnitt 2.1:

*Implikation*: WENN eine Tomate rot ist, DANN ist sie reif.
*Faktum*: Die (vorliegende) Tomate ist hellrot.

*Schluß*: Die (vorliegende) Tomate ist weniger reif.

Die Implikationen haben wir bereits behandelt. Sie stellen in Form von WENN - DANN...-Regeln eine weitere Verknüpfungsmöglichkeit für linguistische Terme neben UND und ODER dar. Die zugehörigen Fuzzy-Relationen hatten wir seinerzeit durch Anwendung des auf dem MIN-Operator basierenden Kreuzproduktes der Fuzzy-Mengen von Prämisse und Konklusion erhalten:

> In der Fuzzy-Linguistik kann zur Modellierung von WENN ... DANN ...-Regeln wie bei der UND-Verknüpfung der **MIN-Operator** benutzt werden:
>
> $$\mu_{x \to y}(x, y) := \mathrm{MIN}(\mu_1(x), \mu_2(y)) \quad (x, y) \in G_1 \times G_2$$
>
> Sind die Grundmengen (Kenngrößen) der linguistischen Terme endlich, so ist eine WENN...-DANN...-Regel eine **Fuzzy-Relationsmatrix**, die durch die Fuzzy-Mengen in der Prämisse und der Konklusion bestimmt ist.

Wir wollen hierzu zunächst ein Beispiel betrachten, das sich durch den gesamten Abschnitt ziehen wird.

## 2.3 Fuzzy-Inferenzschema

**Beispiel:** Erhitzen von Wasser

Wir betrachten die Regel

$R$: WENN *Temperatur T = niedrig* DANN *Wärmezufuhr W = hoch*

mit den Zugehörigkeitsfunktionen für die linguistischen Terme nach Bild 2.9. Die Temperatur wollen wir in °C, die Wärmezufuhr in % angeben.

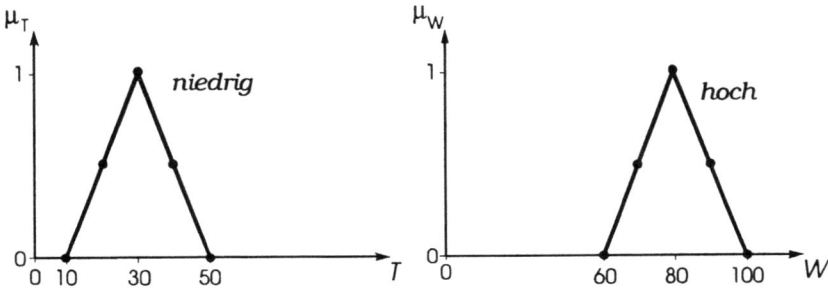

**Bild 2.9.** Zugehörigkeitsfunktionen für *niedrige Temperatur* und *hohe Wärmezufuhr*.

Wir diskretisieren die Fuzzy-Mengen im interessierenden Wertebereich an den eingezeichneten Punkten auf die Grundmengen $G_1 = \{10, 20, 30, 40, 50\}$ für die Temperatur und $G_2 = \{60, 70, 80, 90, 100\}$ für die Wärmezufuhr und ermitteln die Relationsmatrix über das Kreuzprodukt

$$\mu_R(T, W) = \text{MIN}(\mu_T(T), \mu_W(W)).$$

Wir erhalten, der Übersichtlichkeit halber in Tabellenform dargestellt:

| $T \setminus W$ | 60 | 70  | 80  | 90  | 100 |
|---|---|---|---|---|---|
| 10 | 0 | 0   | 0   | 0   | 0 |
| 20 | 0 | 0.5 | 0.5 | 0.5 | 0 |
| 30 | 0 | 0.5 | 1   | 0.5 | 0 |
| 40 | 0 | 0.5 | 0.5 | 0.5 | 0 |
| 50 | 0 | 0   | 0   | 0   | 0 |

∎

Eine Implikation allein gibt noch keine Verarbeitungsvorschrift für eine WENN...DANN...-Regel an, sondern ist zunächst nur eine Darstellungsform. Wir benötigen also noch eine (Rechen-)Vorschrift dafür, wie wir bei einem aktuell vorliegenden Ereignis (Faktum) aus unserer Implikation die zugehörige Schlußfolgerung ermitteln können.

*Definition. Eine **Inferenz** ist eine Verarbeitungsvorschrift für WENN...DANN...-Regeln unter Berücksichtigung eines aktuellen Faktums (Ereignisses). Sie hat eine Schlußfolgerung als Ergebnis.*

Im folgenden wollen wir ausgehen von einer Regel der Form WENN $A$ DANN $B$ mit den entsprechenden Fuzzy-Mengen $\mu_A(x)$ und $\mu_B(y)$ für Prämisse und Konklusion der Regel. Die gebräuchlichste Art einer Inferenz ist die MAX-MIN-Komposition, die wir in Form des Fuzzy-Inferenz-Bildes bereits in Abschnitt 2.1 kennengelernt und anhand diskreter Fuzzy-Mengen und -Relationen angewendet haben. Wir wollen hier zunächst den einfacheren und für unsere späteren Untersuchungen wichtigeren Fall betrachten, daß die Regel für einen *scharfen Eingangswert* $x'$, d. h. ein Singleton als Eingangs-Fuzzy-Menge ausgewertet werden soll. In diesem Fall vereinfacht sich die MAX-MIN-Komposition auf die Beziehung

$$\mu_{B'}(y) = \mu_R(x', y)$$
$$= \mathrm{MIN}(\mu_A(x'), \mu_B(y))$$

für die Schlußfolgerung aus der Regel. Darin ist $\mu_R$ die über das Kreuzprodukt von Prämissen- und Konklusions-Fuzzy-Menge gewonnene Fuzzy-Relation der Regel. Ergebnis des Inferenzmechanismusses ist also eine Fuzzy-Menge $\mu_{B'}(y)$. Insbesondere fällt an obiger Beziehung auf, daß wir den MAX-Operator im Falle einer scharfen Eingangsgröße gar nicht benötigen. Er tritt erst dann in Erscheinung, wenn wir mehrere Regeln vorliegen haben.

Wir kehren zur Verdeutlichung zunächst zurück auf unser oben begonnenes Beispiel.

**Beispiel:** Wir nehmen das Problem *Erhitzen von Wasser* wieder auf. Das aktuelle Faktum (Ereignis) sei

*Temperatur* $T = 20\ °C$.

Als Inferenzergebnis erhalten wir dann nach obiger Beziehung die Fuzzy-Menge

$$\mu_{W\ hoch'}(W) = \mu_R(T = 20\,°C, W)$$
$$= \mathrm{MIN}\bigl(\mu_{T\ niedrig}(20\,°C), \mu_{W\ hoch}(W)\bigr)$$

Der Term $\mu_R(T = 20\,°C, W)$ stellt gerade *die zur Temperatur $T = 20\ °C$ gehörige Zeile* unserer zuvor bestimmten Relationsmatrix dar. Wir können also eine (diskretisierte) Ergebnis-Fuzzy-Menge von

$$\mu_{B'}(W) = \mu_{W\ hoch'}(W) = (0,\ 0.5,\ 0.5,\ 0.5,\ 0)$$

## 2.3 Fuzzy-Inferenzschema

ablesen. Der Ausdruck MIN($\mu_{T\ niedrig}(20\ °C), \mu_{W\ hoch}(W)$) läßt die unmittelbare grafische Deutung des Inferenzvorgangs zu (Bild 2.10): Ergebnis des Inferenzvorgangs ist eine "geköpfte" Fuzzy-Menge *hohe Wärmezufuhr*, wobei die Abschneidehöhe gerade durch den *Erfüllungsgrad* der Prämisse, nämlich den Zugehörigkeitsgrad der scharfen Temperatur $T = 20\ °C$ zur Fuzzy-Menge *niedrige Temperatur* gegeben ist.

| $T \setminus W$ | 60 | 70 | 80 | 90 | 100 |
|---|---|---|---|---|---|
| 10 | 0 | 0 | 0 | 0 | 0 |
| 20 | 0 | 0.5 | 0.5 | 0.5 | 0 |
| 30 | 0 | 0.5 | 1 | 0.5 | 0 |
| 40 | 0 | 0.5 | 0.5 | 0.5 | 0 |
| 50 | 0 | 0 | 0 | 0 | 0 |

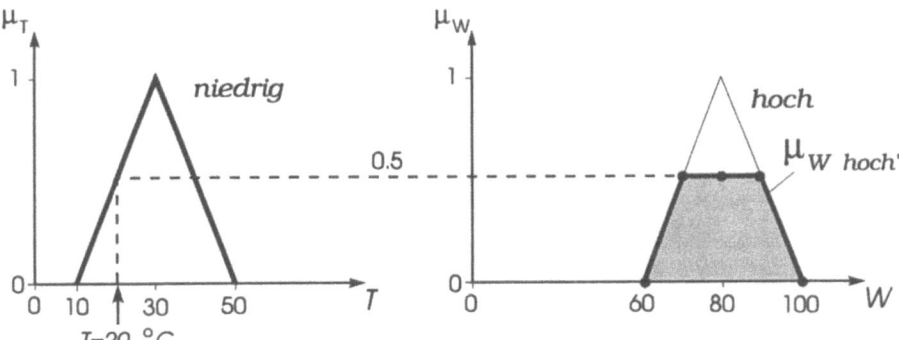

**Bild 2.10.** Inferenzvorgang für $T = 20\ °C$ in der Relationsmatrix (oben) bzw. grafisch (unten).

Den Zusammenhang mit der MAX-MIN-Komposition im allgemeinen Fall erkennen wir sofort, wenn wir den Inferenzvorgang mit Hilfe des Fuzzy-Inferenzbildes wiederholen. Unsere Eingangs-Fuzzy-Menge ist ein scharfer Temperaturwert von 20 °C und somit als Singleton

$$\mu_1 = (0, 1, 0, 0, 0)$$

auf der Grundmenge $G_1 = \{10, 20, 30, 40, 50\}$ der Temperatur darstellbar. Das Inferenzergebnis erhalten wir dann mit Hilfe unserer Relationsmatrix zu

$$\mu_{B'}(W) = (0, 1, 0, 0, 0) \circ \begin{pmatrix} 0 & 0 & 0 & 0 & 0 \\ 0 & 0.5 & 0.5 & 0.5 & 0 \\ 0 & 0.5 & 1 & 0.5 & 0 \\ 0 & 0.5 & 0.5 & 0.5 & 0 \\ 0 & 0 & 0 & 0 & 0 \end{pmatrix}$$

$$= (0, 0.5, 0.5, 0.5, 0)$$

Wir sehen, daß durch das Singleton gerade die zum scharfen Eingangswert gehörige Zeile der Relationsmatrix "ausgeblendet" wird. Im kontinuierlichen Fall bedeutet dies, daß das Fuzzy-Relationsgebirge an der entsprechenden Stelle geschnitten wird und der Schnitt die Ergebnis-Fuzzy-Menge liefert. ∎

Damit liegt uns eine Verarbeitungsvorschrift vor, mit der wir für *beliebige* scharfe Eingangswerte auf grafische Weise die zugehörige Ergebnis-Fuzzy-Menge ermitteln können - und zwar ohne daß wir dazu die Fuzzy-Relationsmatrix explizit benötigen:

> Das MAX-MIN-Inferenzschema liefert bei einer Regel WENN $A$ DANN $B$ mit dem linguistischen Term $\mu_A(x)$ in der Prämisse und dem Term $\mu_B(y)$ in der Konklusion bei Vorliegen einer scharfen Eingangsgröße $x'$ eine Ergebnis-Fuzzy-Menge $\mu_{B'}(y)$. Diese können wir in der zu $x'$ gehörigen Zeile $\mu_R(x', y)$ der über das Kreuzprodukt gebildeten Relationsmatrix der Regel unmittelbar ablesen oder aber grafisch ermitteln, indem wir die Fuzzy-Menge $\mu_B(y)$ der Konklusion in der Höhe des Erfüllungsgrades $\mu_A(x')$ abschneiden.

Das Ergebnis des Inferenzvorgangs ist also eine Fuzzy-Menge, die wir umgangssprachlich etwa als "mittel hoch" bezeichnen können. So recht zufriedenstellen kann uns dieses Ergebnis allerdings noch nicht. Vielmehr erwarten wir, wenn wir den Inferenzvorgang mit einem scharfen Eingangswert starten, daß dieser auch einen scharfen Ausgangswert als Inferenzergebnis liefert. Die Ergebnis-Fuzzy-Menge muß daher von uns noch decodiert werden. Mögliche Lösungsansätze für diesen Vorgang - in der Fuzzy-Logik als *Defuzzifizierung* bezeichnet - werden wir in Abschnitt 3.2 ausführlich behandeln.

Die obige MAX-MIN-Komposition für scharfe Eingangswerte ist ein Spezialfall für die allgemeine MAX-MIN-Komposition, wenn das aktuelle Faktum in einer Fuzzy-Menge darstellbar ist und die WENN...DANN...-Regel durch

## 2.3 Fuzzy-Inferenzschema

eine Fuzzy-Relation $R$ auf der Kreuzproduktmenge $G_1 \times G_2$ für linguistische Terme der Prämisse auf der Grundmenge (Kenngröße) $G_1$ und für linguistische Terme der Konklusion auf der Grundmenge (Kenngröße) $G_2$ gegeben ist. Für diesen allgemeinen Fall läßt sich das Inferenzschema wie folgt definieren:

**Definition.** *Gegeben sei*

| *Implikation:* | *WENN A DANN B* |
|---|---|
| *Faktum:* | *Es ist A' aktuell* |
| *Schluß:* | *Dann ist B'* |

*Dann lautet das zugehörige **Fuzzy-Inferenz-Schema** in der MAX-MIN-Komposition:*

$$\mu_{B'}(y) = \underset{x \in G_1}{\text{MAX}}\bigl(\text{MIN}(\mu_{A'}(x), \mu_R(x, y))\bigr), \ y \in G_2 \ \blacksquare$$

Diese Definition stellt also eine Rechenvorschrift für den Fall einer Fuzzy-Menge $\mu_{A'}(x)$ als Faktum dar. Sie ist, wie wir leicht überprüfen können, mit dem an früherer Stelle definierten *Fuzzy-Inferenz-Bild* identisch. Der oben betrachtete Spezialfall ergibt sich aus dem allgemeinen Fuzzy-Inferenz-Schema unmittelbar, wenn wir für $\mu_{A'}(x)$ ein Singleton ansetzen.

Obwohl wir es später im Zusammenhang mit Fuzzy-Control nur mit scharfen Eingangsgrößen zu tun haben werden, wollen wir die inhaltliche Bedeutung des allgemeinen Fuzzy-Inferenz-Schemas an einem Beispiel verdeutlichen.

**Beispiel:** Wir betrachten wieder das Erhitzen von Wasser, wählen als aktuelle Temperatur jetzt aber eine Fuzzy-Menge $\mu_{T\ niedrig'}(T)$. Bild 2.11 zeigt den Inferenzvorgang. Nach dem allgemeinen Inferenzschema haben wir zunächst die Eingangs-Fuzzy-Menge $\mu_{T\ niedrig'}(T)$ mit der Prämissen-Fuzzy-Menge $\mu_{T\ niedrig}(T)$ über den MIN-Operator zu verknüpfen, also den Durchschnitt beider Mengen zu ermitteln (schraffiert). Das Maximum dieser Menge stellt dann den Erfüllungsgrad der Regel dar und bestimmt die Abschneidehöhe für die Konklusions-Fuzzy-Menge. Zusätzlich eingezeichnet ist nochmals der scharfe Temperaturwert von 20 °C als Singleton mit dem zugehörigen Inferenzvorgang. Wir erkennen unmittelbar, daß wir uns bei einer scharfen Eingangsgröße MIN- und MAX-Verknüpfung sparen und daher das oben angegebene vereinfachte Inferenzschema anwenden können.

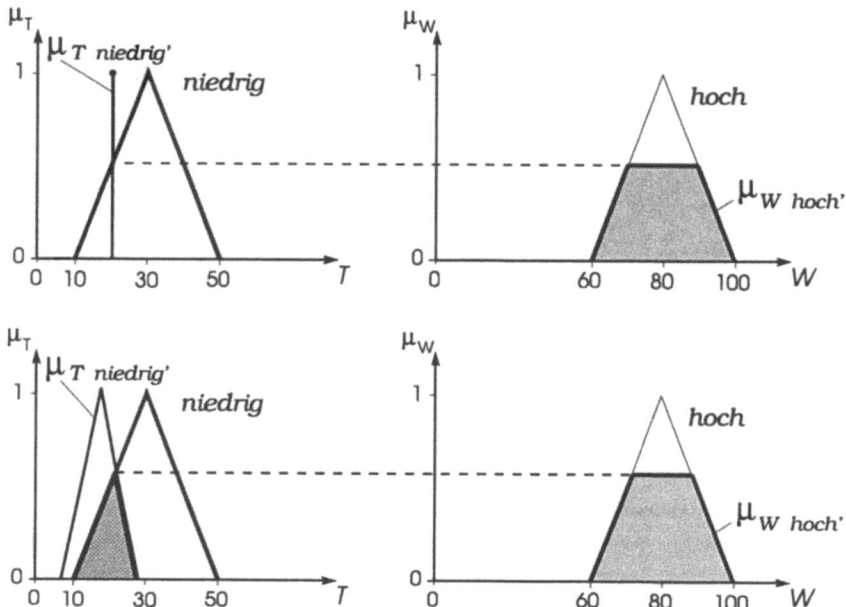

**Bild 2.11.** Inferenzschema bei scharfer Eingangsgröße (oben) und einer Fuzzy-Menge als Eingangsgröße (unten).

Der Fall, bei dem die scharfe Eingangsgröße zu einer Fuzzy-Menge "aufgeweicht" wird, hat derzeit technisch allerdings keine Anwendung. Mit Hilfe der Relationsmatrix können wir den Inferenzvorgang mit der von uns gewählten Eingangs-Fuzzy-Menge nicht durchführen, da unsere Diskretisierung zu grob ist, um die Fuzzy-Menge hinreichend genau aufzulösen. ∎

Im zuletzt betrachteten Beispiel lag lediglich eine einzige Regel zur Auswertung vor. Wir wollen daher ein zweites Beispiel betrachten, bei dem mehrere Regeln zum Tragen kommen.

**Beispiel:** Farbe-Reifegrad-Relation

Wir betrachten wieder einmal den von früherer Stelle bekannten Zusammenhang zwischen Farbe und Reifegrad einer Tomate. Wie in Abschnitt 2.1 seien die linguistischen Terme

$$hellrot = (1, 0, 0), \quad rot = (0, 1, 0), \quad dunkelrot = (0, 0, 1)$$
$$unreif = (1, 0, 0), \quad reif = (0, 1, 0), \quad überreif = (0, 0, 1)$$

und die drei WENN... DANN...-Regeln

WENN *Tomate* = *hellrot*    DANN *Tomate* = *unreif*

## 2.3 Fuzzy-Inferenzschema

WENN *Tomate* = *rot*     DANN *Tomate* = *reif*

WENN *Tomate* = *dunkelrot* DANN *Tomate* = *überreif*

mit den dazu gehörenden Fuzzy-Relationsmatrizen

$$R_1 = \begin{pmatrix} 1 & 0 & 0 \\ 0 & 0 & 0 \\ 0 & 0 & 0 \end{pmatrix}, \; R_2 = \begin{pmatrix} 0 & 0 & 0 \\ 0 & 1 & 0 \\ 0 & 0 & 0 \end{pmatrix}, \; R_3 = \begin{pmatrix} 0 & 0 & 0 \\ 0 & 0 & 0 \\ 0 & 0 & 1 \end{pmatrix}$$

gegeben. Wir nehmen als aktuelles Faktum den linguistischen Term

*hellrot, aber höchstens halb rot* = (1, 0.5, 0).

Dann finden wir nach dem Fuzzy-Inferenz-Schema:

$$(1, 0.5, 0) \circ R_1 = (1, 0, 0) = 1 \cdot (1, 0, 0)$$
$$(1, 0.5, 0) \circ R_2 = (0, 0.5, 0) = 0.5 \cdot (0, 1, 0)$$
$$(1, 0.5, 0) \circ R_3 = (0, 0, 0) = 0 \cdot (0, 0, 1)$$

Die Faktoren auf der rechten Seite können wir als *Erfüllungsgrad* der jeweiligen Regel intepretieren. Die 1. Regel ist also voll erfüllt, die 2. Regel mit dem Grad 0.5 und die 3. Regel überhaupt nicht.

Die Interpretation dieses Ergebnisses hängt vom Leser ab. Entscheidet er sich beispielsweise für (1, 0, 0) = *unreif*, so hat er sich für die Regel mit maximalem Erfüllungsgrad entschieden. Alternative Entscheidungsmöglichkeiten besprechen wir im Abschnitt 3.2.

Weiterhin sehen wir, daß wir alle Regeln durch ODER miteinander verbinden können und dann mit dem MAX-Operator ∪ aus den drei Fuzzy-Relationsmatrizen eine einzige Matrix $R$ gemäß

$$R = R_1 \cup R_2 \cup R_3 = \begin{pmatrix} 1 & 0 & 0 \\ 0 & 1 & 0 \\ 0 & 0 & 1 \end{pmatrix}$$

gewinnen, die wieder das Gesamtergebnis liefert:

$$(1, 0.5, 0) \circ R = (1, 0.5, 0) = (1, 0, 0) \cup 0.5 \cdot (0, 1, 0) \; \blacksquare$$

Das Verhalten bei mehreren Regeln können wir daher so beschreiben: Nehmen wir zu einer Regel oder einem System von Regeln eine weitere Regel hinzu, so kommt eine entsprechende Relationsmatrix hinzu. Da Regeln innerhalb eines Systems von Regeln i. a. ODER-verknüpft sind, verknüpfen wir die Relationsmatrizen über den MAX-Operator. Als Ergebnis erhalten wir wieder eine einzige Relationsmatrix, die alle Regeln enthält und wie im Falle einer Regel ausgewertet werden kann.

Alternativ dazu können wir die Regeln auch zunächst getrennt voneinander auswerten und im Anschluß daran deren Ergebnis-Fuzzy-Mengen mittels des MAX-Operators überlagern. Auch dazu wollen wir uns ein Beispiel ansehen.

**Beispiel:** Erhitzen von Wasser

Wir wollen unsere bisher nur aus einer einzigen Regel bestehende Regelbasis erweitern. Unser Regelwerk dazu soll dafür sorgen, daß die Wärmezufuhr umso höher ist, je geringer die Wassertemperatur ist. Dazu wählen wir die Regelbasis

$R_1$: WENN $T$ = sehr_niedrig    DANN $W$ = sehr_hoch

$R_2$: WENN $T$ = niedrig    DANN $W$ = hoch

$R_3$: WENN $T$ = mittel    DANN $W$ = mittel

$R_4$: WENN $T$ = hoch    DANN $W$ = niedrig

$R_5$: WENN $T$ = sehr_hoch    DANN $W$ = sehr_niedrig

mit den linguistischen Termen nach Bild 2.12.

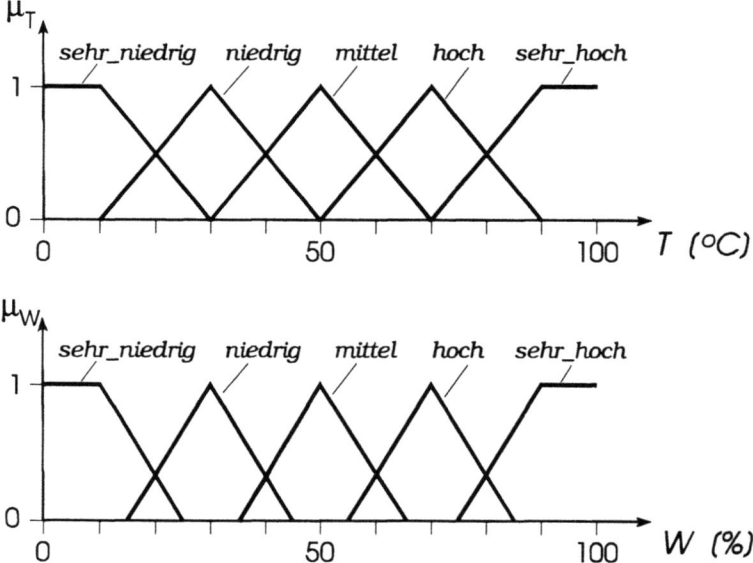

**Bild 2.12.** Linguistische Terme für *Temperatur T* und *Wärmezufuhr W*.

Unser Ziel soll es sein, für einen scharfen Temperaturwert $T = 45\,°C$ eine geeignete Wärmezufuhr zu ermitteln. Das zugehörige Lösungsschema umfaßt fünf Schritte:

## 2.3 Fuzzy-Inferenzschema

① Fuzzifizierung der scharfen Eingangsgröße

Wir ermitteln nach Bild 2.13 für den fuzzifizierten Temperaturwert

$$T^* = \begin{pmatrix} \mu_{T\ sehr\_niedrig}(T) \\ \mu_{T\ niedrig}(T) \\ \mu_{T\ mittel}(T) \\ \mu_{T\ hoch}(T) \\ \mu_{T\ sehr\_hoch}(T) \end{pmatrix}^T = \begin{pmatrix} 0 \\ 0.25 \\ 0.75 \\ 0 \\ 0 \end{pmatrix}^T$$

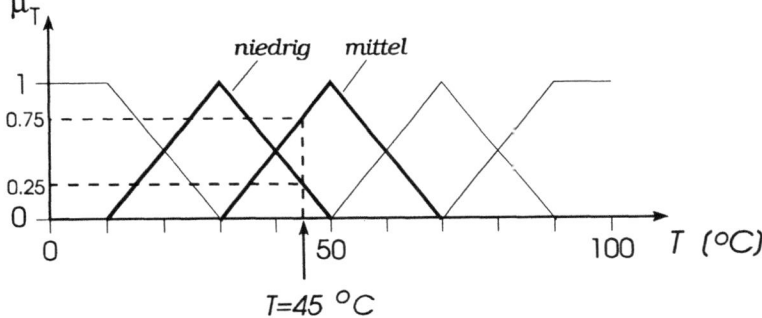

**Bild 2.13.** Fuzzifizierung der scharfen Eingangsgröße.

② Ermittlung der aktiven Regeln

Eine Überprüfung der Regelbasis ergibt, daß lediglich die Regeln $R_2$ und $R_3$ aktiv sind, d. h. einen Erfüllungsgrad größer als Null aufweisen:

- Der WENN-Teil von $R_2$ ist zu $\mu_{T\ niedrig}(T) = 0.25$ erfüllt.
- Der WENN-Teil von $R_3$ ist zu $\mu_{T\ mittel}(T) = 0.75$ erfüllt.

Oder, wie wir im folgenden sagen werden

- $R_2$ besitzt den Erfüllungsgrad $H_2 = 0.25$.
- $R_3$ besitzt den Erfüllungsgrad $H_3 = 0.75$.

③ Ermittlung der einzelnen Ausgangs-Fuzzy-Mengen

Die Anwendung jeder aktiven Regel liefert auf der Basis des Inferenzschemas eine resultierende Ausgangs-Fuzzy-Menge, indem wir den Erfüllungsgrad der Regel auf die jeweilige Fuzzy-Menge in der Schlußfolgerung übertragen. Dazu wird das Minimum von Erfüllungsgrad und Ausgangs-Fuzzy-Menge

$$\text{MIN}(H_i, \mu_{W\ i}(W))$$

gebildet, d. h. die Ausgangs-Fuzzy-Menge in der Höhe $H_i$ abgeschnitten (Bild 2.14).

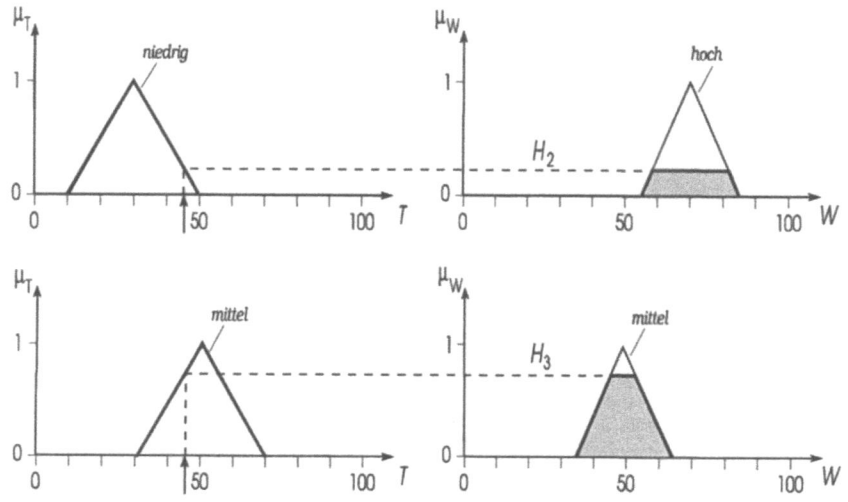

**Bild 2.14.** Auswertung der Regeln $R_2$ (oben) und $R_3$ (unten).

④ Überlagerung der einzelnen Ausgangs-Fuzzy-Mengen

Da die einzelnen Regeln implizit ODER-verknüpft sind, müssen die zugehörigen Ergebnis-Fuzzy-Mengen über den MAX-Operator zur resultierenden Ausgangs-Fuzzy-Menge

$$\mu_{W\,\text{res}}(W) = \underset{i=1,\dots,5}{\text{MAX}}\bigl(\text{MIN}\bigl(H_i, \mu_{W\,i}(W)\bigr)\bigr)$$

vereinigt werden (Bild 2.15). Diese Gleichung entspricht gerade der Anwendung der zuvor definierten MAX-MIN-Komposition bei scharfer Eingangsgröße und mehreren Regeln.

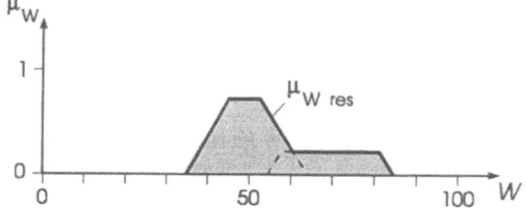

**Bild 2.15.** Überlagerung der einzelnen Ausgangs-Fuzzy-Mengen über den MAX-Operator.

⑤ Defuzzifizierung

Aus der resultierenden Ergebnis-Fuzzy-Menge muß in den meisten Fällen - wie auch hier - ein scharfer Ausgangswert $W$ bestimmt werden. Dieses Problem wird nochmals verschoben. ∎

## 2.3 Fuzzy-Inferenzschema

Für Regeln mit mehr als einer Prämisse können wir uns bei der Betrachtung zunächst auf eine Regel beschränken. Die Zusammenfassung mehrerer Regeln mit mehreren Prämissen verschieben wir auf später.

Sind in einer Regel mehrere Prämissen genannt, so können wir diese durch UND verbinden und das UND durch den MIN-Operator ausdrücken (siehe Abschnitt 2.2). Wir nehmen also den kleinsten der auftretenden Zugehörigkeitsgrade, die zum aktuellen Ereignis in den Zugehörigkeitsfunktionen der Prämissen angetroffen werden und nennen diesen kleinsten Zugehörigkeitsgrad den *Erfüllungsgrad* der Regel. Wir erweitern daher den Fuzzy-Inferenz-Kalkül um das allgemeine *Fuzzy-Inferenz-Schema für eine Regel mit mehreren Prämissen*:

**Definition.** *Wenn die Regel*

$$\text{WENN } A_1 \text{ UND } A_2 \text{ UND } ... \text{ UND } A_n \quad \text{DANN } B$$

*mit den Zugehörigkeitsfunktionen der Prämissen*

$$A_1: \quad \mu_1: G_1 \to [0, 1]$$
$$A_2: \quad \mu_2: G_2 \to [0, 1]$$
$$\vdots$$
$$A_n: \quad \mu_n: G_n \to [0, 1]$$

*auf den Grundmengen* $G_1, G_2, ..., G_n$ *und mit der Zugehörigkeitsfunktion der Konklusion*

$$B: \quad \mu: Z \to [0, 1]$$

*auf der Grundmenge Z durch die n+1-stellige Relation*

$$R: G_1 \times G_2 \times ... \times G_n \times Z \to [0, 1]$$

*beschrieben wird, dann ist das **Fuzzy-Inferenz-Schema** für das aktuelle Ereignis* $(x'_1, x'_2, ..., x'_n)$ *mit scharfen Werten* $x'_1, x'_2, ..., x'_n$ *der Kenngrößen* $G_1, G_2, ..., G_n$ *gegeben durch*

$$\mu_{B'}(y) = \mu_R(x'_1, x'_2, ..., x'_n, y)$$
$$= \text{MIN}(\mu_1(x'_1), \mu_2(x'_2), ..., \mu_n(x'_n), \mu_B(y)), \quad y \in Z$$

*Wir nennen*

$$H := \text{MIN}(\mu_1(x'_1), \mu_2(x'_2), ..., \mu_n(x'_n))$$

*den **Erfüllungsgrad** der Regel beim aktuellen Ereignis* $(x'_1, x'_2, ..., x'_n)$, *die Bildungen* $\mu_1(x'_1), \mu_2(x'_2), ..., \mu_n(x'_n)$ *heißen die **Fuzzifizierungen** der Eingangsgrößen.* ∎

**Beispiel:** Bremsvorgang auf Autobahn

Wir versetzen uns in die Lage eines Autofahrers, der bei einem Bremsmanöver auf der Autobahn in Abhängigkeit von den Größen

*Abstand A* zum vorausfahrenden Fahrzeug

*Geschwindigkeit G* des eigenen Fahrzeugs

einen geeigneten Wert für die Ausgangsgröße

*Bremskraft K*

wählen soll. Für die drei Kenngrößen sollen die linguistischen Terme nach Bild 2.16 gegeben sein.[6]

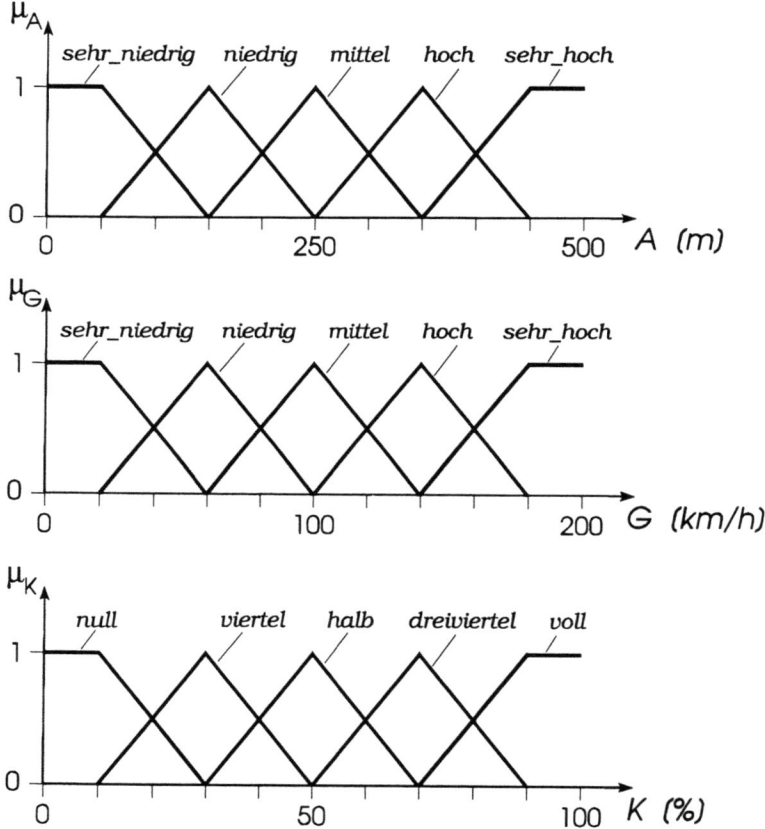

**Bild 2.16.** Linguistische Terme für Bremsvorgang auf Autobahn.

---

[6] Da wir dieses Beispiel an späterer Stelle fortführen wollen, geben wir hier bereits den kompletten Satz linguistischer Terme an, obwohl wir im Augenblick nur einen Teil davon benötigen.

## 2.3 Fuzzy-Inferenzschema

Wir wollen an dieser Stelle zunächst annehmen, daß für das Bremsverhalten lediglich die Regel

WENN $A = mittel$ UND $G = sehr\_hoch$ DANN $K = dreiviertel$ [7]

vorliegt. Unsere Aufgabe soll dann darin bestehen, für die scharfen Eingangsgrößenwerte

$A = 175$ m

$G = 190$ km/h

das Inferenzschema auszuwerten.

Zunächst müssen wir wie im Falle einer Prämisse die scharfen Eingangsgrößenwerte fuzzifizieren. Wir erhalten gemäß Bild 2.17

$A^* = (0, 0.75, 0.25, 0, 0)$

$G^* = (0, 0, 0, 0, 1)$

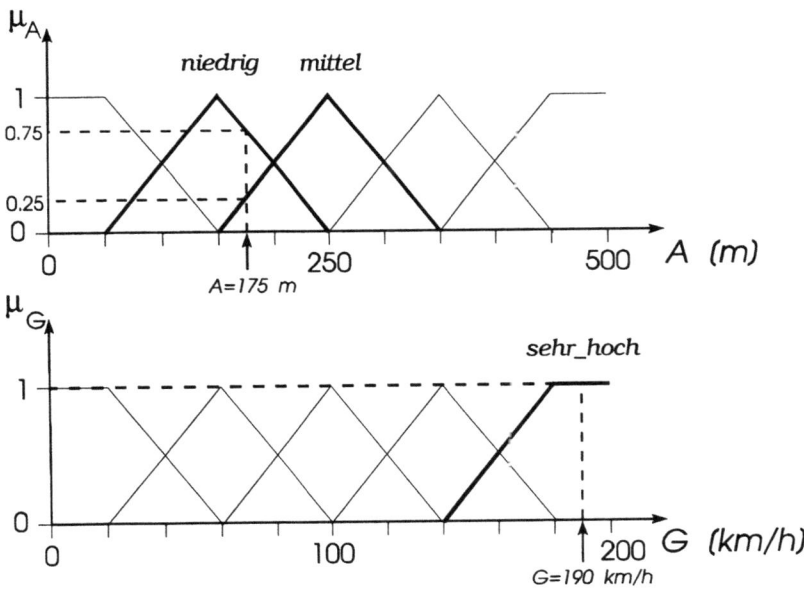

**Bild 2.17.** Fuzzifizierung der Eingangsgrößen.

Damit erhalten wir für den Erfüllungsgrad $H$ unserer Regel

---

[7] Professionelle Autofahrer unter den Lesern werden den Bremsvorgang in Anbetracht der von uns gewählten Zahlenwerte sicherlich als "übervorsichtig" bezeichnen. Dies tut der Anschaulichkeit des Beispiels aber keinen Abbruch - und nur darauf kommt es uns hier schließlich an.

$$H = \text{MIN}\bigl(\mu_{A\;mittel}(175\text{ m}), \mu_{G\;sehr\_hoch}(190\text{ km}/\text{h})\bigr)$$
$$= \text{MIN}(0.25, 1)$$
$$= 0.25.$$

Als Ergebnis des Inferenzschemas erhalten wir also die in der Höhe $H = 0.25$ abgeschnittene Fuzzy-Menge $K = dreiviertel$ (Bild 2.18).

Fügen wir unserem Regelsatz weitere Regeln hinzu, so müssen wir dieses Schema zunächst für alle aktiven Regeln abarbeiten und im Anschluß daran die jeweiligen abgeschnittenen Ausgangs-Fuzzy-Mengen mittels des MAX-Operators zum Endergebnis überlagern. Wir werden diesen Fall in Kapitel 3 genauer betrachten. ■

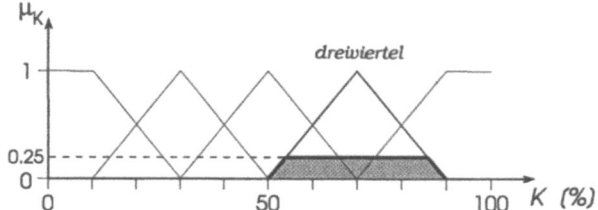

Bild 2.18. Ergebnis des Inferenzschemas für eine Regel.

Merken wir uns also bezüglich der MAX-MIN-Inferenz im Falle mehrerer Prämissen folgendes:

---

Das Minimum der Fuzzifizierungen der Eingangsgrößen einer Regel liefert den **Erfüllungsgrad der Regel**. Das **Fuzzy-Inferenz-Schema** besteht darin, daß die Fuzzy-Menge der Ausgangsgröße in der Höhe des Erfüllungsgrades der Regel abgeschnitten wird, so daß eine neue Fuzzy-Menge mit zum Teil niedrigeren Zugehörigkeitsgraden ("geköpfte" Fuzzy-Menge) entsteht. Die geköpften Ausgangs-Fuzzy-Mengen aller Regeln werden als mengentheoretische Vereinigungsmenge über der Ausgangskenngröße aufgetragen. Sie stellt die **Ergebnis-Fuzzy-Menge** der Inferenz dar.

---

Wir sind nun zu einem Punkt gelangt, an dem wir alle wesentlichen Grundzüge eines "logischen" Schließens auf unscharfen Informationen kennengelernt haben.

Bevor wir zu allgemeinen Systemen von Regeln übergehen, erscheint es angebracht, einen Blick darauf zu werfen, was hier als "logisch" angesehen werden kann.

## 2.4 Grundzüge der Fuzzy-Logik

Ein wesentliches Anliegen einer Logik ist das sogenannte *logische Schließen* aufgrund von Regeln. Dabei kommt es nicht auf den umgangssprachlichen Inhalt der Aussagen in einer Regel an, sondern nur auf deren *Wahrheitsgehalt*. In der klassischen (mathematischen) Logik gibt es nur zwei Wahrheitswerte für den Wahrheitsgehalt einer Aussage

wahr ( = 1 ),   falsch ( = 0 ).

Wir sprechen daher von *zweiwertiger Logik*.

Die Operatoren

NICHT, UND, ODER, WENN... DANN..., ÄQUIVALENT

abgekürzt durch die Symbole

$\neg, \wedge, \vee, \Rightarrow, \Leftrightarrow,$

mit denen wir Aussagen verknüpfen können, werden in Tabellen als Funktionen auf den Wahrheitswerten 0 und 1 festgelegt:

| $\neg$ |   | $\wedge$ | 0 | 1 |   | $\vee$ | 0 | 1 |   | $\Rightarrow$ | 0 | 1 |   | $\Leftrightarrow$ | 0 | 1 |
|---|---|---|---|---|---|---|---|---|---|---|---|---|---|---|---|---|
| 0 | 1 | 0 | 0 | 0 |   | 0 | 0 | 1 |   | 0 | 1 | 1 |   | 0 | 1 | 0 |
| 1 | 0 | 1 | 0 | 1 |   | 1 | 1 | 1 |   | 1 | 0 | 1 |   | 1 | 0 | 1 |

Auf diesen Tabellen beruhen die Verknüpfungsoperatoren auch der derzeitigen Rechner. Jede Aussage wird in einer formalen Sprache (Programmiersprache) so beschrieben, daß sie von einem Rechner in ein Muster von Nullen und Einsen übersetzt und dann nach Regeln im Rechner abgearbeitet werden kann.

**Beispiel:**

$A(a, b, c) = a \wedge (b \Rightarrow \neg a \vee c) \Leftrightarrow b$

Der Wahrheitsgehalt dieser Aussage $A$ wird schrittweise in der nachfolgenden Tabelle berechnet. Es sind bei dieser Berechnung für die Größen $a, b, c$ jeweils die Werte 0, 1 einzusetzen und dann die voranstehenden Verknüpfungstabellen zu beachten.

| $a$ | $b$ | $c$ | $\neg a$ | $\neg a \vee c$ | $(b \Rightarrow \neg a \vee c)$ | $a \wedge (b \Rightarrow \neg a \vee c)$ | $a \wedge (b \Rightarrow \neg a \vee c) \Leftrightarrow b$ |
|---|---|---|---|---|---|---|---|
| 1 | 1 | 1 | 0 | 1 | 1 | 1 | 1 |
| 1 | 1 | 0 | 0 | 0 | 0 | 0 | 0 |
| 1 | 0 | 1 | 0 | 1 | 1 | 1 | 0 |
| 1 | 0 | 0 | 0 | 0 | 1 | 1 | 0 |
| 0 | 1 | 1 | 1 | 1 | 1 | 0 | 0 |
| 0 | 1 | 0 | 1 | 1 | 1 | 0 | 0 |
| 0 | 0 | 1 | 1 | 1 | 1 | 0 | 1 |
| 0 | 0 | 0 | 1 | 1 | 1 | 0 | 1 |

$E[A(a,b,c)] = \{(1,1,1),\ (0,0,1),\ (0,0,0)\}$ heißt *Erfüllungsmenge*.

Die Wertetripel der Erfüllungsmenge ergeben für den Ausdruck $A$ den Wahrheitswert wahr = 1. ∎

Von besonderem Interesse sind diejenigen Aussagen mit $n$ Eingangsgrößen, die für jede der $2^n$ möglichen Belegungen mit den Wahrheitswerten 0, 1 *immer* den Wahrheitswert 1 ergeben. Sie sind *allgemeingültig* und heißen *Tautologien*.

**Beispiel:** Wir betrachten den Ausdruck

$$(p \Leftrightarrow q) \Rightarrow (\neg p \Leftrightarrow \neg q)$$

und ermitteln die zugehörige Wahrheitstabelle zu

| $p$ | $q$ | $p \Leftrightarrow q$ | $\neg p$ | $\neg q$ | $\neg p \Leftrightarrow \neg q$ | $(p \Leftrightarrow q) \Rightarrow (\neg p \Leftrightarrow \neg q)$ |
|---|---|---|---|---|---|---|
| 1 | 1 | 1 | 0 | 0 | 1 | 1 |
| 1 | 0 | 0 | 0 | 1 | 0 | 1 |
| 0 | 1 | 0 | 1 | 0 | 0 | 1 |
| 0 | 0 | 1 | 1 | 1 | 1 | 1 |

Die Erfüllungsmenge $E[A(p,q)] = \{(1,1), (1,0), (0,1), (0,0)\}$ besteht aus allen Belegungspaaren von Wahrheitswerten 0, 1. Dieser Ausdruck ist also eine Tautologie und kann umgangssprachlich so gelesen werden:

WENN "WENN $p$ DANN $q$ und umgekehrt"
DANN "WENN NICHT $p$ DANN NICHT $q$ und umgekehrt".

Oder kürzer: Wir können den Ausdruck $(p \Leftrightarrow q)$ ersetzen durch den Ausdruck $(\neg p \Leftrightarrow \neg q)$. Es handelt sich um eine *Ersetzungsregel (Modus Ponens)*. ∎

## 2.4 Grundzüge der Fuzzy-Logik

Aus dem voranstehenden Beispiel sehen wir, worauf es uns ankommt. In der Fuzzy-Inferenz haben wir es ebenfalls mit einem "logischen" Schließen zu tun, das auf Ersetzungsregeln beruht. Wir sprechen von *fuzzy-logischem Schließen*.

*Die Schaltalgebra* elektronischer Bauelemente ist nichts anderes als die physikalische Realisierung von logischen Schlüssen in der zweiwertigen Logik. Die physikalische Ausprägung der Wahrheitswerte sind Amplituden elektrischer Größen, die als von Null verschieden festgestellt werden im Fall des Wahrheitsgehalts "wahr" und dann als 1 interpretiert werden oder die nicht festgestellt werden, weil sie z. B. einen Schwellenwert nicht überschreiten und dann als Wahrheitswert "falsch" mit 0 interpretiert werden.

Gehen wir nun zu unscharfen Aussagen im Sinne der Fuzzy-Set-Theorie über, so benötigen wir für eine rechnergestützte Verarbeitung von Fuzzy-Mengen im Sinne des fuzzy-logischen Schließens elektronische Bauelemente, die Wahrheitswerte *zwischen* 0 und 1 feststellen und verarbeiten können. Diese elektronischen Bauelemente der Fuzzy-Inferenz müssen wieder physikalische Realisierungen einer Logik sein, die mehr als zwei verschiedene Wahrheitswerte zugrunde legt. Wir lassen daher für diese mehrwertige Logik im Sinne der Fuzzy-Set-Theorie alle Werte zwischen 0 und 1 als *Fuzzy-Wahrheitswerte* zu und sprechen von *Fuzzy-Logik*. Es gibt viele Möglichkeiten für die Definition einer Fuzzy-Logik, aber nur wenige Forderungen, die für jede mögliche Fuzzy-Logik erfüllt sein sollten.

***Definition.*** *Eine **Fuzzy-Logik** ist eine mehrwertige Logik, deren Verknüpfungen durch mathematische Operatoren definiert sind.*

Wir haben für die *Operatoren der Fuzzy-Logik* zunächst festgelegt:

UND := MIN

ODER := MAX

$\rightarrow$ := $\times$

wobei das Symbol $\rightarrow$ für den Operator WENN ... DANN ... steht.

Auf den Wahrheitswerten 0, 1 stimmen die Operatoren $\wedge$ mit MIN, $\vee$ mit MAX überein. Die Operatoren $\Rightarrow$ und $\rightarrow$ sind jedoch wesentlich verschieden, wie die folgenden Wahrheitstabellen nochmals zeigen:

| MIN bzw. $\wedge$ | 0 | 1 | MAX bzw. $\vee$ | 0 | 1 | $\Rightarrow$ | 0 | 1 | $\rightarrow$ bzw. $\times$ | 0 | 1 |
|---|---|---|---|---|---|---|---|---|---|---|---|
| 0 | 0 | 0 | 0 | 0 | 1 | 0 | 1 | 1 | 0 | 0 | 0 |
| 1 | 0 | 1 | 1 | 1 | 1 | 1 | 0 | 1 | 1 | 0 | 1 |

Da das Kreuzprodukt $\times$ über den MIN-Operator definiert ist, sind die erste und die letzte Tabelle identisch. In Fuzzy-Inferenzregeln auf unscharfen Informationen, die durch normale Fuzzy-Mengen modelliert sind, darf der WENN...DANN...Operator → durch das Kreuzprodukt × im Sinne des obigen MIN-Operators (siehe Abschnitt 1.2) ersetzt werden. Auf Fuzzy-Wahrheitswerten fällt er dann zusammen mit dem UND-Operator MIN.

Die Operatoren UND und ODER sollen die Gesetze der Assoziativität erfüllen:

($A$ UND $B$) UND $C$ = $A$ UND ($B$ UND $C$),

($A$ ODER $B$) ODER $C$ = $A$ ODER ($B$ ODER $C$).

Der WENN...DANN...-Pfeil $\Rightarrow$ beinhaltet in der klassischen Logik die sogenannte *Inferenz-Regel* (Schließungsregel):

| *Implikation:* | WENN $A$ DANN $B$ |
| --- | --- |
| *Faktum:* | $A$ wahr |

| *Schluß:* | $B$ wahr |
| --- | --- |

Wenn die Regel $A \Rightarrow B$ (sprich: aus $A$ folgt $B$ bzw. WENN $A$ DANN $B$) gilt und wenn $A$ wahr ist, dann ist $B$ wahr und wir können $A$ durch $B$ ersetzen (*Ersetzungsregel*, lat. *modus ponens*).

Entsprechendes benötigen wir nun auch in der Fuzzy-Logik für das Symbol → des WENN...DANN...-Operators in der *Fuzzy-Inferenz-Regel*:

| *Implikation:* | WENN (unscharfe Information $A$ auf der Grundmenge $G$) DANN (unscharfe Information $B$ auf der Grundmenge $Z$) |
| --- | --- |
| *Faktum:* | Es liegt die unscharfe Information $A'$ für ein Ereignis aus $G$ vor |

| *Schluß:* | Es gilt die unscharfe Information $B'$ auf $Z$ für das vorliegende Ereignis aus $G$ |
| --- | --- |

**Beispiel:** Tomate

| *Implikation:* | WENN eine Tomate rot ist DANN ist sie reif. |
| --- | --- |
| *Faktum:* | Die vorliegende Tomate ist sehr rot. |

| *Schluß:* | Die vorliegende Tomate ist sehr reif. ∎ |
| --- | --- |

Man kann diese Art "logischen Schließens" als *plausibles Schließen* bezeichnen, das als Spezialfall des approximate reasoning angesehen werden kann. Mit klassischer zweiwertiger Logik kann man hierfür keine mathematische Beschreibung angeben. ZADEH hat 1973 einen Weg für eine fuzzy-logische Beschreibung angegeben. Er besteht darin, daß für eine Fuzzy-Inferenz ein

## 2.4 Grundzüge der Fuzzy-Logik

Berechnungsverfahren angegeben wird, in dem der WENN ... DANN ...-Operator → gleich dem Kreuzprodukt × auf der Prämisse und der Konklusion gesetzt wird.

Die Ersetzungsregel, die aus einer Fuzzy-Inferenz dann folgt, ist formal

$$A' \circ (A \to B) = B': Z \to [0,1]$$

Setzt man hierin für $A'$ das Faktum $x' = (x_1', x_2', ..., x_n')$ und für die Implikation die Fuzzy-Relation $R = A \times B$, so erhält man unmittelbar das Fuzzy-Inferenz-Schema aus Abschnitt 2.3

$$\mu_{B'}(y) = \text{MIN}(\mu_1(x_1'), \mu_2(x_2'), ..., \mu_n(x_n'), \mu_B(y)), \quad y \in Z$$

wobei $A$ die Kreuzproduktmenge $\mu_1 \times \mu_2 \times ... \times \mu_n$ ist.
Interpretieren wir die Zugehörigkeitsgrade des Faktums auf den Fuzzy-Mengen der Prämissen und der Konklusion als Fuzzy-Wahrheitswerte, so finden wir

$$\text{MIN}(\mu_1(x_1'), \mu_2(x_2'), ..., \mu_n(x_n'), \mu_B(y)) \leq \max_{y \in Z}\{\mu_B(y)\}$$

Diese Ungleichung können wir in der Form schreiben

$$|A'| \circ |A \to B| = |B'| \leq |B|,$$

wenn wir die Fuzzy-Wahrheitswerte der Fuzzy-Mengen mit Betragsstrichen kennzeichnen. Diese Ungleichung muß jeder Wahl des Fuzzy-Inferenzschemas zugrunde gelegt werden. Sie ist unabdingbar für die Gültigkeit der *Fuzzy-Ersetzungsregel* (siehe [FRL92]).

**Bemerkung:**
Die geköpfte Fuzzy-Menge am Ausgang des Fuzzy-Inferenzschemas ist enthalten in der Fuzzy-Menge der Konklusion:

$$B' \leq B$$

Die unscharfe Information $B'$ hat daher keinen höheren Fuzzy-Wahrheitswert als die ursprüngliche unscharfe Information $B$.
ZADEH hat das Fuzzy-Inferenzschema in der obigen Form als *Compositional Rule of Inference* eingeführt (siehe [ZAD75a]).
Tiefer werden wir an dieser Stelle nicht in die Fuzzy-Logik eindringen. Wir verweisen hierfür auf die Literatur. Diese wenigen Ausführungen aber garantieren, daß das Fuzzy-Inferenzschema auch in Hardware hergestellt werden kann und dieselben Eigenschaften der Zuverlässigkeit für Fuzzy-

Controller bietet wie die bisherige Schaltungsalgebra. Allerdings sind die Operationsbausteine ganz verschieden von denen in bisher üblichen Rechnern. Insbesondere gilt dabei:

> Die Verknüpfungsoperatoren einer Fuzzy-Logik werden durch **Funktionen** gegeben. Sie können nicht durch Vorgabe von endlich vielen Fuzzy-Wahrheitswerten bestimmt werden. Daher kann eine elektronische Schaltung einer Fuzzy-Logik nicht ohne zusätzliche Kenntnisse kopiert werden.

Eine letzte Bemerkung zur Implikation:

In der klassischen mathematischen Logik wird der Implikationsoperator $\Rightarrow$ mit Hilfe der Negation, d. h. des Booleschen Komplements, definiert:

$$a \Rightarrow b := \neg(a \wedge \neg b)$$

Die in der Literatur als LUKASIEWICZ-Logiken bekannten Verallgemeinerungen versuchen mit Hilfe einer Komplementbildung eine analoge Definition des Implikationsoperators. Für die Fuzzy-Logik, die einer Steuerungs- und Regelungstheorie zugrunde gelegt werden soll, ist dieser Ansatz jedoch ungeeignet. Es ist zweckmäßiger, auf die Negation als Komplementoperator zu verzichten und den Implikationsoperator unabhängig zu definieren. Dies kann wie in Abschnitt 2.1 beschrieben durch eine Relation geschehen (siehe [NOV89], [WEC78]).

# Kapitel 3

# Regelbasierte Systeme

## 3.1 Fuzzy-Logik regelbasierter Systeme

Wir haben in den voranstehenden Abschnitten nun alle Voraussetzungen zusammengetragen, um regelbasierte Systeme zu behandeln, die auf unscharfen Informationen agieren. Ein *regelbasiertes System* besteht aus einem System von Inferenzregeln und einem Inferenzschema, das die Verarbeitungsvorschrift enthält, nach der (scharfe) Eingangsgrößen $x_i$ mit Hilfe der Inferenzregeln zu (scharfen) Ausgangsgrößen $y_j$ verarbeitet werden. Es genügt, eine Ausgangsgröße zu betrachten, da sich für mehrere Ausgangsgrößen das Regelschema wiederholt (Bild 3.1).

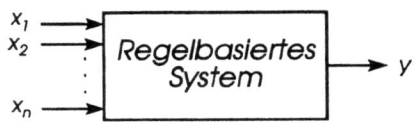

Bild 3.1. Regelbasiertes System mit $n$ Eingangsgrößen $x_i$ und einer Ausgangsgröße $y$.

Das System der Inferenzregeln fassen wir zusammen in einer *Regelbasis* der Form

$R_1$: WENN $x_1 = A_{11}$ ... UND $x_i = A_{1i}$ ... UND $x_n = A_{1n}$   DANN   $y = B_1$

$\vdots$

$R_j$: WENN $x_1 = A_{j1}$ ... UND $x_i = A_{ji}$ ... UND $x_n = A_{jn}$   DANN   $y = B_j$

$\vdots$

$R_m$: WENN $x_1 = A_{m1}$ ... UND $x_i = A_{mi}$ ...UND $x_n = A_{mn}$   DANN   $y = B_m$

$x_1, x_2, ..., x_n$:     Eingangsgrößen

$A_{1i}, A_{2i}, ..., A_{mi}$:     linguistische Terme der Eingangsgröße $x_i$

$y$:     Ausgangsgröße

$B_1, B_2, ..., B_m$:     linguistische Terme der Ausgangsgröße

Dabei ist "$x_i = A_{ji}$" so zu lesen: "Wenn die Eingangsgröße $x_i$ die Eigenschaft $A_{ji}$ hat". Entsprechendes ist für "$y = B_j$" zu setzen.

Die Tatsache, daß wir für die Verknüpfung der Prämissen einer Regel nur die UND-Verknüpfung zugelassen haben, bedeutet keine Einschränkung, da wir eine Regel mit ODER-verknüpften Prämissen jederzeit aufspalten können in mehrere Regeln unserer Form. Alternativ dazu können wir natürlich in einem solchen Fall auch den MIN-Operator jeweils durch den MAX-Operator ersetzen.

Einem aktuellen Satz von Eingangsgrößen $x' = (x'_1, ..., x'_n)$ wird dann auf Grund des Inferenzschemas unter Beachtung der Regelbasis zunächst eine Fuzzy-Menge zugeordnet, die aus den Ergebnissen aller Regeln zusammengesetzt ist. Dazu finden wir in jeder Zeile das Ergebnis der jeweiligen Regel für die Ausgangsgröße $y$ aus $Z$ als Zugehörigkeitswert einer geköpften Fuzzy-Menge $\mu_{B'}$:

$$R_1: \text{MIN}\bigl(\mu_{11}(x'_1), ..., \mu_{1n}(x'_n), \mu_{B_1}(y)\bigr) = \mu_{B'_1}(y)$$
$$\vdots$$
$$R_j: \text{MIN}\bigl(\mu_{j1}(x'_1), ..., \mu_{jn}(x'_n), \mu_{B_j}(y)\bigr) = \mu_{B'_j}(y)$$
$$\vdots$$
$$R_m: \text{MIN}\bigl(\mu_{m1}(x'_1), ..., \mu_{mn}(x'_n), \mu_{B_m}(y)\bigr) = \mu_{B'_m}(y)$$

Verbunden durch den ODER-Operator MAX entsteht die resultierende Fuzzy-Menge $\mu_{\text{res}}$:

$$R_1 \cup ... \cup R_j \cup ... \cup R_m: \mu_{\text{res}}(y) := \text{MAX}\bigl(\mu_{B'_1}(y), ..., \mu_{B'_j}(y), ..., \mu_{B'_m}(y)\bigr), \quad y \in Z$$

Die resultierende Fuzzy-Menge $\mu_{\text{res}}$ ist auf der Kenngröße $Z$ am Ausgang als linguistischer Term anzusehen, der jedoch bei den gewählten Beispielen als solcher nur selten vorkommt. Die Aufgabe von Fuzzy-Control besteht nun allerdings nicht darin, für das erhaltene Ergebnis einen angemessenen linguistischen Term zu formulieren, sondern etwa für die Steuerung einer Maschine eine scharfe Ausgangsgröße $y$ auf der Kenngröße $Z$ zu finden. Diese Aufgabe und ihre Lösung wird als *Defuzzifizierung* bezeichnet.

Bild 3.2 veranschaulicht die Komponenten eines regelbasierten Systems. Die Eingangsgrößen $x_i$ und die Ausgangsgröße $y$ sind nun scharfe Werte.

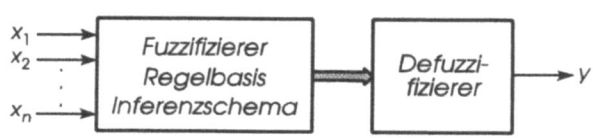

**Bild 3.2.** Komponenten eines regelbasierten Systems.

## 3.1 Fuzzy-Logik regelbasierter Systeme

**Bemerkung:**
Der allgemeine Fall, daß die scharfen Eingangsgrößen zunächst in einem Eingabe-Interface zu Fuzzy-Mengen umgewandelt werden und dann erst an die Regelbasis und das Inferenzschema geliefert werden, wird hier nicht behandelt. Er kommt bisher in der Praxis von Fuzzy-Control nicht vor (siehe auch Bild 2.11).

**Beispiel:** Bremsvorgang auf Autobahn

Wir wollen unser Beispiel *Bremsvorgang auf Autobahn* aus Abschnitt 2.3 mit den Eingangsgrößen

*Abstand A* zum vorausfahrenden Fahrzeug

*Geschwindigkeit G* des eigenen Fahrzeugs

und der Ausgangsgröße

*Bremskraft K*

fortsetzen, jetzt jedoch mit einer kompletten Regelbasis. Da wir für beide Eingangsgrößen jeweils fünf linguistische Terme definiert haben, kann unsere Regelbasis maximal $5 \cdot 5 = 25$ Regeln enthalten. Für die scharfen Eingangsgrößen

$A = 175$ m

$G = 190$ km/h

hatten wir die fuzzifizierten Werte

$A^* = (0, 0.75, 0.25, 0, 0)$

$G^* = (0, 0, 0, 0, 1)$

ermittelt. Dies bedeutet, daß lediglich zwei Regeln aktiv sind, nämlich diejenigen zu den Prämissen $A = mittel$ UND $G = sehr\_hoch$ bzw. $A = niedrig$ UND $G = sehr\_hoch$. Die beiden Regeln sollen lauten

$R_1$: WENN $A = mittel$ UND $G = sehr\_hoch$ DANN $K = dreiviertel$

$R_2$: WENN $A = niedrig$ UND $G = sehr\_hoch$ DANN $K = voll$

Die Abarbeitung des Inferenzschemas umfaßt nun folgende Schritte:

① Fuzzifizierung der Eingangsgrößen

Die Fuzzifizierung erfolgt wie im Falle einer einzelnen Regel (siehe Abschnitt 2.3) und liefert die oben angegebenen Werte.

② Ermittlung der aktiven Regeln

Die Regeln $R_1$ und $R_2$ sind aktiv. Dies sind die einzigen aktiven Regeln.

③ Ermittlung der einzelnen Ausgangs-Fuzzy-Mengen

Da die beiden Prämissen der Regeln UND-verknüpft sind, müssen die Zugehörigkeitswerte über den MIN-Operator zum Erfüllungsgrad der Regel verknüpft werden:

$H_1 = \text{MIN}\bigl(\mu_{A\,mittel}(175\,\text{m}),\ \mu_{G\,sehr\_hoch}(190\,\text{km}/\text{h})\bigr) = \text{MIN}(0.25,\ 1) = 0.25$

$H_2 = \text{MIN}\bigl(\mu_{A\,niedrig}(175\,\text{m}),\ \mu_{G\,sehr\_hoch}(190\,\text{km}/\text{h})\bigr) = \text{MIN}(0.75,\ 1) = 0.75$

Die Fuzzy-Mengen der Konklusion jeder aktiven Regel sind in der Höhe des jeweiligen Erfüllungsgrades $H_i$ abzuschneiden und auf der Ausgangsgröße $K$ abzutragen.

④ Ermittlung der resultierenden Ausgangs-Fuzzy-Menge

Wir fassen die in Schritt 3 ermittelten Fuzzy-Mengen mit dem ODER-Operator MAX zur resultierenden Ausgangs-Fuzzy-Menge $\mu_{K\,res}$ zusammen (Bild 3.3).

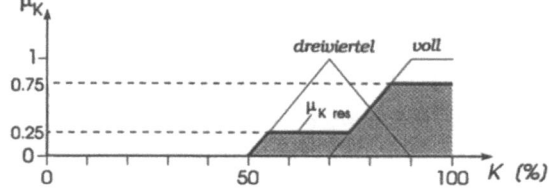

**Bild 3.3.** Ermittlung der resultierenden Fuzzy-Menge.

⑤ Bestimmung der scharfen Ausgangsgröße

Auf die resultierende Fuzzy-Menge $\mu_{K\,res}$ ist nun ein Defuzzifizierungsverfahren anzuwenden, das eine scharfe Ausgangsgröße liefert. Die wichtigsten Defuzzifierungsverfahren sind im nachfolgenden Abschnitt beschrieben. ∎

Wir wollen die Auswertung regelbasierter Systeme noch einmal in einer Kurzübersicht zusammenfassen:

> **Schritt 1:** Fuzzifizierung der scharfen Eingangsgrößen.
>
> **Schritt 2:** Ermittlung des Erfüllungsgrades $H_i$ jeder aktiven Regel $R_i$ durch Verknüpfung aller Zugehörigkeitsgrade der Eingangsgrößen der Regel mit dem MIN-Operator.
>
> **Schritt 3:** Ermittlung der resultierenden Ausgangs-Fuzzy-Menge durch Überlagerung der in der Höhe $H_i$ abgeschnittenen Ausgangs-Fuzzy-Mengen der aktiven Regeln (MAX-Operator).
>
> **Schritt 4:** Berechnung der scharfen Ausgangsgröße durch Defuzzifizierung.

## 3.2 Defuzzifizierung

Das Ergebnis der Fuzzy-Inferenz ist zunächst eine resultierende Fuzzy-Menge für die Ausgangsgröße. Um eine scharfe Ausgangsgröße - man spricht in diesem Zusammenhang häufig auch von *Crisp-Ausgangsgröße* - zu erhalten, muß die resultierende Ausgangs-Fuzzy-Menge defuzzifiziert werden. Wir listen hier die wichtigsten Methoden der Defuzzifizierung mit ihren speziellen Vor- und Nachteilen auf.

### A  Maximum-Methode und Mustererkennung

Die einfachste Methode der Defuzzifizierung besteht darin, daß nur diejenige Regel mit dem höchsten Erfüllungsgrad bei einem vorgegebenen Eingangsgrößensatz betrachtet wird und diese einen festen Wert als Ausgangsgröße ausgibt. Wir bezeichnen dieses Defuzzifizierungsverfahren kurz als *Maximum-* oder *Mustererkennungs-Methode*.

Die Maximum-Methode wird bei der Fuzzy-Modellierung am besten dadurch vorbereitet, daß die Ausgangsmenge jeder Regel als Singleton vorgegeben wird. Es muß bei der Modellierung darauf geachtet werden, daß immer mindestens eine Regel aktiv ist, da sonst keine Entscheidung gefällt wird.

**Beispiel:** Bremsvorgang auf der Autobahn

Wir übernehmen die Fuzzy-Modellierung der Eingangsgrößen, die Regelbasis und die scharfen Eingangsgrößen wie im Beispiel des voranstehenden Abschnitts. Dann läuft das Fuzzy-Inferenzverfahren bis zur Bestimmung der Erfüllungsgrade in Schritt 3 unverändert ab.

Bezüglich unserer Ausgangsgröße, der *Bremskraft K*, wollen wir nun annehmen, daß diese nur in Schritten von 10% vorgebbar ist. Wir modellieren daher unsere linguistischen Terme als Singletons wie in Bild 3.4 dargestellt. Auf diese Weise erhalten wir nach dem Fuzzy-Inferenzschema als Gesamtergebnis für die Fuzzy-Menge am Ausgang die beiden skizzierten geköpften Singletons.

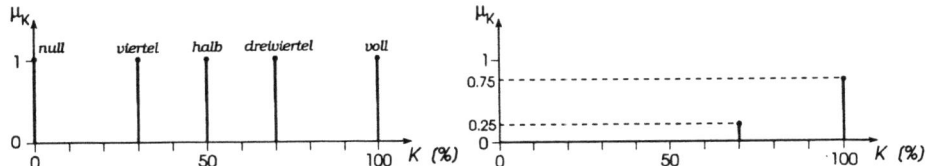

Bild 3.4. Linguistische Terme für *Bremskraft* (links) und Inferenzergebnis (rechts).

Das Maximum des Zugehörigkeitsgrades wird für $K = voll$, d. h. volle Bremskraft angenommen. Die scharfe Ausgangsgröße ist also 100%. ∎

Dieses Beispiel ist für die Verwendung der angegebenen Methode nicht überzeugend. Wir möchten jedoch ein Beispiel durch alle Defuzzifizierungsmethoden verfolgen, da es für die Praxis von Fuzzy-Control von entscheidender Bedeutung ist, welches Defuzzifizierungsverfahren zum Einsatz kommt. Bevor wir zum nächsten Verfahren übergehen, wollen wir noch ein weiteres, typisches Anwendungsbeispiel für die Defuzzifizierung nach maximaler Höhe betrachten.

**Beispiel:** Mustererkennung

Es seien $k$ Signalgeber vorgegeben. Ein Zustand eines beobachteten Prozesses wird dann durch $k$ Signalwerte der Signalgeber beschrieben, so daß auf jedem Signalkanal eine Amplitudenhöhe zu dem beobachteten Zustand gehört. Bild 3.5 zeigt für den Fall $k = 4$ vier verschiedene Zustände. Jeder Zustand ist als ein Muster von Amplitudenhöhen abgespeichert. Dies soll in jeweils elf Diskretisierungsstufen von 0..10 geschehen, wobei Stufe 0 alle Amplitudenhöhen unterhalb eines Schwellwertes zusammenfaßt und in der Musterdarstellung damit dem Zustand "nicht sichtbar" entspricht (z. B. Kanal 3 bei Typ 4). Haben wir einen aktuell vorliegenden Zustand mit den abgespeicherten Zuständen zu vergleichen, so sind für jeden Zustandstyp die Höhen der gespeicherten Amplituden mit den aktuellen Amplituden zu vergleichen. In der Praxis kann es nun geschehen, daß die erwartete Amplitudenhöhe - beispielsweise aufgrund von Meßfehlern - um eine Diskretisierungsstufe erhöht oder erniedrigt ist. Außerdem kann das gesamte Muster um mehrere Diskretisierungsstufen nach oben oder unten verschoben sein. Bild 3.6 zeigt eine solche Modifizierung der in Bild 3.5 festgelegten Muster.

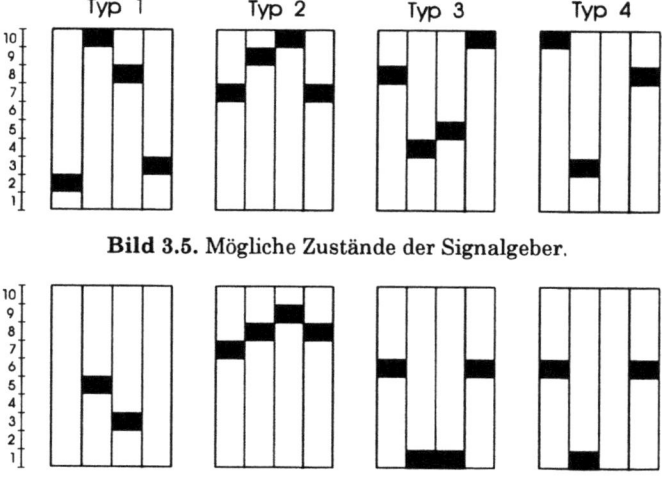

Bild 3.5. Mögliche Zustände der Signalgeber.

Bild 3.6. Modifizierte Muster.

## 3.2 Defuzzifizierung

Das Vergleichen der Muster unter der Bedingung solcher Modifikationen hat mathematisch zur Folge, daß bei $s$ Diskretisierungsstufen $3^k(s-1)$ mögliche Modifikationen eines vorgegebenen Musters auftreten können. Es liegt daher nahe, Mustervergleiche dieser Art unter dem Fuzzy-Aspekt vorzunehmen. Dazu legen wir für unser Inferenzschema zunächst fest

*Eingangsgrößen*    sind die Amplitudenhöhen auf den vier Kanälen der Signalgeber

*Ausgangsgröße*    sind die Typen 1, 2, 3, 4.

Die linguistischen Terme für die vier Kanäle wählen wir wie in Bild 3.7. Dabei bedeutet *mh* soviel wie *mittel_hoch*, *n niedrig* usw. Da als Ausgangsgröße nur diskrete Alternativen für den Typ zur Verfügung stehen - dies ist typisch für Probleme der Mustererkennung - modellieren wir die linguistischen Terme als Singletons.

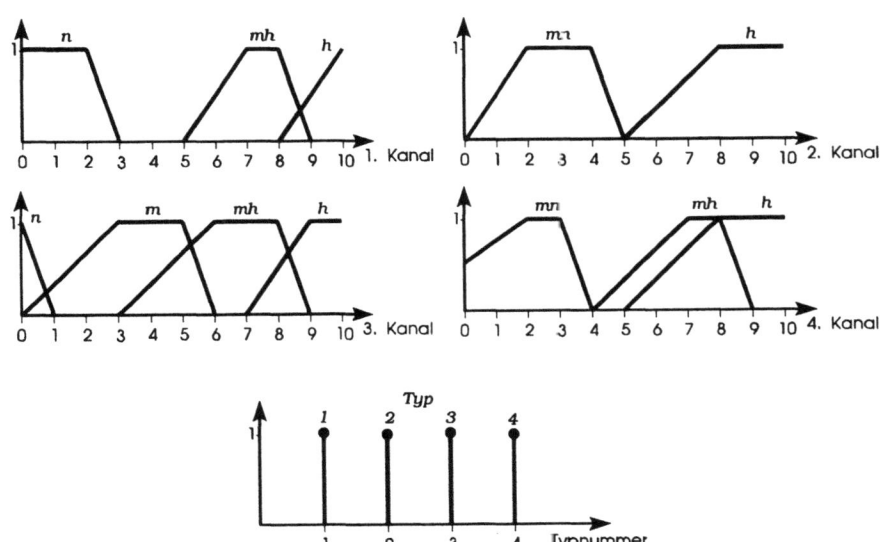

**Bild 3.7.** Mustererkennung mit Fuzzy-Mengen für vier Typen.

Die Regelbasis soll die folgende Gestalt aufweisen:

$R_1$: WENN    *1. Kanal = n*  UND  *2. Kanal = h*   UND
               *3. Kanal = mh* UND  *4. Kanal = mn*
      DANN    *Typnummer = 1*

$R_2$: WENN    *1. Kanal = mh* UND  *2. Kanal = h*   UND
               *3. Kanal = h*  UND  *4. Kanal = mh*
      DANN    *Typnummer = 2*

$R_3$: WENN 1. *Kanal* = *mh* UND 2. *Kanal* = *mn* UND
3. *Kanal* = *m* UND 4. *Kanal* = *h*
DANN *Typnummer = 3*

$R_4$: WENN 1. *Kanal* = *h* UND 2. *Kanal* = *mn* UND
3. *Kanal* = *n* UND 4. *Kanal* = *mh*
DANN *Typnummer = 4*

Als Eingangsgröße wählen wir exemplarisch das dritte Muster aus Bild 3.6 mit den Amplitudenwerten (6, 1, 1, 6). Die Fuzzifizierung liefert zunächst die in Bild 3.8 dargestellten Ergebnisse.

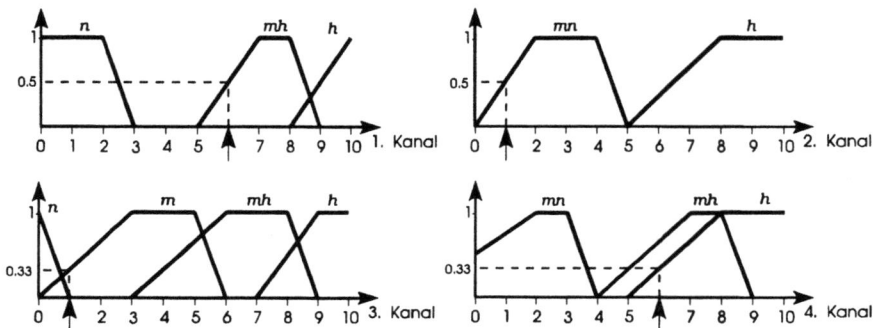

**Bild 3.8.** Fuzzifizierung der Eingangsamplitudenwerte.

Die Auswertung der Regelbasis liefert für den Erfüllungsgrad der einzelnen Regeln

$$H_1 = \text{MIN}(\mu_{1n}(6), \mu_{2h}(1), \mu_{3mh}(1), \mu_{4mn}(6)) = 0$$

$$H_2 = \text{MIN}(\mu_{1mh}(6), \mu_{2h}(1), \mu_{3h}(1), \mu_{4mh}(6)) = 0$$

$$H_3 = \text{MIN}(\mu_{1mh}(6), \mu_{2mn}(1), \mu_{3m}(1), \mu_{4h}(6)) = 0.33$$

$$H_4 = \text{MIN}(\mu_{1h}(6), \mu_{2mn}(1), \mu_{3n}(1), \mu_{4mh}(6)) = 0$$

(Der Ausdruck $\mu_{1n}$ kennzeichnet die Fuzzy-Menge *n* für den *1. Kanal* usw.)

Bild 3.9 zeigt die Ermittlung der resultierenden Ausgangs-Fuzzy-Menge. $R_3$ ist die einzige aktive Regel und damit automatisch die Regel mit dem höchsten Erfüllungsgrad. Die Defuzzifizierung nach dem Maximum liefert also den (korrekten) Typ 3 als Ergebnis der Mustererkennung. ∎

**Bild 3.9.** Ermittlung der resultierenden Ausgangs-Fuzzy-Menge.

## 3.2 Defuzzifizierung

Das voranstehende Beispiel zeigt, daß die Fuzzy-Inferenz auf einfachste Weise ca. die Hälfte der $3^k(s-1) = 3^4 \cdot 10 = 810$ hier möglichen Fälle der Mustermodifikationen erkennt und unterscheidet.

Treten mehrere Regeln mit maximalem Erfüllungsgrad auf, so muß gegebenenfalls nach einer Prioritätenliste entschieden werden. Für Aufgaben der Mustererkennung reicht beim Auftreten eines solchen Falles das Auflösungsvermögen der gewählten Fuzzy-Modellierung nicht aus. Kann die Fuzzy-Modellierung nicht besser eingerichtet werden, so muß ein weiterer Kanal für ein zusätzliches Unterscheidungsmerkmal hinzugefügt werden.

Fassen wir die Defuzzifizierung nach der Maximum-Methode zusammen:

---

**Defuzzifizierung nach der Maximum-Methode**

- nur aktive Regel mit höchstem Erfüllungsgrad wird betrachtet
- Maximum der zugehörigen Ausgangs-Fuzzy-Menge bestimmt scharfe Ausgangsgröße
- besonders geeignet für Probleme der Mustererkennung
- ⊕ einfache soft- und hardwaremäßige Realisierung
- ⊖ nur eine aktive Regel wird betrachtet
- ⊖ Ausgangsgröße unabhängig vom Erfüllungsgrad der maßgebenden Regel
- ⊖ es treten nur diskrete Ausgangswerte auf, d. h. bei Variation der Eingangsgröße(n) können sprungförmige Ausgangsgrößenverläufe auftreten

---

### B Maximum-Mittel-Methode

Wir verfahren bei dieser Methode wie bei der Maximum-Methode. Falls mehr als eine Regel maximalen Erfüllungsgrad hat, werden die zu diesen Regeln gehörenden scharfen Ausgangsgrößen arithmetisch gemittelt.

**Beispiel:** Bremsvorgang auf der Autobahn

Wie im ersten Beispiel unter der Defuzzifizierungsmethode A sollen auf der Ausgangsgröße *Bremskraft K* nur Terme in Form von Singletons vorgegeben werden. Als scharfe Eingangsgrößen wählen wir jetzt jedoch

$A = 200$ m,

$G = 190$ km/h.

Die Fuzzifizierung (Bild 3.10) liefert in diesem Fall

$A^* = (0, 0.5, 0.5, 0, 0)$

$G^* = (0, 0, 0, 0, 1)$

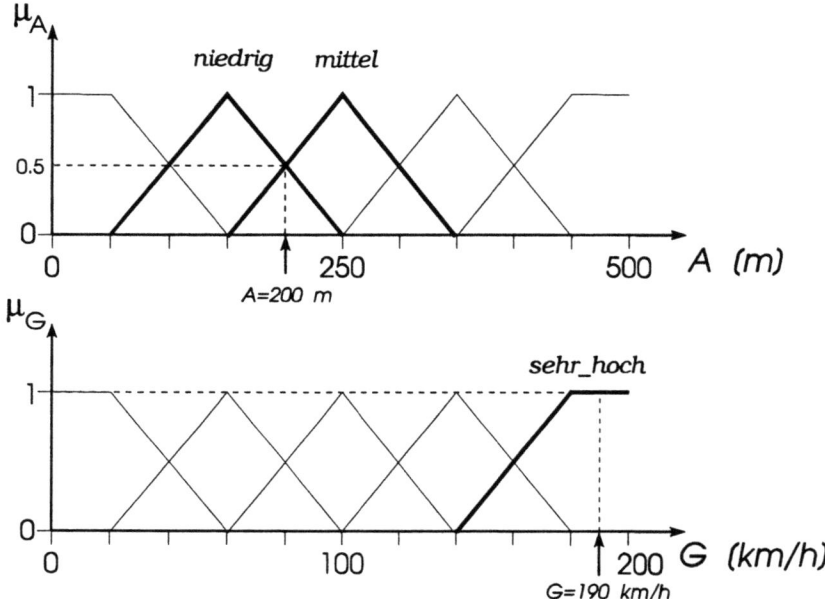

Bild 3.10. Fuzzifizierung der scharfen Eingangsgrößen.

Für die Erfüllungsgrade der beiden aktiven Regeln erhalten wir

$H_1 = \text{MIN}\big(\mu_{A\,mittel}(200\,\text{m}), \mu_{G\,sehr\_hoch}(190\,\text{km}/\text{h})\big) = \text{MIN}(0.5, 1) = 0.5$,

$H_2 = \text{MIN}\big(\mu_{A\,niedrig}(200\,\text{m}), \mu_{G\,sehr\_hoch}(190\,\text{km}/\text{h})\big) = \text{MIN}(0.5, 1) = 0.5$.

Beide Regeln besitzen jetzt also den gleichen Erfüllungsgrad. Die zugehörigen Ausgangs-Fuzzy-Mengen zeigt Bild 3.11. Nach der Maximum-Mittel-Methode wird die scharfe Ausgangsgröße $K_{res}$ nun bestimmt durch das arithmetische Mittel der zu den Single-

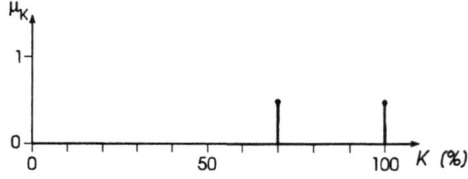

Bild 3.11. Ausgangs-Fuzzy-Mengen.

## 3.2 Defuzzifizierung

tons der aktiven Regeln gehörenden scharfen Ausgangswerte:

$$K_{res} = \frac{1}{2}(70\% + 100\%) = 85\%$$

Durch diese Methode können also insbesondere auch Zwischenwerte der verwendeten Singletons auf der Ausgangsgröße erreicht werden. ∎

Wir fassen die Maximum-Mittel-Methode zusammen:

---
**Defuzzifizierung nach der Maximum-Mittel-Methode**

- alle aktiven Regeln mit höchstem Erfüllungsgrad werden betrachtet
- arithmetisches Mittel der scharfen Ausgangsgrößen der aktiven Regeln bestimmt scharfe Ausgangsgröße
- ⊕ es sind Interpolationen möglich
- ⊕ Stellen mit gleichem maximalen Erfüllungsgrad mehrerer Regeln, insbesondere benachbarter Regeln, sind unkritisch
- ⊖ interpolierte Werte können nicht benutzbar sein
- ⊖ Ausgangsgröße unabhängig vom Erfüllungsgrad der maßgebenden Regel(n)
- ⊖ es treten nur diskrete Ausgangswerte auf, d. h. bei Variation der Eingangsgröße(n) können sprungförmige Ausgangsgrößenverläufe auftreten
---

Die Maximum-Mittel-Methode ist nur selten sinnvoll einsetzbar.

### C  Akkumulationsmethode

Wir bilden zunächst ein Inferenzverfahren nach der Mustererkennungsmethode A. Zu jeder Regel wird in Gestalt eines Singletons ein scharfer Ausgangwert $\Delta y$ angegeben, der von einem vorhandenen (aktuellen) Wert abzuziehen ist oder zu ihm hinzuaddiert werden muß, falls die Regel maximalen Erfüllungsgrad hat:

$$y_{neu} = y_{alt} \pm (\Delta y)_{i_{max}}$$

Der Index $i_{max}$ kennzeichnet die Regel mit maximalem Erfüllungsgrad. Es ist bei der Modellierung der Terme auf den Eingangsgrößen darauf zu achten, daß immer nur eine Regel den höchsten Erfüllungsgrad hat.

**Beispiel:** Bremsvorgang auf der Autobahn.

Die linguistischen Terme der Eingangsgrößen werden gemäß Bild 3.12 neu modelliert, wobei immer der rechte Randwert zu einer Fuzzy-Menge gehören soll, der linke Randwert jedoch nur im Falle des Minimums auf der Kenngröße. Benachbarte Fuzzy-Mengen stoßen also jeweils exakt aneinander.

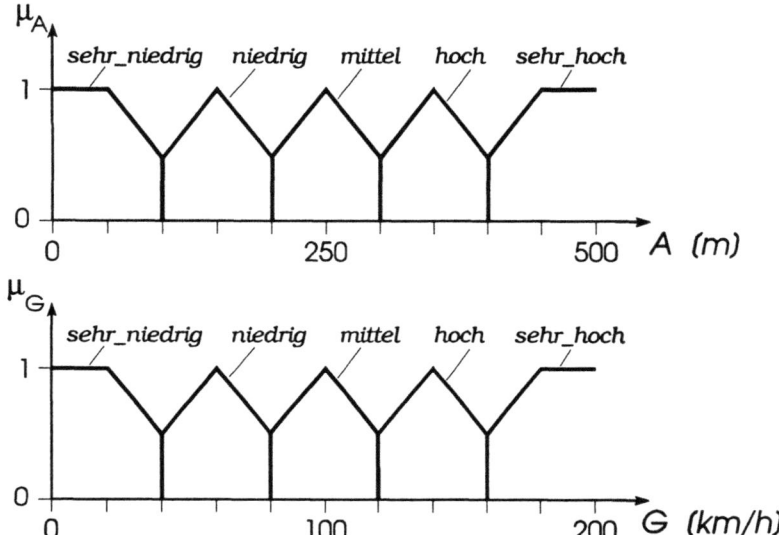

Bild 3.12. Modellierung der Eingangsgrößenterme für die Defuzzifizierung nach der Akkumulationsmethode.

Wir betrachten wieder unsere ursprünglichen scharfen Eingangsgrößen

$A = 175$ m,

$G = 190$ km/h .

Die Fuzzifizierung gemäß Bild 3.13 liefert

$A^* = (0, 0.75, 0, 0, 0)$,

$T^* = (0, 0, 0, 0, 1)$.

## 3.2 Defuzzifizierung

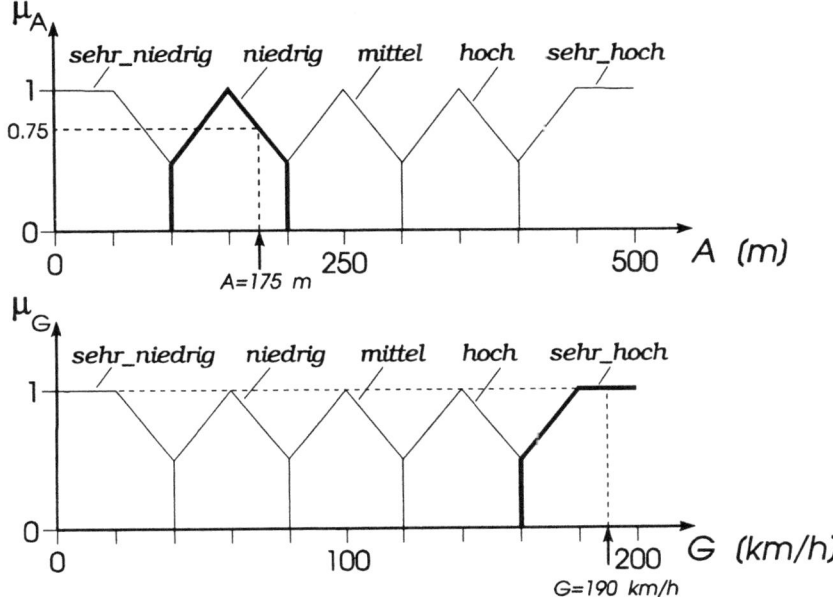

**Bild 3.13.** Fuzzifizierung der scharfen Eingangsgrößen.

Von unseren ursprünglich aktiven Regeln ist also nur noch $R_2$ aktiv. Diese möge lauten

$R_2$: WENN $A = niedrig$ UND $G = sehr\_hoch$ DANN $\Delta K = +20$

Für ihren Erfüllungsgrad - den wir im folgenden allerdings nicht benötigen - können wir dann ermitteln

$$H_2 = \text{MIN}\left(\mu_{A\ niedrig}(175\,\text{m}),\ \mu_{G\ sehr\_hoch}(190\,\text{km}/\text{h})\right) = \text{MIN}(0.75,\ 1) = 0.75\,.$$

Die Ermittlung der Ausgangs-Fuzzy-Menge ist bei dieser Methode nicht notwendig. Zur Defuzzifizierung wird der alte Wert der Bremskraft $K_{alt}$ um den durch die Regel $R_2$ gegebenen Wert von $\Delta K = 20\%$ erhöht. Die daraus resultierende Bremskraft

$$K_{res} = K_{alt} + 20\%$$

ist als scharfer Wert der Ausgangsgröße bestimmt. ∎

Diese Defuzzifizierungsmethode berücksichtigt ebenfalls nicht den Erfüllungsgrad der maßgebenden Regel. Es handelt sich um eine Mustererkennung kombiniert mit der Veränderung der Ausgangsgröße. Man könnte das Verfahren als regelbasiertes Differenzenverfahren bezeichnen.

Die Akkumulations-Methode auf Chips der Serie NLX der Firma NEURALOGIX, Sanford, USA, ist funktional verdrahtet und zugunsten dieser Firma patentrechtlich geschützt. Auf dieser Hardware ist außerdem die reine Maximum-Methode, bei der zu jeder Regel ein scharfer Ausgabewert gehört, realisiert. Haben alle Regeln den Erfüllungsgrad null, so bleibt der alte Wert der Ausgangsgröße unverändert (siehe auch Kapitel 6).

Die Akkumulationsmethode in der Zusammenfassung:

---

**Defuzzifizierung nach der Akkumulationsmethode**

- geeignet für Probleme mit diskretem Verhalten oder Schachbrett-Strategien

⊕ preisgünstige schnelle Hardwarerealisierung

⊖ Ausgangsgröße unabhängig vom Erfüllungsgrad der maßgebenden Regel

⊖ es treten nur diskrete Ausgangswerte auf, d. h. bei Variation der Eingangsgröße(n) können sprungförmige Ausgangsgrößenverläufe auftreten

---

### D  Schwerpunktmethode ("Center of Gravity"-Methode)

Die Defuzzifizierung nach der Schwerpunktmethode ist das gebräuchlichste Verfahren. Es geht auf H. WATANABE 1986 zurück und besteht darin, daß der Flächenschwerpunkt der aus allen Ergebnis-Fuzzy-Mengen der Regeln nach dem Inferenzschema resultierenden Ausgangs-Fuzzy-Menge $\mu_{res}$ über der Ausgangsgröße gebildet und seine Abszisse als scharfe Ausgangsgröße $y_{res}$ bestimmt wird (Bild 3.14). Der Schwerpunktmethode liegt die exakte Formel

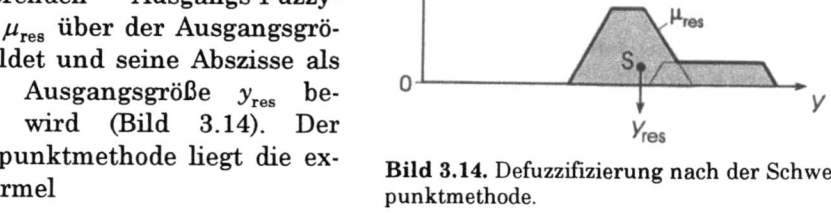

Bild 3.14. Defuzzifizierung nach der Schwerpunktmethode.

$$y_{res} = \frac{\int_0^\infty y\mu_{res}(y)\,dy}{\int_0^\infty \mu_{res}(y)\,dy}$$

## 3.2 Defuzzifizierung

zugrunde. Die praktische Berechnung erfolgt durch numerische Integration als approximierende Summe.

Eine meist ausreichende Näherung wird dadurch gegeben, daß die Abszissen $y_i$ der Schwerpunkte der Ausgangsmengen aller $m$ Regeln, die dreiecks- oder trapezförmig sein sollten, in eine mit dem Erfüllungsgrad $H_i$ gewichtete Summe eingebracht werden:

$$y_{\text{res}} = \frac{\sum_{i=1}^{m} y_i H_i}{\sum_{i=1}^{m} H_i}$$

Für die in Bild 3.15 dargestellte Ausgangs-Fuzzy-Menge erhalten wir nach dieser Näherungsformel z. B.

$$y_{\text{res}} = \frac{y_1 H_1 + y_2 H_2}{H_1 + H_2}.$$

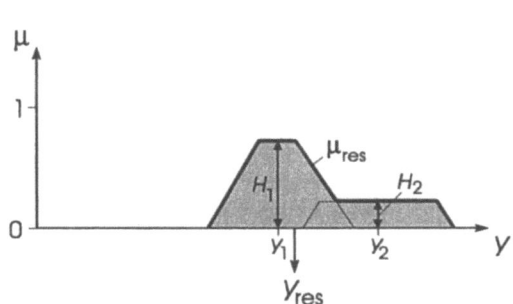

Bild 3.15. Anwendung der Näherungsformel für die Schwerpunktberechnung.

**Beispiel:** Bremsvorgang auf der Autobahn

Wir wählen wieder unsere ursprüngliche Konstellation aus Abschnitt 3.1. Als Ergebnis der Inferenz hatten wir dort die in Bild 3.16 dargestellte resultierende Ausgangs-Fuzzy-Menge ermittelt. Die Berechnung des Schwerpunktes S ergibt einen Abszissenwert und damit eine scharfe Ausgangsgröße von

$$K_{\text{res}} = 82.7\%. \blacksquare$$

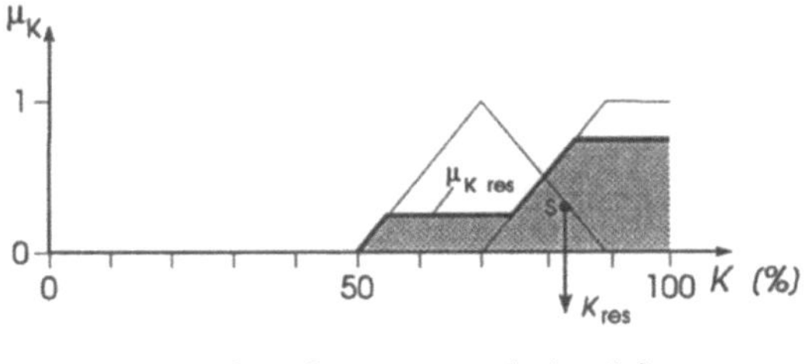

Bild 3.16. Defuzzifizierung nach der Schwerpunktmethode.

Wegen der Bedeutung der Schwerpunktmethode zeigt Bild 3.17 noch einmal im Überblick die Arbeitsweise eines regelbasierten Systems mit den Schritten *Fuzzifizierung*, *Inferenz* und *Defuzzifizierung* nach der Schwerpunktmethode für den von uns gewählten Satz scharfer Eingangsgrößen.

Die Schwerpunktmethode im Überblick:

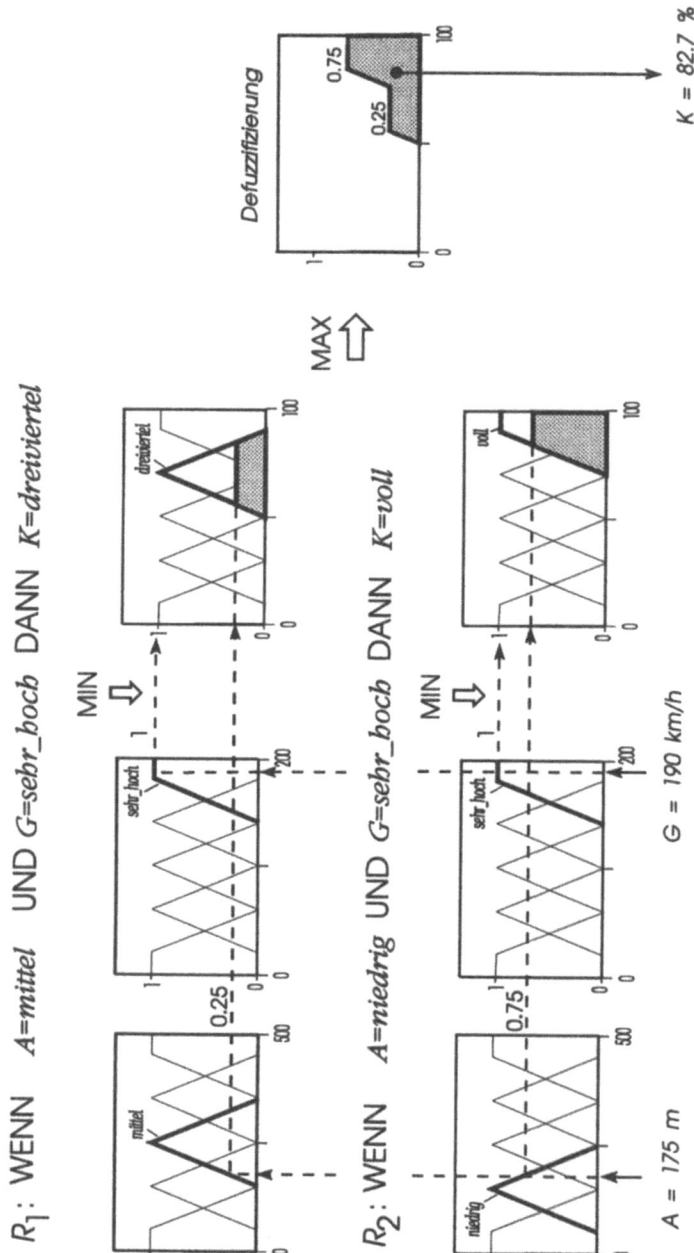

**Bild 3.17.** Verarbeitung scharfer Eingangsgrößen in einem regelbasierten System mit MAX-MIN-Inferenz und Defuzzifizierung nach der Schwerpunktmethode am Beispiel *Bremsvorgang auf der Autobahn*.

## 3.2 Defuzzifizierung

**Defuzzifizierung nach der Schwerpunktmethode**

- Berechnung des Flächenschwerpunktes S der resultierenden Ausgangs-Fuzzy-Menge. Der Abszissenwert von S stellt die scharfe Ausgangsgröße $y_{res}$ dar

- ⊕ alle aktiven Regeln gehen in die Berechnung der scharfen Ausgangsgröße ein

- ⊕ bei Variation der Eingangsgröße(n) erhält man i. a. stetige Ausgangsgrößenverläufe

- ⊖ Schwerpunktberechnung numerisch aufwendig (→ Rechenzeitproblem, speziell bei Echtzeitanwendungen)

- ⊖ Hardwarerealisierung aufwendig

- ⊖ nicht der gesamte Ausgangsgrößenbereich kann erreicht werden (siehe Abschnitt 5.2)

- ⊖ bei nur einer aktiven Regel mit symmetrischer Ausgangs-Fuzzy-Menge ist die scharfe Ausgangsgröße unabhängig vom Erfüllungsgrad der Regel (siehe nachfolgendes Bild)

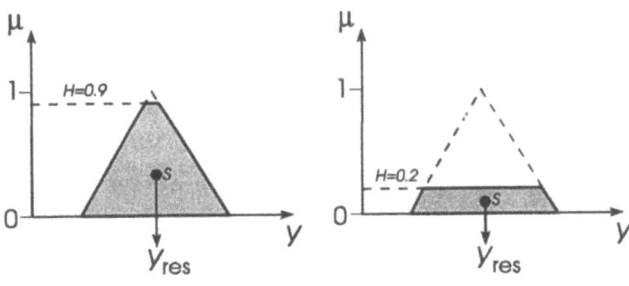

### E  Schwerpunktmethode für Singletons

Diese Defuzzifizierungsmethode kann nur angewendet werden, wenn die Terme auf der Ausgangsgröße Singletons sind. Es wird dann für jede Regel $R_i$ der Erfüllungsgrad $H_i$ mit dem Modalwert $y_i$ des Singletons in der Regel multipliziert. Diese Produkte $H_i\, y_i$ werden über alle Regeln aufsummiert und durch die Summe der Erfüllungsgrade $H_i$ dividiert:

$$y_{\text{res}} = \frac{\sum_{i=1}^{m} H_i\, y_i}{\sum_{i=1}^{m} H_i}$$

Es liegt ein Entartungsfall der Schwerpunktmethode vor, der dort als Näherungsformel genutzt wird.

**Beispiel:** Bremsvorgang auf der Autobahn.

Wie im ersten Beispiel bei Methode A sind die Terme auf der Ausgangsgröße *Bremskraft* als Singletons zu definieren. Für die Eingangsgrößen

$A = 175$ m,

$G = 190$ km/h

erhalten wir die fuzzifizierten Werte

$A^* = (0, 0.75, 0.25, 0, 0)$,

$G^* = (0, 0, 0, 0, 1)$.

Bild 3.18 zeigt die resultierende Ausgangs-Fuzzy-Menge. Wir können ablesen

$H_1 = 0.25, \quad y_1 = 70\%$,

$H_2 = 0.75, \quad y_2 = 100\%$.

und erhalten damit für die scharfe Ausgangsgröße nach obiger Gleichung

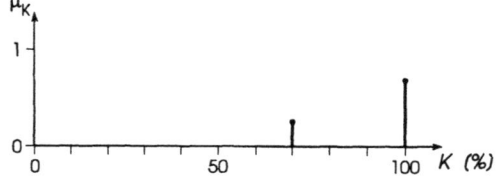

**Bild 3.18.** Resultierende Ausgangs-Fuzzy-Menge.

$$y_{\text{res}} = \frac{0.25 \cdot 70\% + 0.75 \cdot 100\%}{0.25 + 0.75} = 92.5\%.$$

Wir sehen, daß sich dieses Ergebnis sehr von dem bei der Schwerpunktmethode D ermittelten unterscheidet. ∎

Fassen wir die Schwerpunktmethode für Singletons zusammen:

---

**Schwerpunktmethode für Singletons**

⊕ einfachere Berechnung gegenüber der allgemeinen Schwerpunktmethode

⊖ Verlauf der Ausgangsgröße nicht transparent

---

## F  Lineare Defuzzifizierung ("Methode F")

"Methode F" besteht in ihrer allgemeinsten Form darin, daß die resultierende Fuzzy-Menge als Ergebnis des Fuzzy-Inferenzschemas aller Regeln mit aufsteigenden bzw. absteigenden Abszissen der Ausgangsgröße solange durchlaufen wird, bis jeweils der erste Zugehörigkeitsgrad erreicht ist, der mit dem maximalen Erfüllungsgrad aller Regeln übereinstimmt. Die Defuzzifizierung nach der Methode F geht auf einen der beiden Autoren zurück und ist urheberrechtlich zugunsten der Firma ZETEC, Dortmund, geschützt.[8]

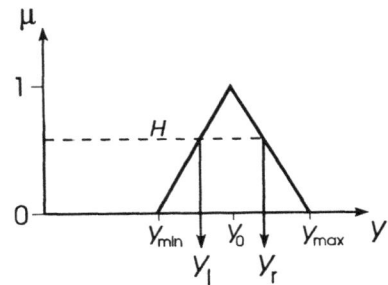

Bild 3.19. Defuzzifizierung linear links und linear rechts.

Ist die Ausgangs-Fuzzy-Menge ein in der Höhe $H$ abgeschnittenes Dreieck (Bild 3.19), so erhalten wir die beiden Alternativen, die auch als $F_{links}$ und $F_{rechts}$ bezeichnet werden

$$y_{res} = y_l = y_0 + (1-H)(y_{min} - y_0) \quad \text{\textit{lineare Erniedrigung}}$$

$$y_{res} = y_r = y_0 + (1-H)(y_{max} - y_0) \quad \text{\textit{lineare Erhöhung}}$$

Sind die Flanken der Fuzzy-Mengen gekrümmt, so ist die Defuzzifizierung nicht mehr linear. Mit dieser Methode kann die Übertragungskennlinie eines Fuzzy-Controllers nach unterschiedlichen mathematischen Verfahren approximiert werden (siehe Abschnitt 5.4.2).

**Beispiel:** Bremsvorgang auf der Autobahn

Wir erhalten eine bis auf die Defuzzifizierung identische Verarbeitung der Eingangsgrößen wie in Bild 3.17 dargestellt. Die Defuzzifizierung der resultierenden Fuzzy-Menge zeigt Bild 3.20. Wir ermiteln die beiden Alternativen

$$K_{res} = K_l = 85\%$$
$$K_{res} = K_r = 100\%.$$

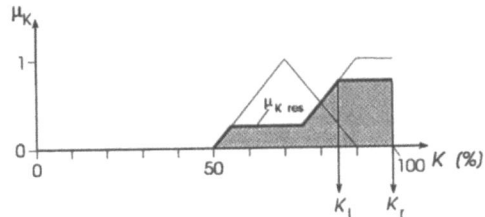

Bild 3.20. Defuzzifizierung zur Ermittlung der scharfen Ausgangsgröße.

---

[8] Der Autor dankt an dieser Stelle der VW-Stiftung für die große finanzielle Unterstützung anläßlich eines Gemeinschaftsprojekts "Integrierte Schaltungen mit modifizierten Fuzzy-Zellen" an der Universität Dortmund zusammen mit Prof. K. Goser (ET) und Prof. K. Strauß (CT).

Welche der beiden Ausgangsgrößenalternativen im konkreten Fall gewählt werden sollte, hängt von der Problemumgebung ab. ■

Wir fassen Methode F zusammen:

---
**Defuzzifizierung nach "Methode F"**

⊕ einfache Berechnung

⊕ Erfüllungsgrad $H$ geht in Berechnung ein

⊕ einfache Hardware-Realisierung (Patent)

⊖ nur die Regeln mit maximalem Erfüllungsgrad gehen in die Bestimmung der scharfen Ausgangsgrößen ein

⊖ die Fuzzy-Modellierung erfordert etwas mehr "Nachdenken"

---

**G   Gewichtete Defuzzifizierung**

Etwa in Expertensystemen können Regeln verschiedener Experten über ein und denselben Sachverhalt vorliegen. Diese Regeln können mit Gewichten $w_1, ..., w_q$ abhängig von der Glaubwürdigkeit der Experten belegt sein und werden zu seinem Teilsystem zusammengefaßt. Es interessiert dann nur ein gemeinsamer Erfüllungsgrad $H$ für das Teilsystem, der nach Gewichtung und unterschiedlich kombinierten Verknüpfungen des MIN- und MAX-Operators errechnet wird:

$$H = \frac{\sum_{i=1}^{q} w_i H_i}{\sum_{i=1}^{q} w_i}$$

Anwendungen dieser Methode sollen hier nicht behandelt werden, da sie derzeit im Bereich Fuzzy-Control keine Bedeutung haben (siehe [ZIM91]).

## 3.3 Variationen des Inferenzschemas

Wie bei der Defuzzifizierung gibt es auch für das Inferenzschema selbst unterschiedliche Variationsmöglichkeiten, die darin bestehen, daß für die Realisierung der Verknüpfungen UND, ODER, WENN... DANN... andere Operatoren als die bisher von uns benutzten herangezogen werden. Wir hatten gewählt

UND-Verknüpfung:            MIN-Operator

ODER-Verknüpfung:           MAX-Operator

WENN... DANN...-Verknüpfung: MIN-Operator

Das auf diesen Operatoren begründete Inferenzschema ist das im Bereich Fuzzy-Control weltweit am meisten benutzte Schema. Es geht auf ZADEH und MAMDANI zurück (siehe [ZAD73], [MAM75]).

Hauptvorteile dieser Kombination von Operatoren sind:

- Ihre Eigenschaften sind umfassend untersucht.
- Die Realisierung in Software und Hardware ist gleichermaßen einfach und preisgünstig.

Die Ersetzung der Operatoren im Inferenzschema ist für eine vorliegende Problemumgebung zu entscheiden. Hier können nur wichtige Hinweise darauf gegeben werden, was bei einer solchen Ersetzung zu beachten und mit welchen Unterschieden durch die Operator-Eigenschaften zu rechnen ist.

Grundlegend sind die Verknüpfungen UND, ODER und WENN... DANN... immer so zu wählen und zu kombinieren, daß das Inferenzschema die Gesetze der Fuzzy-Logik (siehe Abschnitt 2.4) erfüllt. Insbesondere muß der *Modus Ponens* gelten, da sonst kein fuzzy-logisches Schließen möglich ist.

Zunächst denken wir an eine Ersetzung der Operatoren für UND und ODER. Dies hat paarweise im Sinne von logischen Gegenstücken zu geschehen. Ein Ansatz, der als Grenzfälle den MIN- bzw. MAX-Operator enthält, wird durch FUZZY-UND und FUZZY-ODER gegeben:

FUZZY-UND:
$$\mu(\mu_1(x), \mu_2(x)) = \gamma \mathrm{MIN}(\mu_1(x), \mu_2(x)) + \frac{1}{2}(1-\gamma)(\mu_1(x) + \mu_2(x)), \quad \gamma \in [0, 1]$$

FUZZY-ODER:
$$\mu(\mu_1(x), \mu_2(x)) = \gamma \mathrm{MAX}(\mu_1(x), \mu_2(x)) + \frac{1}{2}(1-\gamma)(\mu_1(x) + \mu_2(x)), \quad \gamma \in [0, 1]$$

Wir können folgende Grenzfälle erkennen:

$\gamma = 1$: FUZZY-UND $\rightarrow$ MIN-Operator
FUZZY-ODER $\rightarrow$ MAX-Operator

$\gamma = 0$: FUZZY-UND $\rightarrow$ arithmetisches Mittel
FUZZY-ODER $\rightarrow$ arithmetisches Mittel

Eine beliebige Einstellung zwischen UND und ODER erlaubt der $\gamma$-Operator

$$\mu(\mu_1(x), \mu_2(x)) = (\mu_1(x)\mu_2(x))^{1-\gamma}(1-(1-\mu_1(x))(1-\mu_2(x)))^{\gamma}, \gamma \in [0,1].$$

Ein systematisches Verfahren, zu Paaren von UND- und ODER-Operatoren zu kommen, besteht darin, mathematische Forderungen aufzustellen und dann Lösungen dafür zu finden. So gelangen wir zu den Operatorenklassen *T-Normen* und *T-Konormen*, wobei das T für *triangular* steht und den Zusammenhang mit der Dreiecksnorm in der Mathematik andeutet.

T-Normen sind Operatoren zur Modellierung der Durchschnittsbildung zweier Fuzzy-Mengen bzw. der UND-Verknüpfung zweier unscharfer Aussagen. Der MIN-Operator gehört zur Klasse der T-Normen. T-Normen erfüllen folgende Eigenschaften:

- $T(0,0) = 0$; $T(\mu_1(x), 1) = T(1, \mu_1(x)) = \mu_1(x)$, $x \in G_1$

- $T(\mu_1(x), \mu_2(x)) \leq T(\mu_3(x), \mu_4(x))$ falls $\mu_1(x) \leq \mu_3(x)$ und $\mu_2(x) \leq \mu_4(x)$
  
  *(Monotonie)*

- $T(\mu_1(x), \mu_2(x)) = T(\mu_2(x), \mu_1(x))$ *(Kommutativgesetz)*

- $T(\mu_1(x), T(\mu_2(x), \mu_3(x))) = T(T(\mu_1(x), \mu_2(x)), \mu_3(x))$ *(Assoziativgesetz)*

Wichtig ist insbesondere das Assoziativgesetz, da es die rekursive Verknüpfung von Fuzzy-Mengen ermöglicht.

T-Konormen, auch *S-Normen* genannt, sind demgegenüber Operatoren zur Modellierung der Vereinigung zweier Fuzzy-Mengen bzw. der ODER-Verknüpfung zweier unscharfer Aussagen. Der MAX-Operator gehört zur Klasse der T-Konormen. T-Konormen erfüllen folgende Eigenschaften:

- $S(1,1) = 1$; $S(\mu_1(x), 0) = S(0, \mu_1(x)) = \mu_1(x)$, $x \in G_1$

- $S(\mu_1(x), \mu_2(x)) \leq S(\mu_3(x), \mu_4(x))$ falls $\mu_1(x) \leq \mu_3(x)$ und $\mu_2(x) \leq \mu_4(x)$
  
  *(Monotonie)*

## 3.3 Variationen des Inferenzschemas

- $S(\mu_1(x), \mu_2(x)) = S(\mu_2(x), \mu_1(x))$ \hfill (*Kommutativgesetz*)

- $S(\mu_1(x), S(\mu_2(x), \mu_3(x))) = S(S(\mu_1(x), \mu_2(x)), \mu_3(x))$ \hfill (*Assoziativgesetz*)

T-Normen und T-Konormen sind logische Gegenstücke auf den klassichen Wahrheitswerten der zweiwertigen Logik:

$$T(\mu_1(x), \mu_2(x)) = 1 - S(1 - \mu_1(x), 1 - \mu_2(x))$$

Ihre gegenseitige Ersetzung geschieht mit der Komplementbildung 1- ... aus Abschnitt 1.2 im Sinne des NICHT-Operators.

Es gibt viele Paare von Funktionen, die als T-Norm und dazugehörende S-Norm auftreten. Wir listen die wichtigsten Paare im folgenden auf.

- MIN- und MAX-Operator:

$$T(\mu_1(x), \mu_2(x)) = \mathrm{MIN}(\mu_1(x), \mu_2(x))$$
$$S(\mu_1(x), \mu_2(x)) = \mathrm{MAX}(\mu_1(x), \mu_2(x))$$

- Drastisches Produkt und drastische Summe:

$$T(\mu_1(x), \mu_2(x)) = \begin{cases} \mathrm{MIN}(\mu_1(x), \mu_2(x)) & \text{wenn } \mathrm{MAX}(\mu_1(x), \mu_2(x)) = 1 \\ 0 & \text{sonst} \end{cases}$$

$$S(\mu_1(x), \mu_2(x)) = \begin{cases} \mathrm{MAX}(\mu_1(x), \mu_2(x)) & \text{wenn } \mathrm{MIN}(\mu_1(x), \mu_2(x)) = 0 \\ 1 & \text{sonst} \end{cases}$$

- Abgeschnittene Differenz und abgeschnittene Summe, auch: LUKASIEWICZ-UND und -ODER

$$T(\mu_1(x), \mu_2(x)) = \mathrm{MAX}(0, \mu_1(x) + \mu_2(x) - 1)$$
$$S(\mu_1(x), \mu_2(x)) = \mathrm{MIN}(1, \mu_1(x) + \mu_2(x))$$

- Einstein-Produkt und Einstein-Summe:

$$T(\mu_1(x), \mu_2(x)) = (\mu_1(x)\mu_2(x)) / (2 - (\mu_1(x) + \mu_2(x) - \mu_1(x)\mu_2(x)))$$
$$S(\mu_1(x), \mu_2(x)) = (\mu_1(x) + \mu_2(x)) / (1 + \mu_1(x)\mu_2(x))$$

- Algebraisches Produkt und algebraische oder direkte Summe:

$$T(\mu_1(x), \mu_2(x)) = \mu_1(x)\mu_2(x)$$
$$S(\mu_1(x), \mu_2(x)) = \mu_1(x) + \mu_2(x) - \mu_1(x)\mu_2(x)$$

- Hamacher-Produkt und Hamacher-Summe:

$$T(\mu_1(x), \mu_2(x)) = (\mu_1(x)\mu_2(x))/(\mu_1(x) + \mu_2(x) - \mu_1(x)\mu_2(x))$$
$$S(\mu_1(x), \mu_2(x)) = (\mu_1(x) + \mu_2(x) - 2\mu_1(x)\mu_2(x))/(1 - \mu_1(x)\mu_2(x))$$

- Yager-Operatoren

$$T(\mu_1(x), \mu_2(x)) = 1 - \mathrm{MIN}\left(\left[(1-\mu_1(x))^p + (1-\mu_2(x))^p\right]^{\frac{1}{p}}, 1\right)$$

$$S(\mu_1(x), \mu_2(x)) = \mathrm{MIN}\left(\left(\mu_1(x)^p + \mu_2(x)^p\right)^{\frac{1}{p}}, 1\right)$$

Dabei ist $p$ eine reelle Zahl größer als Null.

MIN- und MAX-Operator sind das einzige Paar von T-Norm und S-Norm, für das das Distributiv-Gesetz

$$T(a, S(b, c)) = S(T(a, b), T(a, c))$$

gilt, d. h.

$$\mathrm{MIN}(a, \mathrm{MAX}(b, c)) = \mathrm{MAX}(\mathrm{MIN}(a, b), \mathrm{MIN}(a, c)) \qquad \text{(Bild 3.21)}$$

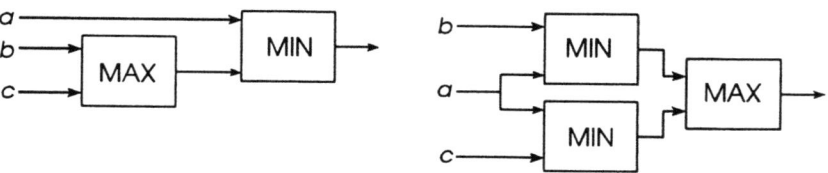

**Bild 3.21.** Distributivgesetz.

Nur dieses Paar eignet sich für eine Parallelisierung des Inferenzschemas. Alle anderen Paare von T-Normen und S-Normen erfüllen die Eigenschaft der Distributivität nicht. Sie sind daher nicht für eine Parallelverarbeitung geeignet. Das algebraische Produkt und die algebraische Summe zeichnen sich durch die Eigenschaft der strengen Monotonie aus.

## 3.3 Variationen des Inferenzschemas

Alle anderen Operatoren haben die unschöne Eigenschaft, daß sie ganze Bereiche ignorieren, d. h. einebnen, in denen dann keine Informationen durchgelassen werden. Dies zeigen wir an einem Beispiel.

**Beispiel:** Wir betrachten die LUKASIEWICZ-Operatoren der abgeschnittenen Differenz als UND-Operator und der abgeschnittenen Summe als ODER-Operator auf Fuzzy-Mengen. Die LUKASIEWICZ-Operatoren wirken wie Filter, die Höhen und Tiefen unterdrücken (Bild 3.22). ∎

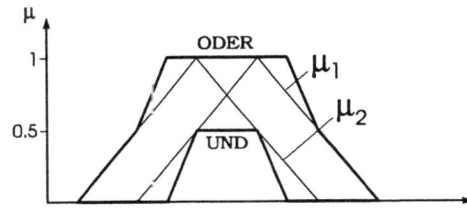

Bild 3.22. LUKASIEWICZ-Operatoren.

FUZZY-UND und FUZZY-ODER sowie die $\gamma$-Operatoren erfüllen nicht die Eigenschaft der Assoziativität. Sie sind nur geeignet, wenn einzig und allein zwei Informationen zu einer einzigen zusammengefaßt werden und dann erst das Ergebnis an ein Fuzzy-Inferenzschema übergeben wird (z. B. Entscheidungen beim Kreditwesen). Der Parameter $\gamma$ ist eine Größe, die leicht einem Lernprozeß unterworfen werden kann (siehe Abschnitt 8.2).

Die bekannteste Variation des Inferenzschemas ist die *MAX-PROD-Inferenz*. Sie benutzt die Operatoren

| | |
|---|---|
| UND-Verknüpfung: | MIN-Operator |
| ODER-Verknüpfung: | MAX-Operator |
| WENN... DANN...-Verknüpfung: | Algebraisches Produkt |

Zur Ersetzungsregel

| | |
|---|---|
| *Implikation:* | WENN $A$ DANN $B$ |
| *Faktum:* | $A'$ gilt |
| *Schluß:* | DANN gilt $B'$ |

gehört das MAX-PROD-Inferenzschema

$$\mu_{B'}(y) = \underset{x \in G_1}{\text{MAX}}\left(\text{MIN}\left(\mu_{A'}(x), \mu_R(x, y)\right)\right)$$
$$\geq \underset{x \in G_1}{\text{MAX}}\left(\text{MIN}\left(\mu_{A'}(x), \mu_A(x)\right) \cdot \mu_B(y)\right),$$

das sich für die scharfe Eingangsgröße $x'$ verjüngt zu

$$\mu_{B'}(y) = \mu_R(x', y)$$
$$= \mu_A(x') \cdot \mu_B(y). \qquad \text{(Bild 3.23)}$$

Wie in Abschnitt 2.3 ist hier $\mu_A(x')$ der Erfüllungsgrad der Regel WENN $A$ DANN $B$, mit dem die Fuzzy-Menge $\mu_B$ in der Konklusion der Regel multipliziert wird. Die Fuzzy-Relation $R$ der Regel ist in diesem Fall jedoch gegeben durch

$$\mu_R(x, y) = \mu_A(x) \cdot \mu_B(y).$$

Das Kreuzprodukt zur Bildung der Fuzzy-Relation wird also hier ersetzt durch das algebraische Produkt. Bild 3.23 zeigt MAX-MIN-Inferenz und MAX-PROD-Inferenz für den Fall einer scharfen Eingangsgröße und einer Regel anhand des früher besprochenen Beispiels *Erhitzen von Wasser* im Vergleich.

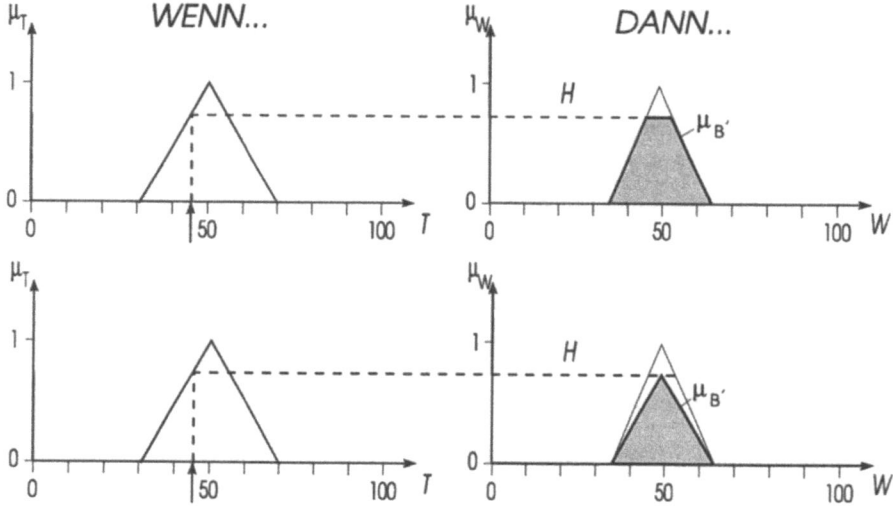

**Bild 3.23.** Vergleich zwischen MAX-MIN-Inferenz (oben) und MAX-PROD-Inferenz (unten).

Andere Inferenzschemata sind bisher in Fuzzy-Control nicht in Gebrauch.

# Teil II

# Von der Fuzzy-Logik zu Fuzzy-Control

*Es erscheint auf den ersten Blick verblüffend, daß der überwiegende Teil der bis heute realisierten technischen Anwendungen der Fuzzy-Logik dem Bereich Fuzzy-Control zuzuordnen ist. Schließlich galt die Steuer- und Regelungstechnik bisher als **die** exakte technische Disziplin schlechthin: Wohl kaum eine andere Fachrichtung verlangte vom Anwender ein derart tiefes Eindringen in die höhere Mathematik, wobei die Teilgebiete*

- *Komplexe Zahlen*
- *Vektor- und Matrizenalgebra*
- *Differentialgleichungen und Differentialgleichungssysteme*
- *Integralrechnung*

*sicherlich nur eine erste Auswahl der Werkzeuge darstellen, die in der klassischen Regelungstechnik zum Entwurf einer Steuerung oder Regelung benötigt werden.*

*Dabei hat es den Regelungstechniker gewöhnlich wenig gestört, wenn sein auf dem Papier oder heutzutage wohl eher auf dem Digitalrechner entworfener Regler im praktischen Einsatz durchaus nicht zu den Ergebnissen führte, die nach der Theorie vorhergesagt wurden. Als Begründung hatten in den meisten Fällen Modellungenauigkeiten herzuhalten, die zu einer Abweichung zwischen Theorie und Praxis führten. So gelangte man selbst mit nach modernsten Verfahren entworfenen Reglern im realen Prozeß häufig nur zu Ergebnissen, die sich lediglich unwesentlich von denen unterschieden, die mit bereits jahrzehntelang bewährten einfachen Einstellregeln, sogenannten Faustformelverfahren, erzielt werden konnten. Auch die Tatsache, daß eine Anpassung des Reglers an etwaige Veränderungen des Prozesses, sogenannte Parametervariationen, oder aber an unterschiedliche Betriebsfälle nur von einem regelungstechnischen Fachmann, eventuell nach Befragung eines Digitalrechners, erfolgen konnte, hat die Weiterentwicklung moderner Regelungskonzepte nicht aufhalten können.*

*Dies soll natürlich keinesfalls heißen, daß sich die Regelungstheorie von den Anforderungen der Praxis immer weiter entfernt. Es gibt eine Reihe von Anwendungsfällen, beispielsweise in der Luft- und Raumfahrt, wo sehr exakte Modelle für das dynamische Systemverhalten existieren und die geforderten Spezifikationen nur durch hochkomplexe Regelstrategien einzuhalten sind. Dabei sind Randbedingungen wie kostendämpfende Maßnahmen oder möglichst effizienter Einsatz von Betriebsmitteln häufig nur von untergeordneter Bedeutung.*

*Auf der anderen Seite gibt es trotz der unumstrittenen Fortschritte der modernen Regelungstechnik auch heutzutage noch eine Vielzahl von Prozessen,* *die sich einer klassischen Behandlung erfolgreich widersetzen. Dazu gehören vor allem solche Prozesse, die eine oder mehrere der vom Regelungstechniker meistgefürchteten Eigenschaften wie hochgradige Nichtlinearität, Zeitvarianz oder verteilte Parameter aufweisen. In diesen Fällen scheitert der Reglerentwurf bereits an der ersten Teilaufgabe: der Erstellung eines mathematischen Prozeßmodells. Das heißt jedoch keinesfalls, daß derartige Prozesse prinzipiell nicht beherrschbar sind. In vielen Fällen werden sie bereits seit Jahren in zufriedenstellender Weise geführt - und zwar von einem **Menschen**, der aufgrund seiner Erfahrung (oder moderner: seines Expertenwissens) gepaart mit einem Schuß Intuition genau weiß, wie er in dieser oder jener Situation zu reagieren hat. Eine Gefährdung seines Arbeitsplatzes war bisher nur deshalb auszuschließen, weil es keine Möglichkeit zu geben schien, dieses meist verbal in Form von WENN... DANN... - Regeln vorliegende empirische Prozeßwissen in einen Regelungsalgorithmus umzusetzen und dann hard- oder softwaremäßig zu realisieren.*

*Genau an diesem Punkt setzt Fuzzy-Control an.*

# Kapitel 4

# Klassische Regelungssysteme

*Strebt man einen Vergleich zwischen Fuzzy-Control und klassischer Regelungstechnik an, so läuft dies auf drei grundlegende Fragestellungen hinaus:*

- **Wann** *ist ein Entwurf eines Fuzzy-Controllers möglich und, vor allem, wann ist er sinnvoll?*
- **Wie** *wird ein Fuzzy-Controller entworfen, welche Typen und Entwurfsverfahren stehen zur Auswahl?*
- **Wie leistungsfähig** *ist ein Fuzzy-Controller, speziell im Vergleich zu klassisch entworfenen Reglern?*

*Zur objektiven Klärung dieser Fragen ist es unumgänglich, sich zunächst einmal in Erinnerung zu rufen, welche Methoden und Leistungsmerkmale die klassische Regelungstechnik zur Verfügung stellt. Dies soll im folgenden Kapitel geschehen. Dabei muß es zwangsläufig zu einer Gratwanderung im Hinblick auf die Allgemeinverständlichkeit kommen, da sich die Regelungstechnik durch Fuzzy-Control auch solchen Interessenten und Anwendern geöffnet hat, denen - rücksichtsvoll formuliert - tiefergehende regelungstechnische und, damit verbunden, mathematische Kenntnisse fehlen. Diese Lesergruppe soll jedoch durch die Lektüre zumindest in die Lage versetzt werden, die wesentlichen Ideen und Vorgehensweisen zu verstehen, die der klassischen Regelungstechnik zugrunde liegen und (obwohl dies in einigen werbeträchtigen Publikationen zum Thema Fuzzy-Control energisch bestritten wird) auch für den Entwurf von Fuzzy-Systemen von Bedeutung sind. Oder um es drastischer auszudrücken: Ohne ein Mindestmaß an Einblick in die mathematischen und technischen Zusammenhänge ist der Versuch, mit Fuzzy-Control zum Erfolg zu kommen, unweigerlich zum Scheitern verurteilt.*

*In diesem Zusammenhang kann auf die einzelnen Themengebiete naturgemäß nur oberflächlich eingegangen werden, zur Vertiefung steht eine unerschöpfliche Auswahl an Literatur zur Verfügung (z. B. [FÖL90], [SAM91], [UNB92]). Aber auch der regelungstechnisch vollkommen unbelastete Leser kann von diesem Kapitel profitieren: Bereits das bloße Überfliegen der formelmäßigen Zusammenhänge und Diagramme macht deutlich, welches mathematische Rüstzeug für die Beherrschung der klassischen Regelungstechnik erforderlich und mit welchem Aufwand ein konventioneller Reglerentwurf üblicherweise verbunden ist.*

*Demgegenüber mag derjenige Leser, der sich auch schon im "Zeitalter vor Fuzzy-Control" mit der Regelungstechnik beschäftigt hat, das folgende Kapitel zur Auffrischung der für die nachfolgenden Betrachtungen notwendigen Kenntnisse nutzen oder es ganz einfach beim Durchblättern bewenden lassen.*

## 4.1 Begriffsklärung und Definitionen

Unter dem Schlagwort *Fuzzy-Control* werden gewöhnlich all jene Anwendungen der Fuzzy-Logik zusammengefaßt, die dem Bereich MSR (*Messen, Steuern, Regeln*) zuzuordnen sind. Während sich unter dem Vorgang des "Messens" jedermann etwas vorstellen kann, scheinen die Begriffe *Steuerung* und *Regelung* für den Laien auf den ersten Blick den gleichen Vorgang zu bezeichnen. Beide Prinzipien verfolgen nämlich das gleiche Ziel: die Beeinflussung des dynamischen Verhaltens eines Systems in einer gewünschten Art und Weise. Die Vorgehensweise zum Erreichen dieses Zieles ist jedoch grundverschieden. So geht man bei einer Steuerung aus von einer sogenannten *offenen Wirkungskette*, wie sie Bild 4.1 zeigt. Dabei sorgt eine *Steuereinrichtung* dafür,

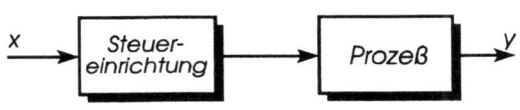

**Bild 4.1.** Wirkungsprinzip einer Steuerung.

daß die Ausgangsgröße $y$ des Prozesses der Größe $x$ möglichst genau folgt. Dieses Konzept geht auf, sofern man das Prozeßverhalten genau kennt und keine Störungen[9] oder Parametervariationen auftreten. In diesem Fall kann man die Steuereinrichtung im Prinzip so auslegen, daß die Ausgangsgröße $y$ der Eingangsgröße $x$ in idealer Weise, d. h. exakt folgt.

Liegt kein hinreichend genaues Prozeßmodell vor oder muß mit Störungen bzw. Parametervariationen im Prozeß gerechnet werden, so wird man statt der Steuerung eine *Regelung* realisieren. Diese zeichnet sich durch das Prinzip der *Rückkopplung* aus, durch die ein *geschlossener Wirkungskreis* entsteht (Bild 4.2). Weicht nunmehr aus irgendwelchen Gründen die Ausgangsgröße $y$ des

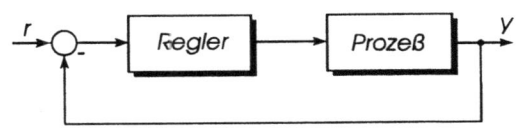

**Bild 4.2.** Wirkungsprinzip einer Regelung.

Prozesses vom gewünschten Verlauf $r$ ab, so "merkt" der Regler dies und kann in geeigneter Weise auf den Prozeß einwirken.

---

[9] Um genau zu sein, müßte man an dieser Stelle von *unbekannten, nicht meßbaren* Störungen sprechen. Sind die Störungen dagegen bekannt, so können sie in den Steuerungsentwurf mit einbezogen werden.

Neben den Grundbegriffen *Steuerung* und *Regelung* werden uns im folgenden einige weitere Begriffe begegnen, die anhand eines etwas verallgemeinerten Regelkreises erläutert werden sollen, wie er in Bild 4.3 dargestellt ist. Dieser Regelkreis enthält alle Größen und Komponenten, die auch später für den Entwurf von Fuzzy-Controllern von Interesse sind. Dazu zählt zunächst der zu regelnde *Prozeß*, häufig als *Regelstrecke* oder auch nur *Strecke* bezeichnet. Ziel ist es, die Ausgangsgröße $y$ der Regelstrecke, die sogenannte *Regelgröße*, in gewünschter Weise zu beeinflussen. Dazu wird am Eingang des Regelkreises eine *Führungsgröße* $r$ vorgegeben, die den gewünschten Verlauf der Regelgröße widerspiegelt. Aus diesem Grund bezeichnet man die Führungsgröße häufig auch als *Sollwert* und die Regelgröße dementsprechend als *Istwert*.

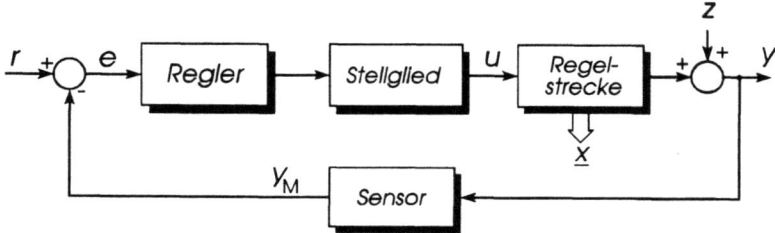

**Bild 4.3.** Typischer einschleifiger Regelkreis.

Die Differenz $e$ zwischen Soll- und Istwert ist ein Maß für die Abweichung vom gewünschten Verhalten und wird daher als *Regelabweichung* bezeichnet. Zur Ermittlung der Regelabweichung muß die Regelgröße über einen geeigneten *Sensor* gemessen werden. Dessen Ausgangsgröße $y_M$ wird dann zur Berechnung der Regelabweichung herangezogen. Je nach Art des Meßverfahrens und Meßsensors kann dieser Wert sich vom tatsächlichen Wert der Regelgröße mehr oder weniger stark unterscheiden. Zusätzliche Fehler können durch eine *Störgröße* $z$ entstehen, von der wir annehmen wollen, daß sie am Ausgang der Regelstrecke angreift.

Die Regelabweichung ist nunmehr die Eingangsgröße für den *Regler*. Dieser hat die Aufgabe, sie in möglichst "intelligenter" Weise auszuwerten und zur Beeinflussung der Regelstrecke zu nutzen. Ziel muß es dabei sein, die Regelabweichung möglichst klein, im Idealfall bei null, zu halten.

Die Ausgangsgröße des Reglers selbst ist, je nach Art der Reglerrealisierung (elektrisch, pneumatisch, ...), in den meisten Fällen noch nicht zur unmittelbaren Ansteuerung des Prozesses geeignet. Deshalb ist als "Interface" zwischen Regler und Regelstrecke in der Praxis im allgemeinen ein *Stellglied* erforderlich, das eine Anpassung der Größen vornimmt. Dies kann im Einzelfall ein Ventil, ein Stellmotor oder auch ein einfacher Spannungsverstärker sein. Die Ausgangsgröße $u$ des Stellgliedes wird demzufolge als *Stellgröße* bezeichnet.

## 4.1 Begriffsklärung und Definitionen

Der Regelkreis ist damit voll funktionstüchtig. In Bild 4.3 tauchen bei genauem Hinsehen jedoch weitere Größen auf, die sogenannten *Zustandsgrößen* $x$ der Regelstrecke. Diese sind für die hier beschriebene Struktur des einschleifigen Regelkreises, häufig auch als *Ausgangsgrößenrückführung* bezeichnet, zunächst ohne Bedeutung.

Diese detaillierte Aufschlüsselung der Regelkreisstruktur soll die Ausnahme bleiben. Im folgenden wollen wir - eine durchaus übliche Konvention - Stellglied und Meßsensoren der Einfachheit halber dem Regler hinzurechnen und auf ihre explizite Darstellung im Strukturbild verzichten, sofern diese zum Verständnis nicht zwingend erforderlich ist.

In den meisten Fällen wird man durch eine derartige Ausgangsgrößenrückführung bereits zufriedenstellende Ergebnisse erhalten. Daneben existieren jedoch weitere, komplexere Strukturen, von denen im folgenden zwei angesprochen werden sollen: der *Kaskadenregelkreis* und der *Zustandsregelkreis*.

Kaskadenregelkreise werden im allgemeinen auch als *unterlagerte Regelkreise* bezeichnet. Der Grund dafür wird beim Betrachten von Bild 4.4 deutlich. Es liegen hier zwei ineinandergeschachtelte Regelkreise vor, die jeweils einen Teil der in geeigneter Weise aufgesplitteten Regelstrecke beinhalten. Hierdurch ist es möglich, ein weitaus besseres dynamisches Verhalten zu erzielen als mit einer gewöhnlichen Ausgangsgrößenrückführung. Dabei ist von besonderer Bedeutung, daß die beiden Teilregler *unabhängig voneinander* entworfen werden können, so daß eine schrittweise Vorgehensweise, beginnend beim inneren Kreis, möglich wird.

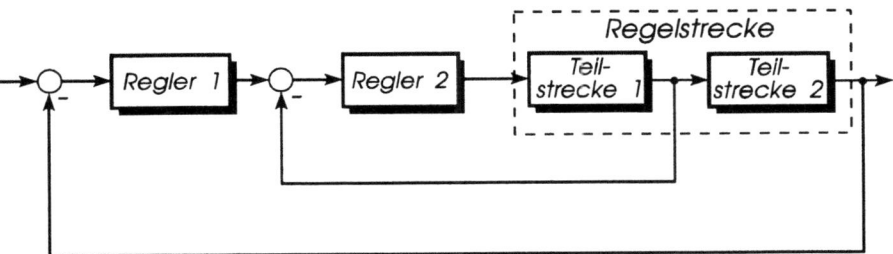

**Bild 4.4.** Kaskadenregelkreis.

Der Zustandsregelkreis, der prinzipiell als eine spezielle Form des Kaskadenregelkreises interpretiert werden kann, stellt zweifelsohne die modernste Form der Regelung dar und führt, bei richtiger Auslegung, zur besten Regelkreisdynamik. Diese Tatsache beruht im wesentlichen darauf, daß dem Regler mehr als nur die Ausgangsgröße als Information über den aktuellen Systemzustand zur Verfügung gestellt wird, und zwar in Form der Zustandsgrößen der Strecke. Dies sind die inneren dynamischen Größen, deren Gesamtheit den aktuellen Zustand der Strecke vollständig charakterisiert. Dazu wollen wir ein Beispiel betrachten, das wir auch später noch einige Male heranziehen werden: das sogenannte *Inverse Pendel*. Bild 4.5 zeigt zunächst den Aufbau des Pendels. Es besteht aus einem fest montierten Motor, von dem wir annehmen wollen, daß er bei Aufprägung eines Ankerstroms $i$ ein Drehmoment $M$ auf das Pendel mit der Masse $m$ ausübt. Das System besitzt zwei Zustandsgrößen: die *Winkelauslenkung* $\varphi$ und deren zeitliche Änderung, die *Winkelgeschwindigkeit* $\omega$. Dies wird deutlich, wenn man das zugehörige Strukturbild (Bild 4.6) betrachtet, welches wir hier ohne Herleitung angeben wollen. Es enthält die Eingangsgröße des Systems, den Ankerstrom $i$, sowie die beiden Zustandsgrößen $\varphi$ und $\omega$, die jeweils als Ausgangsgröße eines Integrierers auftreten.

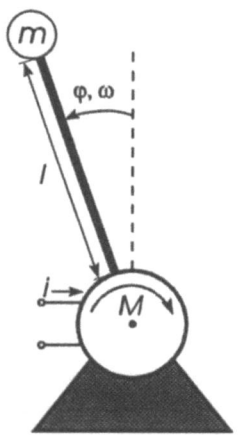

**Bild 4.5.** Inverses Pendel.

Die Ausgangsgröße des Pendels ist - wie häufig - mit einer der Zustandsgrößen, nämlich der Winkelauslenkung, identisch. Die beiden Konstanten $c_1$ und $c_2$ hängen ab von Parametern des Motors, der Pendelmasse $m$ und der Pendellänge $l$.

Die Regelungsaufgabe besteht darin, das Pendel in seiner Ruhelage $\varphi = 0$ zu halten bzw. dorthin zurückzuführen, wenn es durch eine äußere Störung ausgelenkt wird. Dazu besteht einerseits die Möglichkeit, einen einschleifigen Regelkreis mit Ausgangsgrößenrückführung zu entwerfen, andererseits kann man auf einen Zustandsregler zurückgreifen. Bild 4.7 zeigt die beiden möglichen Strukturen: Während bei der Ausgangsgrößenrückführung nur die Winkelauslenkung $\varphi$ als Information in den Regler eingeht, erhält der Zustandsregler zusätzlich die aktuelle Winkelgeschwindigkeit $\omega$ zugeführt. Dies bedeutet insbesondere, daß der Zustandsregler Abweichungen vom gewünschten Verhalten bereits früher erkennen und ihnen entgegenwir-

**Bild 4.6.** Strukturbild des inversen Pendels.

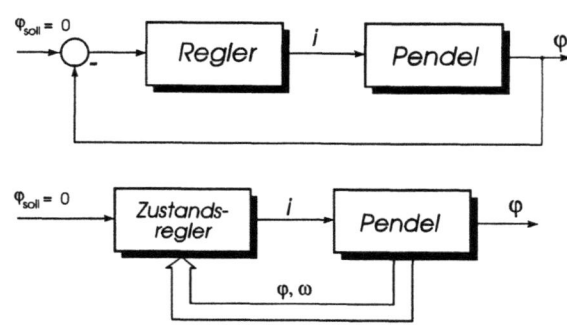

**Bild 4.7.** Regelung der Pendelposition durch Ausgangsgrößenrückführung (oben) bzw. Zustandsgrößenrückführung (unten).

ken kann. Die erhöhte Regelgüte hat natürlich ihren Preis: Statt einer Größe sind in diesem Fall zwei Größen meßtechnisch zu erfassen. Dieser Nachteil von Zustandsregelungen ist ein wesentlicher Grund dafür, daß ihre Verbreitung in der Praxis bisher noch recht gering ist. Auf diesen Punkt werden wir jedoch an späterer Stelle noch im Detail eingehen.

## 4.2 Klassifizierung dynamischer Systeme

Die Klassifizierung eines Übertragungssystems, sei es ein Regler, ein Stellglied, ein Sensor oder die Regelstrecke selbst, kann anhand einer Vielzahl von Systemeigenschaften vorgenommen werden. Dabei gilt allgemein, daß gewisse Eigenschaften ein System als besonders "angenehm" in bezug auf die mathematische Handhabbarkeit erscheinen lassen, während andere Systemeigenschaften die Systemanalyse erschweren.

Eine der wesentlichsten Systemeigenschaften überhaupt - zumindest für regelungstechnische Belange - ist die *Linearität*. Grundlage dafür ist die Gültigkeit des *Superpositionsprinzips*, häufig auch als *Überlagerungsgesetz* bezeichnet. Dieses Prinzip besagt zunächst, daß die Reaktion eines linearen Systems auf eine Summe von Eingangssignalen gleich der Summe der Reaktionen auf die Einzelsignale ist. Mathematisch formuliert:

Die Eingangsgröße $u_1(t)$ führe zur Ausgangsgröße $y_1(t)$

Die Eingangsgröße $u_2(t)$ führe zur Ausgangsgröße $y_2(t)$

$$\Downarrow$$

$u(t) = u_1(t) + u_2(t)$ führt zur Ausgangsgröße $y(t) = y_1(t) + y_2(t)$

Weiterhin muß das *Verstärkungsprinzip* gelten:

Die Eingangsgröße $u_1(t)$ führe zur Ausgangsgröße $y_1(t)$

$$\Downarrow$$

Die Eingangsgröße $u(t) = c_1 u_1(t)$ führt zur Ausgangsgröße $y(t) = c_1 y_1(t)$

Beide Prinzipien lassen sich zusammenfassen zur Forderung

Die Eingangsgröße $u_1(t)$ führe zur Ausgangsgröße $y_1(t)$

Die Eingangsgröße $u_2(t)$ führe zur Ausgangsgröße $y_2(t)$

⇓

$u(t) = c_1 u_1(t) + c_2 u_2(t)$ führt zur Ausgangsgröße $y(t) = c_1 y_1(t) + c_2 y_2(t)$

Diese Forderung gilt für *beliebige* Eingangsgrößen $u_1(t)$, $u_2(t)$ und Faktoren $c_1$, $c_2$!

Die Eigenschaft der Linearität hat weitreichende Konsequenzen. Sie ermöglicht es, anhand geeigneter *Testsignale* Aussagen über das Systemverhalten zu gewinnen, die sich dann aufgrund des Superpositionsprinzips unmittelbar auf allgemeinere Eingangsgrößen übertragen lassen. Auch die mathematische Handhabbarkeit des Systemmodells profitiert ganz erheblich von der Linearität. Darauf werden wir in Kürze noch genauer eingehen.

Bei *nichtlinearen* Systemen gilt das Superpositionsprinzip demgegenüber nicht. Ein einfaches Beispiel dafür stellt eine Begrenzungskennlinie dar, wie sie in Bild 4.8 skizziert ist und typischerweise bei einfachen Stellgliedern auftritt.[10] Schalten wir auf ein derartiges Kennlinienglied etwa ein sinusförmiges Eingangssignal $u_1(t) = u_{max} \sin t$, so passiert dieses das Kennlinienglied - sieht man von der konstanten Verstärkung $y_{max}/u_{max}$ ab - unverändert und wir erhalten am Ausgang das Signal $y_1(t) = y_{max} \sin t$. Geben wir nunmehr die Eingangsgröße $u(t) = 2u_1(t)$ vor, so besitzt diese die Amplitude $2u_{max}$, so daß die Begrenzung des Gliedes aktiv wird und das Ausgangssignal auf den Bereich $\pm y_{max}$ beschneidet. Die für Linearität erforderliche Beziehung

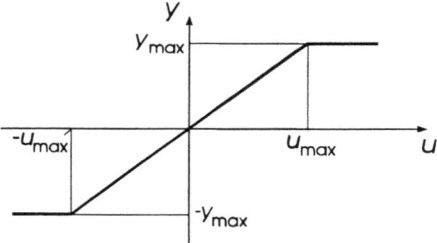

**Bild 4.8.** Beispiel für ein nichtlineares System.

$$y(t) \stackrel{!}{=} 2y_1(t)$$

ist hier also nicht erfüllt. Das Kennlinienglied weist Linearität nur für Eingangssignale mit $|u(t)| \leq u_{max}$ auf.

---

[10] Strenggenommen handelt es sich bei diesem Kennlinienglied natürlich um kein dynamisches, sondern um ein statisches System.

## 4.2 Klassifizierung dynamischer Systeme

Als *zeitinvariant* werden solche Systeme bezeichnet, deren Übertragungseigenschaften sich mit der Zeit nicht ändern. Dies bedeutet insbesondere, daß das Systemmodell keine von der Zeit abhängigen Parameter aufweist. Demgegenüber kann ein *zeitvariantes* System unterschiedliches Verhalten aufweisen, je nachdem, zu welchem Zeitpunkt wir das System betrachten. So sind beispielsweise Flugkörper häufig zeitvariante Systeme, da sich ihre Masse während des Fluges durch den Verbrauch von Treibstoff ändert. Bei zeitvarianten Systemen spielt einerseits die Geschwindigkeit der Änderung von Systemparametern eine Rolle, andererseits auch die Art (sprungförmige Änderung, Drifterscheinungen, ...).

Zu den am schwersten zugänglichen Systemen gehören solche mit *verteilten Parametern*. Diese zeichnen sich dadurch aus, daß alle oder einzelne Zustandsgrößen des Systems nicht nur von der Zeit, sondern zusätzlich von anderen Größen, meist Ortskoordinaten, abhängig sind. Zu dieser Klasse gehören im wesentlichen Strömungs- und thermische Systeme, wie sie typischerweise in der Verfahrenstechnik auftreten. Betrachten wir als Beispiel einen langgestreckten Raum, der von einer Wärmequelle an einem Ende des Raumes geheizt wird (Bild 4.9).

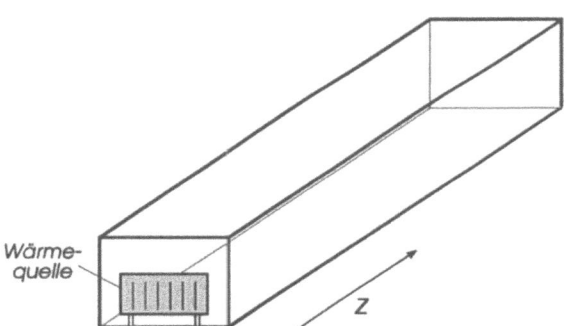

**Bild 4.9.** Beispielsystem mit verteilten Parametern.

Dann werden wir die Temperaturerhöhung zunächst nur in unmittelbarer Nähe der Wärmequelle spüren, während sie sich am entgegengesetzten Ende des Raumes erst nach einer gewissen Zeit bemerkbar macht. Die Temperatur als interessierende Zustandsgröße hängt in diesem Fall also nicht nur von der Zeit, sondern zumindest auch von der Ortskoordinate $z$ ab. Sind womöglich auch Höhe und Breite des Raumes nicht mehr vernachlässigbar, so kommen zwei zusätzliche Ortskoordinaten hinzu. Demgegenüber besitzen etwa elektrische Netzwerke (zumindest in gewissen Frequenzbereichen) oder mechanische Systeme im allgemeinen *konzentrierte Parameter*. Die einzige unabhängige Variable ist hier die Zeit.

Als letzte Eigenschaft wollen wir die *Kausalität* eines Übertragungssystems betrachten. Das Kausalitätsprinzip besagt, daß die Ausgangsgröße eines Systems zum Zeitpunkt $t = t_0$ nur von Werten der Eingangsgröße für Zeiten $t \leq t_0$ abhängen darf - also Werten, die in der Gegenwart oder Vergangenheit liegen, nicht aber von zukünftigen Werten. Umgangssprachlich formuliert bedeutet dies, daß ein kausales System keinerlei "hellseherische" Fähigkeiten aufweisen darf (die Wirkung darf erst *nach* der Ursache auftreten). Aus dieser Formulierung wird unmittelbar klar, daß reale technische Systeme in jedem Fall kausal sind. Die Forderung nach Kausalität ist daher unkritisch.

Tabelle 4.1 stellt die angesprochenen Systemeigenschaften noch einmal gegenüber. Dabei zeigt die linke Spalte diejenigen Eigenschaften, die gemeinhin als günstig für die Handhabbarkeit, d. h. Modellierung eines Systems und nachfolgende regelungstechnische Analyse- und Syntheseverfahren betrachtet werden, die rechte Spalte die dementsprechend unangenehmen Systemeigenschaften. Diese Übersicht ist der Grund, warum man etwa folgendes Fazit ziehen kann:

> Die klassische Regelungstechnik beschäftigt sich zum überwiegenden Teil mit *linearen, zeitinvarianten* und *konzentriert-parametrischen* Systemen.

| 👍 | 👎 |
|---|---|
| linear | nichtlinear |
| zeitinvariant | zeitvariant |
| konzentriert-parametrisch | verteilt-parametrisch |
| kausal | nicht kausal |

**Tabelle 4.1.** Klassifikation dynamischer Systeme.

Neben den bisher erläuterten Systemeigenschaften gibt es eine Vielzahl weitergehender Merkmale, von denen zumindest der Begriff der *Stabilität*, ohne Frage einer der zentralen Begriffe der Regelungstechnik, noch kurz angesprochen werden soll. Dabei ist die Frage nach der Stabilität eines Systems nicht ohne weiteres eindeutig beantwortbar, da es - speziell für nichtlineare Systeme - eine ganze

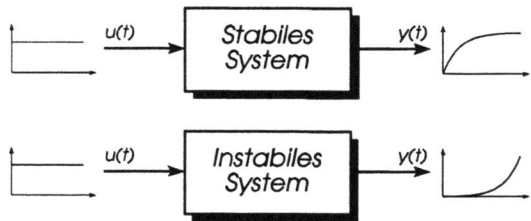

**Bild 4.10.** Zum Begriff der BIBO-Stabilität.

Reihe unterschiedlicher Definitionen gibt. Am anschaulichsten ist wohl der Begriff der *BIBO-Stabilität* (Bounded Input - Bounded Output). Danach heißt ein Übertragungssystem genau dann stabil, wenn es auf *jede beschränkte Eingangsgröße* mit einer *beschränkten Ausgangsgröße* antwortet. Zur Erläuterung zeigt Bild 4.10 mögliche Verläufe der Ausgangsgröße bei einem Eingangssprung für ein stabiles und ein instabiles System.

## 4.3 Beschreibungsformen für dynamische Systeme

Für die Anwendung klassischer Analyse- und Syntheseverfahren ist es unumgänglich, ein *mathematisches Modell* des vorliegenden Prozesses zu besitzen. Die Form dieses Modells hängt wesentlich davon ab, welche der im vorangegangenen Abschnitt erläuterten Eigenschaften das System aufweist. Während statische Systeme in einfacher Weise durch *Kennlinien* bzw. *Kennfelder* oder entsprechende algebraische Gleichungen beschrieben werden können, sind für dynamische Systeme - und reale Prozesse sind praktisch immer dynamische Systeme - komplexere Beschreibungsformen notwendig.

Im folgenden wollen wir unsere Betrachtungen auf dynamische Systeme beschränken, die jeweils nur eine Eingangsgröße und eine Ausgangsgröße besitzen (*Single Input-Single Output* - Systeme). Bild 4.11 zeigt ein derartiges System.

Eine Möglichkeit zur Beschreibung des Systemverhaltens ist die Beschreibung im *Zeitbereich* in Form einer *Differentialgleichung*. Diese besitzt für lineare Systeme die Form einer linearen Differentialgleichung

**Bild 4.11.** Dynamisches System mit der Eingangsgröße $u$ und der Ausgangsgröße $y$.

$$y^{(n)} + a_{n-1} y^{(n-1)} + \ldots + a_1 \dot{y} + a_0 y = b_m u^{(m)} + b_{m-1} u^{(m-1)} + \ldots + b_1 \dot{u} + b_0 u, \quad m < n$$

mit den reellen Koeffizienten $a_i$, $b_i$. $y^{(i)}$ ist die *i*-te Ableitung von $y(t)$ nach der Zeit. Die höchste auftretende Ableitung (hier $n$) wird *Ordnung* der Differentialgleichung bzw. des zugrundeliegenden Systems genannt.

**Beispiel:** Wir betrachten das RC-Netzwerk nach Bild 4.12. Der Zusammenhang zwischen der Eingangsspannung $u_0(t)$ und der Spannung $u_C(t)$ am Kondensator ist gegeben durch die lineare Differentialgleichung 1. Ordnung

$$\dot{u}_C + \frac{1}{RC} u_C = \frac{1}{RC} u_0. \quad \blacksquare$$

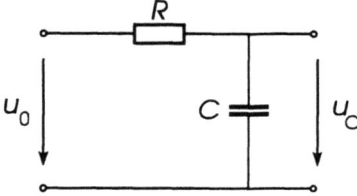

Bild 4.12. RC-Netzwerk.

Nichtlineare Systeme lassen sich dementsprechend beschreiben durch eine *nichtlineare Differentialgleichung*. Dazu betrachten wir noch einmal das Strukturbild unseres inversen Pendels nach Bild 4.6. Daraus können wir für den Zusammenhang zwischen dem Ankerstrom $i$ und der Winkelstellung $\varphi$ die Differentialgleichung

$$\ddot{\varphi} - c_1 c_2 \sin \varphi = c_1 i$$

ablesen. Dies ist, wegen des Sinusterms, eine nichtlineare Differentialgleichung.

Nehmen wir nun an, unser Pendel möge nur geringe Winkelauslenkungen $\varphi$ annehmen. Da die Sinusfunktion für kleine Argumente durch das Argument selbst angenähert werden kann ($\sin \varphi \approx \varphi$), können wir unter dieser Voraussetzung unsere ursprünglich nichtlineare Differentialgleichung überführen in die lineare Differentialgleichung 2. Ordnung

$$\ddot{\varphi} - c_1 c_2 \varphi = c_1 i .$$

Diese sogenannte *Linearisierung um einen Arbeitspunkt* ist eine typische Vorgehensweise, um auch bei nichtlinearen Systemen lineare Analyse- und Syntheseverfahren anwenden zu können.

Die zweite Möglichkeit zur Modellierung linearer Systeme ist die Beschreibung im *Laplace-* bzw. *Frequenzbereich*. Dabei geht die lineare Differentialgleichung durch Laplace-Transformation über in die zugehörige *Übertragungsfunktion*

$$G(s) = \frac{Y(s)}{U(s)} = \frac{b_m s^m + b_{m-1} s^{m-1} + \ldots + b_1 s + b_0}{s^n + a_{n-1} s^{n-1} + \ldots + a_1 s + a_0} .$$

**Beispiel:** Das RC-Netzwerk nach Bild 4.12 besitzt die Übertragungsfunktion

$$G(s) = \frac{1}{RCs + 1} . \quad \blacksquare$$

## 4.3 Beschreibungsformen für dynamische Systeme

Ersetzt man in der Übertragungsfunktion $G(s)$ die komplexe Variable $s$ durch $j\omega$, so erhält man den *Frequenzgang* des Übertragungssystems

$$G(j\omega) = \frac{Y(j\omega)}{U(j\omega)} = \frac{b_m(j\omega)^m + b_{m-1}(j\omega)^{m-1} + \ldots + b_1(j\omega) + b_0}{(j\omega)^n + a_{n-1}(j\omega)^{n-1} + \ldots + a_1(j\omega) + a_0},$$

der sich recht anschaulich interpretieren läßt: Er beschreibt das Übertragungsverhalten des Systems für harmonische Eingangssignale der Form $u(t) = u_0 \sin \omega t$. Für lineare Systeme ergibt sich nämlich nach Abklingen eines Einschwingvorgangs als resultierende Ausgangsgröße wiederum ein harmonisches Signal mit der Frequenz $\omega$, aber mit geänderter Amplitude $y_0$ und einer Phasenverschiebung $\varphi$ gegenüber dem Eingangssignal (Bild 4.13). Die Frequenzabhängigkeit von Amplitudenverhältnis und Phasenverschiebung ist gegeben durch den Betrag bzw. die Phase der (komplexwertigen) Funktion $G(j\omega)$:

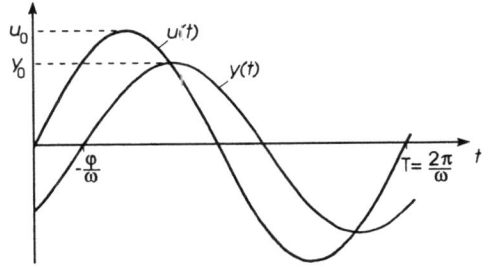

$$\frac{y_0}{u_0} = |G(j\omega)| \qquad \varphi = \angle G(j\omega)$$

**Bild 4.13.** Zur Interpretation des Frequenzgangs.

Die bisher betrachteten Beschreibungsformen für dynamische Systeme haben gemeinsam, daß sie lediglich das *Eingangs-Ausgangsverhalten* des Systems beschreiben. Man kann mit Hilfe derartiger Modelle zwar den Verlauf der Ausgangsgröße bei einer bestimmten Eingangsgröße ermitteln, erhält jedoch keinerlei Informationen darüber, was sich im Inneren des Systems abspielt und durch die Zustandsgrößen des Systems charakterisiert wird. Hierzu sind allgemeinere Modelle notwendig, die folgerichtig als *Zustandsraummodelle* bezeichnet werden. Formell sind solche Modelle i. a. Systeme von Differentialgleichungen 1. Ordnung. Im linearen Fall läßt sich ein solches System darstellen in der Form

$$\underline{\dot{x}} = \underline{A}\,\underline{x} + \underline{b}\,u \qquad y = \underline{c}^T \underline{x} \ . \ ^{11}$$

Dabei beschreibt das Differentialgleichungssystem die eigentliche Systemdynamik und den Einfluß der Eingangsgröße, während die zweite, algebraische Gleichung angibt, wie sich die Ausgangsgröße aus den Zustandsgrößen zusammensetzt (Bild 4.14). Die Mo-

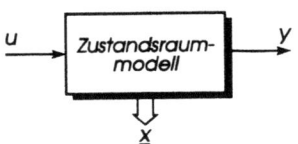

**Bild 4.14.** Zustandsraummodell.

---

[11] Bei *sprungfähigen* Systemen kann die Ausgangsgröße auch noch direkt von der Eingangsgröße abhängen. Dieser Fall soll hier jedoch nicht betrachtet werden.

dellparameter stecken in diesem Fall in der Matrix $\underline{A}$ und den Vektoren $\underline{b}$ und $\underline{c}$. Im Gegensatz zu Differentialgleichung oder Übertragungsfunktion liefert das Zustandsraummodell also neben dem Eingangs-Ausgangsverhalten zusätzlich den Verlauf des Zustandsvektors $\underline{x}$.

**Beispiel:** Wir wollen wieder ein elektrisches Netzwerk, den Schwingkreis nach Bild 4.15, betrachten. Das Netzwerk enthält zwei unabhängige Energiespeicher in Form von Kondensator und Spule - wir haben es folglich mit einem System zweiter Ordnung zu tun. Eingangsgröße sei die Spannung $u_0$, Ausgangsgröße die Spannung $u_R$ am ohmschen Widerstand $R$.

Die Anwendung der Maschenregel liefert zunächst die Gleichung

$$u_L + u_C + u_R = u_0$$

und nach Einsetzen der Strom-Spannungsbeziehungen für die einzelnen Komponenten

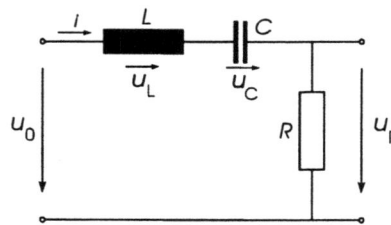

**Bild 4.15.** Elektrischer Schwingkreis.

$$L\dot{i} + \frac{1}{C}\int_0^t i\,d\tau + Ri = u_0 \ .$$

Differenzieren wir diese Gleichung einmal und multiplizieren beide Seiten mit $C$, so erhalten wir nach Umordnung

$$LC\ddot{i} + RC\dot{i} + i = C\dot{u}_0$$

und daraus mit $u_R = Ri$ als Systemmodell zunächst die lineare Differentialgleichung 2. Ordnung

$$\ddot{u}_R + \frac{R}{L}\dot{u}_R + \frac{1}{LC}u_R = \frac{R}{L}\dot{u}_0 \ .$$

Daraus können wir die zugehörige Übertragungsfunktion unmittelbar ablesen zu

$$G(s) = \frac{U_R(s)}{U_0(s)} = \frac{\dfrac{R}{L}s}{s^2 + \dfrac{R}{L}s + \dfrac{1}{LC}} \ .$$

Nunmehr wollen wir versuchen, das Netzwerk durch ein Zustandsraummodell zu beschreiben. Dazu müssen wir zu einem System von zwei Differentialgleichungen erster Ordnung gelangen. Zu diesem Zweck können wir beispielsweise die Strom-Spannungsbeziehung für den Kondensator

## 4.3 Beschreibungsformen für dynamische Systeme

$$\dot{u}_C = \frac{1}{C} i$$

sowie die nach $\dot{i}$ aufgelöste Maschengleichung

$$\dot{i} = -\frac{R}{L} i - \frac{1}{L} u_C + \frac{1}{L} u_0$$

heranziehen. Beide Differentialgleichungen lassen sich in Matrizenschreibweise darstellen als

$$\begin{pmatrix} \dot{u}_C \\ \dot{i} \end{pmatrix} = \underbrace{\begin{pmatrix} 0 & 1/C \\ -1/L & -R/L \end{pmatrix}}_{\underline{A}} \begin{pmatrix} u_C \\ i \end{pmatrix} + \underbrace{\begin{pmatrix} 0 \\ 1/L \end{pmatrix}}_{\underline{b}} u_0 \;,$$

was der oben beschriebenen Struktur des linearen Zustandsraummodells mit den Zustandsgrößen $u_C$ und $i$ sowie der Eingangsgröße $u_0$ entspricht. Die Ausgangsgröße $u_R$ ergibt sich aus den Zustandsgrößen zu

$$u_R = \underbrace{(0,\; R)}_{\underline{c}^T} \begin{pmatrix} u_C \\ i \end{pmatrix} . \quad [12] \quad \blacksquare$$

Auch nichtlineare Systeme lassen sich durch Zustandsraummodelle beschreiben. Diese besitzen dann die Form eines Systems nichtlinearer Differentialgleichungen

$$\dot{\underline{x}} = F(\underline{x}, u) \quad y = g(\underline{x}, u) \;,$$

wobei $F$ und $g$ beliebige Funktionen sein können.

Eine Stufe schwieriger gestaltet sich die Modellierung von Systemen mit verteilten Parametern. Die bisher behandelten *gewöhnlichen* Differentialgleichungen sind dazu nicht mehr geeignet, sondern man muß zu *partiellen* Differentialgleichungen bzw. Differentialgleichungssystemen übergehen, die neben Ableitungen nach der Zeit auch Ableitungen beispielsweise nach Ortskoordinaten enthalten können. Denken wir noch einmal zurück an das bereits an früherer Stelle angesprochene Problem der Temperaturverteilung $T(z, t)$ in einem langgestreckten Raum (Bild 4.9). Als Modell erhalten wir hier eine partielle Differentialgleichung der Form

---

[12] Diese Wahl ist rein willkürlich. Wir hätten z. B. statt des Stroms $i$ auch direkt $u_R$ als Zustandsgröße wählen können.

$$\frac{\partial T(z,t)}{\partial t} = -aT(z,t) + b\frac{\partial^2 T(z,t)}{\partial z^2} + u(z,t) \ .$$

Darin ist $u(z,t)$ die über die Wärmequelle zugeführte Wärmemenge.

## 4.4 Klassische Reglertypen

Völlig analog zur Klassifizierung allgemeiner Übertragungssysteme ist auch eine Einteilung der unterschiedlichen Reglertypen anhand ihrer Eigenschaften möglich. Nahezu alle in der Praxis eingesetzten klassischen Regler lassen sich dabei einer der drei Kategorien

- PID-Regler (und Unterklassen)
- Kennlinien- bzw. Kennfeldregler
- Zustandsregler

zuordnen, die im folgenden kurz erläutert werden. Dabei wird, sofern nicht ausdrücklich anders angegeben, vom Standardregelkreis nach Bild 4.3 mit linearer Regelstrecke ausgegangen.

### 4.4.1 PID-Regler

Ohne Zweifel besitzt der PID-Regler mit seinen Unterklassen als *der* klassische Regler schlechthin den höchsten Verbreitungsgrad. Dieser Tatbestand hat verschiedene Ursachen. Die Hauptgründe sind wohl folgende:

- Der Einsatz von PID-Reglern ist nicht auf eine spezielle Klasse von Regelstrecken beschränkt, sondern für nahezu alle Prozeßtypen möglich.
- Praktisch alle klassischen Entwurfsverfahren sind für PID-Regler geeignet. Dabei zeichnen sich PID-Regler insbesondere durch ihre Robustheit aus.
- Die Realisierung des Reglers ist auf verschiedenste Weisen und mit nur geringem Aufwand möglich.
- Durch zusätzliche "Features" kann das Regelverhalten nachhaltig verbessert werden.

## 4.4 Klassische Reglertypen

Struktur und Wirkungsweise des PID-Reglers sollen schrittweise erläutert werden. Dazu betrachten wir zunächst den einfachsten linearen Regler überhaupt, den *P-Regler*. Sein Übertragungsverhalten wird beschrieben durch das Reglerfunktional

$$u = K_R e \, ,$$

d. h. die Stellgröße $u$ ergibt sich aus der Regelabweichung $e$ durch Multiplikation mit der *Reglerverstärkung* $K_R$ (→ Proportional-Regler!). Der Parameter $K_R$ ist somit der einzige Freiheitsgrad beim Entwurf.

Qualitativ besagt diese Regelstrategie, daß die auf die Regelstrecke einwirkende Stellgröße umso größer wird, je größer die Regelabweichung (d. h. die Differenz zwischen Soll- und Istwert der Regelgröße) ist. Die Erhöhung der Stellgröße setzt die Regelstrecke um in eine Erhöhung der Regelgröße.[13] Dadurch wird die Differenz zwischen Führungsgröße und Regelgröße, d. h. die Regelabweichung kleiner, so daß der Istwert an den Sollwert herangeführt wird. Der P-Regler ruft also grundsätzlich zunächst einmal die gewünschte Wirkung hervor. Dabei kann man bei einer großen Klasse von Regelstrecken die Beobachtung machen, daß sich die Regelkreisdynamik bei Erhöhung der Reglerverstärkung zunächst verbessert (was "verbessert" quantitativ bedeutet, soll hier zunächst noch offen bleiben), das System irgendwann jedoch zu schwingen beginnt und bei weiterer Erhöhung sogar instabil wird. Es gibt in diesen Fällen also einen bestimmten Bereich der Reglerverstärkung, für die der Regelkreis akzeptables Verhalten aufweist.

Der P-Regler als Primitivform des PID-Reglers weist einen entscheidenden Nachteil auf: die bleibende Regelabweichung. So erreicht beispielsweise bei einem Führungssprung der Höhe $r_0$ am Eingang des Regelkreises die Regelgröße im stationären Fall (d. h. für $t \to \infty$) nicht exakt die Höhe des Führungssprungs, sondern nur einen Wert $y_0 < r_0$ (Bild 4.16). Diese Eigenschaft liegt im Proportionalverhalten des P-Reglers begründet: Um überhaupt eine Stellgröße $u > 0$ zu erzeugen, benötigt der P-Regler eine Eingangsgröße, d. h. Regelabweichung $e > 0$. Diese kann dabei umso kleiner sein, je größer die Reglerverstärkung ist. Mit steigender Reglerverstärkung

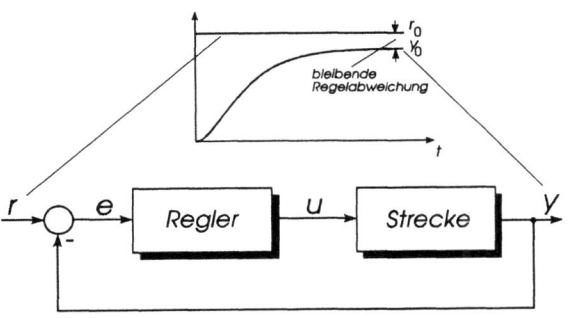

**Bild 4.16.** Zum Problem der bleibenden Regelabweichung.

---

[13] Es gibt natürlich Fälle, wo dies nicht zutrifft (z. B. Strecken mit negativem Verstärkungsfaktor oder Allpaßanteil). Diese Sonderfälle wollen wir der entsprechenden Fachliteratur überlassen.

sinkt daher i. a. die bleibende Regelabweichung.

Diese Argumentation setzt natürlich voraus, daß die Regelstrecke selbst im stationären Fall überhaupt eine Stellgröße an ihrem Eingang benötigt, um die gewünschte Ausgangsgröße zu erzeugen. Dies ist jedoch nicht der Fall, wenn die Regelstrecke integrierendes Verhalten aufweist. Sie besitzt dann nämlich gerade die Eigenschaft, auch bei verschwindender Eingangsgröße noch einen Ausgangswert zu liefern, und zwar den bis dahin aufintegrierten Wert. Konkret bedeutet dies, daß bei Regelstrecken mit integrierendem Verhalten bereits ein P-Regler zu stationärer Genauigkeit, d. h. Verschwinden der bleibenden Regelabweichung führt.

Selbstverständlich muß eine bleibende Regelabweichung nicht in jedem Fall tragisch sein. So ist es z. B. bei der Regelung der Wassertemperatur in einem öffentlichen Schwimmbad vollkommen egal, ob die Temperatur die gewünschten 28 °C oder etwa nur 27.8 °C beträgt. Führt dagegen eine bleibende Regelabweichung bei der Führung einer Raumsonde dazu, daß diese an einem Planeten vorbeifliegt, statt auf ihm zu landen, so ist dies nicht mehr ohne weiteres hinzunehmen.

Weist die Regelstrecke selbst kein I-Verhalten auf, so liegt es natürlich nahe, dieses dem Regler hinzuzufügen, um so die bleibende Regelabweichung zu beseitigen. Dies führt zum *PI-Regler* mit dem Reglerfunktional

$$u = K_R \left(e + \frac{1}{T_N} \int_0^t e\, d\tau\right).$$

Neben der schon bekannten Reglerverstärkung taucht hier ein weiterer Parameter auf, die sogenannte *Nachstellzeit* $T_N$, die eine Gewichtung des Integralterms erlaubt. Dieser sorgt dafür, daß sich auch geringe Regelabweichungen mit zunehmender Zeit immer stärker in der Stellgröße auswirken und die bleibende Regelabweichung verschwindet.[14]

Der PI-Regler führt in den meisten Fällen schon zu recht zufriedenstellenden Ergebnissen. Das Regelverhalten weist allerdings für manche Zwecke noch nicht die gewünschte "Schnelligkeit" auf. Dem kann man abhelfen, indem man auch die zeitliche Änderung der Regelabweichung in das Reglerfunktional einbezieht. Aus dem PI-Regler wird dann der "komplette" PID-Regler der Form

$$u = K_R \left(e + \frac{1}{T_N} \int_0^t e\, d\tau + T_V \dot{e}\right),$$

---

[14] Diese Aussage ist i. a. auf *sprungförmige* Führungsgrößenänderungen beschränkt. Bei andersartigen Verläufen (z. B. rampenförmigen Funktionen) kann auch der PI-Regler die bleibende Regelabweichung nicht in jedem Fall vollständig beseitigen.

## 4.4 Klassische Reglertypen

der als dritten Parameter und Gewichtung für den D-Anteil die *Vorhaltezeit* $T_V$ besitzt. Dabei bewirkt der D-Anteil, daß sich plötzliche Änderungen der Führungsgröße, die einen unmittelbaren Einfluß auf die Regelabweichung haben, vom Regler schnell erkannt und verarbeitet werden können. Sofern die Regelstrecke bereits integrierenden Charakter aufweist, kann (und sollte in der Regel auch) auf den I-Anteil verzichtet werden; in diesem Fall ist ein *PD-Regler* ausreichend.

Strukturell läßt sich der PID-Regler in der bisher beschriebenen Form darstellen als Parallelschaltung aus P-, I- und D-Anteil (Bild 4.17). Die Parallelstruktur sorgt im wesentlichen dafür, daß die Wirkungsrichtung der Reglerparameter $K_R$, $T_N$ und $T_V$ in der oben beschriebenen Weise direkt zugeordnet werden kann:

- Der P-Anteil sorgt für allgemein günstiges Regelverhalten,
- der I-Anteil sorgt für stationäre Genauigkeit,
- der D-Anteil sorgt für schnelle Ausregelung.

Der PID-Algorithmus kann auf verschiedene Weisen realisiert werden. Dabei ist zunächst zwischen einer Hard- und einer Softwarerealisierung zu unterscheiden.

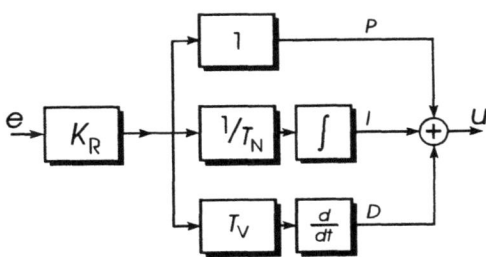

Bild 4.17. Parallelstruktur des PID-Reglers.

Während in früheren Zeiten PID-Regler meist als pneumatische oder hydraulische Regler realisiert wurden, arbeitet der moderne Hardware-PID-Regler i. a. elektronisch als Operationsverstärkerschaltung. Die Vorteile dieser Realisierungsform liegen in niedrigen Kosten, geringem Platzbedarf, Störunanfälligkeit und einer einfachen Variationsmöglichkeit der Reglerparameter. Bild 4.18 zeigt eine geeignete Schaltung mit einer PID-Übertragungscharakteristik. Es gilt nämlich für den Zusammenhang zwischen der Eingangsspannung $u_e(t)$ und der Ausgangsspannung $u_a(t)$ die Beziehung

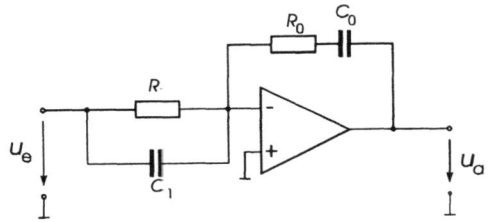

Bild 4.18. Elektronische Realisierung.

$$u_\mathrm{a} = -\left(\frac{R_0}{R_1}+\frac{C_1}{C_0}\right)u_\mathrm{e} - \frac{1}{C_0 R_1}\int_0^t u_\mathrm{e}\, d\tau - C_1 R_0\, \dot{u}_\mathrm{e} \ .$$

Die negative Reglerverstärkung kommt durch die invertierende Beschaltung des Operationsverstärkers zustande und kann gegebenenfalls durch einen nachgeschalteten Inverter kompensiert werden.

Immer häufiger trifft man heutzutage eine softwaremäßige Realisierung des PID-Algorithmus, beispielsweise auf einer speicherprogrammierbaren Steuerung (SPS) oder einem Digitalrechner, an. Diese Realisierungsform zeichnet sich insbesondere durch ihre Flexibilität aus. So ist es möglich, einzelne Reglerparameter oder auch den Algorithmus selbst zu ändern, ohne daß irgendwelche hardwaremäßigen Änderungen vorgenommen werden müssen.

Der industrielle PID-Regler weist nur in den seltensten Fällen wirklich die oben beschriebene, lineare Übertragungscharakteristik auf. Dafür spielen einerseits realisierungstechnische Gründe eine Rolle. So besitzt jeder Regler, ganz gleich auf welche Weise er realisiert worden ist, von Hause aus eine *Stellgrößenbeschränkung*. Dies bedeutet, daß es einen unteren Grenzwert $u_\mathrm{min}$ und einen oberen Grenzwert $u_\mathrm{max}$ gibt, den die Ausgangsgröße des Reglers nicht unter- bzw. überschreiten kann. Beispielsweise kann die Schaltung nach Bild 4.18 als maximale Ausgangsspannung lediglich die Betriebsspannung des Operationsverstärkers liefern.

Andererseits besitzt der reale PID-Regler eine Vielzahl von zusätzlichen Optionen, die das Regelverhalten im Betrieb verbessern sollen. Dazu gehört zunächst eine Modifikation des D-Anteils, um die Empfindlichkeit gegenüber Störsignalen (beispielsweise Rauschen) zu verringern. Ein idealer Differenzierer würde nämlich bei sich zeitlich sehr schnell ändernden Eingangsgrößen (wie sie im Falle von hochfrequentem Meßrauschen typischerweise auftreten können) hohe Stellamplituden liefern und damit die Regelkreisdynamik nachhaltig verschlechtern sowie das nachgeschaltete Stellglied überbeanspruchen. Deshalb wird statt des idealen Differenzierers

$$u = T_\mathrm{V}\dot{e}$$

ein sogenanntes *Vorhalteglied* mit der Differentialgleichung

$$T_\mathrm{Vz}\dot{u}+u = T_\mathrm{V}\dot{e}$$

eingesetzt, welches eine verzögerte Differentiation bewirkt. Die Verzögerungszeit $T_\mathrm{Vz}$ ist so zu wählen, daß einerseits die gewünschte Störunterdrückung erreicht wird, andererseits aber der differenzierende Charakter des Reglers erhalten bleibt.

## 4.4 Klassische Reglertypen

Eine andere Modifikation betrifft die Reglerverstärkung $K_R$. So ist es häufig wünschenswert, eine Art "Unempfindlichkeitszone" zu realisieren, innerhalb derer der Regler mit verminderter Stärke reagiert. Dies wird dadurch erreicht, daß die Reglerverstärkung für kleine Werte der Regelabweichung herabgesetzt wird. Der P-Anteil des Reglers erhält dadurch die in Bild 4.19 skizzierte Charakteristik.

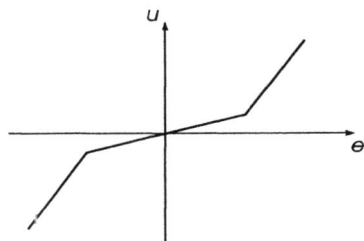

Bild 4.19. Unempfindlichkeitszone.

### 4.4.2 Kennlinien- und Kennfeldregler

Sieht man einmal vom einfachsten Kennlinienregler, dem P-Regler, ab, so stellen Kennlinienregler i. a. *nichtlineare* Übertragungsglieder dar, deren Übertragungsverhalten durch eine Beziehung der Form

$$u = F(e)$$

beschreibbar ist. Dabei ist die Funktion $F$ gewöhnlich in grafischer Form als *Kennlinie* gegeben. Kennlinienregler sind also i. a. statische Regler, da sie keine Eigendynamik besitzen.

Einer der einfachsten Regler dieser Kategorie ist der *Zweipunktregler*, dessen Kennlinie Bild 4.20 zeigt. Er besitzt lediglich zwei mögliche Stellgrößenalternativen und läßt sich formelmäßig beschreiben durch die Gleichung

$$u = \begin{cases} u_{\min} & \text{für } e \le 0 \\ u_{\max} & \text{für } e > 0 \end{cases}.$$

Klassische Einsatzfelder für Zweipunktregler, die hardwaremäßig auf einfache Weise mit Hilfe von Relais, Bimetallstreifen oder auch elektronisch realisiert werden können, sind beispielsweise einfache Temperaturregelungen. Dabei besitzt der Regler i. a. die Arbeitspunkte 0 und $u_{\max}$, die Regelstrategie lautet also verbal etwa

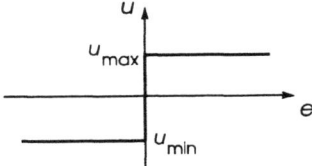

Bild 4.20. Zweipunktregler.

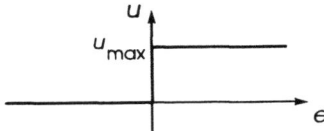

WENN Solltemperatur noch nicht erreicht,
DANN Heizen mit voller Kraft

WENN Solltemperatur erreicht,
DANN Heizung aus,

Bild 4.21. Zweipunktregler für Temperaturregelung.

eine Formulierung, die schon verdächtig in Richtung Fuzzy-Control weist. Die zugehörige Kennlinie zeigt Bild 4.21.

Beim Einsatz eines Zweipunktreglers kann man häufig beobachten, daß es im Bereich kleiner Werte der Regelabweichung zu einem ständigen Hin- und Herschalten zwischen den beiden Arbeitspunkten des Reglers kommt - ein Effekt, der sich als "Rattern" des Reglers (und diese Bezeichnung ist je nach Realisierungsart des Reglers wörtlich zu nehmen!) bemerkbar macht. Dem kann man auf zweierlei Weise abhelfen. Einerseits besteht die Möglichkeit, eine *tote Zone* festzulegen, innerhalb derer keine Stellgröße erzeugt wird. Der ursprüngliche Zweipunktregler geht dann in einen *Dreipunktregler* über (Bild 4.22). Eine alternative Vorgehensweise besteht darin, den Regler mit einer *Hysterese* zu versehen, wie sie Bild 4.23 zeigt. Die vom Regler generierte Stellgröße ist dabei in einem bestimmten Bereich nicht mehr nur von der Regelabweichung allein abhängig, sondern auch von der "Richtung", aus der sich die Regelabweichung in den jeweiligen Zustand bewegt hat.

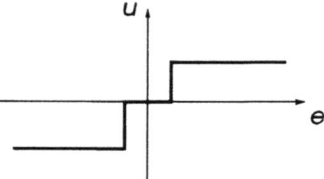

Bild 4.22. Dreipunktregler.

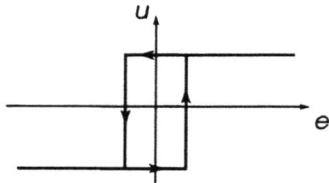

Bild 4.23. Zweipunktregler mit Hysterese.

Sowohl Zwei- als auch Dreipunktregler erzeugen aufgrund des unstetigen Verlaufes ihrer Kennlinie sprungförmige Stellgrößenverläufe, die bei einer Reihe von Regelstrecken zu Problemen führen können. In diesem Fall kann man sogenannte *schaltende Regler mit Rückführung* einsetzen, um zu einem weicheren Verlauf der Stellgröße zu gelangen. Dieser Reglertyp ist zusammengesetzt aus einem Zwei- oder Dreipunktregler und einer inneren Rückführung der Stellgröße auf den Eingang des Reglers über ein Verzögerungsglied. Dadurch erhält man PID-ähnliches Übertragungsverhalten.

Eine unmittelbare Verallgemeinerung des Kennlinienreglers auf den Fall mehrerer Regler-Eingangsgrößen

$$u = F(e_1, e_2, \ldots, e_m)$$

stellen *Kennfeldregler* dar. Die Übertragungscharakteristik derartiger Regler kann - daher ihr Name - in Form eines Kennfeldes dargestellt werden. Wir wollen die Besprechung dieses Reglertyps zunächst ohne Angabe von Gründen auf einen späteren Zeitpunkt verschieben.

### 4.4.3 Zustandsregler

Alle bisher betrachteten Reglertypen (sieht man einmal vom Kennfeldregler ab) wiesen die gemeinsame Eigenschaft auf, daß ihnen als Eingangsinformation lediglich die Regelabweichung zur Verfügung stand. Bei den Kennlinienreglern wurde diese unmittelbar in die resultierende Stellgröße umgesetzt, während der PID-Regler als dynamischer Regler aus dem zeitlichen Verlauf der Regelabweichung zusätzliche Größen in Form ihres Integrals bzw. ihrer zeitlichen Ableitung berechnete.

Demgegenüber sind *Zustandsregler* dadurch gekennzeichnet, daß ihnen mehrere, im Idealfall alle Zustandsgrößen der Regelstrecke zur Verfügung gestellt werden. Hierdurch kann i. a. ein wesentlich verbessertes Regelkreisverhalten erzielt werden. Der Preis dafür ist der erhöhte Meßaufwand für die Ermittlung der Zustandsgrößen. Dies ist der Hauptgrund dafür, daß dieser Reglertyp in der Praxis in vielen Bereich gar nicht oder nur selten anzutreffen ist.

Hier soll nur auf die einfachste Form des Zustandsreglers, den *linearen Zustandsregler*, näher eingegangen werden. Dazu sei die Regelstrecke ebenfalls linear und weise die Zustandsgrößen $x_1, x_2, ..., x_n$ auf. Dann erzeugt der lineare Zustandsregler die Stellgröße $u$ aus dem Sollwert $r$ und den Zustandsgrößen nach der Beziehung

$$u = r - k_1 x_1 - k_2 x_2 - ... - k_n x_n$$

bzw. in vektorieller Schreibweise

$$u = r - \underline{k}^T \underline{x}.$$

Man erkennt, daß der lineare Zustandsregler als $n$-dimensionaler P-Regler interpretiert werden kann, wobei die Konstanten $k_i$ die Parameter des Reglers darstellen. Ebensogut können wir den Regler als einen Spezialfall des Kennfeldreglers betrachten.[15] Bild 4.24 zeigt noch einmal die Struktur des zugehörigen Zustandsregelkreises.

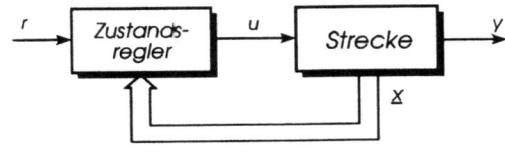

Bild 4.24. Zustandsregelkreis.

---

[15] Beide Interpretationen sind nur für den hier eingeführten Typ von Zustandsregler korrekt. Darüber hinaus gibt es allerdings auch dynamische Zustandsregler.

## 4.5 Klassischer Reglerentwurf

### 4.5.1 Entwurfsschritte

Der klassische Reglerentwurf teilt sich, unabhängig vom gewählten Entwurfsverfahren, typischerweise auf in fünf Entwurfsschritte:

① *Modellbildung*

② Festlegung von *Güteanforderungen* an den Regelkreis

③ Wahl einer geeigneten *Reglerstruktur*

④ Bestimmung der zugehörigen *Reglerparameter*

⑤ *Reglererprobung* (z. B. durch *Simulation* des Regelkreises)

Dieses Entwurfsschema wird in den meisten Fällen nach einmaligem Durchlauf noch nicht die erhofften Ergebnisse liefern. Daher ist der Reglerentwurf gewöhnlicherweise ein *zyklisch* ablaufender Vorgang, bei dem das gesamte Entwurfsschema oder zumindest einzelne Entwurfsschritte mehrmals durchlaufen werden. Nach jedem Zyklus können in einzelnen oder mehreren Ebenen Modifikationen (beispielsweise der Reglerstruktur oder -parameter) vorgenommen werden, bis die vorgegebenen Anforderungen soweit wie möglich erfüllt sind (Bild 4.25). Im folgenden wollen wir kurz auf die mit den einzelnen Entwurfsschritten verbundenen Probleme eingehen.

Ziel der *Modellbildung* ist ein mathematisches Modell der Regelstrecke. Welche Form dieses Modell aufzuweisen hat (Differentialgleichung, Übertragungsfunktion, Zustandsraummodell, ..), hängt vom gewählten Reglertyp

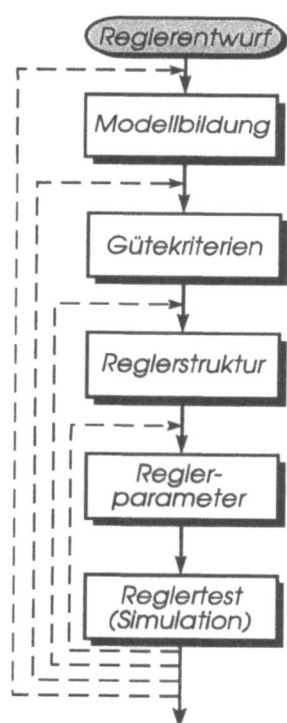

**Bild 4.25.** Klassischer Reglerentwurf.

## 4.5 Klassischer Reglerentwurf

und Entwurfsverfahren ab. Die Modellbildung stellt ohne Zweifel in der Praxis den schwierigsten und zeitaufwendigsten Teil eines Reglerentwurfs dar und verlangt vom Regelungstechniker je nach Typ des zu regelnden Prozesses entsprechende Spezialkenntnisse. Da die Genauigkeit des Modells wesentlichen Einfluß auf das spätere Betriebsverhalten des Regelkreises hat, können Fehler während der Modellbildung in den nachfolgenden Entwurfsschritten i. a. nicht mehr kompensiert werden.

Um zum erforderlichen mathematischen Modell zu gelangen, stehen verschiedene Vorgehensweisen zur Auswahl. Grundsätzlich muß zwischen der *experimentellen* Modellbildung - meist als *Identifikation* bezeichnet - und der *theoretischen* Modellbildung unterschieden werden. Erstere läuft gewöhnlich in der Weise ab, daß ein Testsignal (beispielsweise eine Sprungfunktion) auf die Regelstrecke geschaltet und der daraus resultierende Ausgangsgrößenverlauf aufgezeichnet wird. Anhand des prinzipiellen Verlaufs wird dann eine Modellstruktur (z. B. "Schwingfähiges System 2. Ordnung") mit noch freien Parametern angesetzt (*Klassifikation* der Strecke). Diese werden schließlich bei der eigentlichen Identifikation so festgelegt, daß das Verhalten des Modells mit dem des realen Systems möglichst gut übereinstimmt. Dies kann in einfachen Fällen per Hand, sonst rechnergestützt mit Hilfe eines *Identifikationsverfahrens* erfolgen. Bei komplexen Systemen kann man versuchen, die Regelstrecke durch *Dekomposition* in überschaubare Teilstrecken (z. B. $PT_1$, Totzeit, ...) zu zerlegen und diese dann getrennt voneinander zu modellieren.[16] Auf ähnliche Weise läßt sich eine Identifikation im Frequenzbereich durch experimentelle Bestimmung des Frequenzgangs oder durch Transformation des Zeitsignals über die Fouriertransformation durchführen.

Demgegenüber wird bei der theoretischen Modellbildung versucht, durch eine Analyse der inneren Systemzusammenhänge zu einem Modell zu gelangen. Dazu werden, abhängig vom Typ der Regelstrecke, Gleichungen für die Beziehungen zwischen den Systemgrößen und Systemparametern aufgestellt. Dies können bei elektrischen Systemen Maschen- und Knotengleichungen sein, bei mechanischen Systemen Kräfte- oder Drehmomentengleichungen. Natürlich erfordert diese Vorgehensweise einen tieferen Einblick in die Systemklassen-spezifischen Zusammenhänge als es bei der experimentellen Modellbildung der Fall ist. Dafür wird jedoch nicht nur das Eingangs-Ausgangsverhalten der Regelstrecke modelliert, sondern auch die Zusammenhänge zwischen den Zustandsgrößen. Auch hier kann die Modellbildung durch Dekomposition des Gesamtsystems schrittweise erfolgen. Steht das Modell, so müssen abschließend die Modellparameter (z. B. Kapazitäten, Massen oder Trägheitsmomente) am realen Prozeß ermittelt werden.

---

[16] Dabei wird stillschweigend vorausgesetzt, daß die Einzelkomponenten *rückwirkungsfrei* miteinander gekoppelt sind.

Recht vielfältig sind die möglichen *Gütekriterien* zur Beurteilung des Regelkreisverhaltens. Welche im Einzelfall angebracht sind, hängt naturgemäß von den konkreten Anforderungen ab.

Zu den Mindestanforderungen gehört praktisch in allen Fällen die Stabilität des Regelkreises. Ein instabiler Regelkreis ist im allgemeinen nicht akzeptierbar. Darüber hinaus ist im wesentlichen zu unterscheiden, ob der Regelkreis vorwiegend auf gutes *Führungs-* oder gutes *Störverhalten* ausgelegt werden soll - zwei Forderungen, die nicht gleichzeitig optimal erfüllt werden können. So ist es im Hinblick auf gutes Führungsverhalten wichtig, daß Änderungen der Führungsgröße, d. h. des Sollwerts, möglichst schnell und möglichst genau von der Regelgröße nachvollzogen werden. Dazu werden häufig die Kenngrößen

- Überschwingweite $M_p$,

- Ausregelzeit $T_a$ (bezogen auf einen Fehlerschlauch um den Sollwert $r_0$),

- bleibende Regelabweichung $e_\infty = e(t \to \infty)$

herangezogen, die in Bild 4.26 für eine sprungförmige Führungsgrößenänderung dargestellt sind.

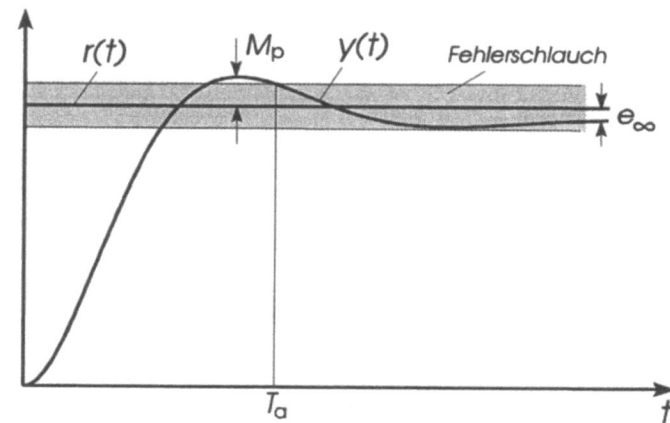

**Bild 4.26.** Typische Führungssprungantwort eines schwingfähigen Systems mit charakteristischen Kenngrößen.

Auch die Einzelkriterien selbst wie "möglichst geringes Überschwingen" oder "möglichst schnelle Ausregelung" können meist nicht gleichzeitig optimiert werden. Beispielsweise läßt sich die Ausregelzeit häufig nur noch dadurch verkleinern, daß ein gewisses Überschwingen der Regelgröße in Kauf genommen wird. Dies wird in vielen Fällen unproblematisch sein; steigt allerdings bei einem Duschbad die Temperatur zunächst auf 50 °C, um sich dann auf die gewünschten 38 °C einzupendeln, so wird auch das noch so schnelle Erreichen des Sollwertes das durch den Überschwinger aufgetretene Unbehagen nicht mehr kompensieren können. Hier hat der Anwender also abzuwägen, welche der Anforderungen im konkreten Fall von höherer Priorität ist.

Ist im realen Betrieb dagegen nicht so sehr mit Änderungen der Führungsgröße, dafür aber mit Störeinflüssen zu rechnen, so sollte der Regelkreis bevorzugt in Richtung optimalen Störverhaltens ausgelegt werden. Darunter ist zu verstehen, daß auf den Regelkreis einwirkende Störungen sich nur möglichst wenig und möglichst kurzzeitig am Ausgang der Regelstrecke bemerkbar machen.

Bei der Formulierung des Anforderungskataloges ist zu berücksichtigen, inwieweit die gewünschten Spezifikationen überhaupt realisierbar sind. So ist jede weitere Verbesserung der Regelkreisdynamik i. a. mit einem erhöhten Stellgrößenaufwand verbunden. Der Stellgröße sind jedoch realisierungstechnische Grenzen gesetzt, da, wie wir bereits früher gesehen hatten, jeder reale Regler bzw. jedes Stellglied nur eine begrenzte Ausgangsgröße liefern kann. Diese Randbedingungen sind daher möglichst schon während des Reglerentwurfs zu berücksichtigen.

Ein letzter Punkt betrifft schließlich die *Robustheit* des Regelkreises. So wird das mathematische Modell der Regelstrecke - selbst wenn bei der Modellbildung noch so viel Aufwand betrieben wurde - immer nur für *einen* Betriebszustand der Strecke Gültigkeit haben. Während des Betriebes kommt es jedoch zwangsläufig zu Änderungen einzelner Streckenparameter, die sich auf das mathematische Modell auswirken. Einerseits können diese Änderungen zeitlich sehr langsam erfolgen (z. B. durch Abnutzungserscheinungen innerhalb einer Maschine), andererseits aber auch sehr plötzlich (beispielsweise durch eine technischen Defekt). Von einem *robusten* Regler erwartet man dann, daß er auch bei derartigen *Parametervariationen* zumindest stabiles Verhalten garantiert.

Die Wahl einer geeigneten *Reglerstruktur* hängt einerseits vom Typ der Regelstrecke, andererseits vom Entwurfsverfahren selbst ab. So ist es bei einer Regelstrecke mit integrierendem Charakter nicht sinnvoll, einen Regler mit I-Anteil einzusetzen (dies führt i. a. sogar zu einem instabilen Regelkreis). Weiterhin spielen an dieser Stelle Überlegungen eine Rolle, welcher Meßaufwand zur Beschaffung der jeweiligen Regler-Eingangsgrößen erforderlich und mit welchen Kosten dies verbunden ist. Die Bestimmung der *Reglerparameter* erfolgt nach Festlegung der Reglerstruktur in der Weise, daß die Güteanforderungen möglichst exakt eingehalten werden. Diese Überprüfung findet (allein schon aus Sicherheitsgründen) meistens nicht im realen Betrieb, sondern in Form einer rechnergestützten *Simulation* des Regelkreises statt.

**4.5.2 Faustformelverfahren**

Faustformelverfahren, häufig auch als *Einstellregeln* bezeichnet, stellen die einfachste Möglichkeit des Reglerentwurfs dar und sind daher zumindest in der Praxis außerordentlich verbreitet.[17] Die einfache Anwendbarkeit liegt primär darin begründet, daß zum Entwurf kein explizites mathematisches Modell vorliegen muß. So gibt es bereits Einstellregeln, bei denen die Kenntnis des Typs der Regelgröße (z. B. Drehzahl, Temperatur, Füllstand, ...) ausreicht, um darauf basierend einen Regler zu entwerfen. Am weitesten verbreitet sind jedoch Faustformeln, die auf der Sprungantwort der Regelstrecke basieren [HOF75]. Diese kann experimentell ermittelt werden oder, sofern ein mathematisches Modell der Strecke vorliegen sollte, auch durch Simulation bestimmt werden. Der üblicherweise aufwendigste Teil eines Reglerentwurfs entfällt damit.

Faustformelverfahren sind mehr oder weniger ausschließlich zum Entwurf von PID-Reglern bzw. seinen Untertypen geeignet und setzen i. a. einen bestimmten Streckentyp (nicht schwingfähig, niedrige Ordnung, ...) voraus. Weicht die Regelstrecke in stärkerem Maße von dem vorgesehenen Streckentyp ab, liefern die Verfahren unbrauchbare Ergebnisse. Umgekehrt liefern die Verfahren recht brauchbare Ergebnisse, solange die Regelstrecke zu den Einstellregeln "paßt". Bezüglich der Güteanforderungen an den geschlossenen Regelkreis stehen meist nur einige wenige Alternativen zur Verfügung.

Die prinzipielle Anwendung von Faustformelverfahren soll anhand des Verfahrens nach SAMAL erläutert werden [SAM91]. Dazu möge die Regelstrecke die in Bild 4.27 skizzierte Sprungantwort aufweisen. Wir erkennen, daß es sich bei der Regelstrecke um ein nicht schwingfähiges, stabiles System handelt - eine Systemklasse, für die die Einstellregeln nach SAMAL geeignet sind.

Der erste Entwurfsschritt besteht nun darin, den *Wendepunkt* der Sprungantwort und die zugehörige *Wendetangente* zu ermitteln. Die Schnittpunkte der Tangente mit der Zeitachse bzw. der Asymptote

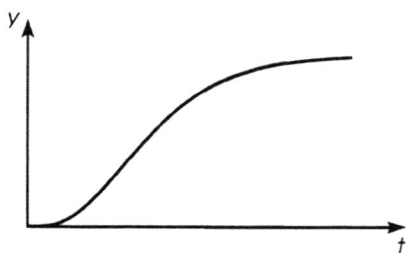

Bild 4.27. Sprungantwort der Regelstrecke.

der Sprungantwort liefern die *Verzugszeit* $T_u$ und die *Ausgleichszeit* $T_g$ der Regelstrecke. Die dritte erforderliche Kenngröße, die Streckenverstärkung $K_S$, kann man der Sprungantwort unmittelbar entnehmen (Bild 4.28).

Als Gütekriterien bieten die Einstellregeln die Alternativen

---

[17] Aus exakt demselben Grund ist das Ansehen von Faustformelverfahren im wissenschaftlichen Bereich eher gering.

## 4.5 Klassischer Reglerentwurf

- gutes Führungsverhalten / gutes Störverhalten
- mit Überschwingen / ohne Überschwingen der Regelgröße

an. Wir wollen einen PID-Regler für gutes Führungsverhalten ohne Überschwingen entwerfen. Die zugehörigen Faustformeln für die drei Reglerparameter $K_R$, $T_N$ und $T_V$ lauten

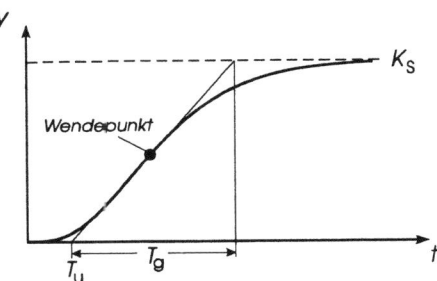

Bild 4.28. Bestimmung der Kenngrößen.

$$K_R \approx 0.95 \frac{T_g}{K_S T_u} \qquad T_N \approx 1.35 T_g \qquad T_V \approx 0.47 T_u \;.$$

Durch Einsetzen der Strecken-Kenngrößen erhalten wir also unmittelbar den gesuchten Regler.

Bild 4.29 zeigt die Sprungantwort des resultierenden Regelkreises. Der Regelkreis weist zwar stabiles Verhalten auf, ansonsten ist die Dynamik aber eher als mäßig zu bezeichnen. Insbesondere erkennen wir, daß ein Überschwingen auftritt, obwohl die Entwurfsrichtung "ohne Überschwingen" lautete. In den meisten Fällen ist es daher angebracht, einen nach Faustformeln entworfenen Regler durch eine nachgeschaltete Optimierung zu verbessern.

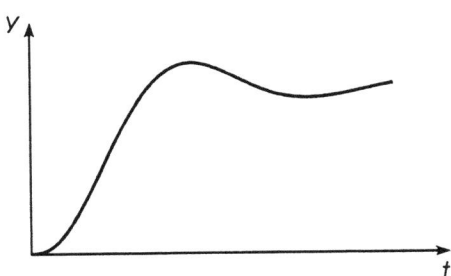

Bild 4.29. Sprungantwort des resultierenden Regelkreises.

### 4.5.3 Frequenzkennlinienverfahren

Während die Faustformelverfahren wegen ihrer geringen Anzahl an Freiheitsgraden eine recht schematische Vorgehensweise ermöglichen und damit mehr oder weniger auch vom regelungstechnischen Laien anwendbar sind, läßt das Frequenzkennlinienverfahren dem Anwender einen größeren Spielraum, erfordert dadurch allerdings auch ein tieferes Verständnis für regelungstechnische Zusammenhänge und ein entsprechendes "Fingerspitzengefühl".

Prinzipiell ist das Frequenzkennlinienverfahren anwendbar auf alle linearen Streckentypen. Grundlage des Verfahrens ist, wie der Name schon sagt, der *Frequenzgang* der Regelstrecke. Dies bedeutet, daß der gesamte Reglerentwurf nicht im Zeit-, sondern im Frequenzbereich durchgeführt wird. Die Ermittlung des Frequenzgangs kann einerseits experimentell erfolgen, bei Vorliegen der Strecken-Übertragungsfunktion kann man andererseits natürlich den Frequenzgang auch daraus numerisch berechnen.

Bild 4.30 zeigt den typischen Frequenzgang einer nicht schwingfähigen Verzögerungsstrecke 2. Ordnung, aufgetragen in Form des sogenannten *Bode-Diagramms*. Diese Darstellungsform weist eine logarithmische Frequenzachse auf. Ebenfalls logarithmisch, nämlich in Dezibel, ist der Betrag $|G(j\omega)|$ aufgetragen, wobei die Beziehung

$$|G(j\omega)|_{dB} = 20\log|G(j\omega)|$$

gilt. Diese Logarithmierung bringt einen entscheidenden Vorteil mit sich: Betrachten wir die Hintereinanderschaltung von Regelstrecke und Regler, so ergibt sich der Frequenzgang des offenen Regelkreises $L(j\omega)$ als Produkt der Frequenzgänge von Regelstrecke und Regler

$$L(j\omega) = G(j\omega)H(j\omega).$$

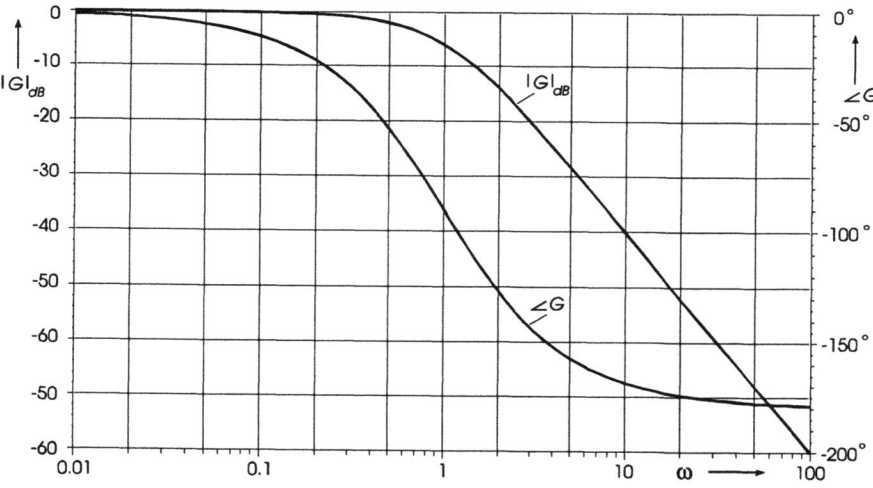

Bild 4.30. Frequenzgang eines Verzögerungsgliedes 2. Ordnung.

Tragen wir jedoch, wie oben geschehen, den Frequenzgang logarithmisch auf, so erhalten wir den Gesamtfrequenzgang von Regler und Strecke ein-

## 4.5 Klassischer Reglerentwurf

fach durch additive Überlagerung der einzelnen Frequenzgänge. Dieser Schritt kann auf einfache Weise grafisch per Hand oder natürlich rechnergestützt durchgeführt werden.

Die Grundidee des Verfahrens besteht nun darin, den Frequenzgang der Regelstrecke durch einen geeigneten Regler so zu modifizieren, daß der geschlossene Regelkreis das gewünschte dynamische Verhalten aufweist. Dazu benötigt man Kenngrößen des Frequenzgangs, die mit entsprechenden Größen im Zeitbereich korrespondieren. Geeignete Größen sind

- der *Verstärkungsfaktor* $V_L = |L(j0)|$ des offenen Regelkreises,

- die *Durchtrittsfrequenz* $\omega_c$ des offenen Kreises,

- die *Phasenreserve* $\Phi_r$ des offenen Kreises.

Bild 4.31 zeigt die Bedeutung der Kenngrößen anhand des Frequenzgangs des offenen Regelkreises nach Einfügung eines P-Reglers mit der Reglerverstärkung $K_R = 10$ (dies entspricht einer Anhebung der Betragskennlinie um 20 dB). Der Verstärkungsfaktor $V_L$ (in diesem Fall gerade 10) gibt den Grenzwert des Betrages für $\omega \to 0$ an und ist ein Maß für die bleibende Regelabweichung des geschlossenen Regelkreises: Je höher der Verstärkungsfaktor, umso geringer ist die bleibende Regelabweichung (diesen Zusammenhang haben wir bereits bei der Vorstellung des PID-Reglers angesprochen!).

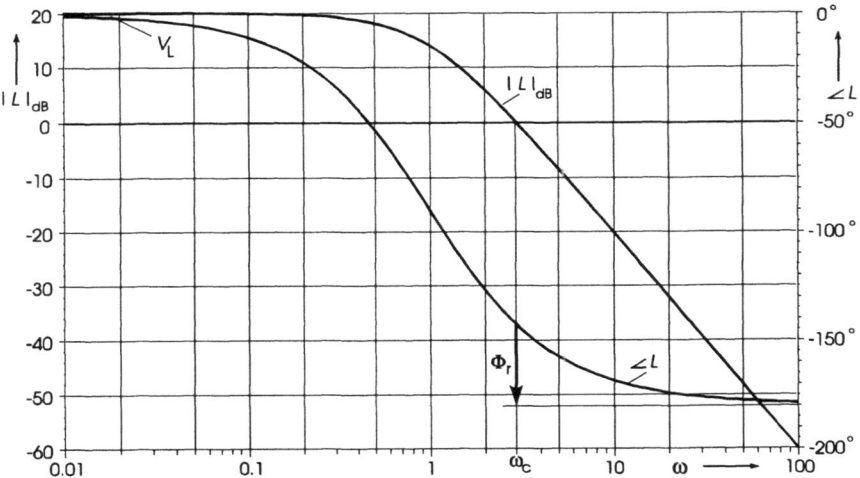

**Bild 4.31.** Frequenzgang L(j$\omega$) des offenen Regelkreises nach Einfügung eines P-Reglers.

Als Durchtrittsfrequenz wird diejenige Frequenz $\omega_c$ bezeichnet, bei der die Betragskennlinie die 0 dB-Linie schneidet (dies entspricht gerade einer Verstärkung von 1). Es gilt: Der geschlossene Regelkreis ist umso schneller, je weiter rechts auf der Frequenzachse die Durchtrittsfrequenz liegt, also je größer sie ist. In unserem Fall können wir $\omega_c = 3$ ablesen.

Die Phasenreserve $\Phi_r$ schließlich ist ein Maß für das zu erwartende Überschwingen. Sie gibt die Differenz zwischen der Phasenkennlinie und dem Phasenwert von -180° bei der Durchtrittsfrequenz an. Je geringer die Phasenreserve ist, umso stärkeres Überschwingen ist zu erwarten. Ist sie kleiner oder gleich 0, so ist der geschlossene Regelkreis instabil. Wir erhalten hier einen Wert von $\Phi_r = 38°$.

Bereits bei der Vorstellung der Gütekriterien hatten wir das Problem der Unvereinbarkeit von schneller Ausregelung und überschwingfreiem Verhalten angesprochen, auf das wir auch hier wieder treffen: Versuchen wir den Regelkreis schneller zu machen, indem wir die Durchtrittsfrequenz durch einen geeigneten Regler nach rechts verschieben, so sinkt in den meisten Fällen die Phasenreserve ab, da die Phasenkennlinie mit zunehmender Frequenz abfällt. Damit erhöht sich aber die Schwingneigung des Regelkreises. Hier ist also i. a. ein Kompromiß einzugehen.

Zur Modifikation des Frequenzgangs stehen prinzipiell alle linearen Reglertypen zur Verfügung. In den meisten Fällen werden allerdings auch hier PID-Regler oder andere Korrekturglieder niedriger Ordnung (sogenannte *Lead-Lag-Glieder*) zum Einsatz kommen. Da die beschriebenen Kenngrößen des Frequenzgangs lediglich qualitative Aufschlüsse über das Verhalten des Regelkreises im Zeitbereich geben, ist im Anschluß an den Reglerentwurf in jedem Fall eine Simulation des Gesamtsystems oder eine Überprüfung am realen Prozeß erforderlich.

### 4.5.4 Wurzelortsverfahren

Im Gegensatz zum Frequenzkennlinienverfahren wird beim Wurzelortsverfahren nicht vom Frequenzgang der Regelstrecke, sondern direkt von ihrer Übertragungsfunktion

$$G(s) = \frac{b_m s^m + b_{m-1} s^{m-1} + \dots + b_1 s + b_0}{s^n + a_{n-1} s^{n-1} + \dots + a_1 s + a_0}$$

ausgegangen. Für die Anwendung des Verfahrens ist der Begriff des *Eigenwerts* eines linearen Systems von zentraler Bedeutung: So besitzt ein lineares System $n$-ter Ordnung genau $n$ komplexe Eigenwerte $\lambda_i = \sigma_i + j\omega_i$, die das dynamische Verhalten des Systems im wesentlichen charakterisieren. Diese Eigenwerte sind gerade die Nullstellen ("Wurzeln") des Nennerpolynoms $s^n + a_{n-1} s^{n-1} + \dots + a_1 s + a_0$ der Übertragungsfunktion $G(s)$.

## 4.5 Klassischer Reglerentwurf

Das Grundprinzip besteht auch beim Wurzelortsverfahren darin, von gewissen "Hilfskenngrößen", in diesem Fall den Eigenwerten, Rückschlüsse auf das spätere Verhalten des geschlossenen Regelkreises im Zeitbereich zu ziehen. Fügt man nämlich einen Regler in den Regelkreis ein, so ändern sich die Eigenwerte des geschlossenen Regelkreises und damit sein dynamisches Verhalten.[18] Diese Änderung der Eigenwerte läßt sich grafisch in Gestalt der *Wurzelortskurve* darstellen. Dazu werden die Wanderungswege der Eigenwerte in Abhängigkeit von *einem* Reglerparameter (z. B. der Verstärkung eines P-Reglers) dargestellt. Bild 4.32 zeigt eine derartige Wurzelortskurve für ein System 3. Ordnung mit zwei konjugiert komplexen und einem reellen Eigenwert und der Übertragungsfunktion

$$G(s) = \frac{1}{(s+1)(s^2+s+1)}$$

in Kombination mit einem P-Regler. Die drei Äste der Wurzelortskurve beginnen für $K_R = 0$ in den Eigenwerten der Regelstrecke (durch Kreuze dargestellt). Erhöht man nun die Reglerverstärkung $K_R$, so bewegen sich die einzelnen Eigenwerte auf den skizzierten Bahnen.

Um dieses Verhalten deuten zu können, benötigt man einen qualitativen Zusammenhang zwischen der Lage der Eigenwerte und dem dynamischen Verhalten des geschlossenen Regelkreises. Es gilt:

- Der geschlossene Regelkreis ist umso schneller, je weiter links seine Eigenwerte liegen, d. h. je stärker negativ ihr Realteil ist.
- Der geschlossene Regelkreis neigt umso mehr zum Schwingen, je weiter die Eigenwerte von der reellen Achse entfernt liegen, d. h. je größer betragsmäßig ihr Imaginärteil ist.[19]
- Weist mindestens einer der Eigenwerte einen verschwindenden oder sogar positiven Realteil auf, so ist der Regelkreis instabil.

Wir können unserer Wurzelortskurve also beispielsweise entnehmen, daß die Reglerverstärkung nicht zu groß gewählt werden darf, da mit steigender Verstärkung zwei der drei Äste in die rechte Halbebene laufen und der Regelkreis damit instabil wird.

Das Wurzelortsverfahren ist natürlich nicht auf den Entwurf von P-Reglern beschränkt, sondern kann bei etwas modifizierter Vorgehensweise auch für den Entwurf komplexerer Reglertypen verwendet werden. Die Wurzelorts-

---

[18] Bei Einsatz eines dynamischen Reglers (beispielsweise eines PID-Reglers) kommen sogar neue Eigenwerte hinzu.

[19] Dies ist strenggenommen nicht ganz exakt. Genauer ist es der Winkel zwischen Eigenwert und reeller Achse, der für die Dämpfung des Regelkreises und damit für die Schwingneigung verantwortlich ist.

kurve selbst kann nur in einfachen Fällen analytisch berechnet werden, meist erfolgt ihre Berechnung rechnergestützt mit geeigneten numerischen Verfahren.

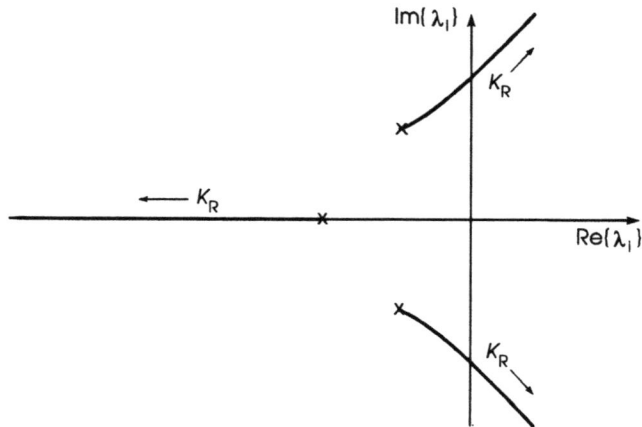

**Bild 4.32.** Wurzelortskurve für Beispielsystem 3. Ordnung.

### 4.5.5 Lineare Zustandsraummethoden

Die Entwurfsverfahren, mit denen wir uns bisher beschäftigt haben, bezogen sich lediglich auf Regelkreise mit Ausgangsgrößenrückführung. Zum Entwurf linearer Zustandsregler

$$u = r - \underline{k}^T \underline{x}$$

sind Verfahren erforderlich, die auf die Zustandsraumdarstellung von Systemen zugeschnitten sind. Diese werden als *Zustandsraummethoden* bezeichnet. Zwei Verfahren wollen wir in aller Kürze ansprechen.

Bereits im vorangegangenen Abschnitt wurde der Begriff der Systemeigenwerte eingeführt und die Auswirkung eines P-Reglers auf die Lage der Eigenwerte untersucht. Das gleiche Prinzip gilt auch für Zustandsregler, die ja an früherer Stelle bereits als "$n$-dimensionale P-Regler" bezeichnet wurden: Durch Einfügung eines Zustandsreglers ändern sich, abhängig von seinen Parametern, die Eigenwerte des geschlossenen Kreises. Da der Zustandsregler jedoch mehr Reglerparameter, d. h. Freiheitsgrade aufweist als der P-Regler, kann auch die Verschiebung der Eigenwerte in umfangreicherem Maße beeinflußt werden. So ist es bei vielen Regelstrecken möglich, durch den Einsatz eines linearen Zustandsreglers, der alle $n$ Zustandsgrößen $x_i$ der Strecke erfaßt, die Eigenwerte des Regelkreises *beliebig* zu pla-

## 4.5 Klassischer Reglerentwurf

zieren und somit seine Eigendynamik exakt festzulegen.[20] Diese Vorgehensweise wird demzufolge als *Eigenwertplazierung* bezeichnet (Bild 4.33). Dabei ist bei der Reglerauslegung natürlich wie bei allen Entwurfsverfahren darauf zu achten, daß die Stellgrößenbeschränkung von Regler und Stellglied nicht verletzt wird.

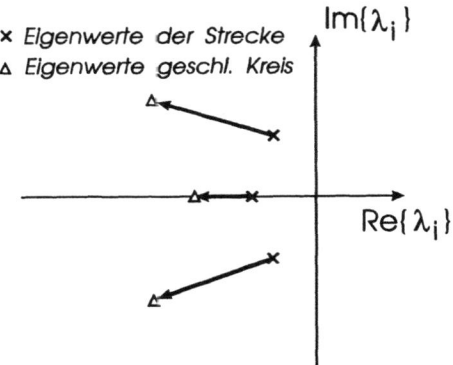

Demgegenüber wird beim sogenannten *Riccati-Zustandsregler* versucht, die Einhaltung der Stellgrößenbeschränkung bereits während des Entwurfs zu berücksichtigen. Dazu werden die Reglerparameter so bestimmt, daß das quadratische Güteintegral

Bild 4.33. Eigenwertplazierung durch linearen Zustandsregler.

$$J = \int_0^\infty \left( \underline{x}^T \underline{Q} \underline{x} + p u^2 \right) \mathrm{d}t$$

minimiert wird. Der Integrand besteht aus zwei Anteilen: Der erste Summand enthält den zeitlichen Verlauf der Zustandsgrößen, wobei die einzelnen Größen über die Elemente der Matrix $\underline{Q}$ gewichtet werden können. Dieser Term beschreibt somit das gewünschte Zeitverhalten des geschlossenen Regelkreises. Der zweite Summand enthält den Verlauf der Stellgröße und stellt eine Art "Straffunktion" dar. Der Parameter $p$ ermöglicht dabei eine Anpassung an die vorgegebene Stellgrößenbeschränkung. Stellt man nach dem Entwurf des Reglers bei der Simulation fest, daß die Stellgrößenbeschränkung verletzt wird, so muß man den Entwurf mit einem größeren Wert für $p$ wiederholen. Die Minimierung des Güteintegrals stellt ein Optimierungsproblem dar, das mit Hilfe geeigneter Verfahren numerisch gelöst werden kann.

### 4.5.6 Entwurfsverfahren für nichtlineare Systeme

Explizite Entwurfsverfahren, vergleichbar denen für lineare Systeme, existieren für nichtlineare Systeme kaum, unabhängig davon, ob die Nichtlinearität in der Regelstrecke, im Regler oder in beiden Komponenten steckt. Nichtlineare Methoden (um das Wort "Verfahren" zu vermeiden) beschrän-

---

[20] Entscheidend dafür ist die sogenannte *vollständige Steuerbarkeit* eines Systems.

ken sich im wesentlichen darauf, die Stabilität des Regelkreises sicherzustellen [FÖL70].[21] Das mächtigste Werkzeug in diesem Zusammenhang ist zweifelsohne die *Stabilitätstheorie von LJAPUNOV*, die bei beliebigen Nichtlinearitäten Anwendung finden *kann*, dies in der Praxis aber wohl nur selten wirklich *tut*. Der Grund dafür liegt in der für den Anwender ausgesprochen komplizierten und schwer verständlichen Handhabung. Hat man sich jedoch in die Materie erst einmal eingearbeitet, so ist dieses Werkzeug ausgesprochen mächtig, und zwar nicht nur für nichtlineare, sondern auch für lineare Systeme.

Für eine spezielle Klasse von Regelkreisen, bestehend aus einer linearen Regelstrecke und einem nichtlinearen Kennlinienglied, eignet sich die Methode nach POPOV. Ihre besondere Leistungsfähigkeit liegt darin, daß die Stabilität nicht nur für eine einzelne Kennlinie, sondern für eine ganze Schar von Kennlinien nachgewiesen wird, die innerhalb eines Sektors liegen. Dies bedeutet für den Anwender, daß er die exakte Charakteristik seines Kennlinienreglers gar nicht kennen muß, sondern lediglich sicherzustellen hat, daß sich die Kennlinie in dem durch das Verfahren ermittelten *Stabilitätssektor* befindet.

Man spricht in diesem Zusammenhang daher auch von *totaler Stabilität*. Als Beispiel dazu betrachte man Bild 4.34: Hat man mit Hilfe der Methode von POPOV den schattierten Bereich als Stabilitätssektor ermittelt, ist die Stabilität u. a. für alle eingezeichneten Kennlinien sichergestellt.

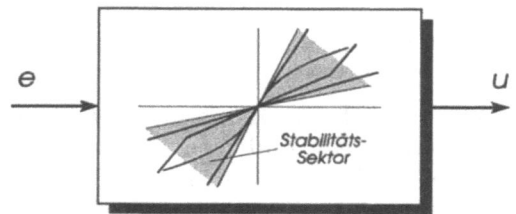

Bild 4.34. Zum Begriff der totalen Stabilität.

Daneben existiert eine Vielzahl weiterer Stabilitätsbegriffe und damit verbundener Stabilitätskriterien, die wir an dieser Stelle zunächst nicht weiter beleuchten wollen. Als Vertreter mit einem Mindestmaß an Praxisnähe seien hier lediglich noch die *Methode der Beschreibungsfunktionen* ("Harmonische Balance"), die uns später noch eingehend beschäftigen wird, sowie die *Hyperstabilitätstheorie* genannt.

---

[21] Bei nichtlinearen Systemen ist es eigentlich unzulässig, von der Stabilität *des Systems* zu sprechen. Eine Stabilitätsaussage bei nichtlinearen Systemen bezieht sich immer nur auf eine bestimmte *Ruhelage* des Systems. Von diesen Ruhelagen kann ein nichtlineares System mehrere mit unterschiedlichen Stabilitätseigenschaften besitzen.

## 4.6 Stabilität und Robustheit konventioneller Regelungssysteme

Die Stabilität eines Regelungssystems ist in praktisch allen Anwendungsfällen die Mindestforderung an das dynamische Verhalten. Besondern in sicherheitsrelevanten Bereichen (Fahrzeugtechnik, Luft- und Raumfahrt, Kraftwerksregelungen) muß instabiles Verhalten in jedem Fall ausgeschlossen werden können.

Für die Klasse der linearen Systeme existiert eine Vielzahl von Stabilitätskriterien der unterschiedlichsten Art. Liegt ein mathematisches Modell des geschlossenen Regelkreises vor, so besteht die naheliegendste Vorgehensweise darin, unmittelbar die Eigenwerte des Systems zu berechnen. Besitzt das Systemmodell die Gestalt einer Übertragungsfunktion, so sind dazu die Nullstellen des Nennerpolynoms zu berechnen. Liegt das System dagegen in Form eines linearen Zustandsraummodells

$$\underline{\dot{x}} = \underline{A}\,\underline{x} + \underline{b}\,u$$

vor, so sind die Eigenwerte des Systems mit den Eigenwerten der Systemmatrix $\underline{A}$ identisch. Das System ist dann stabil, wenn sämtliche Eigenwerte $\lambda_i$ einen negativen Realteil aufweisen, d. h. in der linken Halbebene der komplexen Ebene liegen (Bild 4.35).

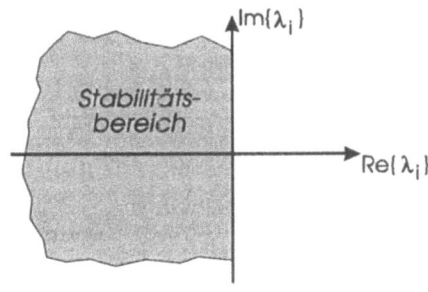

Die Berechnung der Eigenwerte kann für Systemordnungen $n \leq 3$ noch per Hand erfolgen. Bei höheren Systemordnungen setzt man zweckmäßigerweise einen Rechner und ein geeignetes numerisches Verfahren ein.

**Bild 4.35.** Stabilitätsbereich linearer Systeme.

Statt die Eigenwerte direkt zu berechnen, kann man alternativ ein algebraisches Stabilitätskriterium anwenden, bei dem nicht die Eigenwerte selbst berechnet werden, sondern nur eine Information darüber geliefert wird, ob alle Eigenwerte in der linken Halbebene liegen. In diesem Fall erhält man lediglich eine Ja/Nein-Entscheidung bezüglich der Stabilität, nicht aber, wie bei der expliziten Eigenwertberechnung, weitergehende Informationen über die Systemdynamik. Der Vorteil solcher Kriterien, wie sie beispielsweise von ROUTH oder HURWITZ angegeben wurden, liegt darin, daß sie sich auch bei höheren Systemordnungen noch per Hand auswerten lassen. Da heutzutage jedoch selbst für einfachste Zwischenrechnungen Digitalrechner eingesetzt werden, ist dieser Vorteil nur noch theoretischer Natur, so daß diese Kriterien mehr oder weniger bedeutungslos geworden sind. Ihr Einsatz kann allerdings dann sinnvoll sein, wenn es darum geht, die Stabilität eines Regelungssystems in Abhängigkeit von einem Modell- oder Reglerparameter zu beurteilen. In diesem Fall ermöglichen diese Stabilitätskriterien nicht nur eine Aussage für einen festen Parameterwert, sondern erlauben die Ermittlung ganzer Stabilitätsbereiche - eine Aufgabe, die in Zusammenhang mit der Robustheit von Regelkreisen von entscheidender Bedeutung ist.

Für den Stabilitätsnachweis bei linearen Systemen ist aber nicht unbedingt ein mathematisches Modell in Form einer Differentialgleichung, Übertragungsfunktion oder eines Zustandsraummodells erforderlich. Vielmehr gibt es grafische Kriterien, die auf dem Frequenzgang des offenen Regelkreises beruhen. Diese besitzen zudem den Vorteil, daß sie auch dann anwendbar sind, wenn der Regelkreis eine Totzeit enthält. Das bekannteste Kriterium ist das NYQUIST-Kriterium, häufig auch als Ortskurvenkriterium bezeichnet. In seiner allgemeinen Form benötigt dieses Kriterium den Frequenzgang des offenen Regelkeises in Form der Ortskurve. Gegenüber dem Bode-Diagramm unterscheidet sich diese Darstellungsform dadurch, daß der komplexe Frequenzgang nicht in Betrag und Phase, sondern in Real- und Imaginärteil aufgesplittet ist. Eine Aussage über die Stabilität des geschlossenen Regelkreises läßt sich dann aus der Lage der Ortskurve bezüglich des Punktes -1 ableiten (Bild 4.36). Wir wollen diesen allgemeinen Fall hier nicht näher betrachten. Unter bestimmten Voraussetzungen, die aber in der Praxis häufig gegeben sind, kann das NYQUIST-Kriterium nämlich in seiner vereinfachten Form im Bode-Diagramm angewendet werden. In diesem Fall reicht es für den Stabilitätsnachweis aus, wenn die früher bereits erläuterte Phasenreserve $\Phi_r$ des offenen Regelkreises größer als null ist.

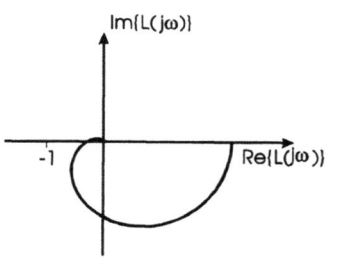

Bild 4.36. Zum NYQUIST-Kriterium.

Bei nichtlinearen Systemen gestaltet sich der Stabilitätsnachweis demgegenüber üblicherweise schwieriger. Hierauf sind wir im vorangegangenen Abschnitt bereits eingegangen.

Ein gelungener Stabilitätsnachweis gibt dem Regelungstechniker zunächst einmal das beruhigende Gefühl, daß später im realen Prozeß "schon nichts passieren wird". Dabei ist jedoch zu bedenken, daß der Nachweis genaugenommen nur für das eine Systemmodell gilt, für das er geführt wurde. Ändert sich während des Betriebes aufgrund von Parametervariationen innerhalb der Regelstrecke oder auch des Reglers das Systemmodell, so muß die Stabilität im Prinzip neu überprüft werden.

## 4.6 Stabilität und Robustheit konventioneller Regelungssysteme

Nun ist kaum zu erwarten, daß ein Regelkreis mit hervorragendem dynamischen Verhalten bei den kleinsten Änderungen einzelner Parameter sofort instabil wird. Dies ist in der Praxis auch nicht der Fall. Kritisch wird es jedoch, wenn Systemparameter stärkere Schwankungen aufweisen. In diesem Fall ist die Forderung nach *Robustheit* des Reglers von entscheidender Bedeutung.

Als Beispiel betrachten wir eine Verladebrücke mit einer Laufkatze nach Bild 4.37. Die Aufgabe der Laufkatze besteht darin, Lasten unterschiedlicher Beschaffenheit aufzugreifen, möglichst zügig zum Ende der Brücke zu bringen und dort an definierter Stelle abzulegen. Dieses wird insbesondere erschwert durch die starke Schwingneigung des Greifers.

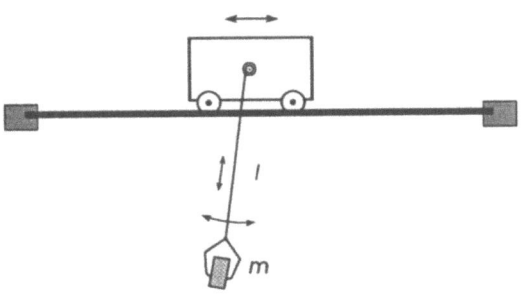

Bild 4.37. Verladebrücke mit Laufkatze.

Die Modellbildung liefert für dieses System ein lineares Zustandsraummodell 4. Ordnung, das uns hier im Detail nicht interessieren soll. Wichtig ist jedoch, daß in der zugehörigen Systemmatrix $\underline{A}$ als Modellparameter die *Masse m* von Greifer und Last und die *Seillänge l* auftauchen. Beide Größen können während des Betriebes erheblich variieren. Der zu entwerfende Regler muß daher so robust sein, daß er für alle möglichen Betriebsfälle zumindest die Stabilität des Regelungssystems sichert.

Ein derartiger Stabilitätsnachweis für ein ganzes Kontinuum von möglichen Betriebsfällen ist i. a., wenn überhaupt, nur rechnergestützt möglich. Häufig beschränkt man sich in der Praxis deshalb darauf, nur die Stabilität für die Extremfälle (z. B. minimale Last / minimale Seillänge, maximale Last / maximale Seillänge usw.) zu überprüfen und darauf zu hoffen, daß bei den Zwischenwerten "alles gutgeht".

## 4.7 Zusammenfassung

Lassen wir die bisherigen Betrachtungen noch einmal Revue passieren, so können wir klassische Regelungssysteme und Entwurfsmethoden etwa wie folgt charakterisieren:

☞ Die Chancen, einen Prozeß mit klassischen Methoden durch Steuerung oder Regelung "in den Griff zu bekommen", hängen entscheidend von den Eigenschaften des Prozesses ab. Der überwiegende Teil der klassischen Regelungstheorie beschränkt sich auf lineare, zeitinvariante Systeme mit konzentrierten Parametern. Für diese Systemklasse steht allerdings eine große Palette von Verfahren mit unterschiedlichen Leistungsmerkmalen zur Verfügung. Für die meisten dieser Verfahren existiert heute eine Vielzahl von rechnergestützten Entwurfswerkzeugen.

☞ Grundlage eines jeden Reglerentwurfs ist ein Modell des zu regelnden Prozesses. In welcher Form dieses Modell vorzuliegen hat, hängt vom Entwurfsverfahren ab. Möglich sind explizite mathematische Modelle in Form von Differentialgleichungen, Differentialgleichungssystemen oder Übertragungsfunktionen, aber auch nichtparametrische Modelle wie (gemessene) Frequenzgänge oder Sprungantworten. In den meisten Fällen stellt die Modellbildung den aufwendigsten Entwurfsschritt dar.

☞ Die Leistungsfähigkeit des resultierenden Regelungssystems ist maßgeblich abhängig von der Qualität des zugrundeliegenden Modells. Insbesondere können quantitative Anforderungen an das dynamische Verhalten des Regelkreises wie beispielsweise Schnelligkeit und Schwingneigung nur dann auf den realen Prozeß übertragen werden, wenn das Modell hinreichend genau ist, d. h. bei der Modellbildung keine unzulässigen Vereinfachungen vorgenommen wurden.

☞ Die Wahl eines geeigneten Reglertyps und Entwurfsverfahrens muß auf Basis des zur Verfügung stehenden Modells getroffen werden. Dabei kann ein umso leistungsfähigeres Verfahren gewählt werden, je aussagekräftiger das Modell ist. Wichtiges Kriterium bei der Festlegung der Reglerstruktur sind die zur Verfügung stehenden Meßgrößen. Tabelle 4.2 verdeutlicht diesen Zusammenhang anhand der besprochenen Entwurfsverfahren.

☞ Mit der Komplexität des Entwurfsverfahrens steigt zwangsläufig auch das zum Entwurf erforderliche regelungstechnische "Know-how".

☞ Sowohl die hardware- als auch die softwaremäßige Realisierung konventioneller Regler ist in den meisten Fällen einfach, kostengünstig und flexibel möglich.

☞ Zum Stabilitätsnachweis für lineare Systeme existieren verschiedene algebraische und grafische Kriterien, die einfach handhabbar sind. Demgegenüber ist ein Stabilitätsnachweis bei nichtlinearen Systemen - sofern er überhaupt geführt werden kann - nur mit relativ großem Aufwand möglich.

## 4.7 Zusammenfassung

| Entwurfsgüte | Entwurfsverfahren | Modellierungs- und Meßaufwand |
|---|---|---|
| niedrig | Faustformelverfahren | gering |
| mittel | Frequenzkennlinien-verfahren | mittel |
| mittel | Wurzelortsverfahren | mittel |
| hoch | Zustandsraummethoden | hoch |

Tabelle 4.2. Zusammenhang zwischen Entwurfs- bzw. Realisierungsaufwand und Entwurfsgüte.

An diesen Merkmalen konventioneller Regelungssysteme werden sich Fuzzy-Regelungssysteme messen müssen.

# Kapitel 5

# Fuzzy-Regelungssysteme

*Das vorangegangene Kapitel sollte Aufschluß geben über die Möglichkeiten, welche die konventionelle Regelungstechnik dem Anwender im Hinblick auf die gezielte Beeinflussung technischer - aber natürlich auch anderer - Systeme bietet. Die Betrachtungen haben gezeigt, daß eine wesentliche Voraussetzung für die Anwendung klassischer Entwurfsmethoden das Vorliegen eines irgendwie gearteten Systemmodells ist.*

*In der Praxis ist ein Prozeßmodell hinreichender Qualität häufig in akzeptabler Zeit nicht zu erlangen. Dies gilt insbesondere dann, wenn der zu beeinflussende Prozeß sehr komplex, stark nichtlinear, zeitvariant oder durch verteilte Parameter charakterisiert ist. Und in solchen Fällen, wo die Modellstruktur selbst zugänglich ist, kann die Modellbildung letztlich daran scheitern, daß die Bestimmung der zugehörigen Prozeßparameter wegen meßtechnischer Probleme nicht möglich ist.*

*Als einziger Ausweg bei derartigen, sich einer Automatisierung hartnäckig widersetzenden Prozessen bleibt der Mensch als Regler, bei technischen Systemen häufig als "Operator" bezeichnet. Ihm gelingt es nach einer anfänglichen "Lernphase", deren Dauer naturgemäß von der Komplexität des Prozesses abhängt (und natürlich von der Intelligenz des Operators!), häufig erstaunlich gut, den Prozeß in die gewünschten Bahnen zu lenken, indem er das angelernte "Expertenwissen" in ein implizites Prozeßmodell umsetzt (ohne daß ihm dieser Schritt unmittelbar bewußt wird!) und daraus ein geeignetes Regelverhalten ableitet. Grundlage des Fuzzy-Controllers in seiner ursprünglich intendierten Form ist daher der Prozeßbediener als Vorbild für eine Regelstrategie. Dabei geht das Konzept des Fuzzy-Controllers weit über das hinaus, was noch vor kurzer Zeit unter dem Schlagwort "Expertenregelungen" firmierte. Fuzzy-Controller enthalten einerseits die qualitative Komponente von Expertensystemen in Form der Regelbasis, andererseits aber auch quantitative Komponenten in Form der Fuzzy-Sets für die linguistischen Terme der Ein- und Ausgangsgrößen des Controllers. Es ist daher anzunehmen, daß Fuzzy-Controller bei geeigneter Auslegung die Vorteile klassischer und wissensbasierter Methoden vereinigen.*

*Das Interesse für Fuzzy-Controller beschränkt sich allerdings nicht auf solche - für klassische Methoden - "aussichtslosen" Fälle. Wäre dies so, hätte ein Vergleich der Leistungsfähigkeit beider Konzepte keinerlei Grundlage. Vielmehr ist es mittlerweile so, daß auch und gerade Anwendungsprobleme, die mit herkömmlichen Verfahren gelöst werden können oder bereits gelöst wurden, alternativ mit Hilfe eines Fuzzy-Ansatzes angegangen werden. In solchen Fällen ist ein direkter Vergleich beider Konzepte - und zwar sowohl in Hinblick auf den Entwurfs- und Realisierungsaufwand, als auch bezüglich der Regelgüte - von außerordentlichem Interesse. Insbesondere verspricht man sich hier eine deutliche Verkürzung der Entwicklungszeiten sowie Einsparungen im Bereich der Meßsensorik durch die Verwendung weniger ge-*

*nauer und damit kostengünstiger Sensoren. Inwieweit diese Erwartungen berechtigt sind, soll das vorliegende Kapitel zu klären versuchen.*

## 5.1 Struktur von Fuzzy-Regelungssystemen

Völlig analog zum konventionellen Regler kann ein Fuzzy-Controller interpretiert werden als ein Übertragungssystem mit *Eingangsgrößen*, welche die über den Zustand des Prozesses bzw. der Regelstrecke zur Verfügung stehenden Informationen darstellen, sowie *Ausgangsgrößen* in Form von Stellgrößen für den Prozeß (Bild 5.1). Von außen betrachtet weist der Regler dabei keinerlei "Unschärfe" auf, d. h. sowohl Eingangs- als auch Stellgrößen sind scharfe Werte. Die Unschärfe liegt vielmehr im Innenleben des Reglers begründet.

**Bild 5.1.** Fuzzy-Controller als Übertragungssystem mit den Eingangsgrößen $e_i$ und den Stellgrößen $u_j$.

Dazu betrachten wir Bild 5.2. Es zeigt die logische Struktur des Fuzzy-Controllers mit den Komponenten

- Fuzzifizierung
- Inferenz
- Defuzzifizierung.[22]

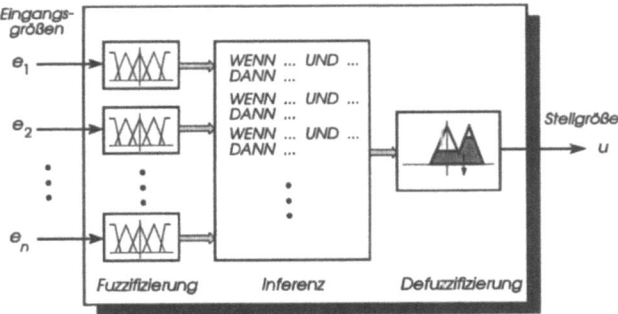

**Bild 5.2.** Logische Struktur eines Fuzzy-Controllers mit einer Ausgangsgröße und mehreren Eingangsgrößen.

---

[22] Im folgenden soll vereinfachend davon ausgegangen werden, daß der Fuzzy-Controller wie die zuvor besprochenen konventionellen Regler nur *eine* Ausgangsgröße aufweist.

Sowohl Eingangs- als auch Stellgrößen sind linguistische Variablen und durch die Zugehörigkeitsfunktionen, d. h. Fuzzy-Mengen der einzelnen linguistischen Terme charakterisiert. Durch Fuzzifizierung werden die scharfen Eingangsgrößen in unscharfe Größen überführt. Die Inferenzmaschine generiert im zweiten Schritt, basierend auf dem vorgegebenen Regelwerk, aus diesen fuzzifizierten Eingangsgrößen eine unscharfe Stellgröße. Diese wird schließlich durch Defuzzifizierung wieder in ein scharfes Signal zurückverwandelt.

Die Umsetzung dieser drei "Arbeitsschritte" hängt von der Realisierungsform des Fuzzy-Controllers ab. Einerseits können die Schritte *Fuzzifizierung* und *Inferenz* durch Diskretisierung der linguistischen Variablen in Form einer (i. a. mehrdimensionalen) Relationsmatrix realisiert werden. Durch Einbeziehung der Defuzzifizierung kann der Regler dann in eine mehrdimensionale Tabelle (eine sogenannte *Look up - Table*) überführt werden, aus der sich der (scharfe) Stellgrößenwert für eine bestimmte Kombination von (scharfen) Eingangsgrößen unmittelbar oder durch Interpolation von Zwischenwerten entnehmen läßt, ohne daß dazu noch irgendwelche Rechenschritte erforderlich sind. Diese off line - Realisierungsform ist für spezielle Hardwarestrukturen von besonderem Interesse. Wir werden dazu an späterer Stelle ein ausführliches Beispiel behandeln.

Die zweite Realisierungsvariante besteht darin, die Stellgröße für die aktuelle Kombination von Eingangsgrößen jeweils on line zu berechnen. Dazu geht man folgendermaßen vor (vgl. Abschnitt 2.3):

① Bestimmung des Erfüllungsgrades jeder Regel:
   - Ermittlung des Erfüllungsgrades für die einzelnen Prämissen (WENN-Teile) der Regel.
   - Verknüpfung der einzelnen Erfüllungsgrade über den UND- bzw. ODER-Operator (z. B. MIN- bzw. MAX-Operator).
   - Regeln mit einem Erfüllungsgrad $H > 0$ sind aktiv.

② Ermittlung der zugehörigen Stellgrößen-Fuzzy-Mengen für alle aktiven Regeln,

③ Ermittlung der resultierenden Stellgrößen-Fuzzy-Menge durch Überlagerung aller Stellgrößen-Fuzzy-Sets,

④ Ermittlung der scharfen Stellgröße durch Defuzzifizierung.

Zur Verdeutlichung der Vorgehensweise wollen wir als Beispiel einen Fuzzy-Controller mit zwei Eingangsgrößen, $e_1$ und $e_2$, betrachten. Die aktuellen Werte der Eingangsgrößen, zu denen die Stellgröße zu bestimmen ist, seien $e_1 = 0.25$ und $e_2 = -0.3$. Der Einfachheit halber wollen wir anneh-

## 5.1 Struktur von Fuzzy-Regelungssystemen

men, daß lediglich zwei Regeln aktiv sind (bei vollständiger Ausschöpfung des Regelraums wären für die von uns gewählten scharfen Eingangsgrößen eigentlich vier Regeln aktiv, nämlich diejenigen zu den Prämissenkombinationen *PS/NS*, *PS/ZO*, *ZO/NS* und *ZO/ZO* !). Diese mögen lauten

$R_1$: WENN $e_1 = PS$ UND $e_2 = ZO$ DANN $u = PS$

$R_2$: WENN $e_1 = ZO$ UND $e_2 = NS$ DANN $u = ZO$

wobei als Abkürzungen für die linguistischen Terme die Kürzel

*PS* → *Positive_Small* ("positiv klein")

*ZO* → *Zero* ("null")

*NS* → *Negative_Small* ("negativ klein")

verwendet werden.[23]

Anhand von Bild 5.3 soll die Vorgehensweise schrittweise erläutert werden. Dazu betrachten wir zunächst die erste Regel: Die erste Prämisse der Regel, $e_1 = PS$, besitzt den Erfüllungsgrad 0.6, die zweite, $e_2 = ZO$, den Grad 0.3. Beide Prämissen sind UND-verknüpft. Zur Realisierung dieser Verknüpfung wollen wir den MIN-Operator heranziehen. Für den Gesamt-Erfüllungsgrad der ersten Regel erhalten wir somit als Minimum von 0.6 und 0.3 den Wert 0.3.

Als Inferenzmechanismus wollen wir die MAX-MIN-Inferenz wählen. Dies bedeutet zunächst, daß wir als Stellgrößen-Fuzzy-Set der ersten Regel die in der Höhe 0.3 abgeschnittene Menge $u = PS$ erhalten (schraffiert).

Das gleiche Vorgehen bei der zweiten aktiven Regel: Die Prämisse $e_1 = ZO$ liefert den Erfüllungsgrad 0.5, die Prämisse $e_2 = NS$ den Erfüllungsgrad 0.7. Beide Prämissen sind wiederum UND-verknüpft, so daß wir als Erfüllungsgrad der zweiten Regel den Wert 0.5 erhalten. Als Stellgrößen-Fuzzy-Set der zweiten Regel erhalten wir demnach die in der Höhe 0.5 abgeschnittene Menge $u = ZO$.

Die beiden ermittelten Stellgrößen-Fuzzy-Sets müssen nun durch den MAX-Operator zur resultierenden Fuzzy-Menge für die Stellgröße verknüpft werden. Dies entspricht gerade der Vereinigung der beiden abgeschnittenen Mengen. Im abschließenden Schritt wird schließlich durch Defuzzifizierung, hier nach der Schwerpunktmethode, die gesuchte scharfe Stellgröße bestimmt. Man erhält einen Wert von etwa 0.1. Die Vorgehensweise bei mehr als zwei Eingangsgrößen und zwei aktiven Regeln ist vollkommen analog.

---

[23] Der Leser mag die multinationale Nomenklatur zunächst kopfschüttelnd hinnehmen. Eine Rechtfertigung folgt in Kürze.

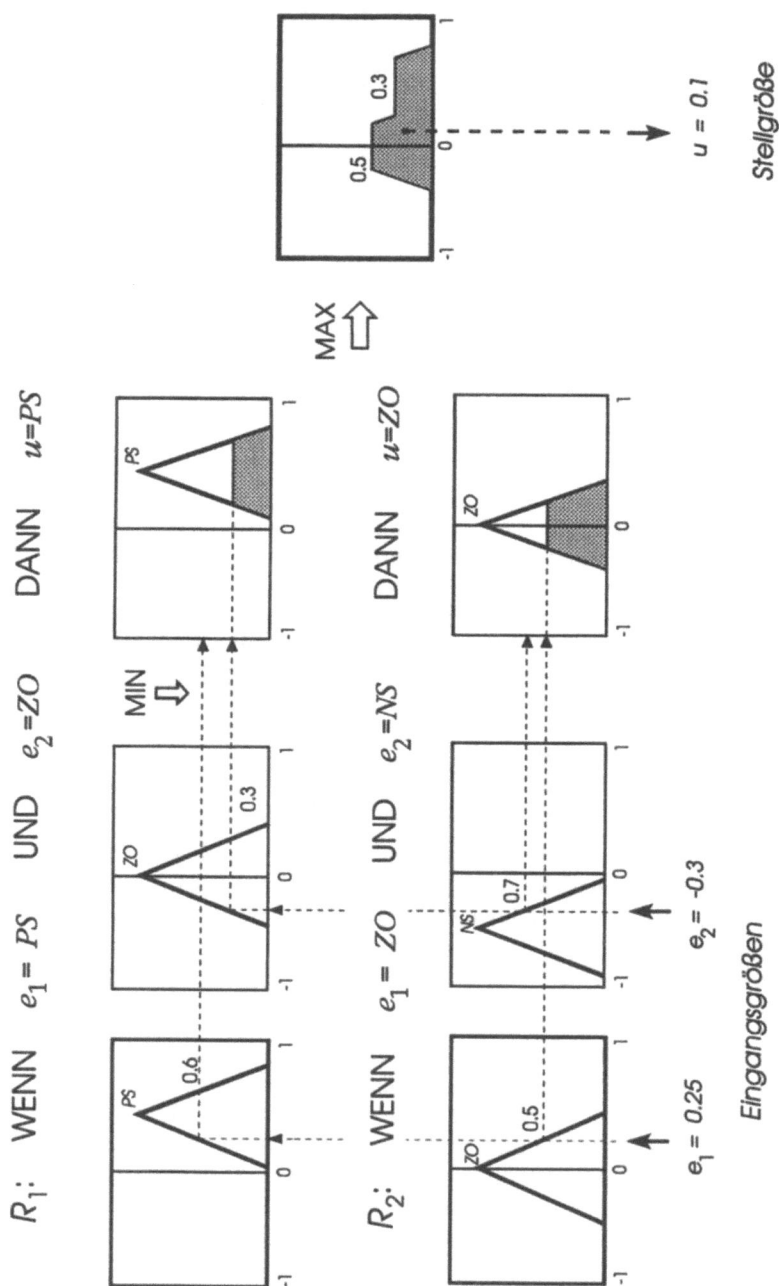

**Bild 5.3.** Arbeitsweise eines Fuzzy-Controllers mit MAX-MIN-Inferenzmechanismus und Defuzzifizierung nach der Schwerpunktmethode bei zwei aktiven Regeln.

## 5.1 Struktur von Fuzzy-Regelungssystemen

Wenden wir uns nunmehr dem Rest des Regelkreises zu. Da sich ein Fuzzy-Controller in seinem Äußeren nicht von einem konventionellen Regler unterscheidet, weisen auch Fuzzy-Regelungssysteme die gleichen Strukturen auf wie klassische Systeme. So zeigt Bild 5.4 zunächst die einfachste Form eines Fuzzy-Regelkreises, den einschleifigen Regelkreis mit Ausgangsgrößenrückführung.[24] In diesem Fall besitzt der Fuzzy-Controller lediglich eine einzige Eingangsgröße, nämlich die Regelabweichung $e$.

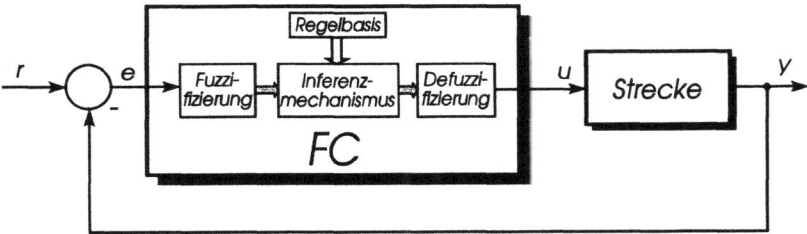

**Bild 5.4.** Einschleifiger Regelkreis mit Fuzzy-Controller.

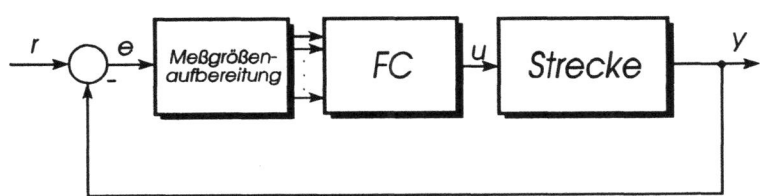

**Bild 5.5.** Einschleifiger Regelkreis mit FC und Meßgrößenaufbereitung.

Eine Erweiterung dieser Struktur zeigt Bild 5.5. Hierbei handelt es sich ebenfalls um eine Ausgangsgrößenrückführung, es taucht jedoch ein zusätzlicher, als *Meßgrößenaufbereitung* bezeichneter Block auf. Dieser hat die Aufgabe, aus der Regelabweichung weitere Größen abzuleiten und dem Regler als Eingangsinformation zur Verfügung zu stellen. Möchte man dem Fuzzy-Controller beispielsweise PID-ähnliches Verhalten geben, so können diese Hilfsgrößen die zeitliche Ableitung der Regelabweichung und ihr Integral sein. Prinzipiell sind hier beliebige dynamische oder nichtdynamische Operationen möglich. Da der eigentliche Kern des Fuzzy-Controllers (Fuzzifizierung, Inferenz, Defuzzifizierung) keinerlei Dynamik besitzt, muß diese Meßgrößenaufbereitung im Gegensatz zum klassischen PID-Regler außerhalb des eigentlichen Reglerkerns vorgenommen werden.[25] Der Fuzzy-Con-

---

[24] Das Stellglied ist hier, wie auch in den folgenden Bildern, der Übersichtlichkeit halber der Regelstrecke zugerechnet worden und tritt daher nicht mehr explizit in Erscheinung.

[25] Prinzipiell kann man diese Meßwertaufbereitung auch dem Fuzzy-Controller hinzurechnen und ihn dann als dynamischen Regler bezeichnen. Das ist allerdings unüblich.

troller besitzt bei einer derartigen Struktur also mehrere Eingangsgrößen, die einzige wirkliche Meßgröße bleibt jedoch auch in diesem Fall die Regelgröße $y$ selbst. Die Realisierung der Meßgrößenaufbereitung wird dabei naturgemäß von der Realisierung des Fuzzy-Controllers selbst abhängen.

Die umfassendsten Möglichkeiten zur Beeinflussung der Prozeßdynamik bietet der Regelkreis nach Bild 5.6. Wir erkennen unmittelbar die Analogie zum konventionellen Zustandsregelkreis: Der Fuzzy-Controller erhält nicht nur die Regelgröße selbst, sondern mehrere Prozeßgrößen als (gemessene) Eingangsinformation. Dies müssen allerdings nicht zwangsläufig echte Zustandsgrößen der Regelstrecke sein, sondern können sekundäre Größen sein, die meßtechnisch einfacher zu beschaffen sind und ihrerseits Rückschlüsse auf den Zustand der Regelstrecke zulassen. Zusätzlich können daraus, sofern erforderlich, durch Aufbereitung weitere Größen erzeugt werden.

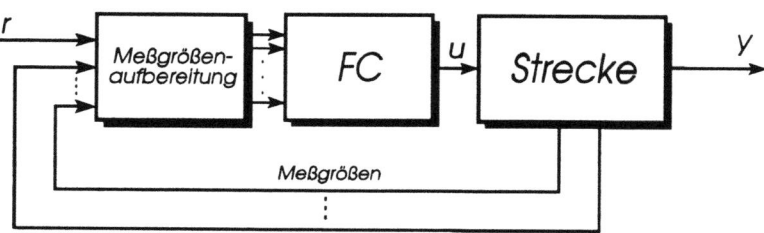

**Bild 5.6.** Fuzzy-Regelkreis mit mehreren Meßgrößen.

Bei allen bisher betrachteten Fuzzy-Regelkreisen kam der Fuzzy-Controller als Stand alone-Regler zum Einsatz. Eine darüber hinausgehende Anwendungsperspektive sind kombinierte Regler mit einer konventionellen und einer Fuzzy-Komponente, die sich gegenseitig ergänzen. Auf solche Strukturen gehen wir in Abschnitt 5.5 ein.

## 5.2 FC-Entwurfsschritte

Obwohl bei der Lektüre einiger Publikationen der Eindruck entstehen kann, ein expliziter *Entwurf* eines Fuzzy-Controllers sei überhaupt nicht notwendig, sind doch einige Arbeitsschritte fällig, bevor ein Fuzzy-Regelkreis zufriedenstellend arbeitet, und zwar auch dann, wenn bereits ein "menschlicher" Regler in Form eines Operators existiert, dessen Verhaltensweise es in das Fuzzy-Konzept umzusetzen gilt.

## 5.2 FC-Entwurfsschritte

Im wesentlichen läßt sich der Entwurf eines Fuzzy-Controllers durch den folgenden Ablauf beschreiben:

① Wahl der Meßgrößen und der daraus abgeleiteten Größen als Eingangsgrößen des Fuzzy-Controllers sowie der Stellgröße als Ausgangsgröße,

② Festlegung der möglichen Wertebereiche für die Ein- und Ausgangsgrößen (Skalierung der linguistischen Variablen),

③ Definition der linguistischen Terme und ihrer Zugehörigkeitsfunktionen (Fuzzy-Sets) für sämtliche linguistischen Variablen,

④ Aufstellen der Regelbasis,

⑤ Simulation des zugehörigen Regelkreises (sofern möglich).

Ein Vergleich mit der Vorgehensweise im konventionellen Fall liefert zunächst die erfreuliche Tatsache, daß der Schritt *Modellbildung* hier nicht mehr explizit im Entwurfsschema auftaucht. Dies bedeutet allerdings nicht mehr und nicht weniger, als daß ein *mathematisches Modell* des Prozesses nicht mehr erforderlich ist. An dessen Stelle tritt hier das verbal formulierbare Wissen über die Prozeßdynamik, welches sich in der Gestalt der Zugehörigkeitsfunktionen und ganz besonders in der Regelbasis widerspiegelt. So läßt sich der Fuzzy-Controller auch schlecht in die beiden Ebenen Regler*struktur* und Regler*parameter* unterteilen - wir können allerdings hier schon erahnen, welche Unmenge an Freiheitsgraden selbst der einfachste Fuzzy-Controller bietet. Davon wird an späterer Stelle noch ausführlich die Rede sein.

Bevor erste Hinweise zu den einzelnen Entwurfsschritten gegeben werden, sei bereits an dieser Stelle angemerkt, daß auch der Entwurf eines Fuzzy-Controllers i. a. ein zyklisch ablaufender Prozeß ist, der erst nach mehrmaligem Durchlauf das gewünschte Ergebnis liefert.

### 5.2.1 Wahl der Ein- und Ausgangsgrößen

Die Wahl der Eingangsgrößen des Fuzzy-Controllers wird wesentlich bestimmt von den meßtechnischen Möglichkeiten, die die Regelstrecke bietet. Wie im konventionellen Fall gilt auch hier, daß jede zusätzliche Meßgröße eine Verbesserung der Regelung ermöglicht, aber auch höheren Aufwand und mehr Kosten verursacht. Dieser Zusammenhang wird bei Fuzzy-Regelungssystemen allerdings dadurch relativiert, daß an die einzelnen Sensoren nicht in jedem Fall so hohe Genauigkeitsanforderungen gestellt werden müssen, wie dies im konventionellen Fall üblich ist. Die Priorität sollte daher eher auf einer möglichst hohen Zahl an Meßgrößen liegen als auf einer möglichst genauen Messung der einzelnen Größen. Weiterhin müssen die erfaßten Größen nicht zwangsläufig mit Zustandsgrößen des Prozesses identisch sein, sondern können auch sekundäre Größen darstellen, die vielleicht nur einen groben Aufschluß über den Prozeßzustand geben, dafür aber erheblich einfacher und damit kostengünstiger zu ermitteln sind. Man denke beispielsweise an verfahrenstechnische Prozesse, wo ein ungefähres Maß für die Zusammensetzung einer Flüssigkeit schon durch ihre Färbung gegeben sein kann, während eine genaue chemische Analyse unter Umständen Stunden dauern mag und somit für eine Regelung vollkommen wertlos ist.

Ein Punkt, der bei der Wahl der Eingangsgrößen nicht verdrängt werden sollte, betrifft die später geplante Realisierungsform des Fuzzy-Controllers. Der dafür erforderliche Aufwand hängt entscheidend von der Anzahl der Eingangsgrößen ab. Im Falle einer Hardware-Realisierung spielen dabei im wesentlichen Kosten und Schaltungsgröße eine Rolle, während bei einer Softwarelösung die Frage im Vordergrund steht, inwieweit die Verarbeitungsgeschwindigkeit des Rechners für eine Regelung in Echtzeit noch ausreichend ist.

### 5.2.2 Definition der linguistischen Terme

Erster Schritt bei der Definition der linguistischen Terme für die einzelnen linguistischen Variablen ist die Wahl einer geeigneten Anzahl. Dabei steigt die Zahl der Freiheitsgrade des Fuzzy-Controllers mit der Anzahl der linguistischen Terme, während die "Unschärfe" des Reglers abnimmt (zu dieser zunächst nur qualitativen Aussage später mehr!). Eine Erhöhung bedeutet somit eine Steigerung des Entwurfsaufwandes, insbesondere aber auch des späteren Aufwandes für die Realisierung. Dafür gelten qualitativ dieselben Richtlinien wie bei der Wahl der Eingangsgrößen des Controllers.

Aus diesen Gründen liegen übliche Werte für die Anzahl linguistischer Terme pro Variable bei zwei bis sieben. Beim Entwurf wird man dann, sofern nicht bereits Erkenntnisse über eine günstigere Wahl vorliegen, zunächst ausgehen von gewissen *Standardformen* für die einzelnen Zugehörigkeitsfunktionen und ihre Lage zueinander. So ist es bei technischen Anwendungen aus den in Abschnitt 1.1 ausgiebig erläuterten Gründen zweckmäßig, sich auf dreiecks- bzw. trapezförmige Zugehörigkeitsfunktionen oder im Falle der Stellgröße sogar auf Singletons zu beschränken. Bild 5.7 zeigt eine derartige Standardform für fünf Zugehörigkeitsfunktionen am Beispiel der linguistischen Variablen *Temperatur* mit dem Wertebereich von 0 - 100 °C.

## 5.2 FC-Entwurfsschritte

Ausgehend davon kann man dann durch Variation einzelner Parameter wie z. B. der Einflußbreite einzelner Fuzzy-Sets oder dem Überlappungsgrad das Übertragungsverhalten des Reglers optimieren. Häufig wird man in den Bereichen, wo eine hohe Auflösung erforderlich ist (etwa bei kleinen Regelabweichungen) Zugehörigkeitsfunktionen mit geringer Einflußbreite wählen, wohingegen für andere Bereiche wie Betriebszustände weit entfernt vom Arbeitspunkt eine geringere Auflösung und damit Fuzzy-Sets mit größerer Einflußbreite ausreichend sind. Ein zusätzlicher Gesichtspunkt bei der Wahl kann das Meßrauschen sein. So ist es wenig sinnvoll, für eine Eingangsgröße des Reglers eine Zugehörigkeitsfunktion zu definieren, deren Einflußbreite unterhalb des zu erwartenden Meßfehlers liegt. Da zur Optimierung des Reglerverhaltens generell eine große Anzahl von Freiheitsgraden zur Verfügung steht, wird man in vielen Fällen einen numerischen, rechnergestützten Optimierungsalgorithmus zur Hilfe nehmen. In diesem Zusammenhang haben sich insbesondere *Evolutionsstrategien* bewährt [KAH90].

**Bild 5.7.** Standardform der Zugehörigkeitsfunktionen für eine linguistische Variable mit fünf linguistischen Termen.

Bild 5.8 zeigt in einer Übersicht mögliche Standardformen für zwei bis sieben linguistische Terme, in diesem Fall mit dreiecksförmigen Randmengen und vollständiger Überlappung der einzelnen Zugehörigkeitsfunktionen. Diese Konfiguration weist - wie sich leicht überprüfen läßt - eine besondere Eigenschaft auf: Für jeden scharfen Temperaturwert ist die Summe seiner Zugehörigkeitsgrade zu allen linguistischen Termen gerade eins.

Besondere Aufmerksamkeit verdienen die Randmengen bei der Festlegung der Ausgangsgröße des Fuzzy-Controllers. Der Grund dafür liegt in der Stellgrößenbegrenzung, die aus den früher bereits angesprochenen Gründen in jedem realen Regelkreis gegeben ist. Daher muß beim Entwurf zunächst darauf geachtet werden, daß der Fuzzy-Controller keine höhere Stellgröße ermittelt, als vom nachgeschalteten Stellglied auch wirklich generiert werden kann. Andererseits sollte der Regler die zur Verfügung stehende Stellgröße auch möglichst gut ausschöpfen. Diese Randbedingungen können durch geschickte Wahl der Randmengen unter Berücksichtigung des vorgesehenen Defuzzifizierungsverfahrens unmittelbar in den Entwurf einbezogen werden.

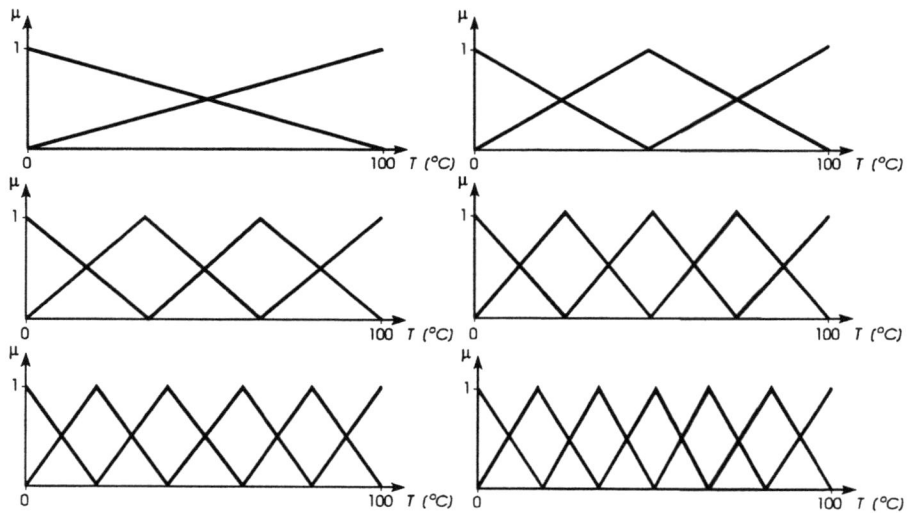

**Bild 5.8.** Standardformen für zwei bis sieben linguistische Terme.

Dazu wollen wir ein Beispiel betrachten. Als Stellglied sei ein Ventil vorgesehen, welches naturgemäß die Grenzwerte *vollständig geschlossen* und *vollständig geöffnet* aufweist. Diesen Grenzwerten mögen die Stellgrößen $u_{min} = 0\%$ und $u_{max} = 100\%$ entsprechen. Zur Defuzzifizierung soll die Schwerpunktmethode herangezogen werden.

Zunächst wollen wir die Fuzzy-Sets gemäß Bild 5.9 festlegen. Wie man unschwer erkennen kann, sind diese so gewählt, daß sie gerade innerhalb des Wertebereichs für die Stellgröße liegen. Dies bedeutet jedoch keinesfalls, wie man zunächst vielleicht vermuten könnte, daß auch die (scharfe) Stellgröße selbst gerade diesen Wertebereich durchläuft: Der kleinstmögliche Stell-

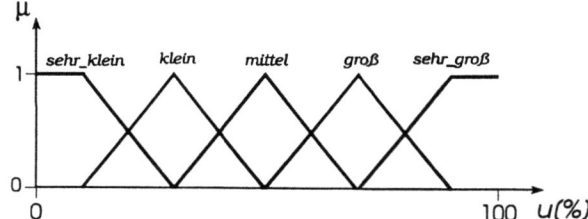

**Bild 5.9.** Linguistische Terme für die Ventilöffnung.

größenwert kommt bei dieser Wahl der Fuzzy-Sets gerade dann zustande, wenn nur solche Regeln aktiv sind, die zur Schlußfolgerung $u = sehr\_klein$ führen, und zwar mit dem Erfüllungsgrad 1. Der scharfe Stellgrößenwert ergibt sich dann nämlich gerade als Abszissenwert des Flächenschwerpunktes $S_{min}$ der linken Randmenge. Völlig analog erhalten wir als größtmöglichen Wert für die Stellgröße den Abszissenwert des Schwerpunktes $S_{max}$ der rechten Randmenge (Bild 5.10). Wir erkennen also, daß der zur Verfügung stehende Stellgrößenbereich nicht vollständig ausgeschöpft wird.

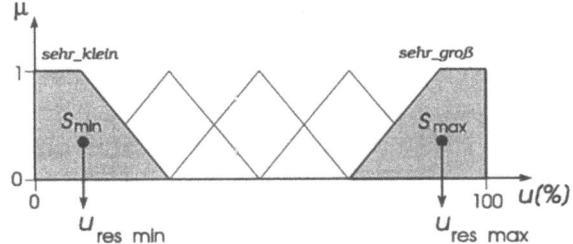

Bild 5.10. Ausnutzung des Stellgrößenbereichs bei originaler Schwerpunktmethode.

Abhilfe ist relativ einfach: Wir wählen die Randmengen so, daß sie symmetrisch um den minimalen bzw. maximalen Stellgrößenwert liegen. Eine alternative Vorgehensweise mit exakt der gleichen Wirkung besteht darin, die Randmengen in ihrer ursprünglichen Form zu belassen und statt dessen die Schwerpunktmethode derart zu modifizieren, daß bei der Berechnung des Schwerpunktes die Randmengen "fiktiv" fortgesetzt werden. Bild 5.11 verdeutlicht diese *modifizierte Schwerpunktmethode*.

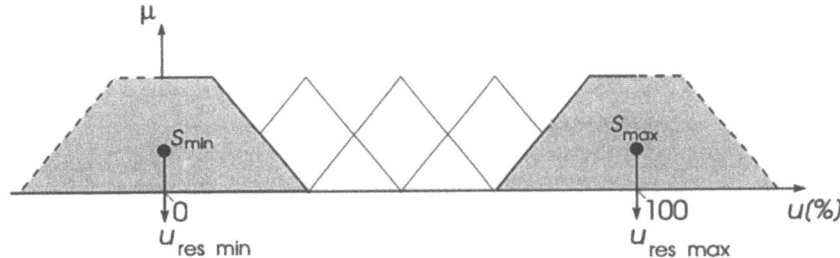

Bild 5.11. Modifizierte Schwerpunktmethode.

Der Wertebereich für die Stellgröße ergibt sich somit unmittelbar aus realisierungstechnischen Gesichtspunkten. Schwieriger ist demgegenüber schon die Festlegung des Bereichs für die Eingangsgrößen. Hier wird man sich zunächst aus der a-priori-Kenntnis möglicher Führungsgrößen und entsprechender Regelgrößenverläufe Anhaltspunkte für geeignete Werte beschaffen. Simulationsläufe mit dem daraus resultierenden Fuzzy-Controller geben dann recht schnell Aufschluß darüber, inwieweit die Werte zu modifizieren sind. So wird man beispielsweise in dem Fall, daß die Regelabweichung den zuvor festgelegten Wertebereich nur unvollständig überstreicht, durch Umskalierung ihrer linguistischen Terme mit einem Faktor $k < 1$ eine Anpassung erzielen können. Bild 5.12 verdeutlicht diesen Umstand für den Fall zweier Eingangsgrößen $e_1$ und $e_2$ anhand einer Systemtrajektorie in der $e_1$-$e_2$-Ebene.

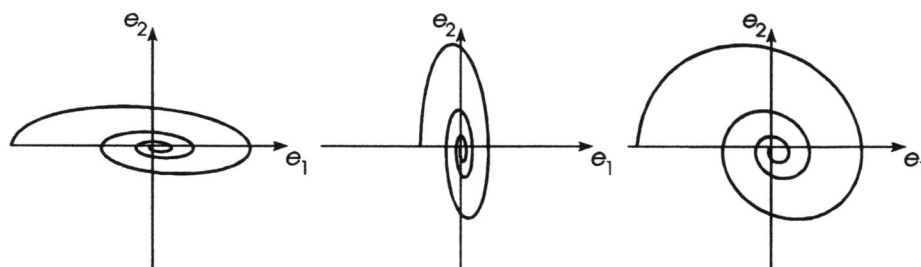

**Bild 5.12.** Zum Problem der Wahl des Wertebereichs für die Regler-Eingangsgrößen. Linkes Bild: ungünstige Wahl für $e_2$. Mittleres Bild: ungünstige Wahl für $e_1$. Rechtes Bild: Wertebereiche günstig gewählt.

Für die Bezeichnung der einzelnen linguistischen Terme gibt es natürlich keinerlei Vorschriften irgendwelcher Art. Im allgemeinen wird man aussagekräftige, zur linguistischen Variablen passende Bezeichnungen wählen (z. B. *heiß*, *warm*, *kalt* für Temperaturen). Für Größen, die sowohl positive als auch negative Werte annehmen können, trifft man (zumindest in der englischsprachigen Literatur) häufig auf die Bezeichner

*Negative_Big (NB)* → "stark negativ"

*Negative_Medium (NM)* → "mittel negativ"

*Negative_Small (NS)* → "schwach negativ"

*Zero (ZO)* → "ungefähr Null"

*Positive_Small (PS)* → "schwach positiv"

*Positive_Medium (PM)* → "mittel positiv"

*Positive_Big (PB)* → "stark positiv" .

Sofern keine sinnvolleren Bezeichnungen vorliegen, wollen wir daher auf eine gewaltsame Eindeutschung verzichten und ebenfalls auf die englischsprachigen Begriffe bzw. die entsprechenden Kürzel zurückgreifen.

### 5.2.3 Erstellen der Regelbasis

Die Generierung der Regelbasis ist ohne Zweifel *der* entscheidende Schritt beim Entwurf eines Fuzzy-Controllers, spiegeln die Regeln doch letztlich die Regelstrategie und somit die "Intelligenz" des Controllers wider.

Um an geeignete Regeln zu gelangen, gibt es unterschiedliche Methoden:

- Experteninterview

    Diese auch als *Knowledge-Engineering* bezeichnete Vorgehensweise beschreibt den Fall, für den Fuzzy-Control zunächst gedacht und auch prädestiniert ist: Der betrachtete Prozeß ist bereits "von Hand" zufriedenstellend steuer- bzw. regelbar, wobei das Verhalten des Operators nunmehr durch eine linguistische Regelstrategie nachgebildet und gegebenenfalls optimiert werden soll. Dazu muß eine Befragung des Operators, eben das "Experteninterview", durchgeführt und die Ergebnisse in eine für die Fuzzy-Logik geeignete Form gebracht werden. Diese Vorgehensweise scheint bei äußerer Betrachtung keinerlei Probleme mit sich zu bringen. Dieser Eindruck täuscht jedoch, wie die Erfahrungen im Bereich der Expertensysteme gezeigt haben, ganz gewaltig. So erhält man das Wissen des Operators keinesfalls unmittelbar in Form gebrauchsfertiger Fuzzy-Mengen und einer Regelbasis mit der erwünschten WENN ... DANN ... - Struktur, sondern vielmehr nur bruchstückhaft geliefert. Es bedarf daher einer Menge von Rückfragen sowie Beobachtungen ("Identifikation") der Verhaltensweise des Prozeßbedieners, bis sein Wissen in der erforderlichen Art und Weise vorliegt - ein je nach Prozeßkomplexität äußerst zeitaufwendiger Vorgang (der zudem u. U. dadurch erschwert wird, daß der Prozeßbediener sich nach Art eines "Selbstschutzmechanismusses" davor hüten wird, durch Offenlegung seines gesamten Wissens zur eigenen Wegrationalisierung beizutragen).

- Heuristiken[26]

    Scheidet das Knowledge-Engineering mangels Experten aus, kann versucht werden, durch eine ingenieurmäßige Analyse des Prozesses sinnvoll erscheinende "heuristische" Regeln aufzustellen. Dazu ist natürlich zumindest ein Verständnis der *qualitativen* Zusammenhänge zwischen den interessierenden Prozeßgrößen sowie der Wirkungsrichtungen einzelner Prozeßparameter erforderlich. Diese Vorgehensweise entspricht in ihren Grundzügen daher der Modellbildung im klassischen Fall.

- Nachbildung bzw. Verallgemeinerung klassischer Regelstrategien.

- Entwurf spezieller Fuzzy-Controller-Typen.

Die beiden letzten Punkte werden an späterer Stelle in einem eigenen Abschnitt erörtert.

Die Maximalzahl an möglichen Regeln hängt einerseits ab von von der Anzahl der Eingangsgrößen des Fuzzy-Controllers, andererseits auch von der

---

[26] Der Begriff der *Heuristik*, seit dem Aufkommen der KI einer der strapaziertesten Begriffe überhaupt, beschreibt etwas vereinfachend eine Vorgehensweise, die in vielen Fällen zum Ziel führt, ohne daß sich (bisher) beweisen läßt, *daß* sie zum Ziel führt.

Menge der linguistischen Terme pro Größe. Nehmen wir einmal an, der Fuzzy-Controller besitze zwei Eingangsgrößen $e_1$ und $e_2$, die jeweils lediglich durch die linguistischen Terme *klein* und *groß* charakterisiert seien, und als Ausgangsgröße die Stellgröße $u$. Dann kann die Regelbasis aus maximal vier Regeln bestehen, nämlich

WENN $e_1 = klein$ UND $e_2 = klein$ DANN $u = ...$

WENN $e_1 = klein$ UND $e_2 = groß$ DANN $u = ...$

WENN $e_1 = groß$ UND $e_2 = klein$ DANN $u = ...$

WENN $e_1 = groß$ UND $e_2 = groß$ DANN $u = ...$

Die Anzahl der linguistischen Terme für die Stellgröße ist hierbei unerheblich.

Betrachten wir nun den allgemeinen Fall mit $m$ Eingangsgrößen und $p$ linguistischen Termen für jede Eingangsgröße[27], so ergibt sich die Gesamtzahl möglicher Regeln $r_{max}$ zu

$$r_{max} = p^m.$$

Diese Beziehung macht unmittelbar deutlich, daß man zumindest bei mehr als zwei Eingangsgrößen im allgemeinen nicht mehr den gesamten Regelraum ausschöpfen kann. Dies ist normalerweise auch gar nicht notwendig, da im realen Betrieb nur ein Teil aller möglichen Kombinationen von Eingangsgrößen-Termen wirklich auftreten wird. Außerdem wird die Verarbeitungsgeschwindigkeit des Fuzzy-Controllers erheblich durch die Größe der Regelbasis beeinflußt.

Beim Entwurf der Regelbasis wird man zweckmäßigerweise so vorgehen, daß man zu Beginn zunächst mit einer geringen Anzahl von Regeln startet und dann schrittweise Regeln hinzufügt oder bereits vorhandene Regeln modifiziert, bis die gewünschte Regelgüte erreicht ist. Dabei ist darauf zu achten, daß möglichst alle denkbaren Betriebszustände des Prozesses durch die Regelbasis abgedeckt werden. Kann man dies nicht mit letzter Sicherheit garantieren (und das wird meistens der Fall sein), so muß der Fuzzy-Controller - oder genauer gesagt der Inferenzmechanismus - eine Anweisung für den Fall erhalten, daß keine Regel aktiv ist. Meist dürfte es sinnvoll sein, die Stellgröße auf einen Defaultwert (z. B. null) zu setzen oder aber die zuletzt berechnete Stellgröße beizubehalten, bis wieder ein von der Regelbasis erfaßter Betriebszustand auftritt.[28]

---

[27] In der Praxis ist es natürlich keinesfalls zwingend, für jede linguistische Variable die gleiche Anzahl linguistischer Terme zu definieren!

[28] Eine solche Vorgehensweise kann das Übertragungsverhalten des Fuzzy-Controllers erheblich beeinflussen. Wir werden diesen Punkt im folgenden Abschnitt daher noch einmal ansprechen.

Ein weiterer Punkt betrifft die Konsistenz der Regeln. Während man bei einigen wenigen Regeln noch durch bloßes Hinsehen erkennen kann, ob widersprüchliche Regeln vorhanden sind, ist dies bei Regelwerken von hundert oder mehr Regeln nicht mehr so einfach. Ein zuverlässiger Nachweis der Konsistenz ist in solchen Fällen zur Zeit noch nicht möglich - zumindest nicht in vertretbarer Rechenzeit. Zwar wird die Funktionsweise des Fuzzy-Controllers solange nicht beeinflußt, wie die widersprüchlichen Regeln inaktiv sind, ansonsten aber kann es in Einzelfällen durchaus zu "mehr Unschärfe kommen, als einem lieb ist" [ABE91].

Demgegenüber spielt die Redundanzfreiheit der Regelbasis nur eine untergeordnete Rolle. Die Definition von Regeln, die sich hinsichtlich ihrer Auswirkung auf die Stellgröße nicht unterscheiden, führt lediglich zu einem unerwünschten Anwachsen des Regelwerkes und damit zu einem erhöhten Aufwand bei der Abarbeitung.

## 5.3 Übertragungsverhalten von Fuzzy-Controllern

Bevor wir im folgenden Abschnitt auf die unterschiedlichen Typen von Fuzzy-Controllern, ihren Entwurf und ihre speziellen Eigenschaften eingehen, sollen in diesem Abschnitt einige Untersuchungen zur allgemeinen Charakterisierung des Übertragungsverhaltens von Fuzzy-Controllern angestellt werden. Dabei ist insbesondere die Frage zu klären, welchen Einfluß die Freiheitsgrade bei der Festlegung der Zugehörigkeitsfunktionen für die einzelnen linguistischen Terme auf das Verhalten haben.

Zunächst wollen wir uns auf den Grundfall beschränken, den Fuzzy-Controller mit einer Eingangsgröße $e$ und einer Stellgröße $u$ (Bild 5.13). Uns interessiert das Übertragungsverhalten zwischen $e$ und $u$. Dazu wollen wir folgende Vereinbarungen treffen:

Bild 5.13. FC mit einer Eingangsgröße.

- Zur Realisierung der UND-Verknüpfung wird der MIN-Operator herangezogen, zur Realisierung der ODER-Verknüpfung der MAX-Operator.

- Als Inferenzmechanismus wird MAX-MIN-Inferenz gewählt.

- Zur Defuzzifizierung wird die modifizierte Schwerpunktmethode benutzt.

Diese Festlegungen bedeuten nichts anderes, als daß die Ermittlung der Stellgröße für einen aktuell vorliegenden Eingangsgrößenwert nach der im Abschnitt 5.1 beschriebenen Weise erfolgen soll.

Als Wertebereich für Eingangs- und Stellgröße wählen wir das normierte Intervall [-1, 1]. Außerdem wollen wir für beide Größen zunächst lediglich drei linguistische Terme definieren, die wir gemäß vorangegangener Konvention mit den Kürzeln NB, ZO, PB bezeichnen und wie in Bild 5.14 skizziert festlegen. Die zugehörige Regelbasis schließlich soll die Regeln

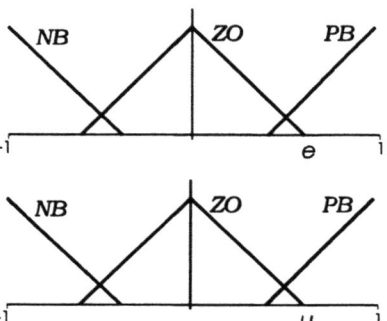

WENN $e = NB$   DANN   $u = NB$

WENN $e = ZO$   DANN   $u = ZO$

WENN $e = PB$   DANN   $u = PB$

Bild 5.14. Fuzzy-Sets für Eingangs- und Stellgröße.

enthalten.

Zunächst müssen wir uns die Frage stellen, welche Beschreibungsform sich überhaupt für das Übertragungsverhalten des Fuzzy-Controllers eignet. Da der Controller keinerlei innere Dynamik aufweist, liegt es nahe, zur Charakterisierung eine *statische Kennlinie* heranzuziehen. Diese können wir ermitteln, indem wir die Eingangsgröße innerhalb ihres Wertebereiches hinreichend fein diskretisieren und für diese diskreten Werte nach dem zuvor beschriebenen Schema die zugehörige Stellgröße berechnen.

Die auf diese Weise erzeugte Übertragungskennlinie zeigt Bild 5.15. Wir können zunächst den monoton steigenden Verlauf der Kennlinie erkennen - ein Umstand, der aufgrund unserer Regelbasis nicht weiter verwundert. Ebenfalls unmittelbar einleuchtend ist die Symmetrie der Kennlinie zum Nullpunkt, da sowohl die Zugehörigkeitsfunktionen für Eingangs- und Stellgröße als auch die Regelbasis symmetrisch festgelegt wurden. Weiterhin ist die Kennlinie zwar nichtlinear, setzt sich allerdings aus konstanten

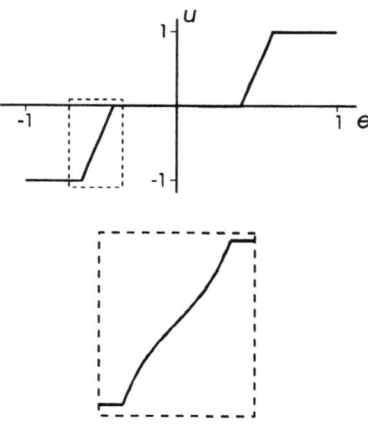

Bild 5.15. Übertragungskennlinie des FC mit Ausschnittvergrößerung.

und näherungsweise linearen Teilstücken zusammen. Obwohl die Kennlinie auf den ersten Blick den Eindruck erweckt, sind die beiden ansteigenden Teilstücke nicht exakt linear (siehe Ausschnittvergrößerung). Der genaue Verlauf läßt sich analytisch berechnen und hängt mit der Form der Fuzzy-Sets und der Definition des Schwerpunktes zusammen. Wie man exakt lineare Kennlinien erzeugen kann, werden wir an späterer Stelle sehen.

Betrachten wir parallel zur Kennlinie die Fuzzy-Sets für die Eingangsgröße $e$, so erkennen wir, daß die beiden ansteigenden Abschnitte der Kennlinie gerade mit den Überlappungsbereichen der Zugehörigkeitsfunktionen korrespondieren: Für Eingangsgrößenwerte aus diesem Überlappungsbereich sind immer gerade zwei Regeln aktiv und man erhält eine resultierende Fuzzy-Menge für die Stellgröße, die aus zwei abgeschnittenen Fuzzy-Mengen besteht, deren Höhe vom Wert der Eingangsgröße abhängt. Bei Vergrößerung der Eingangsgröße nimmt dabei die Höhe der linken Teilmenge linear ab, die Höhe der rechten Teilmenge linear zu. Der Schwerpunkt der Gesamtmenge verschiebt sich somit nach rechts. Demgegenüber ist für Eingangsgrößenwerte außerhalb des Überlappungsbereiches immer nur genau eine Regel aktiv. Da der Erfüllungsgrad dieser Regel für die Schwerpunktberechnung keine Rolle spielt - der Abszissenwert des Schwerpunktes liegt immer genau in der Mitte der zugehörigen Stellgrößen-Fuzzy-Menge - bleibt die ermittelte scharfe Stellgröße in diesem Bereich konstant (Bild 5.16).

Wir können also - unter den zuvor getroffenen Vereinbarungen bezüglich der Verknüpfungsoperatoren, des Inferenzmechanismusses und der Defuzzifizierungsmethode - die bisherigen Betrachtungen wie folgt zusammenfassen:

> Das Übertragungsverhalten eines Fuzzy-Controllers mit einer Eingangs- und einer Stellgröße läßt sich beschreiben durch eine **statische Kennlinie**. Die Kennlinie ist nichtlinear, weist jedoch stückweise nahezu linearen Verlauf auf.

Erhöhen wir die Anzahl der linguistischen Terme für die Eingangs- und Stellgröße, so erhalten wir eine entsprechende Kennlinie, jetzt aber mit dementsprechend mehr Teilbereichen. Die Anzahl der Stufen und der Stufenübergänge erhöht sich mit jeder hinzukommenden Zugehörigkeitsfunktion. Da sämtliche Zugehörigkeitsfunktionen dieselbe Einflußbreite aufweisen, ist der Abstand zwischen den einzelnen Abschnitten immer konstant. Treibt man diese Verfeinerung immer weiter, so gehen die Fuzzy-Sets allmählich in Singletons über und das Fuzzy-Konzept damit in den klassischen Fall scharfer Mengen. Die Kennlinie geht im Grenzfall unendlich vieler Fuzzy-Sets über in eine lineare Kennlinie.

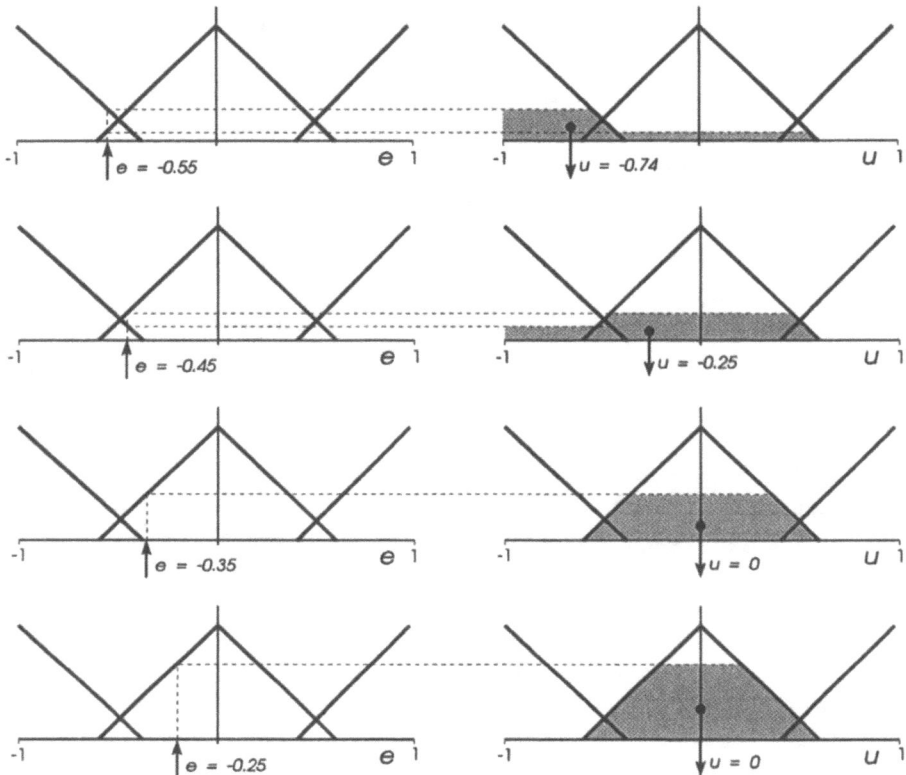

**Bild 5.16.** Zur Entstehung der FC-Übertragungskennlinie.[29]

Den Einfluß des Überlappungsgrades der Fuzzy-Mengen für die Eingangsgröße wollen wir noch etwas genauer untersuchen. Dazu modifizieren wir unsere ursprünglichen Fuzzy-Sets einerseits in der Weise, daß sie keinerlei Überlappung mehr aufweisen, andererseits so, daß sie sich vollständig überschneiden. Die Zugehörigkeitsfunktionen für die Stellgröße behalten wir bei.

Bild 5.17 zeigt die Übertragungskennlinien für diese beiden Extremfälle: Weisen die Fuzzy-Sets der Eingangsgröße keine Überlappung auf, ist unabhängig vom aktuellen Eingangsgrößenwert immer nur eine Regel aktiv, so daß die fließenden Übergänge zwischen den horizontalen Teilstücken der Kennlinie sprungförmig werden und somit eine stufenförmige Kennlinie

---

[29] Auf die Einzeichnung der fiktiven Fortsetzung der Randmengen für die modifizierte Schwerpunktmethode wurde aus Gründen der Übersichtlichkeit verzichtet.

## 5.3 Übertragungsverhalten von Fuzzy-Controllern

entsteht.[30] Im zweiten Fall hingegen sind immer jeweils zwei Regeln aktiv. Jetzt entfallen die horizontalen Teilbereiche und die gesamte Kennlinie nimmt näherungsweise linearen Verlauf an.

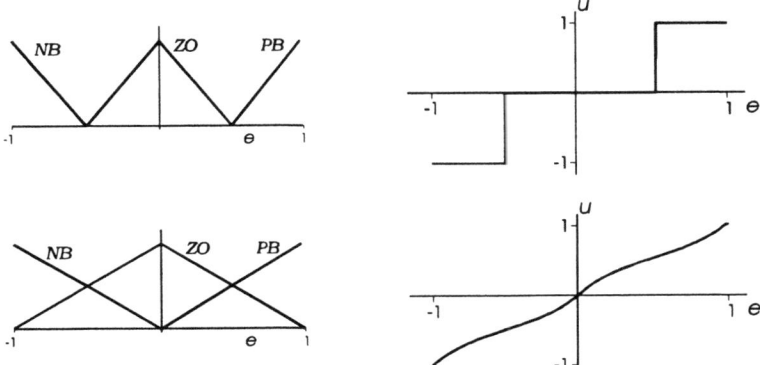

Bild 5.17. Abhängigkeit des Kennlinienverlaufs vom Überlappungsgrad der Eingangsgrößen-Fuzzy-Sets.

Demgegenüber hat der Überlappungsgrad im Falle der Stellgröße nur eine untergeordnete Bedeutung. Dazu wählen wir wieder die ursprüngliche Konfiguration, ändern jetzt aber die Fuzzy-Sets für die Stellgröße in der gleichen Weise ab, in der wir zuvor die Eingangsgröße modifiziert hatten. Wir erhalten die in Bild 5.18 skizzierten Kennlinienverläufe. Mit bloßem Auge sind die beiden Kennlinien nicht zu unterscheiden.

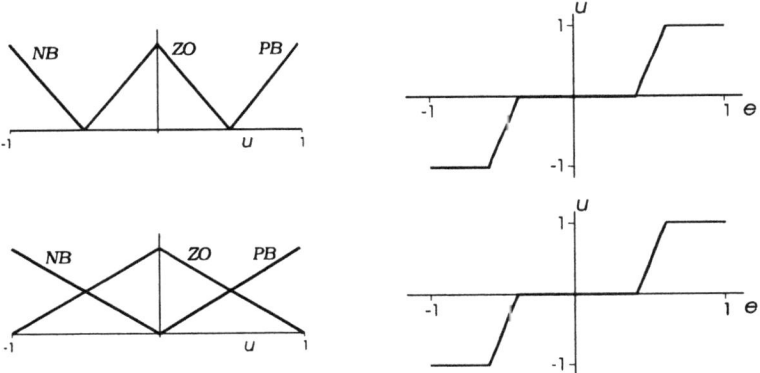

Bild 5.18. Abhängigkeit des Kennlinienverlaufs vom Überlappungsgrad der Stellgrößen-Fuzzy-Sets.

---

[30] Eine andere Möglichkeit zur Erzeugung stufenförmiger Kennlinien besteht darin, die Defuzzifizierung nach der Maximum-Methode vorzunehmen. In diesem Fall spielt die Überlappung der Fuzzy-Mengen für die Eingangsgröße keine Rolle, da jeweils nur die Regel mit maximalem Erfüllungsgrad entscheidend ist.

Zur Erläuterung dieses Effektes wollen wir annehmen, die aktuelle Eingangsgröße sei so gewählt, daß zwei Regeln aktiv seien. Diese sollen die Schlußfolgerungen $u = ZO$ mit dem Erfüllungsgrad 0.8 und $u = PB$ mit dem Erfüllungsgrad 0.2 liefern. Dann erhält man für die beiden unterschiedlichen Überlappungsgrade die in Bild 5.19 dargestellten resultierenden Fuzzy-Sets für die Stellgröße. Man sieht unmittelbar, daß der Abszissenwert des Schwerpunktes, d. h. die ermittelte scharfe Stellgröße, sich in beiden Fällen nur unwesentlich unterscheidet.

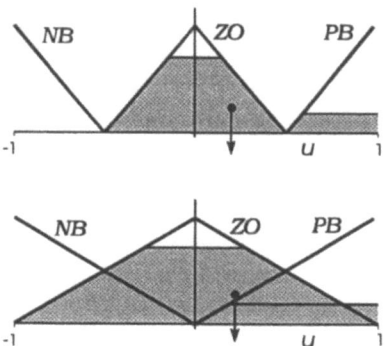

Bild 5.19. Zum Einfluß der Überlappung der Stellgrößen-Fuzzy-Sets (symmetrische Erweiterung der Randmenge nicht eingezeichnet).

Bezüglich der Überlappung von Fuzzy-Sets können wir also festhalten:

> Der Grad der Überlappung der Zugehörigkeitsfunktionen für die Eingangsgröße des Fuzzy-Controllers hat bei der Defuzzifizierung nach der (modifizierten) Schwerpunktmethode erheblichen Einfluß auf die Gestalt der Übertragungskennlinie. Während sich bei geringer Überlappung nahezu stufenförmige Kennlinien ergeben, verlaufen diese mit steigender Überlappung zunehmend glatter. Demgegenüber ist der Einfluß bei der Stellgröße nur von untergeordneter Bedeutung.

Letzteres Merkmal ist der Grund dafür, warum es in vielen Fällen ausreichend ist (und speziell bei Fuzzy-Hardware auch üblich), für die linguistischen Terme der Stellgröße lediglich Singletons zu definieren. Insbesondere die Berechnung des Schwerpunkts wird dadurch wesentlich vereinfacht (siehe Abschnitt 3.2).

An den Rändern des Wertebereiches werden häufig statt dreiecksförmiger Zugehörigkeitsfunktionen trapezförmige gewählt. Gehen wir wieder von unserem Ursprungsfall aus und modifizieren wir die Eingangsgrößenterme wie in Bild 5.20. Vergleichen wir die zugehörigen Kennlinien, so erkennen wir, daß sich im Falle trapezförmiger Randmengen konstante Stellgrößen

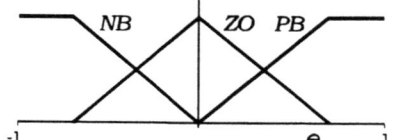

Bild 5.20. Trapezförmige Randmengen für Eingangsgröße.

## 5.3 Übertragungsverhalten von Fuzzy-Controllern

am Rand des Wertebereichs der Eingangsgröße ergeben, die Kennlinie im Inneren aber dafür steiler verläuft (Bild 5.21).

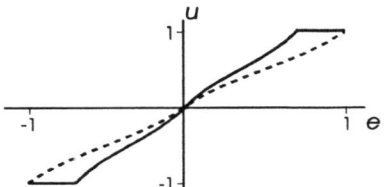

Bild 5.21. Zugehörige Kennlinie im Vergleich mit ursprünglicher Kennlinie (gestrichelt).

Betrachten wir nunmehr den Fall, daß die Fuzzy-Sets für die Eingangsgröße eine unterschiedliche Einflußbreite aufweisen. Um die auftretenden Effekte deutlicher werden zu lassen, wollen wir für Eingangs- und Stellgröße jeweils fünf linguistische Terme (*NB, NS, ZO, PS, PB*) definieren. Unsere Regelbasis erweitern wir dementsprechend auf die fünf Regeln

WENN $e = NB$ DANN $u = NB$

WENN $e = NS$ DANN $u = NS$

WENN $e = ZO$ DANN $u = ZO$

WENN $e = PS$ DANN $u = PS$

WENN $e = PB$ DANN $u = PB$ .

Die Zugehörigkeitsfunktionen für die Stellgröße legen wir so fest, daß sie sich vollständig überlappen, aber alle weiterhin dieselbe Einflußbreite besitzen. Demgegenüber wird die Einflußbreite der Fuzzy-Sets für die Eingangsgröße zur Mitte des Wertebereiches immer geringer gewählt.

Bild 5.22 zeigt die resultierende Kennlinie. Sie ist aufgrund unserer Regelbasis immer noch monoton und wegen der Symmetrie von Fuzzy-Sets und Regelbasis auch weiterhin symmetrisch, weist allerdings schon stark nichtlinearen Charakter auf. Insbesondere erkennt man:

> Die Einflußbreite der Zugehörigkeitsfunktionen für die Eingangsgröße bestimmt im Falle konstanter Einflußbreite der Stellgrößen-Fuzzy-Sets die Steilheit der Kennlinie in den entsprechenden Teilbereichen der Eingangsgröße.

Dieses Verhalten ist unmittelbar einleuchtend, da eine Verringerung der Einflußbreite automatisch eine Erhöhung der Flankensteilheit der entsprechenden Zugehörigkeitsfunktion bewirkt.

Entsprechende unsymmetrische Kennlinien[31] erhalten wir, wenn wir beispielsweise eine Verteilung der Zugehörigkeitsfunktionen wie in Bild 5.23

---

[31] Zum praktischen Einsatz kommen unsymmetrische Reglerkennlinien insbesondere bei sogenannten *Split-Range-Regelungen*.

wählen (die Bezeichnungen der linguistischen Terme sind in diesem Fall nicht mehr unbedingt treffend!) oder aber einzelne Fuzzy-Sets selbst unsymmetrisch ansetzt.

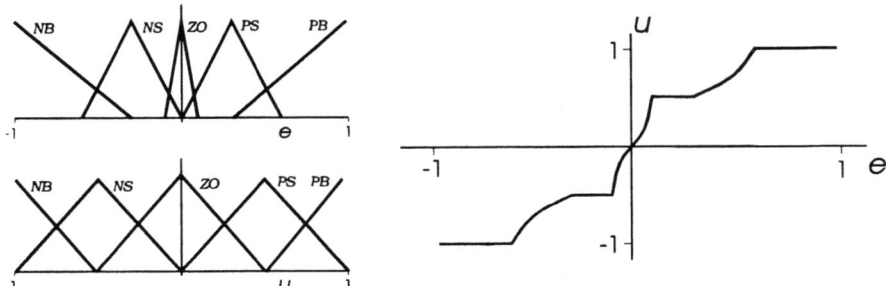

**Bild 5.22.** Auswirkung der Einflußbreite der Eingangsgrößen-Fuzzy-Sets auf das Übertragungsverhalten.

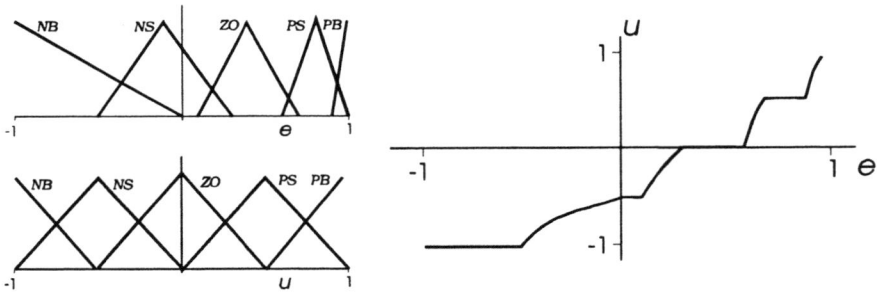

**Bild 5.23.** Unsymmetrische Kennlinie.

Einen ganz entscheidenden Einfluß auf das Übertragungsverhalten des Fuzzy-Controllers hat neben den Zugehörigkeitsfunktionen natürlich die Regelbasis. Bei den vorangegangenen Betrachtungen hatten wir die Regeln jeweils so gewählt, daß mit einer Erhöhung der Eingangsgröße auch eine Erhöhung der Stellgröße verbunden war. Die resultierenden Kennlinien hatten demzufolge monoton steigenden Verlauf, je nach Überlappungsgrad der Zugehörigkeitsfunktionen mit konstanten Teilbereichen unterschiedlicher Ausdehnung.

Die Auswirkungen einer modifizierten Regelbasis wollen wir lediglich an einem Beispiel erläutern. Dazu kehren wir zurück zu symmetrischen Zugehörigkeitsfunktionen mit vollständiger Überlappung und ändern die Regeln wie folgt

WENN $e = NB$    DANN $u = ZO$

WENN $e = NS$    DANN $u = NB$

## 5.3 Übertragungsverhalten von Fuzzy-Controllern

WENN $e = ZO$    DANN $u = ZO$

WENN $e = PS$    DANN $u = PB$

WENN $e = PB$    DANN $u = ZO$

(inwieweit dadurch eine sinnvolle Regelstrategie entsteht, sei dahingestellt). Bild 5.24 zeigt das zugehörige Übertragungsverhalten. Es ergibt sich eine Kennlinie, die man in grober Näherung als sinusförmig bezeichnen könnte.

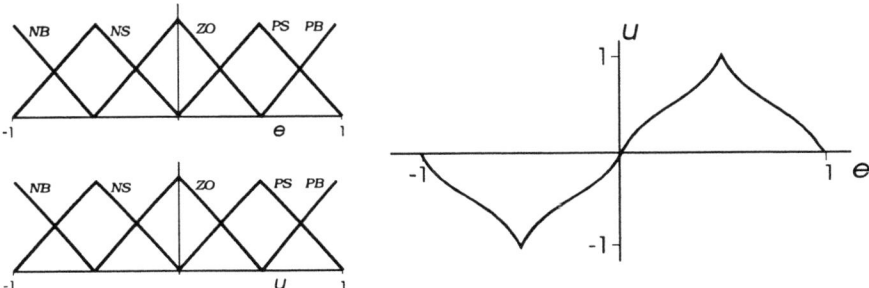

Bild 5.24. Kennlinie bei modifizierter Regelbasis.

Wir haben uns bei den bisherigen Betrachtungen ausschließlich auf die Defuzzifizierung nach der Schwerpunktmethode beschränkt. Sofern der Fuzzy-Controller softwaremäßig realisiert werden soll, ist diese Form der Defuzzifizierung ohne Probleme möglich und bei zeitunkritischen Anwendungen auch üblich. Soll der Fuzzy-Controller jedoch hardwaremäßig realisiert werden, um beispielsweise innerhalb eines Konsumartikels zum Einsatz zu kommen, so ist man i. a. auf einfache und damit kostengünstige Hardware angewiesen. Da die Schwerpunktmethode mit der damit verbundenen Integralberechnung einen hohen schaltungstechnischen Aufwand bedeutet, scheidet sie für solche Zwecke aus. Der Großteil der z. Zt. kommerziell erhältlichen Fuzzy-Hardware (siehe Kapitel 6 und 7) sieht daher nur eine Defuzzifizierung nach der Maximum-Methode und dementsprechend die Vorgabe von Singletons als Stellgrößen-Fuzzy-Sets vor. Diese Einschränkung hat gravierende Auswirkungen auf das Übertragungsverhalten des Fuzzy-Controllers: Er weist, da immer nur die Regel mit maximalem Erfüllungsgrad berücksichtigt wird, unabhängig von der Wahl der Eingangsgrößen-Fuzzy-Sets in jedem Fall eine stufenförmige Kennlinie auf, wobei die Stufenhöhen gerade den Modalwerten der Stellgrößen-Singletons entsprechen. Lediglich die Sprungstellen lassen sich über die Eingangsgrößen-Fuzzy-Sets beeinflussen. Bild 5.25 verdeutlicht diesen Zusammenhang. Dazu wurde wieder der ursprüngliche Satz von Regeln herangezogen.

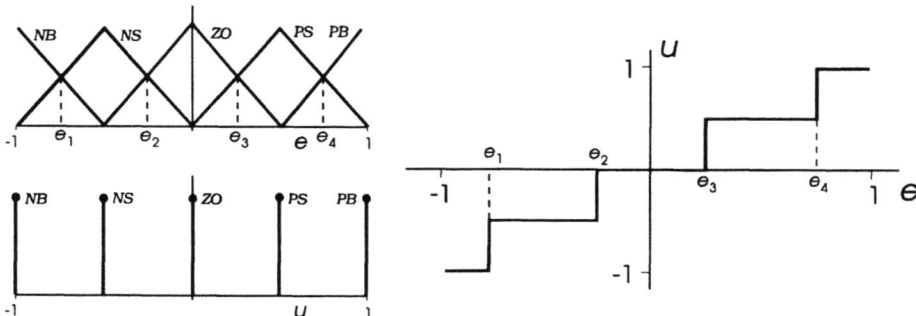

**Bild 5.25.** Stufenförmige Kennlinie bei Defuzzifizierung nach der Maximum-Methode.

Damit soll die Untersuchung des Übertragungsverhaltens im Fall einer Eingangsgröße zunächst abgeschlossen werden, obwohl sich die Palette an Möglichkeiten beliebig fortsetzen ließe. So spielen neben der Wahl des Defuzzifizierungsverfahrens auch die Operatoren für die UND- bzw. ODER-Verknüpfung von Fuzzy-Mengen und der Inferenzmechanismus eine entscheidende Rolle.[32]

Die Schlußfolgerungen bezüglich der Wirkungsrichtung einzelner Freiheitsgrade des Fuzzy-Controllers haben tendenziell auch im Falle mehrerer Eingangsgrößen Gültigkeit. Die grafische Darstellung ist dann jedoch nicht mehr auf einfache Weise in Form einer Kennlinie möglich. Lediglich im Fall zweier Eingangsgrößen bestehen noch gewisse Möglichkeiten, das Übertragungsverhalten darzustellen. Nehmen wir an, der Fuzzy-Controller besitze die beiden Eingangsgrößen $e_1$ und $e_2$. Dann können wir sein Übertragungsverhalten $u(e_1, e_2)$ einmal in der Weise darstellen, daß wir die Eingangsgröße $e_2$ diskretisieren und für jeden (festen) Wert in gewohnter Manier die zugehörige Kennlinie $u(e_1)$ auftragen. Wir erhalten dann eine Schar von Kennlinien mit dem Scharparameter $e_2$, die sogenannte *Kennfelddarstellung* des Fuzzy-Controllers. Bild 5.26 zeigt das Prinzip für den einfachen Fall, daß die Stellgröße sowohl von $e_1$ als auch von $e_2$ exakt linear abhängt.

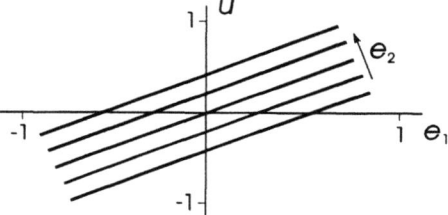

**Bild 5.26.** Kennfelddarstellung des Übertragungsverhaltens eines FC mit zwei Eingängen.

Eine andere Möglichkeit besteht darin, Linien konstanter Stellgröße $u = const.$ - sogenannte Iso- oder Höhenlinien, vergleichbar mit den Isoba-

---

[32] Eigene Untersuchungen hierzu können mit Hilfe der beiliegenden Software durchgeführt werden.

## 5.3 Übertragungsverhalten von Fuzzy-Controllern

ren auf der Wetterkarte - in der $e_1$-$e_2$-Ebene aufzutragen (Bild 5.27). Im linearen Fall erhalten wir auch hier Geraden.

Als letzte Darstellungsform bleibt die Möglichkeit, den Stellgrößenverlauf dreidimensional direkt als "Gebirge" über der $e_1$-$e_2$-Ebene aufzuzeichnen. Bild 5.28 zeigt ein Beispiel für einen FC mit Defuzzifizierung nach der Maximum-Methode. Wie unsere Untersuchungen für den Fall einer Eingangsgröße erwarten lassen, erhalten

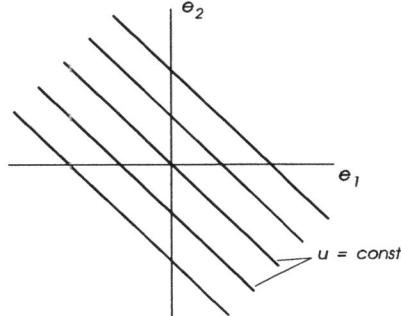

Bild 5.27. Höhenliniendarstellung des Übertragungsverhaltens.

wir ein stückweise konstantes Kennfeld mit sprungförmigen Übergängen, eine sogenannte mehrdimensionale *Multirelaischarakteristik*[33].

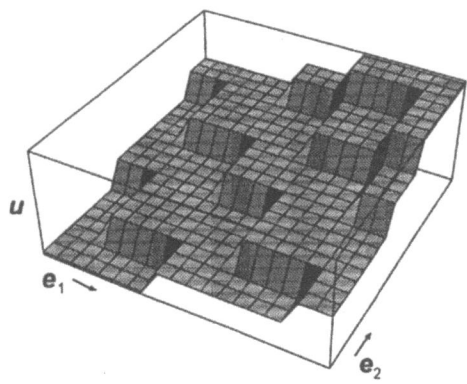

Bild 5.28. 3D-Kennfelddarstellung des Übertragungsverhaltens.

Besitzt der Fuzzy-Controller mehr als zwei Eingänge, so kann man prinzipiell so vorgehen, daß man jeweils alle Eingangsgrößen bis auf zwei konstant hält und die Abhängigkeit der Stellgröße von diesen beiden Größen auf eine der gerade beschriebenen Weisen aufträgt. Derartige Darstellungen besitzen jedoch im allgemeinen nur eine begrenzte Aussagekraft.

Spätestens an dieser Stelle taucht zwangsläufig die Frage auf, was denn nun das grundlegend "Neue" an Fuzzy-Controllern - verglichen mit konventionellen Reglern - sei. Diese Frage können wir zum augenblicklichen Zeitpunkt zusammenfassend wie folgt beantworten:

> Fuzzy-Controller stellen **keinen** wie auch immer gearteten neuen Reglertyp dar. Vielmehr gehören sie zur Klasse der **Kennlinien-** bzw. **Kennfeldregler**, die bereits seit Jahren in den verschiedensten Bereichen eingesetzt werden. Dabei weisen Fuzzy-Controller in den meisten Fällen eine stark nichtlineare Übertragungscharakteristik auf.

---

[33] Der Name rührt daher, daß derartige Kennlinien- bzw Kennfeldglieder früher überwiegend in Relaistechnik realisiert wurden.

> **Neu** im Gegensatz zu konventionellen Reglern ist die **Parametrierung** des Reglers: Das Übertragungsverhalten wird nicht explizit grafisch, durch Angabe von Knickpunkten, Steigungen o. ä. oder formelmäßig vorgegeben, sondern implizit in **linguistischer Form** durch die Festlegung der Zugehörigkeitsfunktionen für die Eingangs- und Stellgrößen und die Formulierung der Regelbasis. Dabei steht dem Anwender eine Vielzahl von Freiheitsgraden zur Verfügung, mit denen das Reglerverhalten insgesamt oder auch nur lokal beeinflußt werden kann.

Abschließend wollen wir noch eine Situation diskutieren, wie sie speziell bei komplexeren Fuzzy-Controllern mit einer Vielzahl von Eingangsgrößen und linguistischen Termen auftreten kann. Unsere bisher betrachteten einfachen Beispiele waren sämtlich dadurch gekennzeichnet, daß der mögliche Regelraum vollständig ausgeschöpft, d. h. mit Regeln überdeckt wurde. Somit konnte der Fall, daß für eine Kombination scharfer Eingangsgrößen *keine* der Regeln aktiv ist, niemals auftreten.[34] Diese Sicherheit wird man bei komplexen Controllern in der Regel nicht garantieren können und auch gar nicht wollen. Vielmehr wird man dort nur einen Teil des Regelraumes (nämlich den Teil, in dem sich der Prozeß typischerweise "aufhält") mit Regeln belegen. Dies bedeutet allerdings, daß man - sofern nicht mit Sicherheit ausgeschlossen werden kann, daß der Prozeß den überdeckten Regelraum verläßt - das Verhalten des Fuzzy-Controllers für den Fall, daß keine Regel aktiv ist, getrennt festlegen muß. Wie bereits an früherer Stelle angedeutet, besteht eine Möglichkeit darin, in einem solchen Fall die zuletzt berechnete Stellgröße beizubehalten, bis wieder ein durch die Regelbasis erfaßter Zustand auftritt.

Daraus ergeben sich bei genauerer Analyse wichtige Konsequenzen. Ein nach diesem Prinzip arbeitender Fuzzy-Controller weist nämlich nicht mehr zwangsläufig rein statisches Übertragungsverhalten auf, da in denjenigen Fällen, wo keine Regel aktiv ist, die Stellgröße nicht vom aktuellen Wert der Eingangsgröße(n), sondern vielmehr von zeitlich zurückliegenden Werten abhängig ist. Dadurch können sich nichteindeutige Kennlinien- bzw. Kennfeldcharakteristiken ergeben, die denen konventioneller Regler mit Hysterese ähneln. Dies können wir an einem einfachen Beispiel unmittelbar nachvollziehen. Dazu betrachten wir die Konstellation nach Bild 5.29 mit der Regelbasis

---

[34] Natürlich kann der angesprochene Sonderfall auch dann auftreten, wenn zwar der Regelraum ausgeschöpft ist, aber im Wertebereich einer der Eingangsgrößen "Lücken" auftreten, d. h. der Wertebereich nicht vollständig von linguistischen Termen überdeckt ist. Dies ist jedoch unüblich.

## 5.4 Typen von Fuzzy-Controllern

WENN $e = NB$    DANN $u = NB$

WENN $e = NS$    DANN $u = NS$

WENN $e = PS$    DANN $u = PS$

WENN $e = PB$    DANN $u = PB$ .

Wir erkennen, daß für den Fall $e = ZO$ keine Regel definiert und damit für Eingangsgrößenwerte zwischen -0.2 und 0.2 keine der Regeln aktiv ist. Legen wir nunmehr fest, daß in diesen Fällen der alte Stellgrößenwert beibehalten werden soll, so hängt die Stellgröße im angegebenen Bereich davon ab, ob wir uns - bezogen auf die $e$-Achse - von links oder rechts in die regelfreie Zone bewegt haben. Wir erhalten daher die skizzierte Übertragungscharakteristik mit Hysterese.

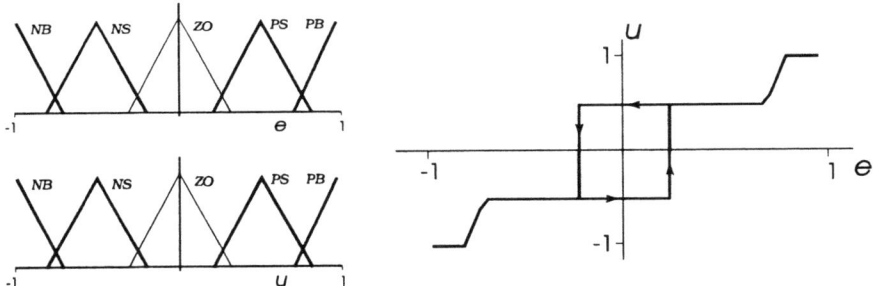

Bild 5.29. Zur Entstehung von Übertragungskennlinien mit Hysterese.

Dieser Verlust der eindeutigen Übertragungscharakteristik hat insbesondere Auswirkungen auf die Realisierung des Fuzzy-Controllers: Die Implementierung in Form einer Look up-Table ist in diesem Fall nicht mehr ohne weiteres möglich. Legt man demgegenüber fest, daß im Falle keiner aktiven Regel die Stellgröße zu null oder auf einen anderen Defaultwert zu setzen ist, so behält der Controller seine statischen Eigenschaften. Welche Wahl sinnvoll ist, hängt daher vom jeweiligen Einzelfall ab.

## 5.4 Typen von Fuzzy-Controllern

Fuzzy-Controller in ihrer ursprünglich intendierten Form sind prädestiniert für solche Anwendungsfälle, in denen eine geeignete Regelstrategie bereits in umgangssprachlicher Form vorliegt. Das Fuzzy-Konzept ermöglicht dann eine Umsetzung der Strategie in einen formalen Regelungsalgorithmus, der hard- oder softwaremäßig implementiert werden kann.

Für die Auslegung von Fuzzy-Controllern bei fehlendem Prozeßwissen existieren demgegenüber noch keine systematischen Entwurfsverfahren vergleichbar denen im konventionellen Fall. Eine denkbare und weit verbreitete Vorgehensweise in solchen Fällen besteht darin, eine konventionelle Regelstrategie zu "fuzzifizieren" und die Freiheitsgrade des so entstandenen Fuzzy-Controllers per Hand oder auch durch eine numerische Optimierung derart anzupassen, daß der Regelkreis das gewünschte Verhalten aufweist.

Im folgenden sollen einige dieser Ansätze erläutert werden. Beginnen wollen wir mit der Frage, inwieweit es möglich ist, einem Fuzzy-Controller exakt das gleiche Übertragungsverhalten wie einem konventionellen Regler zu geben.

### 5.4.1 Realisierung konventioneller Reglertypen

Der Wunsch, einen Fuzzy-Controller so zu gestalten, daß er einem konventionellen Regler aufs Haar gleicht, mag zunächst unsinnig erscheinen. Dennoch sprechen im wesentlichen zwei Gründe dafür, sich mit diesem Problem zu beschäftigen:

- Eine derartige Möglichkeit würde die Realisierung eines "universellen" Reglertyps gestatten, dem man durch geeignete Parametrierung je nach Bedarf konventionelles oder Fuzzy-Verhalten geben kann.

- In Fällen, wo bereits ein konventioneller Regler im Einsatz ist, könnte man diesen zunächst ohne Verlust an Regelgüte durch einen entsprechend parametrierten Fuzzy-Controller ersetzen und dann im zweiten Schritt versuchen, durch Optimierung der Zugehörigkeitsfunktionen und der Regelbasis das Regelkreisverhalten weiter zu verbessern.

Wir wollen das Problem an zwei einfachen Beispielen untersuchen: dem Zweipunktregler und dem realen, d. h. begrenzten P-Regler.

Betrachten wir zunächst den Zweipunktregler als den einfachsten nichtlinearen Regler. Bild 5.30 zeigt als Erinnerungsstütze nochmals seine Kennlinie. Er besitzt lediglich die beiden Stellgrößenalternativen $u_{min}$ (für $e \leq 0$) und $u_{max}$ (für $e > 0$).

Wie wir aus den vorangegangenen Untersuchungen zum Übertragungsverhalten von Fuzzy-Controllern wissen, erhalten wir gerade dann eine sprungförmige Kennlinie,

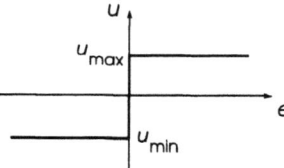

**Bild 5.30.** Zweipunktkennlinie.

## 5.4 Typen von Fuzzy-Controllern

wenn sich die Zugehörigkeitsfunktionen für die Eingangsgröße nicht überlappen. Da wir nur zwei interessierende Teilbereiche für die Eingangsgröße haben ($e \leq 0$ bzw. $e > 0$), setzen wir dementsprechend zwei linguistische Terme, *Negativ* und *Positiv*, an. Analog definieren wir für die Stellgröße die Terme *Min* und *Max* (Bild 5.31).

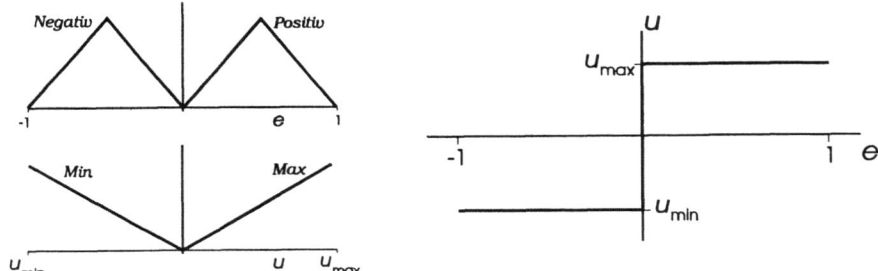

**Bild 5.31.** Fuzzy-Controller als Zweipunktregler.

Die zugehörige Regelbasis besteht lediglich aus den beiden Regeln

WENN  $e = Negativ$   DANN $u = Min$

WENN  $e = Positiv$   DANN $u = Max$.

Als Verknüpfungsoperatoren, Inferenzmechanismus und Defuzzifizierungsverfahren wählen wir wiederum die von früher bekannte Konstellation.

Die Wirkungsweise dieses "Fuzzy-Zweipunktreglers" ist unmittelbar plausibel: Für $e \leq 0$ ist nur die erste Regel aktiv. Die resultierende Stellgrößen-Fuzzy-Menge ist daher die in einer vom Erfüllungsgrad der Regel abhängigen Höhe abgeschnittene Menge $u = Min$. Die modifizierte Schwerpunktmethode liefert daher, unabhängig vom Erfüllungsgrad, stets die scharfe Stellgröße $u = u_{min}$. Für positive Eingangsgrößen spielt sich der umgekehrte Vorgang ab: Jetzt ist nur die zweite Regel aktiv und die Defuzzifizierung liefert die Stellgröße $u = u_{max}$. Naheliegender ist es natürlich, stufenförmige Kennlinien durch Defuzzifizierung nach der Maximum-Methode zu erzeugen. Da wir diesen Fall jedoch schon an früherer Stelle betrachtet haben und es uns hier im wesentlichen um das prinzipielle Verständnis der Zusammenhänge geht, haben wir die für unsere Problemstellung "ungünstigere" Defuzzifizierungsmethode gewählt.

Bei näherer Betrachtung wird schnell deutlich, daß die skizzierten Zugehörigkeitsfunktionen nur *eine* Möglichkeit zur Realisierung der Zweipunktkennlinie darstellen. So ist bei der Festlegung der Eingangsgrößen-Fuzzy-Sets lediglich die Einflußbreite entscheidend. Ihre Form hingegen spielt für das Übertragungsverhalten keine Rolle. Noch größer sind die Wahlfreiheiten bei der Festlegung der Stellgrößen-Fuzzy-Sets. Sie müssen einzig und allein die Forderung erfüllen, daß sie mit dem linken Rand an $u_{min}$ (Fuzzy-

Set *Min*) bzw. mit dem rechten Rand an $u_{max}$ (Fuzzy-Set *Max*) grenzen. Bild 5.32 zeigt einige Kombinationen, die ebenfalls eine Zweipunktkennlinie liefern. Durch vollkommen analoge Verfahrensweise ist auch die Generierung von Dreipunktkennlinien möglich.

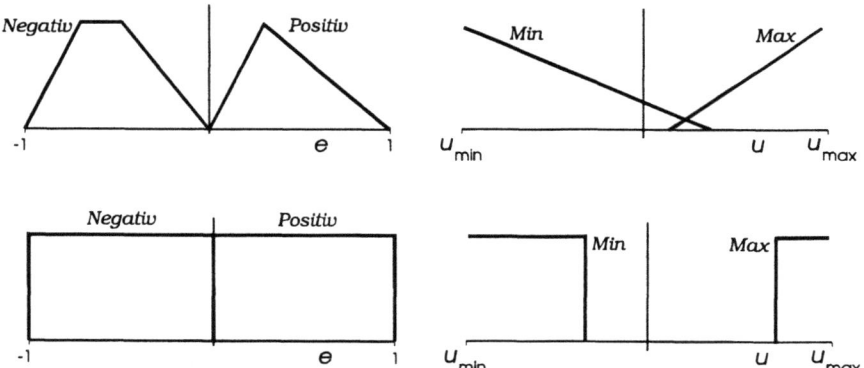

**Bild 5.32.** Alternative Zugehörigkeitsfunktionen zur Erzeugung einer Zweipunktkennlinie.

Die Kennlinie eines realen, d. h. in der Stellgröße begrenzten P-Reglers zeigt Bild 5.33 für den Fall $u_{max} = -u_{min} = 1$. Die Reglerverstärkung $K_R$ ist dann gerade gegeben durch den Tangens des Winkels $\varphi$. Man erkennt, daß die Zweipunktkennlinie aus der Kennlinie des P-Reglers hervorgeht, wenn man die Reglerverstärkung gegen unendlich laufen läßt. Wir können also unsere zuvor angestellten Überlegungen bei der Wahl geeigneter Zugehörigkeitsfunktionen zur Hilfe nehmen.

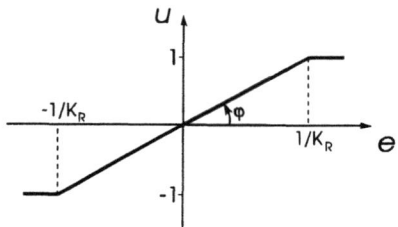

**Bild 5.33.** Kennlinie eines realen P-Reglers.

Da wir statt des sprungförmigen Überganges jetzt einen linearen Übergang benötigen, ist zunächst einmal klar, daß wir die Zugehörigkeitsfunktionen für die Eingangsgröße so festlegen müssen, daß sie sich überlappen. Dabei muß der Bereich der Überlappung gerade mit dem linearen Teil der P-Regler-Kennlinie übereinstimmen. Dies ist bei einer Reglerverstärkung von $K_R$ der Bereich zwischen $-1/K_R$ und $+1/K_R$. Als Fuzzy-Set *Positiv* wählen wir daher die auf den Wertebereich [0, 1] normierte Kennlinie des P-Reglers selbst, als Fuzzy-Set *Negativ* das zugehörige Komplement. Damit der Übergang exakt linear wird, müssen wir nun noch dafür sorgen, daß sich der Schwerpunkt der resultierenden Stellgrößen-Fuzzy-Menge linear mit der Eingangsgröße e verschiebt. Dies ist beispielsweise gewährleistet, wenn wir rechteckförmige Fuzzy-Sets wählen, die unmittelbar aneinanderstoßen (Bild 5.34).

## 5.4 Typen von Fuzzy-Controllern

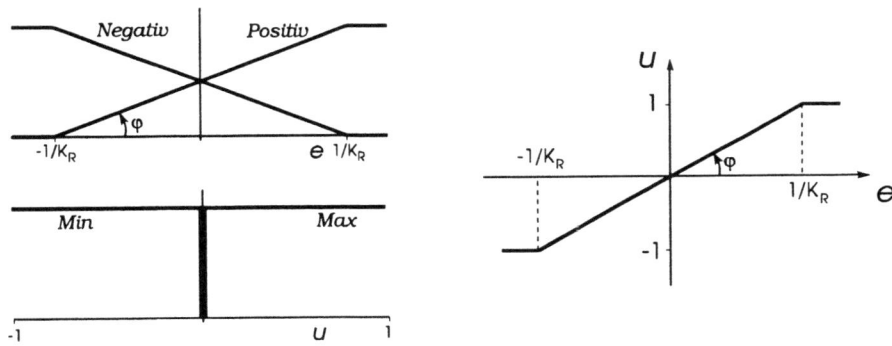

Bild 5.34. Fuzzy-Controller als begrenzter P-Regler.

Überprüfen wir, ob unsere Überlegungen zutreffen. Für Eingangsgrößenwerte $e < -1/K_R$ ist nur die erste Regel aktiv. Die scharfe Stellgröße ergibt sich somit als Abszissenwert des Schwerpunktes der (symmetrisch fortgesetzten) Menge $u = Min$. Dies ist gerade der Wert -1. Für Eingangsgrößenwerte $e > 1/K_R$ ist nur die zweite Regel aktiv und wir erhalten eine Stellgröße von 1.

Betrachten wir nun einen Eingangsgrößenwert im Überlappungsbereich, d. h. mit $-1/K_R < e < 1/K_R$. Bild 5.35 zeigt die Situation: Hier sind beide Regeln aktiv, wobei der Erfüllungsgrad $H_1$ der ersten Regel mit steigender Eingangsgröße linear abnimmt, der Erfüllungsgrad $H_2$ der zweiten Regel linear zunimmt.

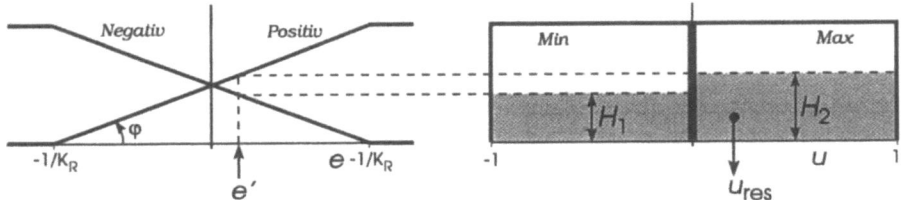

Bild 5.35. Zum Übertragungsverhalten im Überlappungsbereich.

Uns interessiert nun der Zusammenhang zwischen dem Abszissenwert des Schwerpunktes, d. h. der scharfen Stellgröße $u_{res}$, und der scharfen Eingangsgröße $e'$. Dazu berechnen wir zunächst $u_{res}$ in Abhängigkeit von $H_1$ und $H_2$. Es gilt bei Anwendung der modifizierten Schwerpunktmethode die Beziehung

$$u_{\text{res}} = \frac{\int_{-2}^{2} u\,\mu(u)\,du}{\int_{-2}^{2} \mu(u)\,du}.$$

In unserem Fall lassen sich die beiden Integrale jeweils in zwei Anteile aufsplitten und wir erhalten

$$u_{\text{res}} = \frac{\int_{-2}^{0} u H_1\,du + \int_{0}^{2} u H_2\,du}{\int_{-2}^{0} H_1\,du + \int_{0}^{2} H_2\,du}.$$

Die einzelnen Integrale sind einfach berechenbar. Es ergibt sich

$$u_{\text{res}} = \frac{\left.\tfrac{1}{2}u^2 H_1\right|_{-2}^{0} + \left.\tfrac{1}{2}u^2 H_2\right|_{0}^{2}}{\left.u H_1\right|_{-2}^{0} + \left.u H_2\right|_{0}^{2}} = \frac{-2H_1 + 2H_2}{2H_1 + 2H_2} = \frac{-H_1 + H_2}{H_1 + H_2}.$$

Da die Fuzzy-Menge $e = \textit{Negativ}$ gerade das Komplement von $e = \textit{Positiv}$ ist, gilt

$$H_1 = 1 - H_2.$$

Damit erhalten wir

$$u_{\text{res}} = \frac{-1 + H_2 + H_2}{1 - H_2 + H_2} = 2H_2 - 1.$$

Wir sehen also, daß die Stellgröße $u$ im Überlappungsbereich linear mit $H_2$ und damit linear mit $e$ steigt. Wie wir durch Nachrechnen leicht überprüfen können, erhalten wir das gleiche Ergebnis, wenn wir die Einflußbreite der Fuzzy-Mengen $\textit{Min}$ und $\textit{Max}$ gleichmäßig - im Grenzfall bis hin zu Singletons - verkleinern.

Eine andere, noch einfachere Möglichkeit zur Erzeugung einer linearen Kennlinie besteht darin, statt der Schwerpunktmethode die lineare Defuzzifizierung anzuwenden (siehe Abschnitt 3.2). In diesem Fall benötigt man sowohl für die Eingangsgröße als auch für die Stellgröße jeweils nur einen einzigen linguistischen Term und somit auch nur eine Regel (Bild 5.36). Der Erfüllungsgrad der Regel ist für Werte $e < -1/K_R$ zunächst null und man erhält als Stellgröße den Wert -1. Für Eingangsgrößenwerte im Bereich

## 5.4 Typen von Fuzzy-Controllern

$-1/K_R < e < 1/K_R$ steigt der Erfüllungsgrad und damit wegen der linearen linksseitigen Defuzzifizierung auch die Stellgröße linear an. Für Werte $e > 1/K_R$ schließlich ist die Regel voll erfüllt und wir erhalten eine konstante Stellgröße von 1.

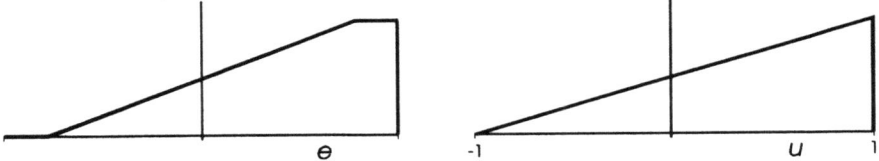

**Bild 5.36.** Erzeugung einer begrenzten linearen Kennlinie durch lineare linksseitige Defuzzifizierung.

Auch komplexere Reglertypen wie beispielsweise PI- oder PID-Regler lassen sich exakt durch Fuzzy-Controller nachbilden. Hinweise dazu folgen im anschließenden Abschnitt.

### 5.4.2 Fuzzy-PID-Regler

Der Fuzzy-PID-Regler spielt zur Zeit im Bereich der Fuzzy-Controller eine ähnlich dominante Rolle wie der konventionelle PID-Regler in der klassischen Regelungstechnik. Er wird in nahezu allen Fällen eingesetzt, wo kein sinnvollerer Ansatz auf der Basis empirischen Prozeßwissens gefunden werden kann.

Wir wollen uns zunächst mit der Frage beschäftigen, wodurch der Fuzzy-PID-Regler charakterisiert werden kann. Betrachten wir dazu noch einmal den (idealen) konventionellen PID-Regler, den wir bereits in Abschnitt 4.4.1 recht ausführlich behandelt haben. Sein Übertragungsverhalten wurde beschrieben durch das Reglerfunktional

$$u = K_R (e + \frac{1}{T_N} \int_0^t e \, d\tau + T_V \dot{e}),$$

welches sich – daher der Name des Reglers – aus einem Proportional-, einem Integral- und einem Differentialanteil zusammensetzt.

Lassen wir den I- und D-Anteil zunächst außer acht und beschäftigen uns mit dem Fuzzy-P-Regler. Dieser soll als einzige Eingangsgröße – völlig analog zum konventionellen P-Regler – die Regelabweichung $e$ aufweisen.

Wie wir im vorangegangenen Abschnitt gesehen hatten, ist es durch geeignete Wahl der Zugehörigkeitsfunktionen und der Regelbasis möglich, einem

Fuzzy-Controller mit einer Eingangsgröße eine exakt lineare Übertragungscharakteristik, d. h. also ideales Proportionalverhalten zu geben. Jetzt ist es sicherlich wenig sinnvoll, lediglich einen Fuzzy-Controller mit idealem Proportionalverhalten als Fuzzy-P-Regler zu bezeichnen. Wir wollen daher den Begriff *Proportionalverhalten* "fuzzifizieren" und den Fuzzy-P-Regler wie folgt charakterisieren:

> Als *Fuzzy-P-Regler* soll ein Fuzzy-Controller mit einer Eingangsgröße (i. a. der Regelabweichung) bezeichnet werden, der bei steigender Eingangsgröße $e$ auch eine steigende oder zumindest gleichbleibende Stellgröße $u$ erzeugt.

Diese Definition ist gleichbedeutend mit der Forderung nach einer monoton (aber nicht streng monoton!) steigenden[35] Übertragungskennlinie und stellt eine erhebliche Aufweichung des Begriffs der Proportionalität dar. So ist hiernach beispielsweise der Zweipunktregler ein Fuzzy-P-Regler. Auch andere, nach klassischem Verständnis extrem nichtlineare Kennlinienregler fallen nach obiger Definition unter diese Bezeichnung. Dazu gehören etwa die FC nach Bild 5.15, 5.17 und 5.22, nicht jedoch der FC nach Bild 5.24.

Vergleichen wir nun den konventionellen P-Regler mit seinem Fuzzy-Pendant in bezug auf die zur Verfügung stehenden Freiheitsgrade. Beim klassischen P-Regler ist die Anzahl der Reglerparameter recht überschaubar: Lediglich die Reglerverstärkung $K_R$ ist beim Entwurf festzulegen. Sie gibt unmittelbar die Steigung der Reglerkennlinie an. Die Anzahl der Parameter beim Fuzzy-P-Regler - nach Wahl der Verknüpfungsoperatoren, des Inferenzschemas und der Defuzzifizierungsmethode - hängt ab von der Zahl der linguistischen Terme für Eingangs- und Stellgröße. Beschränken wir uns auf dreiecksförmige, normale Zugehörigkeitsfunktionen, so ergeben sich für jeden linguistischen Term drei Freiheitsgrade in Form des linken bzw. rechten Randpunktes der Einflußbreite sowie dem Modalwert der Fuzzy-Menge. Bei insgesamt zehn linguistischen Termen erhalten wir somit für unseren Fuzzy-P-Regler nicht weniger als 30 Reglerparameter! Lassen wir, was durchaus üblich ist, nur symmetrische Zugehörigkeitsfunktionen zu, so bleiben immerhin noch 20 Parameter übrig. Wir können also festhalten:

> Der Fuzzy-P-Regler besitzt im Gegensatz zum konventionellen P-Regler eine Vielzahl von Freiheitsgraden, die beim Entwurf des Reglers festzulegen sind.

---

[35] Die Forderung nach monoton *steigendem* Verlauf bedeutet im konventionellen Fall die Beschränkung auf *positive* Verstärkungsfaktoren. Völlig analog kann man natürlich auch Fuzzy-P-Regler mit "negativem Verstärkungsfaktor" definieren.

## 5.4 Typen von Fuzzy-Controllern

Möchte man auch für den Fuzzy-P-Regler eine Art "Reglerverstärkung" festlegen, so könnte man dazu die Kennlinie durch eine Ausgleichsgerade approximieren und die Steigung dieser Geraden als Verstärkung betrachten. Ist man daran interessiert, die Verstärkung eines Fuzzy-P-Reglers unter Beibehaltung der Kennlinienform zu erhöhen oder herabzusetzen, so erreicht man dies durch einfache Umskalierung aller Zugehörigkeitsfunktionen für die Stellgröße.

Nehmen wir nunmehr den I-Anteil hinzu, so erhalten wir als Reglerfunktional für den konventionellen PI-Regler die Beziehung

$$u = K_R (e + \frac{1}{T_N} \int_0^t e\, d\tau).$$

Dieses Regelgesetz wird - da hier die Stellgröße direkt berechnet wird - allgemein als *Stellungs-* oder *Positionsalgorithmus* bezeichnet. Bei der digitalen Realisierung des PI-Algorithmus wird demgegenüber häufig der sogenannte *PI-Geschwindigkeitsalgorithmus* herangezogen. In diesem Fall ist nicht die Stellgröße selbst, sondern ihre zeitliche Änderung Ausgangsgröße des Reglers. Das zugehörige Reglerfunktional erhalten wir durch Differentiation des ursprünglichen Funktionals zu

$$\dot{u} = K_R (\dot{e} + \frac{1}{T_N} e).$$

Diese Realisierungsform ist speziell dann sinnvoll, wenn das nachgeschaltete Stellglied integrierenden Charakter hat, wie es beispielsweise bei einem Schrittmotor der Fall ist.

Wir wollen uns bei den weiteren Betrachtungen im wesentlichen auf den PI-Geschwindigkeitsalgorithmus beschränken. Demzufolge können wir den Fuzzy-PI-Regler als Erweiterung des Fuzzy-P-Reglers wie folgt charakterisieren:

> Als *Fuzzy-PI-Regler* soll ein Fuzzy-Controller bezeichnet werden, der als Eingangsgrößen die Regelabweichung $e$ und ihre zeitliche Änderung $\dot{e}$, als Ausgangsgröße die Stellgrößenänderung $\dot{u}$ aufweist und bei dem sowohl eine Erhöhung von $e$ als auch von $\dot{e}$ zu einer Erhöhung oder einem gleichbleibenden Wert von $\dot{u}$ führt.

Die entsprechende Beziehung für den Fuzzy-PI-Stellungsalgorithmus erhalten wir, indem wir als Eingangsgrößen die Regelabweichung und ihr Integral (bzw. im diskreten Fall die Summe) und als Ausgangsgröße die Stellgröße selbst wählen. Der konventionelle PI-Regler ist damit der lineare Spezialfall des Fuzzy-PI-Reglers.

Völlig analog können wir für den Fuzzy-PD-Regler festlegen:

> Als *Fuzzy-PD-Regler* soll ein Fuzzy-Controller bezeichnet werden, der als Eingangsgrößen die Regelabweichung $e$ und ihre zeitliche Änderung $\dot{e}$, als Ausgangsgröße die Stellgröße $u$ aufweist und bei dem sowohl eine Erhöhung von $e$ als auch von $\dot{e}$ zu einer Erhöhung oder einem gleichbleibenden Wert von $u$ führt.

Wie man unmittelbar erkennt, bezieht sich die Charakterisierung in diesem Fall auf den Stellungsalgorithmus.

Betrachten wir schließlich in analoger Weise den Fuzzy-PID-Regler, so erhalten wir die folgenden Zusammenhänge:

Fuzzy-PID-Stellungsalgorithmus: $\qquad u = F(e, \int e\, d\tau, \dot{e})$

Fuzzy-PID-Geschwindigkeitsalgorithmus: $\qquad \dot{u} = F(e, \dot{e}, \ddot{e})$ .

Aus Gründen der Übersichtlichkeit werden wir uns bei den folgenden Betrachtungen auf die Fuzzy-Controller-Typen mit jeweils zwei Eingängen beschränken, wobei wir die Regler kurz als FPI- bzw. FPD-Regler bezeichnen wollen (Bild 5.37). Dabei ist wesentlich - deswegen sei es an dieser Stelle noch einmal betont - daß FPI- und FPD-Regler aufgrund ihres statischen Übertragungsverhaltens die zeitliche Änderung der Regelabweichung $\dot{e}$ und ihr Integral nicht wie die konventionellen Pendants selbst erzeugen können, sondern dieser Schritt außerhalb des eigentlichen Reglers erfolgen muß.

Wir wollen unsere Betrachtungen zu Beginn schwerpunktmäßig auf den FPI-Regler konzentrieren, bevor wir später anhand eines ausführlichen Anwendungsbeispiels den Entwurf eines FPD-Reglers erläutern.

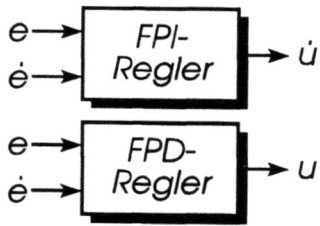

**Bild 5.37.** Fuzzy-PI- und Fuzzy-PD-Regler.

Legen wir als erstes die linguistischen Terme für die Variablen $e$, $\dot{e}$ und $\dot{u}$ unseres Controllers fest. Da es uns zunächst darauf ankommen soll, ein möglichst lineares Verhalten zu erzielen, werden wir die entsprechenden Zugehörigkeitsfunktionen symmetrisch und periodisch im Wertebereich der jeweiligen Variable wählen. Zur besseren Übersicht wollen wir annehmen, daß alle drei Größen zuvor auf einen Wertebereich von [-1, 1] normiert worden sind. Wir definieren für die Eingangsgrößen $e$ und $\dot{e}$ jeweils die drei Terme *Positive* (P), *Zero* (ZO) und *Negative* (N), für die Stellgrößenänderung $\dot{u}$ die fünf Terme *Positive_Big* (PB), *Positive_Small* (PS), *Zero* (ZO), *Nega-*

## 5.4 Typen von Fuzzy-Controllern

*tive_Small* (*NS*) und *Negative_Big* (*NB*). Da wir bereits an früherer Stelle erkannt hatten, daß sich eine möglichst starke Überlappung der Zugehörigkeitsfunktionen positiv auf die Linearität des Übertragungsverhaltens auswirkt, wählen wir die Funktionen wie in Bild 5.38 dargestellt.

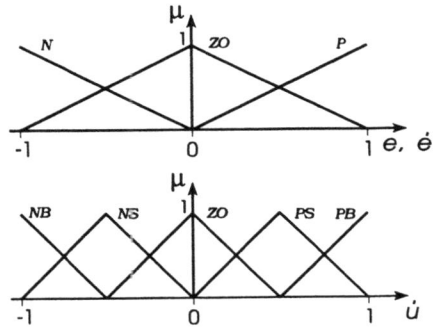

Bild 5.38. Linguistische Terme für Fuzzy-PI-Regler.

Da der Fuzzy-PI-Regler zwei Eingangsgrößen aufweist, stellen wir die Regelbasis zweckmäßigerweise in Matrixform - in unserem Fall als 3×3-Matrix - dar. Zur Erzielung eines möglichst linearen Übertragungsverhaltens ist es dabei sinnvoll, die Regeln wie in Bild 5.39 gezeigt zu wählen.

Weiterhin wollen wir - wie bisher in den meisten Fällen - folgende Vereinbarungen treffen:

- Die UND-Verknüpfung der Prämissen soll durch den MIN-Operator erfolgen,
- als Inferenzmechanismus wollen wir MAX-MIN-Inferenz wählen,
- zur Defuzzifizierung soll die modifizierte Schwerpunktmethode herangezogen werden.

|   | $e$ | | |
|---|---|---|---|
|   | N | Z | P |
| $\dot{e}$ N | NB | NS | ZO |
| Z | NS | ZO | PS |
| P | ZO | PS | PB |

Bild 5.39. Regelbasis für Fuzzy-PI-Regler.

Das Übertragungsverhalten des Reglers kann in Form eines Kennfeldes über der $e$-$\dot{e}$-Ebene dargestellt werden. Die Bilder 5.40a und b zeigen dieses Kennfeld mit den zugehörigen Höhenlinien $\dot{u}$ = const. sowohl für unseren Fuzzy-PI- als auch für den konventionellen, linearen PI-Regler. Wir erhalten das vermutete Ergebnis, welches sich bereits bei der Analyse des Übertragungsverhaltens von Fuzzy-Controllern mit einer Eingangsgröße abzeichnete: Der Fuzzy-PI-Regler weist aufgrund der starken Überlappung der Zugehörigkeitsfunktionen im gesamten Bereich nahezu - aber nicht exakt - lineares Verhalten auf.

Eine Verringerung des Überlappungsgrades führte im Falle nur einer Eingangsgröße zu einer abschnittsweise konstanten Kennlinie. Überprüfen wir, ob sich beim Fuzzy-PI-Regler die gleichen Verhältnisse einstellen. Dazu verringern wir die Überlappung der Zugehörigkeitsfunktionen für $e$ und $\dot{e}$ auf etwa die Hälfte.

Das resultierende Kennfeld zeigt Bild 5.41. Wir erkennen deutlich die erwarteten Plateaus konstanter Ausgangsgröße $\dot{u}$.

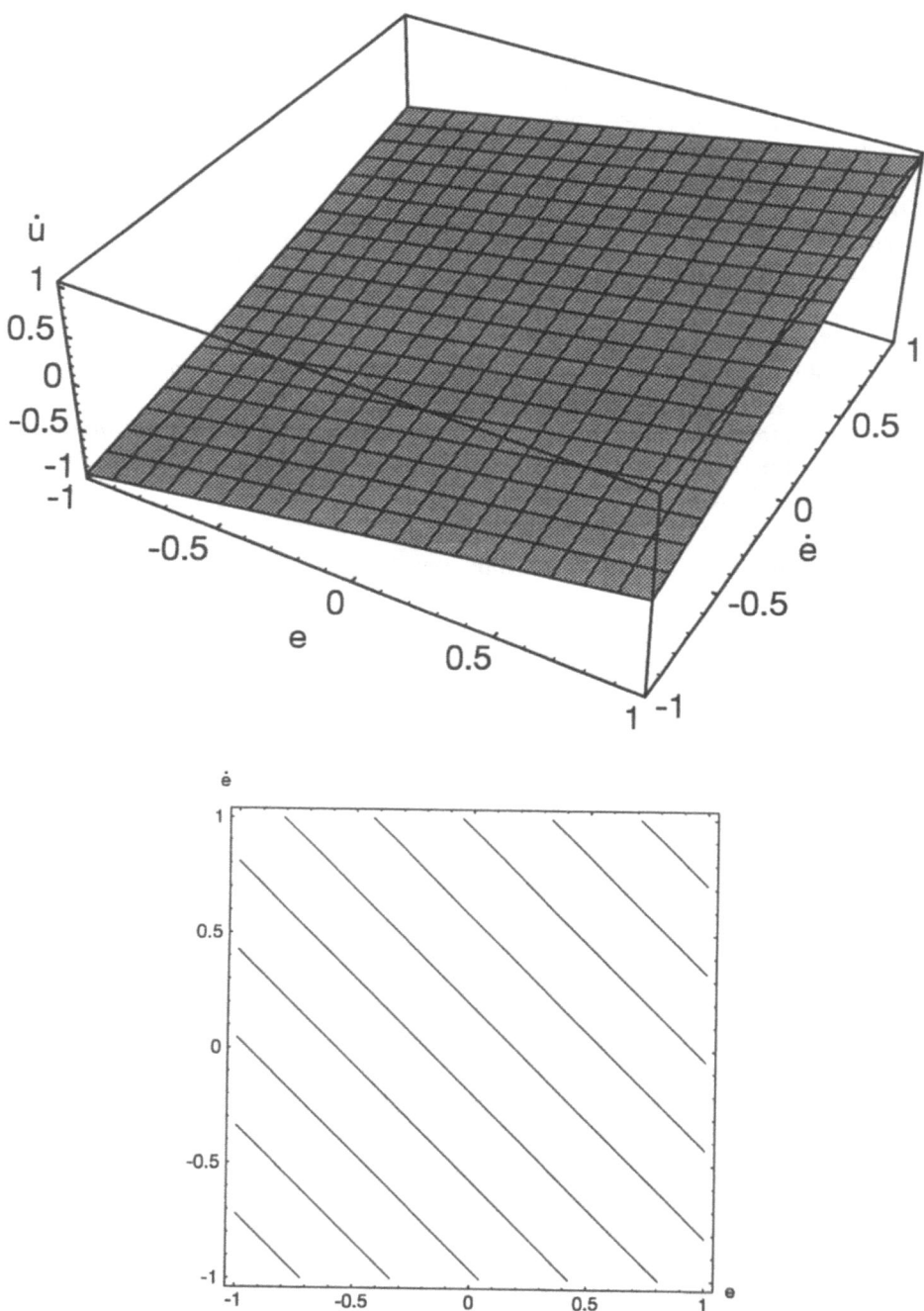

**Bild 5.40a.** Übertragungsverhaltens des linearen PI-Reglers in Kennfelddarstellung (oben) und Höhenliniendarstellung (unten).

## 5.4 Typen von Fuzzy-Controllern

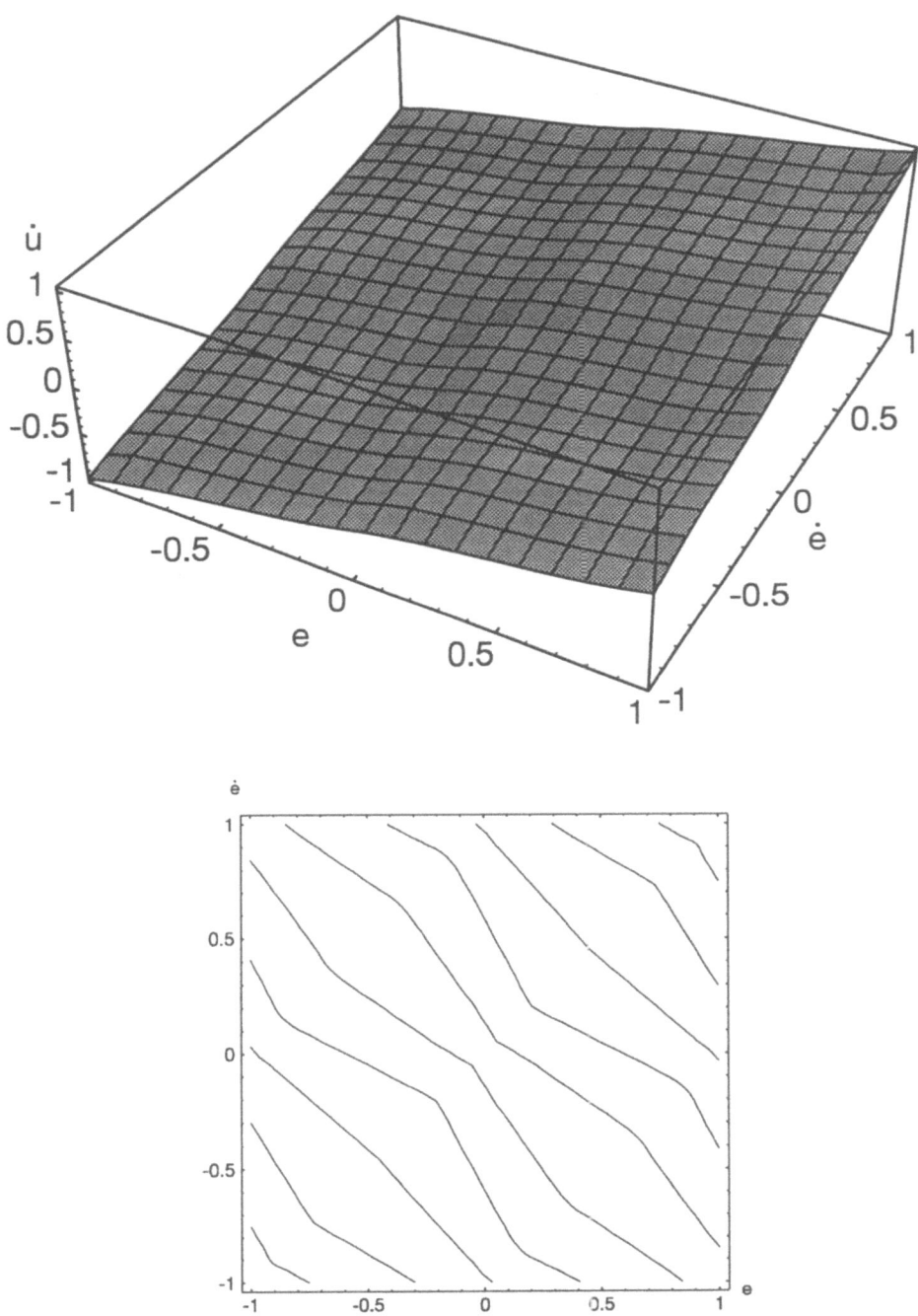

**Bild 5.40b.** Übertragungsverhalten des Fuzzy-PI-Reglers.

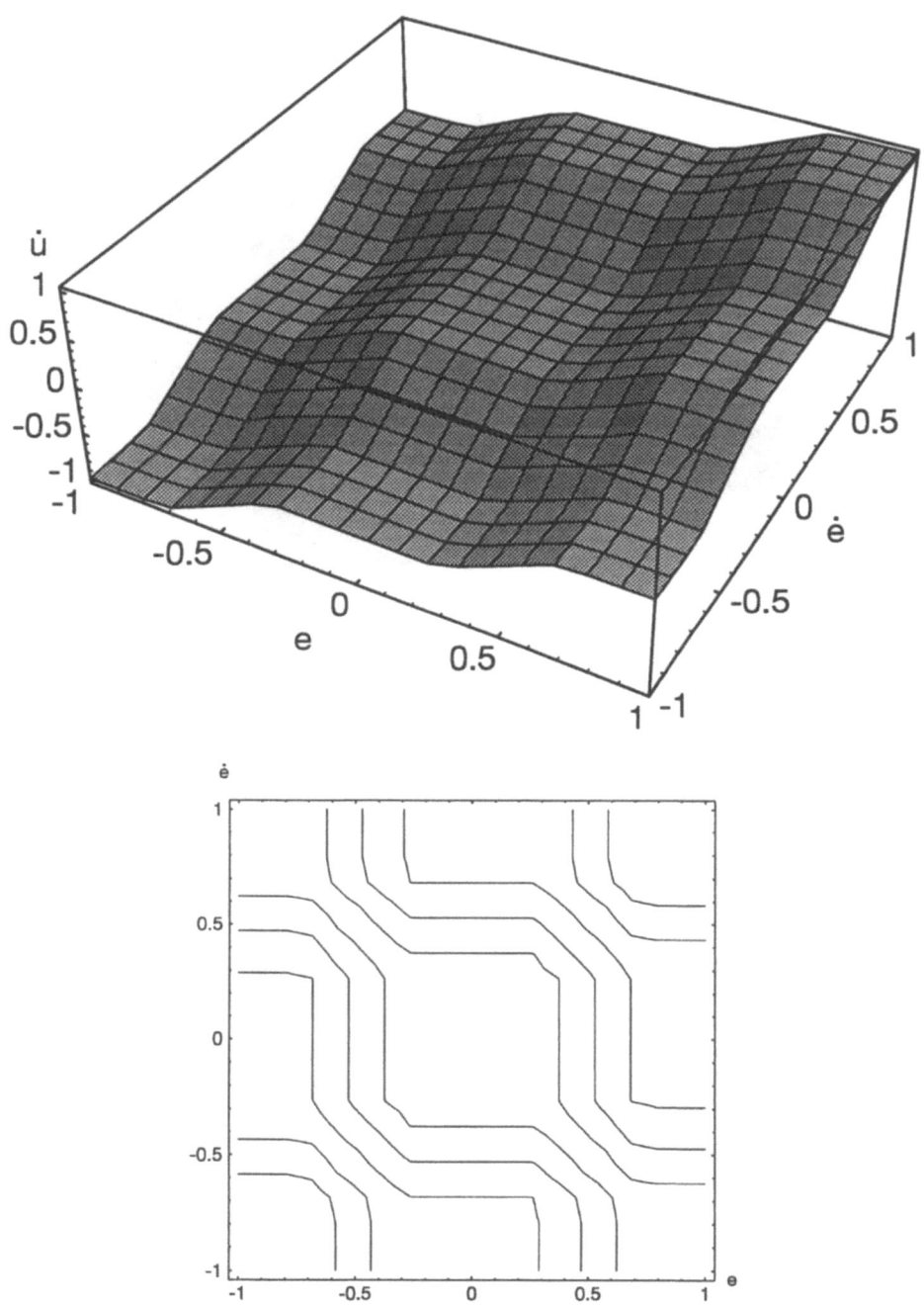

**Bild 5.41.** Übertragungsverhalten des Fuzzy-PI-Reglers bei verringertem Überlappungsgrad der Zugehörigkeitsfunktionen.

## 5.4 Typen von Fuzzy-Controllern

Wir können also unsere Beobachtungen bezüglich des Einflusses von Zugehörigkeitsfunktionen und Regelbasis auf das Übertragungsverhalten des Fuzzy-Controllers, die wir in Abschnitt 5.3 lediglich für den Fall einer Eingangsgröße gemacht hatten, qualitativ auf den Fall mehrerer Eingangsgrößen übertragen. Das führt uns auf einen wichtigen Punkt, der wesentlich für den konventionellen PI-Regler war: die Beseitigung der bleibenden Regelabweichung. Da der Fuzzy-PI-Regler nichtlineares Verhalten aufweist, ist keinesfalls mehr gesichert, daß der resultierende Regelkreis in jedem Falle stationäre Genauigkeit besitzt. Während der lineare PI-Regler jede auch noch so kleine Abweichung vom Sollwert $e = \dot{e} = 0$ mit einer Stellgrößenänderung $\dot{u}$ "bestraft", läßt sich aus Bild 5.41 unmittelbar ablesen, daß unser Fuzzy-PI-Controller durch seine Unschärfe auch gewisse Abweichungen - charakterisiert durch das Plateau um den Ursprung der $e$-$\dot{e}$-Ebene - in Kauf nimmt, ohne zu reagieren. Daher ist bei Einsatz eines Fuzzy-Controllers generell zu überprüfen, ob nicht Oszillationen um den Sollwert oder konstante Abweichungen auftreten bzw. ob diese eventuell hinnehmbar sind.

Zu klären bleibt die Frage, auf welche Weise denn nun exakt lineares Verhalten - vergleichbar dem konventionellen PI-Regler - erreicht werden kann. Einerseits geht der Fuzzy-PI-Regler im Grenzfall unendlich vieler Fuzzy-Sets in sein lineares Pendant über [BUC89]. Aber auch mit endlich vielen linguistischen Termen läßt sich lineares Verhalten erreichen. Allerdings ist unmittelbar einsichtig, daß dieses Vorhaben schwieriger als im Grundfall sein wird, da durch die Verknüpfung der einzelnen Regel-Prämissen (beispielsweise durch den MIN-Operator) eine zusätzliche Nichtlinearität in das Übertragungsverhalten einfließt. Daher müssen zusätzliche Maßnahmen wie eine spezielle Defuzzifizierungsmethode und unterschiedliche Verknüpfungsoperatoren für die einzelnen Regeln zur Erzwingung der Linearität herangezogen werden [SIL89].

Anhand eines etwas ausführlicheren Beispiels wollen wir den Entwurf eines Fuzzy-PD-Reglers betrachten. Dabei geht es um eine robuste Positionsregelung für ein Eisenbahnmodell [KAH92]. Die zugrundeliegenden Gütekriterien sind

- exaktes Stoppen an vorgegebenen Haltepunkten,
- gleichmäßiges Anfahren und Abbremsen (im Sinne einer konstanten Beschleunigung),
- Robustheit gegenüber Parametervariationen.

Speziell die Robustheitsanforderung ist beim gewählten Anwendungsbeispiel von Interesse, da Fahrzeugparameter wie Masse und Geschwindigkeit sowie die Beschaffenheit der Fahrstrecke (z. B. Steigung und Krümmung) im realen Betrieb erheblich variieren können. Da das Fahrzeugmodell - insbesondere im Anfahr- und Bremsverhalten - ein hochgradig nichtlineares Verhalten aufweist, versprechen klassische Regelungskonzepte in diesem Fall nur geringe Aussicht auf Erfolg.

Bild 5.42 gibt einen Überblick über die Struktur des Fuzzy-Regelkreises mit sämtlichen Komponenten. Dabei sind die analogen Größen zusätzlich durch den Index A, die digitalen Größen durch den Index D gekennzeichnet.

Die Regelstrecke besteht im wesentlichen aus einem Eisenbahnmodell, das über einen Gleichstrom-Reihenschlußmotor angetrieben wird. Die Versorgungsspannung wird dem Zug über die Schienen zugeführt. Zulässige Eingangsspannungswerte liegen zwischen -17 und +17 V. Die Masse des Zuges kann durch das Anhängen von Waggons mit entsprechender Beladung variiert werden. Die Maximalgeschwindigkeit des Zuges beträgt im unbeladenen Zustand etwas weniger als 1 m/s.

Das nichtlineare Verhalten der Regelstrecke wird einerseits durch Nichtlinearitäten des Motors, in der Hauptsache aber durch die Reibung zwischen Antriebsrädern und Schiene bestimmt. Dabei ist die Haftreibung zunächst dafür verantwortlich, daß der Zug erst bei einer bestimmten Mindest-Eingangsspannung $u_{min}$ in Bewegung kommt. Diese Schwellspannung hängt entscheidend von der Beladung $m$ des Zuges ab. Hat sich der Zug in Bewegung gesetzt, so tritt an die Stelle der Haftreibung die Rollreibung, die in grober Näherung als konstant angenommen werden kann. Die erreichbare Maximalgeschwindigkeit $v_{max}$ hängt einerseits vom Beladungszustand des Zuges ab, andererseits von der Eingangsspannung.

Die einzige unmittelbar gemessene Größe stellt die Position des Zuges (genauer gesagt: der Abstand zum Haltepunkt) dar. Ihre Messung erfolgt durch einen aus einer Schlitzscheibe und einer Gabellichtschranke bestehenden Impulsgenerator. Die zurückgelegte Wegstrecke ist dabei der Anzahl der erzeugten Impulse direkt proportional. Die Impulsrate des Generators als Maß für die Genauigkeit der Positionsmessung beträgt 1 Impuls pro 0.94 cm zurückgelegter Wegstrecke. Ein nachgeschalteter Impulsformer (Schmitt-Trigger) leitet die Impulse über ein Infrarot-Interface von der Bahn an einen 12-Bit-Zähler weiter. Zur Initialisierung der Messung wird dieser Zähler automatisch zurückgesetzt, sobald der Zug einen definierten Punkt der Gleisstrecke passiert hat.

Die zweite Eingangsgröße des Fuzzy-Controllers neben der Zugposition $x$ ist der Schätzwert $\hat{v}$ für die Geschwindigkeit, der durch numerische Differentiation der Zugposition (Messung des zeitlichen Abstandes $\Delta T$ zwischen zwei Impulsen mit Hilfe eines Timers) ermittelt wird. Ausgangsgröße des Fuzzy-Controllers ist die Motorspannung $u$, die über einen 12-Bit-D/A-Wandler in eine analoge Größe umgewandelt wird. Der D/A-Wandler kann dabei nur positive Ausgangsspannungen zwischen 0 und 5 V erzeugen. Unser Fuzzy-Controller weist somit PD-Verhalten auf - eine sinnvolle Wahl, da die Regelstrecke bereits integrierendes Verhalten besitzt. Die Wandlerkarte

## 5.4 Typen von Fuzzy-Controllern

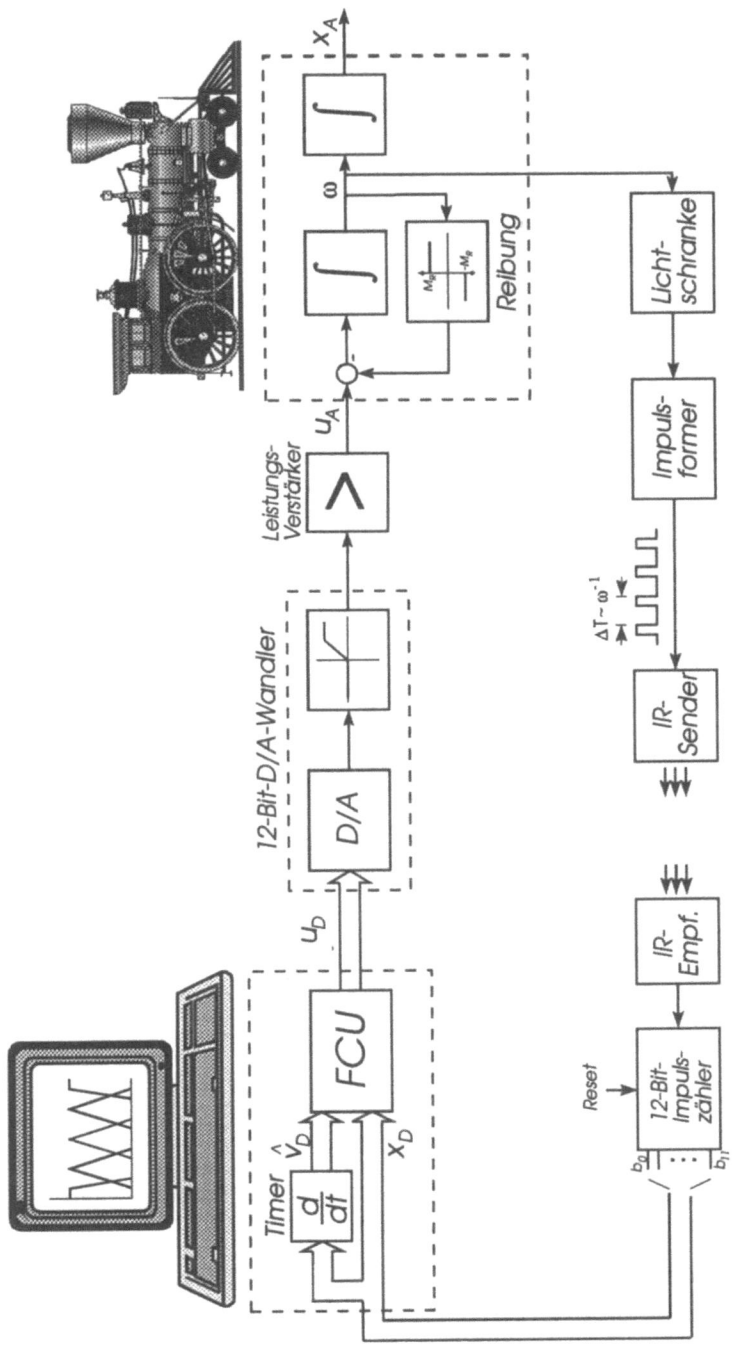

**Bild 5.42.** Struktur des Fuzzy-Regelkreises zur robusten Positionsregelung.

enthält weiterhin den für die Schätzung der Zuggeschwindigkeit erforderlichen Timerbaustein. Ein nachgeschalteter Leistungsverstärker transformiert die vom D/A-Wandler erzeugte Spannung auf den erforderlichen Wertebereich von 0 bis 17 V. Der Fuzzy-Controller wurde softwaremäßig auf einem PC realisiert. Diese Realisierungsform ermöglicht einen komfortablen, interaktiven Entwurf des Controllers sowie eine unmittelbare Visualisierung des Fahrverhaltens auf dem Bildschirm.

Für Zugposition $x$, geschätzte Zuggeschwindigkeit $\hat{v}$ und Stellgröße (Motorspannung) $u$ wurden jeweils fünf linguistische Terme definiert, die in Bild 5.43 dargestellt sind. Die Terme sollen, jeweils von links nach rechts, mit *sehr_klein, klein, mittel, groß, sehr_groß* bzw. den Kürzeln *00, 0, +, ++, +++* bezeichnet werden. Man erkennt deutlich, daß die Einflußbreite der Fuzzy-Mengen für die Position umso geringer wird, je mehr sich der Zug der Halteposition nähert. Hierdurch wird im wesentlichen die nichtlineare Charakteristik des Controllers erzielt. Defuzzifizieren wir nach der originalen Schwerpunktmethode, so ist die rechte Randmenge für die Stellgröße wie gezeigt symmetrisch um die maximale Stellgröße von 100% zu legen, damit diese vollständig ausgenutzt wird. Für die linke Randmenge ist dies nicht erforderlich, da der Zug aufgrund der Reibung bereits für Stellgrößen $u > 0$ zum Stehen kommt.

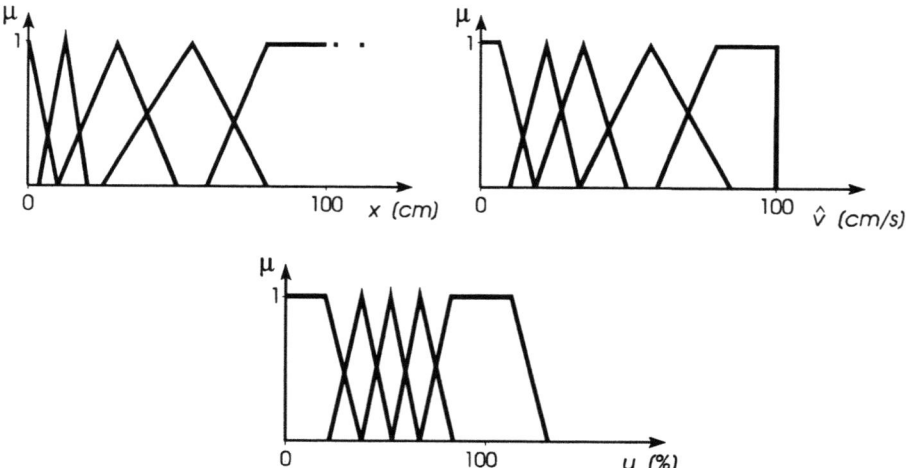

**Bild 5.43.** Linguistische Terme für Zugposition (oben links), Zuggeschwindigkeit (oben rechts) und Stellgröße (unten).

Bild 5.44 zeigt die zur Regelung herangezogene Regelbasis in Gestalt einer 5×5-Matrix. Wir können dieser Matrix beispielsweise die Regeln

WENN *Position* = *klein* UND *Geschwindigkeit* = *klein*
DANN *Stellgröße* = *mittel*

## 5.4 Typen von Fuzzy-Controllern

(folgt aus 2. Zeile, 2. Spalte) oder

WENN *Position* = *klein*
UND *Geschwindigkeit* = *groß*
DANN *Stellgröße* = *klein*

(folgt aus 4. Zeile, 2. Spalte) entnehmen. Insbesondere erkennen wir, daß bei großem Abstand zum Haltepunkt (rechte Spalte der Matrix) sowie bei sehr kleinem Abstand (linke Spalte) die Stellgröße unabhängig von der Zuggeschwindigkeit ist. Für den "normalen" Fahrbetrieb sind lediglich die hinterlegten Regeln von Interesse.

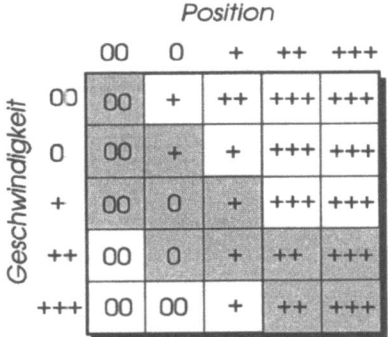

Bild 5.44. Regelbasis.

Die Leistungsfähigkeit der Fuzzy-Regelung demonstriert Bild 5.45. Es zeigt den Verlauf von Position und Geschwindigkeit des Zuges sowie der Stellgröße für drei verschiedene Lastfälle. Um die gleiche Achsenskalierung für alle drei Größen zu erreichen, wurde die Position erst für Werte $x < 1m$ aufgezeichnet.

Zunächst fällt der stark verrauschte Verlauf des Schätzwertes für die Geschwindigkeit auf, der durch die Differentiation zustande kommt. Bedingt durch Herstellungstoleranzen der Schlitzscheibe, d. h. nicht exakt gleiche Winkel zwischen den einzelnen Schlitzen, ist die Zeitdifferenz $\Delta T$ zwischen zwei Impulsen bei konstanter Geschwindigkeit nicht exakt gleich, sondern kann geringfügig differieren. Auf die Stellgröße hat dies jedoch keinen sichtbaren Einfluß.

Weiterhin erkennen wir bei allen Lastfällen einen Abfall der Geschwindigkeit im Bereich zwischen etwa 1.5 und 2 s, der umso stärker ist, je höher der Beladungszustand ist. Dieser Abfall kommt durch eine enge Kurve unmittelbar vor Beginn der Bremsstrecke zustande.

Der eigentliche Bremsvorgang beginnt bei etwa 2.5 - 3 s und läuft in allen Fällen, wie gefordert, recht gleichmäßig ab. Die bleibende Regelabweichung liegt in jedem Falle unterhalb der Auflösung der Positionsmessung von 0.94 cm. Lediglich die Dauer des gesamten Ausregelvorganges steigt naturgemäß mit der Beladung aufgrund der sinkenden Maximalgeschwindigkeit des Zuges.

Abschließend wollen wir uns anhand eines Beispiels die Beschreibung eines Fuzzy-Controllers durch eine Relationsmatrix und ihre Handhabung verdeutlichen. Dazu betrachten wir als Spezialfall eines PI-Reglers mit verschwindendem Proportionalanteil einen *I-Regler*. Dieser Reglertyp weist demzufolge als Eingangsgröße nur die Regelabweichung $e$ auf, als Ausgangsgröße die zeitliche Änderung der Stellgröße $\dot{u}$.

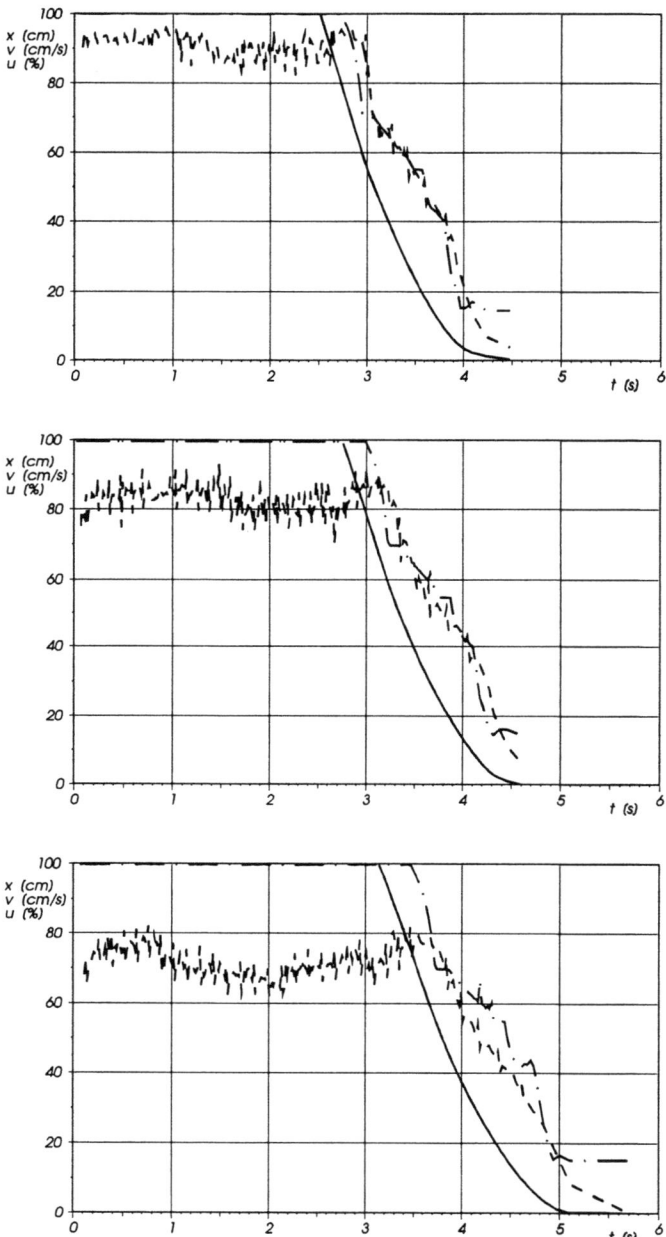

**Bild 5.45.** Zeitlicher Verlauf von Position (durchgezogen), Geschwindigkeit (gestrichelt) und Stellgröße (strichpunktiert) für die Lastfälle $m=0$ (oben), $m=30\%$ (mitte) und $m=60\%$ (unten).

## 5.4 Typen von Fuzzy-Controllern

Ein- und Ausgangsgröße wollen wir lediglich durch jeweils zwei linguistische Terme beschreiben, und zwar

- die Regelabweichung $e$ durch die Terme *klein* und *groß*
- die Stellgrößenänderung $\dot{u}$ durch die Terme *klein* und *mittel*.

Die Form der entsprechenden Zugehörigkeitsfunktionen zeigt Bild 5.46.

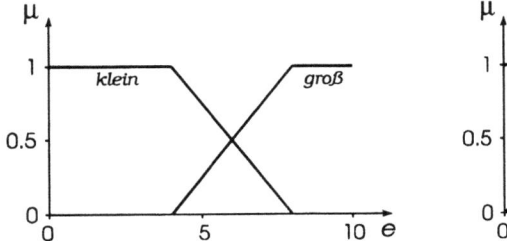 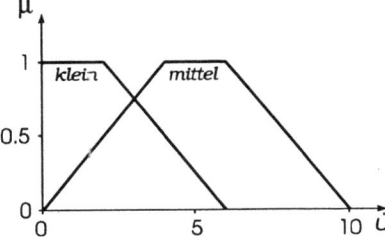

**Bild 5.46.** Linguistische Terme für Fuzzy-I-Regler.

Unser Fuzzy-I-Regler kann bei nur zwei linguistischen Termen pro Größe konsequenterweise auch nur zwei Regeln aufweisen:

$R_1$: WENN $e = klein$ DANN $\dot{u} = klein$

$R_2$: WENN $e = groß$ DANN $\dot{u} = mittel$.

Den resultierenden Regler wollen wir nun in Gestalt einer Relationsmatrix darstellen. Wie wir wissen, kann jede Regel mit einer Eingangs- und einer Ausgangsgröße (wie es hier der Fall ist) durch Diskretisierung der Größen und Anwendung des Kreuzprodukts in eine Relationsmatrix überführt werden (siehe Abschnitt 2.1). Dazu diskretisieren wir $e$ und $\dot{u}$ wie in Bild 5.47 gezeigt an sechs äquidistanten Stützstellen.

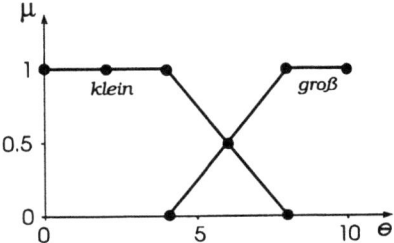 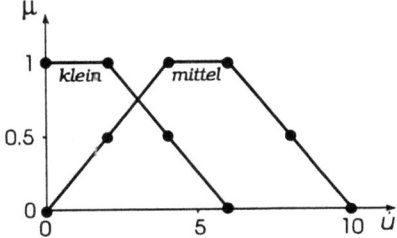

**Bild 5.47.** Diskretisierung der Ein- und Ausgangsgröße.

Betrachten wir zunächst die erste Regel. Wollen wir die Inferenz nach dem MAX-MIN-Mechanismus durchführen, so ist die zugehörige Relationsmatrix durch das cartesische Produkt (Kreuzprodukt) des Terms *klein* der Eingangsgröße $e$ und der Ausgangsgröße $\dot{u}$ zu bilden. Dies entspricht der Anwendung des MIN-Operators gemäß

$$\mu_{R_1}(e, \dot{u}) = \text{MIN}\bigl(\mu_{e\,klein}(e), \mu_{\dot{u}\,klein}(\dot{u})\bigr).$$

Die Auswertung dieser Vorschrift führt zu folgender Relationsmatrix für die erste Regel, die wir aus darstellungstechnischen Gründen an dieser Stelle in transponierter Form angeben wollen:

$\mu_{\dot{u}\,klein}(\dot{u})$  $\dot{u}$

| | | | | | | | |
|---|---|---|---|---|---|---|---|
| 0 | 10 | 0 | 0 | 0 | 0 | 0 | 0 |
| 0 | 8 | 0 | 0 | 0 | 0 | 0 | 0 |
| 0 | 6 | 0 | 0 | 0 | 0 | 0 | 0 |
| 0.5 | 4 | 0.5 | 0.5 | 0.5 | 0.5 | 0 | 0 |
| 1 | 2 | 1 | 1 | 1 | 0.5 | 0 | 0 |
| 1 | 0 | 1 | 1 | 1 | 0.5 | 0 | 0 |
| | | 0 | 2 | 4 | 6 | 8 | 10 | $e$ |
| | | 1 | 1 | 1 | 0.5 | 0 | 0 | $\mu_{e\,klein}(e)$ |

Die Relationsmatrix für die zweite Regel erhalten wir völlig analog, indem wir den Term *groß* der Regelabweichung und den Term *mittel* der Stellgrößenänderung über das Kreuzprodukt miteinander verknüpfen:

$\mu_{\dot{u}\,mittel}(\dot{u})$  $\dot{u}$

| | | | | | | | |
|---|---|---|---|---|---|---|---|
| 0 | 10 | 0 | 0 | 0 | 0 | 0 | 0 |
| 0.5 | 8 | 0 | 0 | 0 | 0.5 | 0.5 | 0.5 |
| 1 | 6 | 0 | 0 | 0 | 0.5 | 1 | 1 |
| 1 | 4 | 0 | 0 | 0 | 0.5 | 1 | 1 |
| 0.5 | 2 | 0 | 0 | 0 | 0.5 | 0.5 | 0.5 |
| 0 | 0 | 0 | 0 | 0 | 0 | 0 | 0 |
| | | 0 | 2 | 4 | 6 | 8 | 10 | $e$ |
| | | 0 | 0 | 0 | 0.5 | 1 | 1 | $\mu_{e\,groß}(e)$ |

Beide Regeln müssen wir jetzt mittels des MAX-Operators überlagern:

## 5.4 Typen von Fuzzy-Controllern

$$\mu_{R_1 \cup R_2}(e, \dot{u}) = \text{MAX}\big(\mu_{R_1}(e, \dot{u}), \mu_{R_2}(e, \dot{u})\big)$$

Wir erhalten dann eine einzige Relationsmatrix, die beide Regeln enthält und unseren Fuzzy-Controller (im Rahmen der Diskretisierung) vollständig beschreibt:

| $\dot{u}$ | | | | | | |
|---|---|---|---|---|---|---|
| 10 | 0 | 0 | 0 | 0 | 0 | 0 |
| 8 | 0 | 0 | 0 | 0.5 | 0.5 | 0.5 |
| 6 | 0 | 0 | 0 | 0.5 | 1 | 1 |
| 4 | 0.5 | 0.5 | 0.5 | 0.5 | 1 | 1 |
| 2 | 1 | 1 | 1 | 0.5 | 0.5 | 0.5 |
| 0 | 1 | 1 | 1 | 0.5 | 0 | 0 |
| | 0 | 2 | 4 | 6 | 8 | 10 $e$ |

Wie erhalten wir nun für einen aktuellen scharfen Wert $e'$ der Regelabweichung den zugehörigen Wert $\dot{u}_{res}$ für die Stellgrößenänderung?

Nehmen wir an, es sei $e' = 4$. Da wir die Relationsmatrix transponiert dargestellt haben, repräsentiert dann die zu diesem Wert gehörige Spalte der Relationsmatrix (grau hinterlegt) gerade die Ergebnis-Fuzzy-Menge in diskretisierter Form

$$\mu_{res}(\dot{u}) = (1, 1, 0.5, 0, 0, 0).$$

Hieraus erhalten wir in gewohnter Form durch Defuzzifizierung den scharfen Ausgangswert $\dot{u}_{res}$. Es sei noch einmal betont, daß wir bei dieser Vorgehensweise selbstverständlich exakt das gleiche Ergebnis erhalten wie bei der zuvor betrachteten schrittweisen on line-Abarbeitung der Regeln!

Taucht der aktuelle Wert der Regelabweichung nicht explizit in der Matrix auf (z. B. $e' = 3$), so wird man entweder den nächstmöglichen aufgeführten Wert wählen oder aber interpolieren.

Bei genauerer Betrachtung läßt sich die resultierende Kennlinie unseres Fuzzy-I-Reglers direkt aus der Relationsmatrix ablesen, indem wir in jeder Spalte rein visuell eine näherungsweise Defuzzifizierung durchführen und die entstehenden Wertepaare $\dot{u}_{res}(e')$ miteinander verbinden. Wir erhalten auf diese Weise in etwa die in Bild 5.48 dargestellte Kennlinie, die aufgrund der transponierten Darstellung der Relationsmatrix unmittelbar die gewohnte "Orientierung" hat.

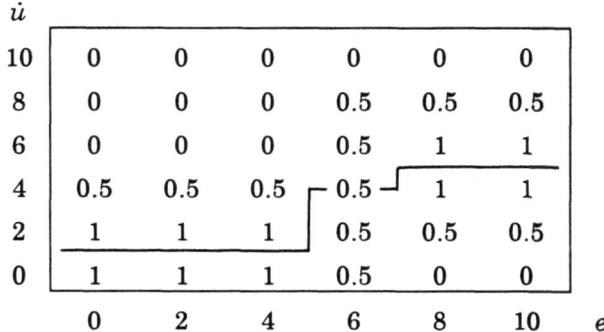

**Bild 5.48.** Näherungsweise Kennlinie des Fuzzy-I-Reglers.

Diese übersichtliche Form der Darstellung des Fuzzy-Controllers ist nur im Falle einer Eingangsgröße möglich. Allgemein gilt folgendes:

- Für jede zusätzliche Eingangsgröße des Fuzzy-Controllers (d. h. Prämisse der Regel) erhöht sich die Dimension der entsprechenden Relationsmatrix um eins. Bei einem Fuzzy-Controller mit zwei Eingangsgrößen erhält man somit dreidimensionale Matrizen usw. Die entsprechenden Matrixelemente ergeben sich (sofern die Prämissen UND-verknüpft sind) wie im Grundfall über den MIN-Operator.
- Die Größe der Matrizen (Zeilen- bzw. Spaltenzahl im zweidimensionalen Fall) hängt ab von der Feinheit der Diskretisierung der Ein- und Ausgangsgrößen. Es ist dabei nicht zwingend notwendig, alle Größen mit der gleichen Auflösung zu diskretisieren.
- Jede Regel ergibt eine Relationsmatrix. Die Relationsmatrizen aller Regeln werden i. a. über den MAX-Operator zur Gesamt-Relationsmatrix des Fuzzy-Controllers zusammengefaßt.
- Aus der Relationsmatrix entsteht durch Defuzzifizierung eine i. a. mehrdimensionale Look up-Table, die die FC-Kennlinie bzw. das FC-Kennfeld in diskretisierter Form darstellt.

### 5.4.3 Sliding-Mode-FC

Bei der Besprechung konventioneller Zwei- bzw. Dreipunktregler hatten wir bereits auf die Möglichkeit hingewiesen, diesen durch eine verzögerte Rückführung zu einem weicheren Verlauf der Stellgröße zu verhelfen.

## 5.4 Typen von Fuzzy-Controllern

Ein ähnliches Konzept weisen *Sliding-Mode-FC* auf, schaltende Regler mit gleitenden Übergängen. Diese Übergänge werden erzeugt durch unscharfe, sich überlappende Gebiete für die einzelnen linguistischen Terme der Stellgröße [PAL89, PAL91a, PAL91b, PAL92]. Hierdurch erreicht man neben gutem Führungsverhalten insbesondere eine hohe Robustheit des Regelungssystems.

Zur Erläuterung der speziellen Eigenschaften dieses Reglertyps müssen wir zunächst noch einmal einen Exkurs in die konventionelle Regelungstechnik machen. Erinnern wir uns an den Zweipunktregler: Er kannte lediglich zwei mögliche Stellgrößenwerte (z. B. $\pm u_{max}$), zwischen denen in Abhängigkeit vom Vorzeichen der Regelabweichung $e$ umgeschaltet wurde. Diesen Regler können wir verallgemeinern, indem wir in das Umschaltkriterium neben der Regelabweichung selbst auch ihre zeitliche Ableitung $\dot{e}$ mit einbeziehen. Dies führt auf eine Regelstrategie der Form

$$u = \begin{cases} -u_{max} & \text{für } e + \lambda \dot{e} < 0 \\ +u_{max} & \text{für } e + \lambda \dot{e} \geq 0 \end{cases} \quad \lambda > 0.$$

Betrachten wir das Verhalten des Reglers in der $e$-$\dot{e}$-Ebene, so erkennen wir, daß die Umschaltbedingung in Form einer *Schaltgeraden* mit der Gleichung $e + \lambda \dot{e} = 0$ gegeben ist, deren Steigung durch den Parameter $\lambda$ bestimmt wird (Bild 5.49). Oberhalb der Schaltgeraden liefert der Regler die Stellgröße $+u_{max}$, unterhalb der Schaltgeraden $-u_{max}$. Für $\lambda=0$ erhalten wir eine senkrechte Schaltgerade, was unserem schon vertrauten "einfachen" Zweipunktregler entspricht. Die Neigung der Schaltgeraden können wir auf einfache Weise dadurch realisieren, daß wir dem einfachen Zweipunktregler einen PD-Regler mit der Verstärkung $K_R=1$ und der Vorhaltezeit $T_V = \lambda$ vorschalten (Bild 5.50).

Betrachten wir nunmehr einen Einfachregelkreis bestehend

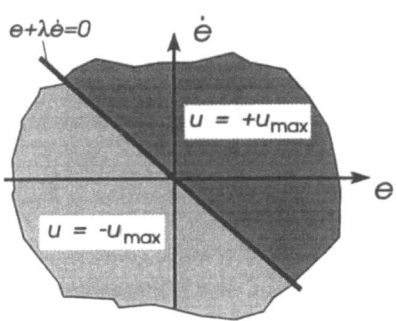

**Bild 5.49.** Zweipunktregler mit geneigter Schaltgeraden.

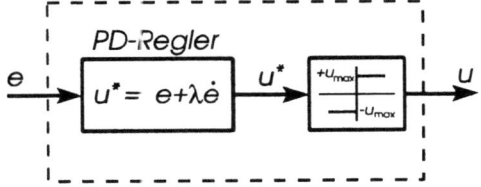

**Bild 5.50.** Realisierung der Schaltgeraden.

aus einer linearen Strecke 2. Ordnung sowie unserem Zweipunktregler mit geneigter Schaltgeraden (Bild 5.51).

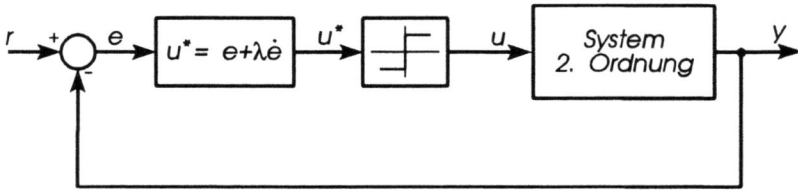

**Bild 5.51.** Regelkreis bestehend aus Strecke 2. Ordnung und Zweipunktregler mit geneigter Schaltgeraden.

Zunächst soll uns das Verhalten *der Regelstrecke allein* bei Aufschalten einer konstanten Stellgröße von $+u_{max}$ bzw. $-u_{max}$ - nur diese beiden Werte können während des Ausregelvorgangs auftreten - interessieren. Wir wollen annehmen, daß ihre Trajektorien die in Bild 5.52 skizzierten Verläufe haben.[36] Da wir eine lineare Strecke vorausgesetzt haben, verlaufen beide Trajektorienscharen gerade spiegelbildlich bezüglich des Ursprungs.

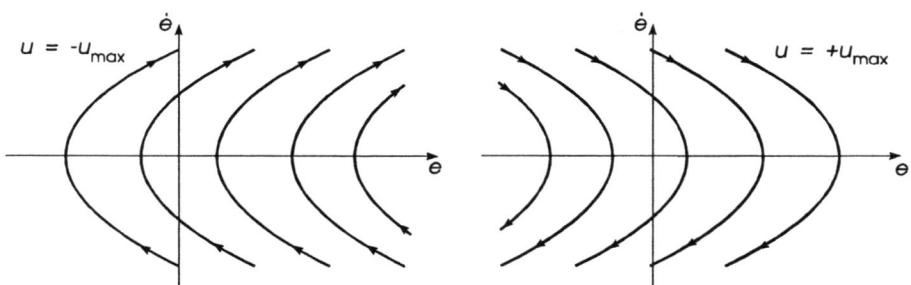

**Bild 5.52.** Trajektorien der Regelstrecke für $u = -u_{max}$ (links) bzw. $u = +u_{max}$ (rechts) und unterschiedliche Anfangswerte.

Was passiert nun bei einem konkreten Ausregelvorgang etwa nach Aufschaltung einer sprungförmigen Führungsgröße? Betrachten wir dazu Bild 5.53. Wir nehmen wir an, der zugehörige Anfangszustand des Systems liege oberhalb der Schaltgeraden (Punkt $P_0$). Dann bewegt sich der Systemzustand zunächst auf der zugehörigen Trajektorie für $u = +u_{max}$, bis diese auf die Schaltgerade trifft (Punkt $P_1$). Jetzt wechselt der Regler auf die Stell-

---

[36] Man beachte, daß die Trajektorien in der $e \cdot \dot{e}$ -Phasenebene aufgetragen sind. Diese Form der Darstellung geht wegen der Beziehung $e = r - y$ aus der üblichen Darstellung in der $x_1$-$x_2$-Zustandsebene durch Spiegelung der Trajektorien am Ursprung sowie eine Nullpunktverschiebung der $x_1$-Achse hervor.

## 5.4 Typen von Fuzzy-Controllern

größe $u = -u_{max}$ und das System legt seinen Weg auf der durch $P_1$ laufenden Trajektorie für $u = -u_{max}$ fort. Beim nächsten Treffen mit der Schaltgeraden (Punkt $P_2$) läuft der umgekehrte Vorgang ab.

Diese Art der Annäherung an den Nullpunkt setzt sich solange fort, bis der Systemzustand in einem Bereich in der Nähe des Ursprungs auf die Schaltgerade trifft, wo die "neue" Trajektorie, auf die er eigentlich

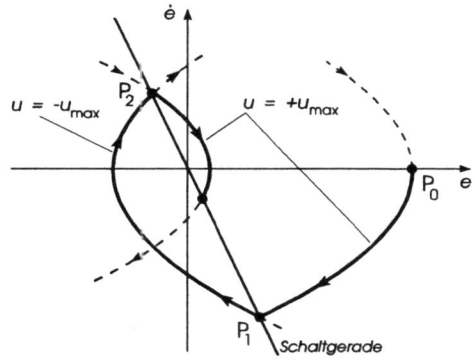

Bild 5.53. Anfangsverlauf der Trajektorie.

wechseln müßte, auf *derselben Seite der Schaltgeraden* verläuft wie die Trajektorie, auf der er sich gerade befindet. Dieser Bereich ist gegeben durch die Berührungspunkte der Schaltgeraden mit den beiden Trajektorienscharen für $u = -u_{max}$ bzw. $u = +u_{max}$ (Punkte A und A' in Bild 5.54). Bewegt sich der Systemzustand etwa auf der Trajektorie $T_1$, so erreicht er die Schaltgerade im Punkt A. Hier wechselt das System zunächst auf die Trajektorie $T_2$. Da diese jedoch ebenfalls oberhalb der Schaltgeraden verläuft, d. h. in dem Bereich $u = +u_{max}$, schaltet der Regler sofort wieder um. Wir erkennen, daß das System die Schaltgerade innerhalb dieses Bereiches nicht mehr verlassen

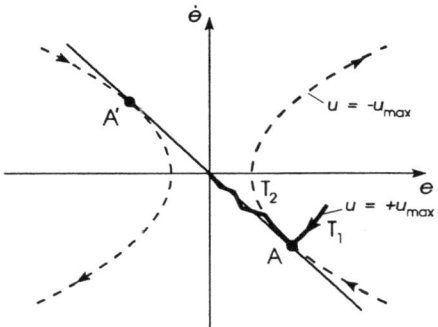

Bild 5.54. Übergang des Systems in den Sliding-Mode.

kann, sondern unter ständigem Umschalten des Reglers (dem schon bekannten "Rattern") in unmittelbarer Umgebung der Schaltgeraden - im Idealfall unendlich schnellen Umschaltens sogar exakt auf der Geraden - in den Nullpunkt "gleitet". Dieser Gleitzustand, der sogenannte Sliding-Mode, setzt ein, sobald eine Systemtrajektorie innerhalb des Bereiches $\overline{AA'}$ auf die Schaltgerade trifft und sorgt für stationäre Genauigkeit des Reglers. Da die Neigung der Schaltgeraden, d. h. der Reglerparameter $\lambda$, zwar die Ausdehnung des Bereiches $\overline{AA'}$ und damit den Zeitpunkt bestimmt, in dem der Sliding-Mode einsetzt, nicht aber den grundsätzlichen Verlauf, ist ein derartiger Regler relativ robust.

Wie der einfache Zweipunktregler belastet auch der Sliding-Mode-Regler das Stellglied durch häufige, sprungförmige Stellbewegungen. Hier liegt nun der Ansatzpunkt für die "Fuzzy-Version" dieses Reglertyps. Die Grundidee besteht darin, innerhalb der beiden Halbebenen unter- und oberhalb der Schaltgeraden durch eine Aufteilung in mehrere, unscharfe Gebiete einen weicheren, abgestuften Verlauf der Stellgröße zu erreichen. Dabei wird, wie im konventionellen Fall, auf beiden Seiten der Schaltgeraden eine bis auf das Vorzeichen gleiche Stellgrößenverteilung angesetzt. Durch zusätzliche Maßnahmen - auf die wir hier allerdings nicht näher eingehen wollen - kann darüber hinaus auch das harte Umschalten an der Schaltgeraden selbst verhindert oder zumindest abgeschwächt werden.

Bild 5.55 zeigt zunächst typische Zugehörigkeitsfunktionen für die Eingangsgrößen $e$ und $\dot{e}$ dieses Controller-Typs. Insbesondere fällt daran auf, daß sich jeweils nur die beiden äußeren Zugehörigkeitsfunktionen überlappen. Die Stellgrößen-Fuzzy-Sets besitzen in der Regel Standardform oder werden als Singletons angesetzt. Betrachten wir die Regelbasis. In der "Kompaktversion" läßt

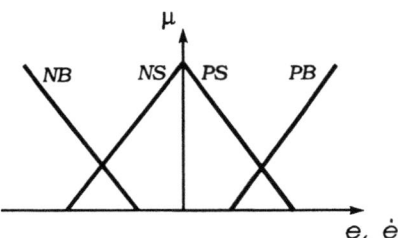

Bild 5.55. Typische Zugehörigkeitsfunktionen für Sliding-Mode-FC.

sich diese für beide Halbebenen durch lediglich jeweils zwei Regeln darstellen:

**Gebiet A** $(e + \lambda \dot{e} \geq 0)$:

Regel 1:  WENN ($e = PS$ ODER $e = PB$)
  UND ($\dot{e} = PB$ ODER $e = PB$)
  DANN $u = PB$.

Regel 2:  WENN ($e = NS$ ODER $e = NB$)
  ODER ($e = PS$ UND ($\dot{e} = PS$ ODER $\dot{e} = NS$))
  DANN $u = PS$.

**Gebiet B** $(e + \lambda \dot{e} < 0)$:

Regel 3:  WENN ($e = NS$ ODER $e = NB$)
  UND ($\dot{e} = NB$ ODER $e = NB$)
  DANN $u = NB$.

Regel 4:  WENN ($e = PS$ ODER $e = PB$)
  ODER ($e = NS$ UND ($\dot{e} = NS$ ODER $\dot{e} = PS$))
  DANN $u = NS$.

Die Symmetrie der Regeln sticht unmittelbar ins Auge. Um zu zeigen, daß mit diesen Regeln alle möglichen Eingangsgrößenkombinationen erfaßt

## 5.4 Typen von Fuzzy-Controllern

werden, wollen wir sie in der gewohnten Matrixform darstellen. Dazu splitten wir jede Regel auf in mehrere Regeln der Standardform

WENN $e = ...$ UND $\dot{e} = ...$ DANN $u = ...$

Wir erhalten:

**Gebiet A:**

|   |     | \multicolumn{4}{c}{$e$} |     |     |     |
|---|-----|----|----|----|----|
|   |     | NB | NS | PS | PB |
|   | PB  | PS | PS | PB | PB |
| $\dot{e}$ | PS | PS | PS | PS | PB |
|   | NS  | PS | PS | PS |    |
|   | NB  | PS | PS |    |    |

**Gebiet B:**

|   |     | \multicolumn{4}{c}{$e$} |     |     |     |
|---|-----|----|----|----|----|
|   |     | NB | NS | PS | PB |
|   | PB  |    |    | NS | NS |
| $\dot{e}$ | PS |    |    | NS | NS |
|   | NS  | NB | NS | NS | NS |
|   | NB  | NB | NB | NS | NS |

In beiden Matrizen fehlen jeweils nur solche Regeln, die in der entsprechenden Halbebene ohnehin nicht benötigt werden; der Regelraum ist somit mit obigen vier Regeln vollständig ausgeschöpft.

Wir wollen versuchen, das Übertragungsverhalten des Controllers etwas genauer zu charakterisieren. Dazu tragen wir den Gültigkeitsbereich der vier Regeln in der $e$-$\dot{e}$-Ebene auf (Bild 5.56).

Wegen der Symmetrie genügt es, den Halbraum A oberhalb der Schaltgeraden zu betrachten. Hier erkennen wir drei Bereiche. Im mit R1 bezeichneten, dunkelgrau hinterlegten Bereich ist nur Regel 1 aktiv. Wir erhalten in diesem Bereich eine konstante, aus dem Fuzzy-Set $u = PB$ resultierende Stellgröße. Im Bereich R2 (hellgrau) ist nur Regel 2 aktiv; hier erhalten wir die aus $u = PS$ resultierende Stellgröße.

Der gleitende Übergang zwischen diesen beiden Stellgrößenwerten findet nun im Überlappungsbereich R12 statt, in dem sowohl Regel 1 als auch Regel 2 aktiv ist (mittelgrau hinterlegt). Der scharfe Stellgrößenwert ist hier abhängig vom Erfüllungsgrad der beiden Regeln. Die Defuzzifizierung kann beispielsweise nach der Schwerpunktmethode vorgenommen werden.

Die gleichen Verhältnisse bezüglich der Regeln 3 und 4 gelten - nur mit umgekehrtem Vorzeichen - im Halbraum B unterhalb der Schaltgeraden.

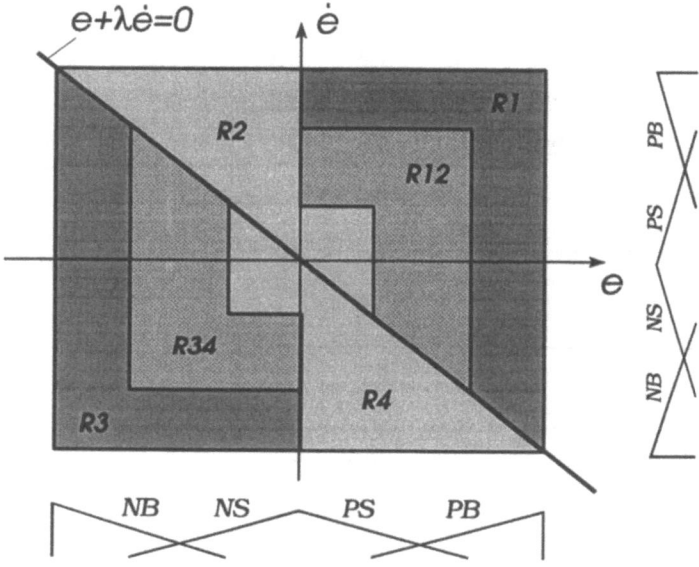

**Bild 5.56.** Gültigkeitsbereiche der einzelnen Regeln.

Ein Anwendungsbereich von Sliding-Mode-FC liegt in der Robotik. Bild 5.57 zeigt als Beispiel eine kraftadaptive Roboterregelung. Ziel der Regelung ist es, einen Roboterarm mit konstanter Kraft auf einer vorgegebenen Bahn entlang einer Oberfläche zu führen. Dazu ermittelt ein Kraftsensor aus der Roboterdynamik $F_R$ und der Wechselwirkungskraft $F_W$ zwischen Roboterarm und Objekt den Istwert $F_{Ist}$ der Kraft. Der Vergleich mit dem Sollwert $F_{Soll}$ liefert die Regelabweichung und ihre zeitliche Änderung.[37] Aus beiden Größen ermittelt der Fuzzy-Controller als Stellgröße die Bahnkorrektur $\Delta y_1$. Der Roboterarm setzt diese Bahnkorrektur zusammen mit dem vorgegebenen Bahnverlauf um in die Positionsänderung $\Delta y_0$.

---

[37] Der Block *Meßgrößenaufbereitung*, der die Differentiation vornimmt, wurde der Einfachheit halber weggelassen.

## 5.4 Typen von Fuzzy-Controllern

Für den Entwurf des Sliding-Mode-FC lassen sich unter gewissen Randbedingungen konkrete Vorschriften angeben, deren Untersuchung an dieser Stelle allerdings zu weit führen würde. Aus diesem Grunde sei hier lediglich auf weiterführende Literatur verwiesen.

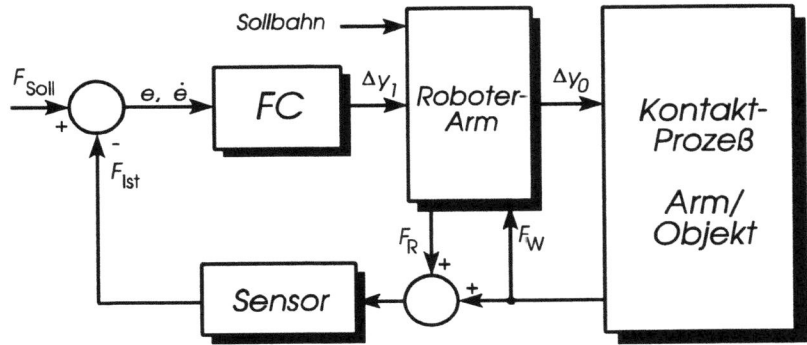

**Bild 5.57.** Kraftadaptive Roboterregelung durch Sliding-Mode-FC (Quelle: [PAL91a]).

### 5.4.4 FC nach SUGENO und TAKAGI

Bereits der Sliding-Mode-FC wies in Form der scharfen Schaltlinie eine gewisse Abkehr vom Grundkonzept des Fuzzy-Controllers auf. Auch der im folgenden beschriebene Typ des Fuzzy-Controllers weicht vom "herkömmlichen" Fuzzy-Controller ab [SUG85a].

Der grundlegende Unterschied zu den bisher betrachteten Controllern liegt in der Gestalt der Regelbasis. Diese weist nämlich Regeln der Form

$R_i$: WENN $e_1 = A_1^i$ UND $e_2 = A_2^i$ UND ... UND $e_n = A_n^i$

DANN $u^i = p_0^i + p_1^i e_1 + p_2^i e_2 + ... + p_n^i e_n$

auf. Analysieren wir zunächst den WENN-Teil der Regeln. Dieser hat die gewohnte Struktur mit

$e_1, e_2, ..., e_n$: Eingangsgrößen des Controllers

$A_1^i, A_2^i, ..., A_n^i$: Linguistische Terme für $i$-te Regel.

Demgegenüber zeichnet sich der DANN-Teil dadurch aus, daß er *keinerlei linguistische Terme für die Stellgröße u enthält*, sondern sich der scharfe

Stellgrößenwert $u^i$ der $i$-ten Regel als Linearkombination der scharfen Eingangsgrößen, gewichtet mit festen Parametern, also Zahlenwerten $p^i_j$ ergibt. Betrachten wir zum leichteren Verständnis einen Fuzzy-Controller mit zwei Eingangsgrößen $e_1$ und $e_2$. Dann könnten mögliche Regeln wie folgt definiert sein

$R_j$: WENN $e_1 = groß$ UND $e_2 = mittel$
DANN $u^j = 1.5 + 2e_1 + 0.5e_2$

$R_k$: WENN $e_1 = klein$ UND $e_2 = groß$
DANN $u^k = 3.2 + 4e_1 - 1.5e_2$

Wir erkennen, daß im Schlußfolgerungsteil der Regeln keinerlei Unschärfe auftritt, sondern jede Regel direkt einen scharfen, von den aktuellen Eingangsgrößen abhängigen Stellgrößenwert liefert. Eine Defuzzifizierung im eigentlichen Sinne existiert damit bei diesem Reglertyp nicht. Dabei fällt insbesondere auf, daß die Gewichtungsparameter von Regel zu Regel unterschiedlich sein können.

Jede Regel liefert somit einen Stellgrößenanteil $u^i$. Wie erhalten wir nun die resultierende Stellgröße für einen Satz von scharfen Eingangswerten? Zunächst müssen wir wie gewohnt den Erfüllungsgrad $H_i$ jeder Regel ermitteln. Dazu können wir die Erfüllungsgrade der einzelnen Prämissen über den MIN-Operator verknüpfen oder aber, wie von SUGENO und TAKAGI vorgeschlagen, den Gesamterfüllungsgrad der Regel als algebraisches Produkt der einzelnen Erfüllungsgrade berechnen. Die resultierende Stellgröße ergibt sich dann bei einer Regelbasis mit $m$ Regeln zu

$$u_{\text{res}} = \frac{\sum_{i=1}^{m} H_i u^i}{\sum_{i=1}^{m} H_i}.$$

Wie man unmittelbar erkennt, entspricht diese Berechnungsweise qualitativ der Schwerpunktmethode für Singletons bei der "echten" Defuzzifizierung.

Ein Problem, welches sich bereits bei oberflächlicher Betrachtung unmittelbar aufdrängt, ist die Frage nach der Wahl der Parameter $p^i_j$. Nehmen wir den Fall einer Regelbasis mit 3 Eingangsgrößen und 20 Regeln, so sind insgesamt 20 (3+1) = 80 Parameter festzulegen! Im Prinzip sind zwei Lösungsansätze denkbar:

- Berechnung geeigneter Parameter durch numerische Optimierungsverfahren oder "Lernen" der Parameter durch neuronale Netze anhand von Beispielen.

## 5.4 Typen von Fuzzy-Controllern

- Ermittlung der Parameter durch *Identifikation* des Verhaltens eines Operators und eventuell anschließende rechnergestützte oder experimentelle Nachbesserung. Diese Möglichkeit besteht naturgemäß nur dann, wenn der zugrundeliegende Prozeß vom Menschen bereits einigermaßen zufriedenstellend beherrscht werden kann.

Die zweite Vorgehensweise wollen wir anhand eines Anwendungsbeispiels von SUGENO und NISHIDA verdeutlichen [SUG85c]. Die Aufgabenstellung besteht dabei darin, ein (Modell-)Auto kollisionsfrei und ohne allzu heftige Lenkbewegungen über einen rechtwinkligen Kurs zu bewegen (Bild 5.58). Als Eingangsgrößen des Fuzzy-Controllers wurden gewählt:

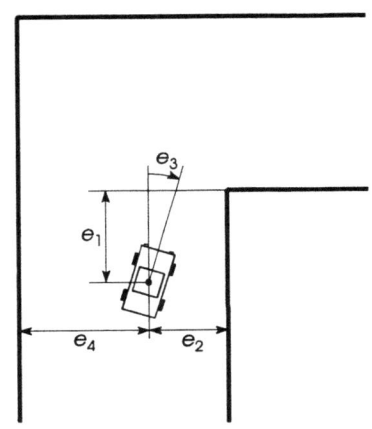

$e_1$ = Abstand zur Abzweigung,

$e_2$ = Abstand zum Innenrand der Fahrbahn,

$e_3$ = Fahrtrichtung des Wagens,

$e_4$ = Abstand zum Außenrand der Fahrbahn.

Stellgröße $u$ ist die Winkelstellung des Lenkrads.

Anhand der Beobachtung der menschlichen Fahrweise wurden definiert

**Bild 5.58.** Eingangsgrößen des Fuzzy-Controllers.

- für $e_1$ die Terme *klein*, *mittel* und *groß*,

- für $e_2$ die Terme *klein* und *groß*,

- für $e_3$ die Terme *links*, *geradeaus* und *rechts*,

- für $e_4$ der Term *sehr_klein*.

Bild 5.59 zeigt qualitativ die Form der entsprechenden Zugehörigkeitsfunktionen. Ebenfalls durch Beobachtung eines menschlichen Fahrers wurde die Regelbasis mit insgesamt 20 Regeln erstellt. Dabei taucht der Abstand $e_4$ zum Außenrand der Fahrbahn lediglich in den ersten beiden Regeln

WENN $e_3 = links$ UND $e_4 = sehr\_klein$

DANN $u = 3 - 0.045 e_3 - 0.004 e_4$

WENN $e_3 = geradeaus$ UND $e_4 = sehr\_klein$

DANN $u = 3 - 0.030 e_3 - 0.090 e_4$

auf. Man erkennt unmittelbar, daß diese beiden Regeln dazu dienen, den Wagen vom Außenrand der Fahrbahn fernzuhalten.

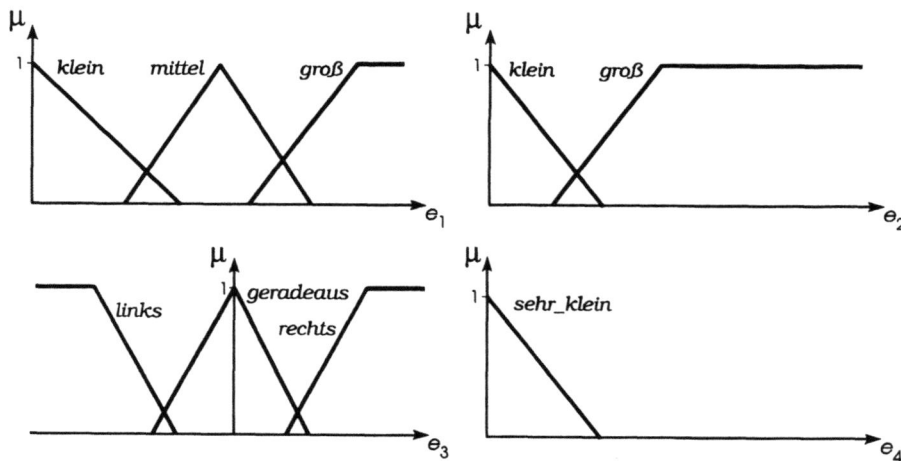

**Bild 5.59.** Zugehörigkeitsfunktionen für Eingangsgrößen.

Die übrigen 18 Regeln sind für das allgemeine Fahrverhalten zuständig und enthalten in ihren Prämissen alle möglichen Kombinationen der linguistischen Terme der Eingangsgrößen $e_1$ bis $e_3$. Insgesamt besitzt der Controller damit 20 (4+1) = 100 Parameter $p_j^i$. Zur Bestimmung dieser Parameterwerte wurden während mehrerer manueller Fahrten diskrete Eingangsgrößenwerte $e_{1k}$, $e_{2k}$, $e_{3k}$, $e_{4k}$ und die zugehörigen, vom Fahrer erzeugten Stellgrößenwerte $u_k$ aufgezeichnet. Mit Hilfe eines geeigneten numerischen Optimierungsverfahrens wurden die Parameter dann so berechnet, daß die Abweichung zwischen gemessener Fahrweise und FC-geregelter Fahrt minimal wurde. Entsprechende Fahrverläufe können [SUG85c] entnommen werden.

## 5.5 Strukturvarianten von Fuzzy-Regelkreisen

Der Fuzzy-Regelkreis in seinen bisher besprochenen Formen entspricht im wesentlichen den aus der konventionellen Regelungstechnik hinreichend bekannten Standardstrukturen, wobei "lediglich" an die Stelle des klassischen Reglertyps ein Fuzzy-Controller tritt. Genau an dieser Stelle liegt aber der springende Punkt: Die Akzeptanz von Fuzzy-Controllern ist - zumindest zum augenblicklichen Zeitpunkt - noch relativ gering. Dies äußert sich in der Beobachtung, daß man *dem Fuzzy-Controller allein* häufig "noch

## 5.5 Strukturvarianten von Fuzzy-Regelkreisen

nicht so recht traut" - ein Umstand, der sicherlich auf den zur Zeit noch völlig unbefriedigenden weil unpraktikablen Analysewerkzeugen für Fuzzy-Regelungssysteme basiert (wir werden auf diesen Punkt noch bei der Stabilitätsanalyse von Fuzzy-Regelungssystemen zu sprechen kommen).

Diese Skepsis ist der Grund dafür, warum in der Praxis häufig von einer Regelkreisstruktur mit einem Fuzzy-Controller als alleinigem Regler abgewichen wird. Vielmehr versucht man, die Vorteile von konventioneller Regelung und Fuzzy-Control miteinander zu verbinden, indem einem bewährten Regelkreis (beispielsweise mit PID-Regler) ein Fuzzy-Controller "aufgesetzt" wird, der die Unzulänglichkeiten des klassischen Reglers kompensieren und beispielsweise in besonderen Betriebszuständen eingreifen soll. Dazu wird man in Abhängigkeit vom aktuellen Betriebszustand zwischen beiden Regelungskonzepten umschalten: Während bei kleinen Abweichungen vom Arbeitspunkt der PID-Regler die richtige Wahl darstellt, kommt bei größeren Stör- oder Führungsgrößenänderungen der Fuzzy-Controller zum Einsatz. Ein Beispiel für dieses Konzept ist der Temperaturregler der Firma OMRON, einer der ersten kommerziell vertriebenen Reglerbausteine mit einer Fuzzy-Controller-Komponente. Hier sorgt der Fuzzy-Zusatzregler für ein erheblich verbessertes Störverhalten gegenüber der Standard-PID-Regelung. Dabei bleiben die Vorteile des PID-Reglers wie beispielsweise stationäre Genauigkeit erhalten.

Ein breites Anwendungsfeld für Fuzzy-Control eröffnet sich im Bereich *adaptiver Regelungen*, d. h. der on line-Verbesserung des Regelverhaltens, wie sie beispielsweise bei zeitvarianten Prozessen wünschenswert ist. Hier können durch Modifikation der Regelkreisstruktur *selbstorganisierende Fuzzy Controller (Self Organizing Controller SOC)* geschaffen werden, die sich durch eine Anpassung ihrer Reglerparameter möglichst optimal auf den Prozeß einstellen. Bild 5.60 zeigt eine derartige Regelkreisstruktur in ihrer einfachsten Form.

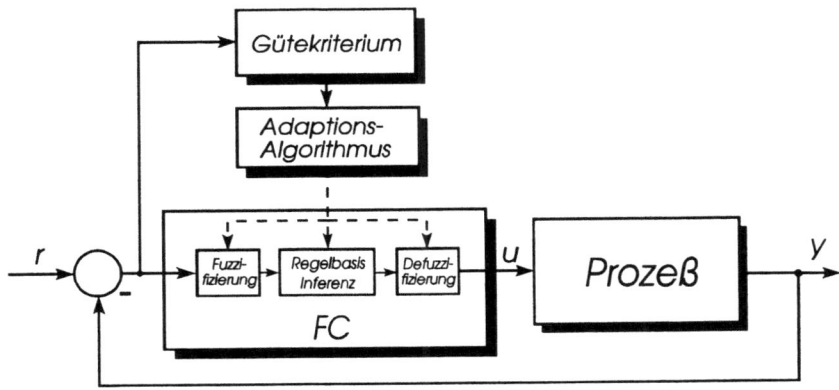

**Bild 5.60.** Struktur eines Regelkreises mit adaptivem Fuzzy-Controller.

Grundlage für die Adaption des Fuzzy Controllers ist hier die Beobachtung der Regelabweichung, aus der über ein geeignetes Gütekriterium (beispielsweise das Integral der Regelabweichung über einen bestimmten Zeitraum) ein Güteindex als Kenngröße für die aktuelle Regelgüte ermittelt wird. Die eigentliche Verstellstrategie ist im Block *Adaptionsalgorithmus* enthalten: Er enthält die "Intelligenz" des adaptiven Reglers in Form von unterschiedlichen Verstellbefehlen in Abhängigkeit vom Güteindex. Dabei ist es durchaus denkbar, den Adaptionsalgorithmus selbst ebenfalls als Fuzzy-Algorithmus in Form von WENN... DANN... - Regeln zu implementieren.

Angriffspunkte des Adaptionsalgorithmus können die unterschiedlichen Teilkomponenten des Fuzzy-Controllers sein. Im einfachsten Fall wird man sich darauf beschränken, durch Umskalierung des Wertebereichs für die Eingangsgrößen des Controllers (hier also lediglich der Regelabweichung) eine Umschaltung zwischen "Grobtuning" und "Feintuning" (möglicherweise mit mehreren Zwischenstufen) zu erreichen. Dem würde im konventionellen Fall die Adaption des Regler-Verstärkungsfaktors entsprechen. Komplexere Algorithmen können darüber hinaus auch die Zugehörigkeitsfunktionen selbst oder sogar die Regelbasis in den Adaptionsalgorithmus einbeziehen, indem zustandsabhängig die Form von Fuzzy-Sets oder einzelne Regeln modifiziert werden bzw. zwischen unterschiedlichen Regelsätzen umgeschaltet wird. Auch die Wahl unterschiedlicher Verknüpfungsoperatoren, Inferenzmechanismen oder Defuzzifizierungsmethoden ist in diesem Zusammenhang denkbar.

Eine etwas konservativere Struktur eines adaptiven Regelkreises zeigt Bild 5.61. Hier ist der Regler selbst konventioneller Natur (beispielsweise vom PID-Typ) und nur die eigentliche Parameteradaption wird über eine Fuzzy-Verstellstrategie vorgenommen.

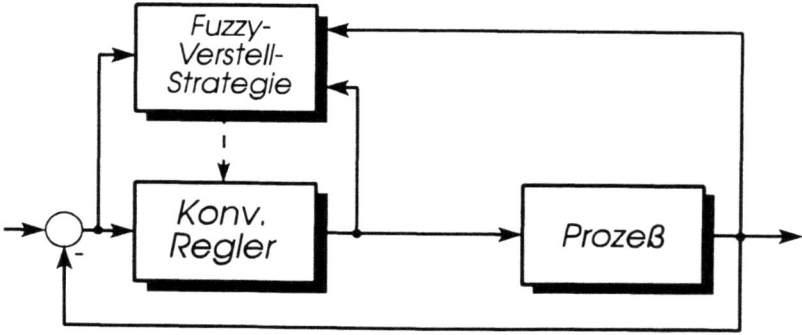

**Bild 5.61.** Adaption eines konventionellen Reglers über eine Fuzzy-Verstellstrategie.

Ein weitergehender Ansatz besteht darin, das Fuzzy-Konzept nicht nur für die Regelung selbst, sondern simultan dazu für die Prozeßidentifikation zu

## 5.5 Strukturvarianten von Fuzzy-Regelkreisen

nutzen, um basierend auf einem "Fuzzy-Prozeßmodell" ein prädiktives Regelungskonzept zu realisieren, wie es beispielsweise der U-Bahn-Steuerung in Sendai/Japan zugrundeliegt [YAG85]. Der "einfache" Fuzzy-Controller geht dann in einen modellbasierten Controller (*Model - Based Controller MBC*) über.

Wir wollen uns die Grundidee dieses adaptiven Fuzzy-Controllers anhand eines Beispiels von GRAHAM und NEWELL verdeutlichen [GRA88]. Dabei handelt es sich um das Problem einer Füllstandsregelung, deren Schwierigkeitsgrad insbesondere durch die auftretende Totzeit charakterisiert ist. Die Struktur des Regelkreises zeigt Bild 5.62.

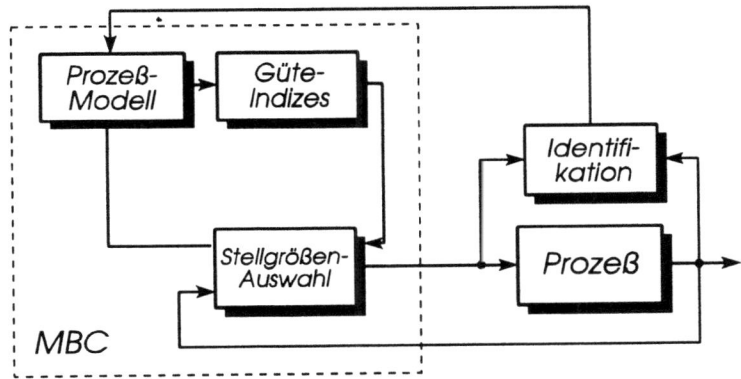

**Bild 5.62.** Prinzip des *Model-Based Controllers* (nach [GRA88]).

Der MBC besteht aus drei Komponenten:

- Dem *Fuzzy-Prozeßmodell* (i. a. in Form einer Relationsmatrix), welches während des Betriebes simultan zur Regelung durch Messung der Prozeßein- und -ausgangsgröße(n) identifiziert wird.

- Dem *Fuzzy-Güteindex* bzw. den Fuzzy-Güteindizes, die für jedes interessierende Gütekriterium durch jeweils eine Zugehörigkeitsfunktion vorgegeben werden. So kann im Falle der Füllstandsregelung etwa die Abweichung vom Soll-Füllstand durch eine dreiecksförmige Zugehörigkeitsfunktion mit einem der Sollhöhe entsprechenden Modalwert charakterisiert werden. Sollen mehrere Gütekriterien gleichzeitig optimiert werden, so können die entsprechenden Güteindizes z. B. über den MIN-Operator zum skalaren Gesamtindex verknüpft werden.

- Der *Stellgrößenauswahl*, die aus einer endlichen Menge von Stellgrößenalternativen diejenige auswählt, die - basierend auf der Schätzung des Prozeßmodells - den maximalen Güteindex verspricht.

Eine genauere Betrachtung läßt schnell die Probleme erkennen, die sich bei einem derartigen Ansatz ergeben:

- Zu Beginn des Regelvorgangs liegen noch keinerlei Informationen über das Prozeßmodell vor. Die Identifikation startet daher mit einer zunächst leeren Relationsmatrix. Alternativ dazu könnte man mit einem zuvor off line ermittelten "Anfangsmodell" starten.

- Speziell in der Anfangsphase des Regelvorgangs kann der Fall auftreten, daß die Stellgrößenauswahl aufgrund eines unvollständigen Prozeßmodells keine Abschätzung der Auswirkung einzelner Stellgrößenalternativen auf die Regelkreisgüte liefern kann. Für diesen Fall muß eine Art "Notregler" implementiert sein, der zumindest die Stabilität des Kreises sichert, bis das Fuzzy-Prozeßmodell vollständig ist. Im einfachsten Fall wird der Regler die im vorherigen Schritt ermittelte Stellgröße beibehalten.

Die Realisierungsform der einzelnen Teilkomponenten des MBC ist daher in hohem Maße vom zu regelnden Prozeß abhängig.

## 5.6 Stabilität und Robustheit

Zu den angenehmsten Eigenschaften konventioneller linearer Regelungssysteme zählt sicherlich die Existenz einer Vielzahl analytischer, grafischer und numerischer Analysewerkzeuge, die insbesondere die Überprüfung des Stabilitätsverhaltens ermöglichen.

Fuzzy - Regelungssysteme sind - sieht man von einigen rein akademischen Beispielen einmal ab - naturgemäß nichtlineare Systeme. Die gesamte Palette linearer Stabilitätskriterien scheidet damit für ihre Analyse von vornherein aus. Erschwerend kommt hinzu, daß Fuzzy-Controller üblicherweise gerade in solchen Fällen eingesetzt werden, wo ein mathematisches Modell des zu regelnden Prozesses überhaupt nicht oder lediglich in linguistischer, d. h. umgangssprachlicher Form vorliegt. Eine globale Stabilitätsaussage vergleichbar derjenigen im linearen Fall wird daher in dem meisten Fällen nicht möglich sein. An ihre Stelle tritt vielmehr eine "heuristische" Stabilitätsüberprüfung, die auf einer Analyse des Fuzzy-Regelkreises auf linguistischer Ebene basiert. So kann man etwa das qualitative Verhalten des Regelkreises in den unterschiedlichen Betriebsfällen (verschiedene Anfangswerte, Führungsgrößen, Störgrößen) anhand der Regelbasis und einem linguistischen Prozeßmodell per Hand "durchspielen" und auf diese Weise einen ungefähren Überblick über mögliche Ruhelagen, Grenzzyklen oder

## 5.6 Stabilität und Robustheit

auch Instabilitäten des Regelkreises erhalten [BRA79a]. Dennoch bleibt ein Restrisiko in jedem Fall bestehen - sicherlich einer der Gründe, warum speziell in sicherheitsrelevanten Bereichen der Einsatz von Fuzzy-Controllern mit Vorsicht anzugehen ist.

Liegt demgegenüber ein mathematisches Modell des Prozesses vor, so können zumindest prinzipiell die in Abschnitt 4.6 bereits angesprochenen Stabilitätskriterien für nichtlineare Systeme angewendet werden (eine detaillierte Beschreibung der Verfahren findet man z. B. in [FÖL70]):

- Die Stabilitätstheorie von LJAPUNOV,
- das Kriterium von POPOV,
- die Hyperstabilitätstheorie,
- die Harmonische Balance (Methode der Beschreibungsfunktionen).

In der Praxis wird ihre Anwendbarkeit in der Regel auf einfache Fälle beschränkt bleiben. Wir wollen dies exemplarisch am Verfahren der Harmonischen Balance zeigen.

Die Harmonische Balance ermöglicht die näherungsweise Bestimmung möglicher *Grenzzyklen* eines nichtlinearen Regelkreises. Sie eignet sich insbesondere für Kreise bestehend aus einem Kennlinienregler mit symmetrischem Übertragungsverhalten und einer linearen Regelstrecke. Eine derartige Struktur zeigt Bild 5.63.

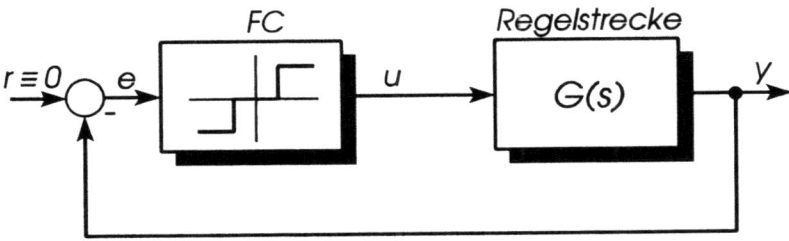

**Bild 5.63.** Fuzzy-Regelkreis mit linearer Regelstrecke und stufenförmiger FC-Kennlinie.

Die Regelstrecke soll beschrieben werden durch die Übertragungsfunktion

$$G(s) = 20 \frac{1089}{s(s^2 + 20s + 1089)}.$$

Der Fuzzy-Controller möge die in Bild 5.64 dargestellte stufenförmige Kennlinie aufweisen.

Wir wollen uns zunächst mit der Grundidee der Harmonischen Balance vertraut machen. Dazu zäumen wir das Pferd von hinten auf, indem wir von der Annahme ausgehen, unser Regelkreis weise einen stabilen Grenzzyklus der Form $e(t) = A \sin \omega t$ auf. Was passiert mit diesem harmonischen Signal zunächst beim Durchlaufen des Fuzzy-Controllers? Bild 5.65 gibt die Antwort: Das sinusförmige Signal wird aufgrund der nichtlinearen Kennlinie "deformiert",

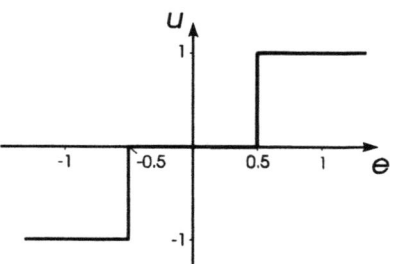

Bild 5.64. Kennlinie des Fuzzy-Controllers.

wobei das resultierende Ausgangssignal $u(t)$ aber wiederum periodisch mit der gleichen Frequenz $\omega$ ist wie $e(t)$. $u(t)$ läßt sich daher als Fourierreihe mit einer Grundwelle der Frequenz $\omega$ und Oberwellen der Frequenzen $2\omega, 3\omega, 4\omega$ usw. darstellen. Der entscheidende Schritt besteht nun in der Annahme, daß diese Oberwellen beim Durchlaufen der Regelstrecke aufgrund deren Tiefpaßcharakters "herausgefiltert" werden, so daß an ihrem Ausgang lediglich die Grundwelle erscheint. Besitzt diese dort die gleiche Amplitude wie am Eingang des Fuzzy-Controllers und ist ihre Phasenverschiebung unter Berücksichtigung der Vorzeichenumkehr am Summierer null bzw. ein Vielfaches

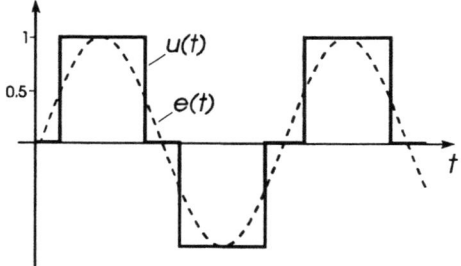

Bild 5.65. Ausgangssignal des Fuzzy-Controllers bei sinusförmiger Eingangsgröße.

von $2\pi$, so ist die Bedingung für das Entstehen einer Dauerschwingung erfüllt.

Die Amplitudenänderung und Phasenverschiebung des Signals kommt einerseits durch den Fuzzy-Controller, andererseits durch die Regelstrecke zustande. Im Falle der Regelstrecke können wir beide Größen beschreiben durch den Streckenfrequenzgang $G(j\omega)$. Amplituden- und Phasenänderung sind in diesem Fall nur abhängig von der Frequenz $\omega$.

Anders sieht es beim Fuzzy-Controller aus. Das Ausgangssignal ist zunächst einmal gleichphasig zum Eingangssignal - die Phasenverschiebung ist also null.[38] Die Amplitudenverstärkung bezogen auf die Grundwelle ist jedoch hier - im Gegensatz zur linearen Regelstrecke - nicht von der Frequenz $\omega$, sondern von der Amplitude $A$ des Eingangssignals abhängig! So können wir an der Kennlinie des Fuzzy Controllers beispielsweise unmittelbar ablesen, daß für sinusförmige Eingangssignale mit einer Amplitude

---

[38] Dies gilt allgemein für *eindeutige* Kennlinien, nicht jedoch beispielsweise für Hysteresekennlinien.

## 5.6 Stabilität und Robustheit

$A < 0.5$ das Ausgangssignal und damit die Amplitudenverstärkung zu null wird. Diese Abhängigkeit der Amplitudenverstärkung eines nichtlinearen Kennliniengliedes von der Amplitude des Eingangssignals selbst wird durch die sog. *Beschreibungsfunktion*

$$N(A) := \frac{A'}{A}$$

des Kennliniengliedes charakterisiert. Darin ist $A'$ die Amplitude der Grundwelle des Ausgangssignals.

Zur Berechnung der Beschreibungsfunktion eines nichtlinearen Kennliniengliedes ist somit die Amplitude der Grundwelle des Ausgangssignals, d. h. der erste Term ihrer Fourierreihen-Entwicklung erforderlich. Obwohl diese Berechnung im Falle einer stufenförmigen Kennlinie noch relativ einfach möglich ist, wollen wir das Ergebnis für unsere Kennlinie hier ohne Herleitung angeben. Wir erhalten

$$N(A) = \begin{cases} 0 & \text{für } A \leq 0.5 \\ \frac{4}{\pi A} \sqrt{1 - \frac{1}{4A^2}} & \text{für } A > 0.5 \end{cases}.$$

Nunmehr können wir die Bedingung für das Entstehen einer Dauerschwingung aufstellen. Sie lautet

$$N(A) \cdot G(j\omega) \stackrel{!}{=} -1.$$

Die Auswertung dieser Bedingung kann grafisch erfolgen. Dazu stellen wir die Gleichung zunächst um auf die Form

$$G(j\omega) = -\frac{1}{N(A)}.$$

Diese Gleichung besagt, daß wir die *Schnittpunkte* der (komplexen) Ortskurve $G(j\omega)$ der Regelstrecke und des negativen Kehrwertes der Beschreibungsfunktion (diese ist bei eindeutigen Kennlinien rein reell) zu suchen haben. Die Frequenz der zugehörigen Dauerschwingung können wir dann der Ortskurve und ihre Amplitude der Beschreibungsfunktion entnehmen. Man spricht daher in diesem Zusammenhang häufig auch vom *Zwei-Ortskurven-Verfahren*.

Wenden wir diese Vorschrift auf unser Beispiel an, so erhalten wir qualitativ die in Bild 5.66 dargestellten Verhältnisse. Das linke Teilbild zeigt den Verlauf der Beschreibungsfunktion $N(A)$. Im rechten Teilbild sind sowohl die Ortskurve der Regelstrecke als auch die Funktion $-1/N(A)$ aufgetragen.

Letztere besteht aus zwei auf der negativen reellen Achse verlaufenden Ästen, die die Ortskurve im Punkt -1 schneiden (Punkte ① und ②). Beide Schnittpunkte weisen somit dieselbe Frequenz $\omega$, aber unterschiedliche Amplituden $A_1$ bzw. $A_2$ auf (linkes Teilbild). Beim Grenzzyklus mit der Amplitude $A_1$ führt eine Erhöhung der Amplitude ebenfalls zu einer Erhöhung von $N(A)$; dieser Grenzzyklus ist daher instabil. Der Grenzzyklus mit der Amplitude $A_2$ ist demgegenüber stabil.

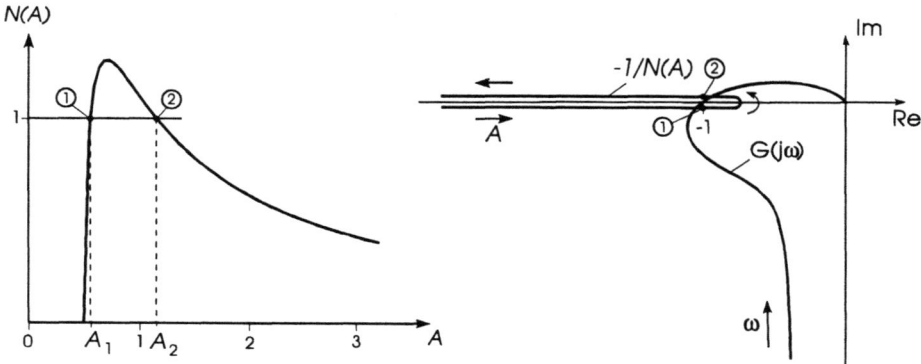

**Bild 5.66.** Grafische Bestimmung möglicher Dauerschwingungen.

Zur Berechnung von Amplitude und Frequenz der stabilen Dauerschwingung gehen wir zunächst vom Frequenzgang der Regelstrecke aus. Durch Einsetzen von $s = j\omega$ in die Übertragungsfunktion erhalten wir

$$G(j\omega) = 20\frac{1089}{j\omega(-\omega^2 + 20j\omega + 1089)}$$

$$= 20\frac{1089}{-20\omega^2 + j(1089\omega - \omega^3)}$$

$$= 20\frac{1089(-20\omega^2 - j(1089\omega - \omega^3))}{400\omega^4 + (1089 - \omega^2)^2}.$$

Aus der Bedingung $\text{Im}\{G(j\omega)\} = 0$ für den Schnittpunkt beider Kurven ermitteln wir

$$1089\omega - \omega^3 = 0$$

und damit für die Frequenz $\omega$ der gesuchten Dauerschwingung

$$\omega = \sqrt{1089} = 33.$$

Für den Realteil von $G(j\omega)$ bei dieser Frequenz ergibt sich dann

## 5.6 Stabilität und Robustheit

$$\operatorname{Re}\{G(j33)\} = 20\frac{1089}{20\cdot 33^2} = -1,$$

wie wir bereits Bild 5.66 entnommen haben. Die Amplitude der Dauerschwingung erhalten wir also aus der Forderung

$$-\frac{1}{N(A)} \stackrel{!}{=} -1$$

bzw. nach Umstellung

$$N(A) = \frac{4}{\pi A}\sqrt{1 - \frac{1}{4A^2}} = 1.$$

Die Gleichung besitzt die Lösungen

$A_1 \cong 0.55,$

$A_2 \cong 1.14,$

von denen aus den oben angesprochenen Gründen nur die zweite Amplitude zu einer stabilen Dauerschwingung gehört.

Bild 5.67 zeigt eine Simulation des betrachteten Regelkreises. Wir können unmittelbar erkennen, daß sowohl Amplitude als auch Frequenz des Grenzzyklusses unserer Vorhersage entsprechen.

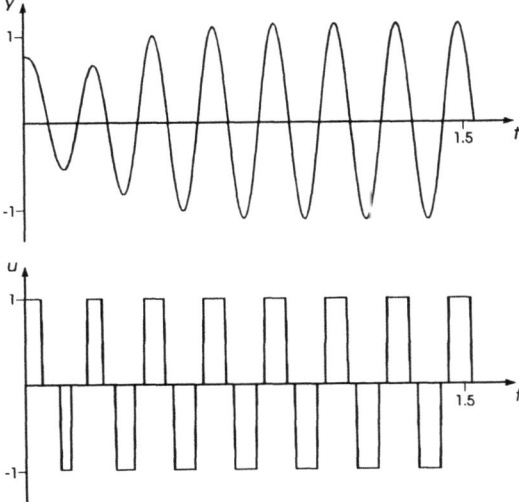

**Bild 5.67.** Verlauf von Ausgangsgröße $y(t)$ (oben) und Stellgröße $u(t)$ (unten) bei einem Anfangswert von $y(0) = 0.8$.

Unsere bisherigen Überlegungen lassen sich unmittelbar auf mehrstufige (symmetrische) FC-Kennlinien übertragen. Die entsprechenden Beschreibungsfunktionen ergeben sich durch Überlagerung von einstufigen Kennlinien unterschiedlicher Stufenhöhe. Dazu betrachten wir Bild 5.68, das eine zweistufige Kennlinie zeigt. Die zugehörige Beschreibungsfunktion lautet dann

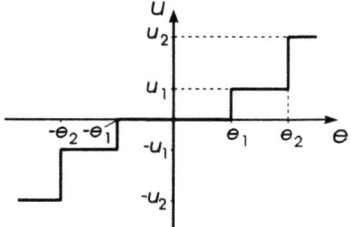

Bild 5.68. Zweistufige FC-Kennlinie.

$$N(A) = \frac{4}{\pi A}\left(u_1\sqrt{1-\frac{e_1^2}{A^2}} + u_2\sqrt{1-\frac{e_2^2}{A^2}}\right).$$

Für $N$-stufige Kennlinien ergibt sich verallgemeinert für die Beschreibungsfunktion die Beziehung

$$N(A) = \frac{4}{\pi A}\left[\sum_{i=1}^{N-1} u_i\left(\sqrt{1-\frac{e_i^2}{A^2}} - \sqrt{1-\frac{e_{i+1}^2}{A^2}}\right) + u_N\sqrt{1-\frac{e_N^2}{A^2}}\right].\quad{}^{39}$$

Für den Fall, daß die Kennlinie im Gegensatz zu unserem Beispiel keine tote Zone aufweist, ist $e_1 = 0$ zu setzen (s. auch [KIC78]).

Tragen wir die Beschreibungsfunktion einer solchen mehrstufigen Kennlinie grafisch auf, so erhalten wir typischerweise einen Verlauf wie ihn Bild 5.69 zeigt. Da die Beschreibungsfunktion mehrere Minima und Maxima besitzt, können demzufolge auch mehrere Grenzzyklen gleicher Frequenz, aber unterschiedlicher Amplitude auftreten. Bei einer $N$-stufigen Kennlinie mit toter Zone sind insgesamt maximal $2N$ Grenzzyklen möglich; davon sind - analog zum oben betrachteten einstufigen Fall - aber nur die $N$ Zyklen stabil, deren Schnittpunkte jeweils auf der fallenden Flanke der

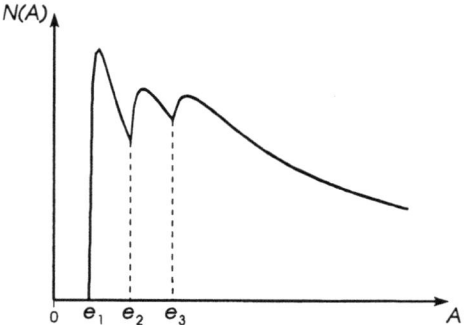

Bild 5.69. Typischer Verlauf der Beschreibungsfunktion einer mehrstufigen (hier: dreistufigen) Kennlinie mit toter Zone.

---

[39] Bei der Auswertung dieser wie auch der vorangegangenen Gleichung sind Wurzelterme mit negativem Radikanden zu null zu setzen.

Beschreibungsfunktion liegen (vgl. Bild 5.66!).

Welcher Nutzen läßt sich aus einer derartigen Analyse nun ziehen? Deutet die Harmonische Balance - wie in unserem Beispiel - auf einen Grenzzyklus oder sogar mehrere hin, so ist im Einzelfall abzuwägen, inwiefern die prognostizierten Dauerschwingungen im Hinblick auf die Anforderungen an die Regelkreisdynamik noch tragbar sind. Diese Entscheidung wird im wesentlichen von der Amplitude des jeweiligen Grenzzyklusses, u. U. aber auch von seiner Frequenz abhängen. Gegebenenfalls besteht die Möglichkeit, durch Modifikation der Reglerkennlinie dafür zu sorgen, daß sich günstigere Werte einstellen oder aber überhaupt keine Dauerschwingungen mehr auftreten.

Die bisherigen Betrachtungen lassen bereits vermuten, welcher Aufwand mit einer Stabilitätsanalyse in komplexeren Fällen verbunden sein wird - sofern sie überhaupt noch möglich ist. So stellt die Abkehr von einer symmetrischen Reglerkennlinie oder die Realisierung von Fuzzy-Controllern mit mehr als einer Eingangsgröße den Anwender in bezug auf diesen Punkt im allgemeinen vor unüberwindliche Hindernisse. Im letzteren Fall kann eine Analyse möglicher Grenzzyklen eventuell auf simulatorischem Wege erfolgen - eine Vorgehensweise, die sich auch dann anbietet, wenn für die Regelstrecke kein mathematisches Modell vorliegt.

Betrachten wir nach der Stabilität die Robustheitsfrage. Die hohe Robustheit von Fuzzy-Regelungssystemen folgt unmittelbar aus dem Konzept der Unschärfe. Da für den Entwurf des Fuzzy-Controllers kein mathematisches Modell des zu regelnden Prozesses herangezogen wird, werden Parametervariationen im Prozeß - sofern sie nicht allzu drastisch ausfallen - in der Regel das dynamische Verhalten des Regelkreises nur unwesentlich beeinflussen (man denke an das Beispiel für eine Positionsregelung an früherer Stelle). Auch die Robustheit beispielsweise gegenüber Änderungen des Sollwertes oder den unterschiedlichsten Störungen wie etwa Meßrauschen werden häufig als Pluspunkte des Fuzzy-Controller-Konzeptes angeführt. Demgegenüber weisen speziell "hochgezüchtete" konventionelle Regler häufig die Eigenschaft auf, zwar für das zugrundeliegende mathematische Prozeßmodell, spezielle Führungsgrößen, hochgenaue Sensorik und störungsfreie Signale Optimalität in irgendeinem Sinne aufzuweisen, jede noch so kleine Abweichung von diesem Idealzustand aber mit einem Verlust an Regelgüte bis hin zur Instabilität des Gesamtsystems zu bestrafen.

Die Robustheitseigenschaften von Fuzzy-Regelungssystemen gehen aber noch darüber hinaus. So erhält man in vielen Fällen bereits mit einigen wenigen Regeln einen einigermaßen zufriedenstellenden Regelkreis (bei vielen Anwendungen im Bereich der Konsumgüter kann man die Regeln an den Fingern abzählen!). Umgekehrt bedeutet dies, daß das Regelungssystem auch bei Modifikation oder Weglassen einzelner Regeln die grundsätzliche Funktionstüchtigkeit beibehält. Die Robustheit kann sogar soweit gehen, daß selbst der Komplettausfall eines Sensors nicht zu einem völligen Versagen der Regelung führt.

Betrachten wir als Beispiel noch einmal das inverse Pendel aus Abschnitt 4.2, das in der von uns beschriebenen Form oder strukturell ähnlichen Varianten zu den verbreitetsten Demonstrationsbeispielen im Bereich Fuzzy-Control zählt. Eingangsgrößen des Controllers sind in der Regel Winkelstellung $\varphi$ und Winkelgeschwindigkeit $\omega$ des Pendels, Stellgröße ist der dem Motor aufgeprägte Ankerstrom. Als Zugehörigkeitsfunktionen eignen sich die an früherer Stelle angegebenen Standardformen, weshalb wir auf die detaillierte Darstellung an dieser Stelle verzichten wollen. Unser Augenmerk soll vielmehr der Regelbasis gelten. Bild 5.70 zeigt im oberen Teilbild zunächst den Standard-Regelsatz für die Ausregelung einer Anfangsauslenkung des Pendels. Aufgrund der Pendelsymmetrie ist die Regelbasis ebenfalls symmetrisch. Das untere Teilbild zeigt demgegenüber einen merklich reduzierten Regelsatz. Ergänzend wollen wir vereinbaren, daß in solchen Fällen, in denen keine Regel aktiv ist, jeweils die zuletzt ermittelte Stellgröße beibehalten wird.

|   |   | $\varphi$ | | | | | | |
|---|---|---|---|---|---|---|---|---|
|   |   | NB | NM | NS | ZO | PS | PM | PB |
|   | NB | PM |    | PS | PB |    |    |    |
|   | NM | PM |    |    | PM |    |    |    |
|   | NS | PM |    | PS | PS |    |    |    |
| $\omega$ | ZO | PB | PM | PS | ZO | NS | NM | NB |
|   | PS |    |    |    | NS | NS |    | NM |
|   | PM |    |    |    | NM |    |    | NM |
|   | PB |    |    |    | NB | NS |    | NM |

|   |   | $\varphi$ | | | | | | |
|---|---|---|---|---|---|---|---|---|
|   |   | NB | NM | NS | ZO | PS | PM | PB |
|   | NB | PM |    |    | PB |    |    |    |
|   | NM |    |    |    |    |    |    |    |
|   | NS |    |    |    | PS |    |    |    |
| $\omega$ | ZO | PB |    | PS | ZO | NS |    | NB |
|   | PS |    |    |    | NS |    |    |    |
|   | PM |    |    |    |    |    |    |    |
|   | PB |    |    |    | NB |    |    | NM |

**Bild 5.70.** Standard-Regelbasis (oben) und reduzierte Regelbasis (unten) für Regelung des inversen Pendels.

Die zugehörigen Simulationsergebnisse stellt Bild 5.71 dar. Wir erkennen deutlich, daß sich das Systemverhalten durch die Reduzierung des Regelsatzes nur unwesentlich verschlechtert.

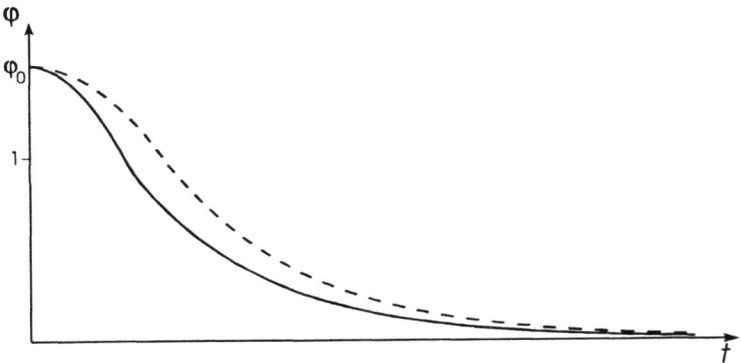

**Bild 5.71.** Qualitativer Verlauf des Ausregelvorgangs mit Standard-Regelsatz (ausgezogene Kurve) und reduziertem Regelsatz (gestrichelte Kurve) für eine Anfangsauslenkung $\varphi_0$.

## 5.7 Anwendungsbeispiele für Fuzzy-Control

Wir haben in den vorangegangenen Abschnitten bereits typische Anwendungsbereiche für Fuzzy-Control kennengelernt, die wir im folgenden anhand weiterer Beispiele etwas vertiefen wollen. Dabei soll jedoch lediglich auf real existierende Systeme eingegangen werden, nicht auf die Vielzahl von Untersuchungen im Zusammenhang mit (mathematischen) Modellsystemen.

Nahezu alle zum bis zum heutigen Zeitpunkt realisierten Anwendungen lassen sich einer der Kategorien

- Konsumartikel,
- Fahrzeugtechnik,
- Robotik,
- Prozeßtechnik

zuordnen, wobei mögliche Einsatzziele

- die *Messung* von Systemgrößen,

- die *Identifikation* von Systemen,
- die Verbesserung der Systemdynamik durch *Steuerung* oder *Regelung*,
- die Überwachung technischer Prozesse (*Fuzzy-Supervision*)

sind. Den größten Anteil dabei hat sicherlich der Entwurf von Fuzzy-Regelungssystemen, den wir aus diesem Grund auch schwerpunktmäßig behandelt haben.

Beginnen wir mit den *Konsumgütern*, über deren Nutzung der Großteil der Anwender - und zwar auch technisch weniger interessierte Personen - zuerst mit Fuzzy-Control in Berührung kommen. Höchste Priorität in diesem Bereich hat naturgemäß die Preiswürdigkeit der angestrebten Produktverbesserung, da der Verbraucher erfahrungsgemäß nur in sehr geringem Maße dazu bereit ist, technologische Weiterentwicklungen auch zu bezahlen. Aus diesem Grunde ist es nicht weiter verwunderlich, daß die letztlich realisierten Lösungen oftmals nur "Primitivversionen" eines Fuzzy-Controllers darstellen, die mit einer oder zwei Eingangsgrößen und einer Handvoll linguistischer Terme und Regeln auskommen. Zunächst zählen zu dieser Gruppe die Haushaltsgeräte, bei denen Fuzzy-Control im Zusammenwirken mit einfacher und damit preiswerter Sensorik in Kombination mit Fuzzy-Hardware großer Stückzahl zu Lösungen geführt hat, die bisher überhaupt nicht oder nur mit unvertretbarem Aufwand realisierbar waren. Dabei wird häufig auf die Messung (oder in diesem Rahmen vielleicht zutreffender "Wahrnehmung") von Sekundärgrößen zurückgegriffen, die dann gewisse Rückschlüsse auf die eigentlich interessierenden Größen zulassen. Während auf dem europäischen Markt das Geschäft in diesem Bereich erst sehr schleppend in Gang kommt, existiert in Japan bereits eine Vielzahl von nach diesem Konzept weiterentwickelten Geräten. Dazu gehören beispielsweise Waschmaschinen, die aus der Wäschemenge und ihrem Verschmutzungsgrad eine geeignetes Waschprogramm ableiten - und zwar basierend auf nicht mehr als sechs Regeln! Dabei wird die Verschmutzung der Wäsche mit Hilfe einer Infrarot-Lichtschranke aus der Trübung des Waschwassers ermittelt. Die gleiche Grundidee liegt dem Fuzzy-Staubsauger zugrunde, der über eine Lichtschranke im Saugrohr die Trübung des Luftstroms und damit den Verschmutzungsgrad des Bodens bestimmt und daraus zusammen mit Informationen über die Bodenbeschaffenheit zum angemessenen Zeitpunkt über eine Leuchtdiode die Beendigung des Saugvorgangs vorschlägt. Nach ähnlichen Grundprinzipien arbeiten Reiskocher und Mikrowellenherde auf Fuzzy-Logik-Basis sowie Geräte im Bereich der Videotechnik. Zu letzterer Gruppe gehören beispielsweise verwackelsichere Camcorder und Kameras, die auf einer fuzzy-gestützten Entfernungseinstellung basieren.

In der *Fahrzeugtechnik* scheitern konventionelle Lösungsansätze häufig daran, daß die auftretenden Prozesse aus Teilprozessen unterschiedlichen Typs bestehen und daher ein Gesamtmodell kaum zu ermitteln ist. Viele

Fahrzeugkomponenten stellen etwa sogenannte *mechatronische* Systeme dar, hybride Systeme mit elektr(on)ischen und mechanischen Teilkomponenten (man denke etwa an eine elektronisch gesteuerte Einspritzung!). Hier bieten sich ideale Ansatzpunkte für den Einsatz von Fuzzy-Controllern, speziell auch zur Verbesserung bereits vorhandener Lösungskonzepte beispielsweise im Hinblick auf Parameterunempfindlichkeit. Konkrete Projekte betreffen etwa Antiblockiersysteme, Tempomaten, die automatische Dämpfereinstellung unter gleichzeitiger Berücksichtigung von Ansprüchen an den Fahrkomfort und Sicherheitsanforderungen sowie intelligente Kupplungen für Automatikgetriebe.

Auf den Bereich *Robotik* sind wir bereits an früherer Stelle im Detail eingegangen. Hier hat Fuzzy-Control bereits auf verschiedenen Ebenen Einzug erhalten: bei der Regelung der Servosysteme, der Regelung der Wechselwirkungen zwischen Roboterarm und Objekt, aber auch bei der Unterstützung der Bahnplanung durch unscharfe Entscheidungshilfen und der Fuzzy-Klassifizierung von Objekten. Hinzu kommt mit der *Kollisionsvermeidung* bzw. *Hindernisumgehung* eine Problemstellung, die auch im Zusammenhang mit fahrerlosen Transportsystemen, wie sie an vielen Produktionsstätten auftreten, von Bedeutung ist. Man verspricht sich vom Einsatz der Fuzzy-Logik hier insbesondere eine Abkehr von der bisher üblichen aufwendigen und störanfälligen Sensorik zur Positionserfassung wie etwa Videokameras oder in der Fahrbahn verlegten Induktionsschleifen [DOD88, HEL92, PAL92].

Fassen wir unter dem Begriff *Prozeßtechnik* alle durch die bisher angesprochenen Teilkomplexe noch nicht erfaßten Systeme zusammen, so stellt dieses Gebiet zweifelsohne das größte Einsatzpotential für Fuzzy-Control dar. Insbesondere gilt dies etwa für die Verfahrenstechnik, wo typischerweise stark nichtlineare, zeitvariante Mehrgrößensysteme mit verteilten Parametern auftreten, so daß eine Modellbildung, wenn überhaupt, nur strukturell möglich ist. Beispiele für solche Prozesse sind:

- Die Temperaturregelung einer Glasschmelzanlage [AOK90], ein Prozeß mit Zeitkonstanten und Totzeiten im Bereich mehrerer Stunden, der zuvor nur vom Operator bedienbar war. Hier kam ein prädiktiver Fuzzy-PI-Regler zum Einsatz, der die Standardabweichung der Temperatur von 2.3 °C beim manuellen Betrieb auf 1.2 °C senken konnte.

- Der Erhitzungsprozess von Wasser [KIC76], der durch seine Nichtlinearität, Totzeit und Parametervariationen charakterisiert ist.

- Reinigungsprozesse für stark verschmutztes Abwasser, die sowohl verfahrenstechnische als auch chemische und biologische Teilprozesse aufweisen können [TON80a].

- $H_2$-$O_2$-Sofortdampferzeuger, die bei der Stromerzeugung zu Spitzenlastzeiten aufgrund ihres schnellen Anfahrverhaltens zum Einsatz kommen. Der Prozess stellt ein stark vermaschtes Mehrgrößensystem dar, welches näherungsweise durch ein nichtlineares Differentialgleichungssystem 13. Ordnung beschrieben werden kann [EPP92, HOF92].

- Kälteprozesse mit kombinierter Temperatur-, Feuchte- und Abtauregelung [BEC92].
- Identifikation chemischer Verbindungen durch Analyse ihres Spektrums und Fuzzy-Mustererkennung. Dadurch ist es beispielsweise möglich, Verunreinigungen in Gewässern und Böden abzuschätzen [OTT92, SCH92].

Der Einsatz eines Fuzzy-Controllers ist bei derartigen Prozessen häufig die einzige Möglichkeit, den Prozeß zumindest unter Beibehaltung der zuvor vom Operator erreichten Regelgüte zu automatisieren. Da für die Regelung in den meisten Fällen Prozeßrechner zum Einsatz kommen, können im allgemeinen alle Freiheitsgrade, die der FC-Entwurf bietet, ausgeschöpft werden. Eine Alternative ist der Einsatz konventioneller speicherprogrammierbarer Steuerungen (SPS), für die bereits heute Standard-Fuzzy-Bausteine angeboten werden, die die altbekannten PID-Module ersetzen oder zumindest ergänzen können [ANG93, PRE92b, CUN92].

Weitere Anwendungen von Fuzzy-Control sind

- die Regelung von Rührkesselreaktoren,
- die Steuerung von Startsystemen in Kraftwerken,
- Schnell-Ladeverfahren für Akkumulatoren,
- die Fluß- und Drehmomentregelung in Drehstromantrieben,
- die Spannungsregelung von Synchronmaschinen,
- stark reibungsbehaftete Prozesse.

## 5.8 Zusammenfassung

Versuchen wir, die Kernpunkte dieses Kapitels noch einmal kurz zu resümieren:

☞ Fuzzy-Regelungssysteme weisen prinzipiell die gleichen Strukturen auf wie konventionelle Regelkreise, beginnend beim einschleifigen Regelkreis mit Ausgangsgrößenrückführung über den Kaskadenregelkreis bis hin zum Fuzzy-Zustandsregelkreis. Der Fuzzy-Controller selbst besteht aus den Komponenten *Fuzzifizierung*, *Inferenzmechanismus* und *Defuzzifizierung*. Der zugrundeliegende Algorithmus

## 5.8 Zusammenfassung

kann on line durch Auswertung der jeweils aktuellen Eingangsinformation oder off line in Form einer Relationsmatrix bzw. Look up-Table realisiert werden.

☞ Der Entwurf des Fuzzy-Controllers umfaßt die Schritte *Wahl der Ein- und Ausgangsgrößen, Festlegung ihrer Wertebereiche und linguistischen Terme* sowie die *Erstellung der Regelbasis*. Die einzelnen Entwurfsschritte basieren auf dem Prinzip des Knowledge-Engineering (Experteninterview), einer ingenieurmäßigen Analyse des Prozesses oder einer Nachbildung bzw. Verallgemeinerung konventioneller Regelstrategien.

☞ Fuzzy-Controller weisen *statisches* und - von Sonderfällen abgesehen - *nichtlineares Übertragungsverhalten* auf, das durch Kennlinien bzw. Kennfelder beschrieben werden kann. Das Übertragungsverhalten ist abhängig von Anzahl, Form und Anordnung der linguistischen Terme von Ein- und Ausgangsgrößen, der Regelbasis sowie Verknüpfungsoperatoren, Inferenzmechanismus und Defuzzifizierungsverfahren und kann durch Änderung einzelner Fuzzy-Mengen und Regeln lokal beeinflußt werden. Selbst bei einfachen Fuzzy-Controllern steht dem Anwender damit bereits eine Vielzahl von Freiheitsgraden beim Entwurf zur Verfügung.

☞ Als Verallgemeinerung des klassischen PID-Reglers lassen sich *Fuzzy-PID-Regler* definieren, denen je nach Festlegung der Freiheitsgrade mehr oder weniger PID-ähnliches Verhalten gegeben werden kann. Da Fuzzy-Controller selbst dynamikfrei sind, müssen die aus der Regelabweichung abgeleiteten Eingangsgrößen des Reglers wie ihre zeitliche Änderung oder ihr Integral durch eine vorgeschaltete *Meßgrößenaufbereitung* erzeugt werden. Im Gegensatz zum klassischen Pendant weist der Fuzzy-PID-Regler aufgrund seines nichtlinearen Verhaltens häufig *kürzere Anstiegszeit* und *geringeres Überschwingen* auf, welches u. U. allerdings durch eine *bleibende Regelabweichung* oder *Oszillationen um den stationären Endwert* erkauft wird.

☞ Strukturvarianten von Fuzzy-Regelkreisen ergeben sich durch Erweiterung der Standardstrukturen im Hinblick auf adaptive Fuzzy-Controller oder die Kombination klassischer Regler mit Fuzzy-Controllern.

☞ Die Stabilität von Fuzzy-Regelungssystemen kann - wenn überhaupt - nur mit Hilfe *nichtlinearer Stabilitätskriterien* nachgewiesen werden. Dazu zählen vor allem die Stabilitätstheorie von LJAPUNOV, das Kriterium von POPOV und die Methode der Harmonischen Balance.

☞ Fuzzy-Regelungssysteme zeichnen sich aufgrund ihres Konzeptes her durch eine hohe Robustheit gegenüber Parametervariationen,Änderungen der Führungsgröße und Störungen aus. Diese geht in vielen Fällen auf Kosten der Genauigkeit der Regelung.

☞ Prädestinierte Anwendungsbereiche für Fuzzy-Control sind mathematisch schwer modellierbare und konventionell nicht beherrschbare Prozesse. Dazu zählen vor allem stark vermaschte Mehrgrößensysteme, zeitvariante Systeme, Systeme mit verteilten Parametern oder mit ausgeprägtem Totzeitverhalten.

# Teil III

# Fuzzy-Hardware und Entwicklungswerkzeuge

*Für den Einsatz von Fuzzy-Controllern in Maschinen und Prozessen ist es von existentiellem Interesse, daß geeignete Hardware zur Verfügung steht, auf der Fuzzy-Controller installiert werden können. Kapitel 2 hat verdeutlicht, daß die Operatoren in einem Fuzzy-Inferenzschema grundlegend verschieden sind von denen, die auf derzeitigen Rechnern realisiert und als Basisbefehle in Programmiersprachen üblich sind. Wir können zwar solche neuen Operatoren programmieren, verlieren dabei aber an Verarbeitungsgeschwindigkeit gegenüber reinen Hardwarelösungen.*

*Die Forderung nach spezieller Hardware ist umso stärker, je schneller ein Prozeß abläuft oder je größer die im Takt zu verarbeitende Datenmenge ist. Während in westlichen Ländern immer noch an beschleunigten Software-Lösungen gebastelt wird, ist man in Japan schon längst daran gegangen (siehe [TAG86], [YAM89]), der Welt die Segnungen von Fuzzy-Hardware zu liefern. Das Inferenzschema von ZADEH und MAMDANI auf der Grundlage von MAX- und MIN-Operatoren ist so vorzüglich für den VLSI-Entwurf geeignet, daß eine Million Regeln in weniger als einer Sekunde entschieden werden können (OMRON FP-5000). Es steht dann allerdings auf einem anderen Blatt, daß die derzeit vorherrschende Defuzzifizierung nach der Schwerpunktmethode dieser flotten Entscheidungsart fast tödliche Grenzen setzt.*

*Je mehr wir zu schnellen Prozessen und Hardware-Lösungen übergehen, desto enger wird der Flaschenhals der Defuzzifizierungsmethode. Die richtige Wahl entscheidet dann über den Erfolg. Es steht außer Frage, daß für Massenartikel etwa des Konsumgüterbereichs reine Hardware-Controller erforderlich sind. Da dort die größten Umsätze erwartet werden, fährt der Entwicklungszug auch in diese Richtung. Die Software-Lösung auf marktüblicher CPU ist nur für den Einstieg ein unumgänglicher Schritt.*

*Eine Zwischenstellung zwischen Software- und Hardware-Lösungen nehmen Realisierungen von Fuzzy-Controllern auf Microcontrollern ein, die auf dem Markt erhältlich sind. Für solche Microcontroller-Boards sind Software-Entwicklungsumgebungen (Shells) erforderlich, von denen aus der Microcontroller konfiguriert werden kann. Einen Schritt weiter zur Hardware-Lösung hin sind diejenigen Microcontroller, die bereits Fuzzy-Befehle anbieten. Sie werden oft bereits als "Fuzzy-Chips" bezeichnet. Für Massenprodukte ist eine Eigenentwicklung auf der Grundlage kundenspezifischer ICs (sog. ASICs) zu empfehlen.*

# Kapitel 6

# Fuzzy-Chips und Hardwaresysteme

## 6.1 Elektronische Fuzzy-Bauelemente

Wir beginnen mit den elektronischen Bauelementen für ein Fuzzy-Inferenzschema. Ihre weltweite Verbreitung ist zwar noch eine Vision, die aber immerhin schon in Prototypen als Kleinst-Fuzzy-Controller (siehe Fuzzy-Baukasten von YAMAKAWA) existiert. Wir können uns hier auf die MAX-MIN-Inferenz beschränken, da jedes hiervon abweichende Inferenzschema den vollen Umfang an Grundrechenoperationen eines konventionellen Rechners erfordert.

Wir werfen einen Blick auf die Struktur eines verkürzten Fuzzy-Inferenzschemas nach der MAX-MIN-Inferenz in Bild 6.1. Auf eine genauere Analyse der Schaltung wollen wir an dieser Stelle verzichten. Wesentlich ist für uns hier die Feststellung, daß für die Realisierung des MAX-MIN-Inferenzschemas nur elektronische Schaltungsbausteine der Form "abgeschnittene Differenz", Minimum-Gatter und Maximum-Gatter (siehe z. B. Bilder 6.2a und b) benötigt werden. Diese lassen sich mit wenig Aufwand in Digital- oder Analogtechnik herstellen. Es kommt darauf an, mit Hilfe von VLSI-Entwurfsmethoden daraus das Inferenzschema wie in Bild 6.1 geeignet in Hardware zu bauen (siehe [YAM89]).

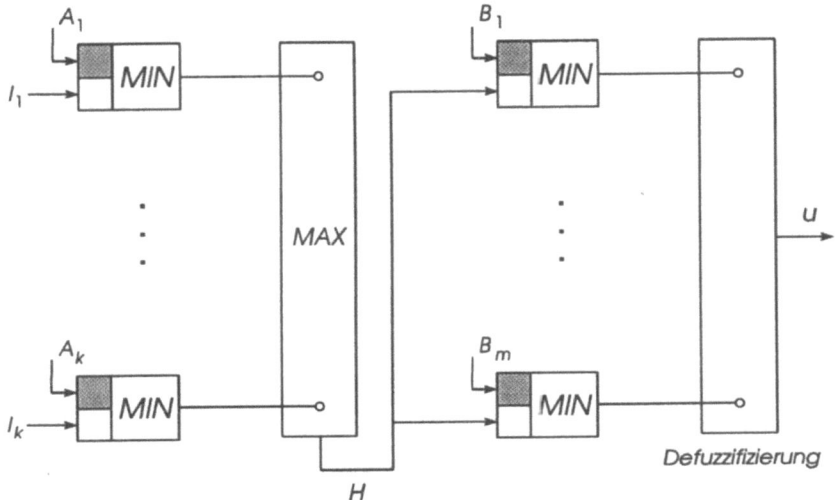

Bild 6.1. MAX-MIN-Inferenzschema in einer verkürzenden Graphik.

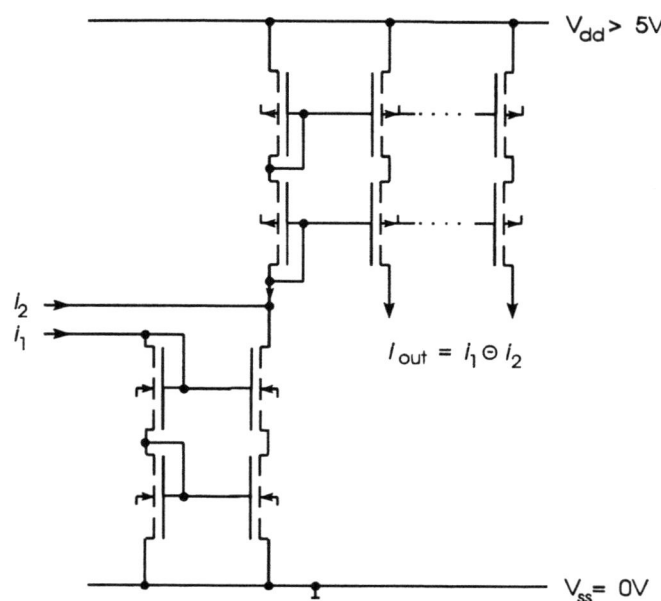

**Bild 6.2a.** CMOS-Schaltung zur Realisierung der abgeschnittenen Differenz.

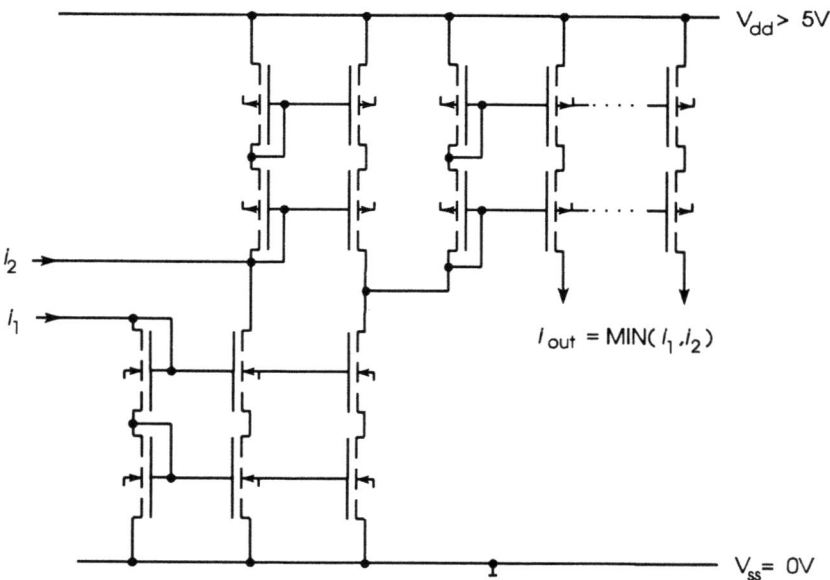

**Bild 6.2b.** Minimum-Gatter in CMOS-Technik.

Die Flexibilität, d. h. in diesem Fall die uneingeschränkte Wiederverwendbarkeit der Hardware kann durch das Abspeichern der Zugehörigkeitsfunktionen auf einem externen Medium gewährleistet werden. Der elektronische Baustein, der das Inferenzschema abbildet, kann dann eine marktübliche CPU, ein Microprozessor oder ein Coprozessor sein. Während auf einer CPU nur Software-Lösungen des Inferenzschemas angeboten werden können, werden erhebliche Laufzeitvorteile bei Microprozessoren durch das Abbilden der Fuzzy-Operatoren in den Microcode erreicht. Der Coprozessor kann in jeder Übergangsstufe vom Microprozessor bis zum reinen Fuzzy-Chip, der nicht mehr programmierbar ist, ausgebildet werden. YAMAKAWA hat anläßlich der 2. Internationalen Iizuka-Konferenz 1992 auf einer Platine gezeigt, wie Zugehörigkeitsfunktionen als reine Hardware-Lösungen in Analogtechnik ausgebildet werden können. Der darauf aufbauende Fuzzy-Baukasten ZDIS (siehe unten!) ist dann eine reine Hardware-Lösung eines Fuzzy-Controllers mit zwei Eingängen und einem Ausgang, der in gewissen Grenzen hardware-konfigurierbar ist.

Die Realisierung der Defuzzifizierung durch elektronische Bauelemente ist am aufwendigsten bei der Schwerpunktmethode. Dort werden Integrierer und Dividierer benötigt, die ein Vielfaches der Chipfläche im Vergleich zum Bedarf des Inferenzschemas ausmachen. Der Aufwand für die Defuzzifizierung sinkt erheblich, wenn andere Defuzzifizierungsmethoden eingesetzt werden.

## 6.2 Spezielle Fuzzy-Hardware

Unter diesem Thema interessieren uns nur solche Systeme, die mit einem minimalen Betriebssystem oder ganz ohne ein solches auskommen. Wir beginnen mit dem

- *Fuzzy-Baukasten* ZDIS-IC von T. YAMAKAWA

YAMAKAWA hat zusammen mit der Firma Apollo Electronic, Hakata (Japan), ein Baukastensystem für Fuzzy-Controller entwickelt und auf der 2. Internationalen Iizuka-Konferenz 1992 vorgestellt.

Das System enthält vier Typen von Bausteinen:
- Zugehörigkeitsfunktions-Baustein: ein Analogbaustein auf CMOS-Basis, der von außen über Pins mit einer trapezförmigen Fuzzy-Menge konfiguriert und auf dem gewünschten Amplitudenintervall plaziert werden kann. Es gibt einen analogen Eingang für das aktuelle Signal und zwei Ausgänge für die nachfolgenden Bausteine. Die Konfiguration des Zuge-

hörigkeitsfunktionsbausteins wird durch Widerstände auf der Platine nach einer Bauanleitung gesteckt (siehe Bild 6.3).

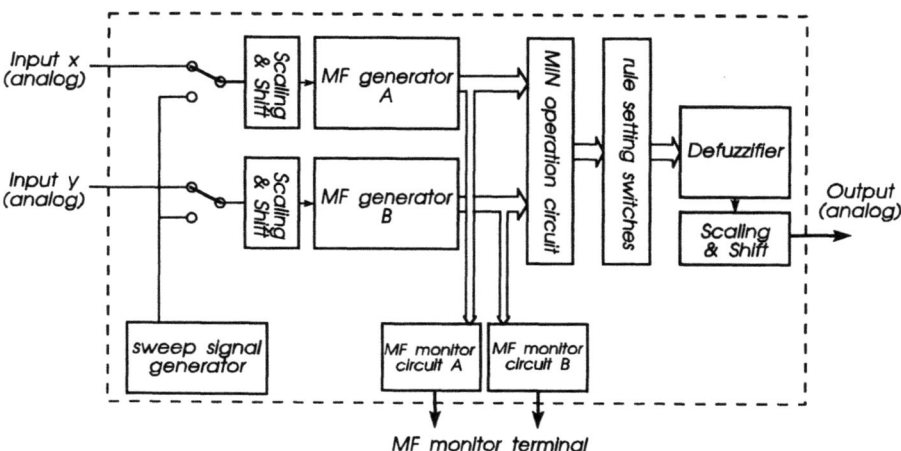

Bild 6.3. ZDIS-Board für den Fuzzy-Baukasten von T. YAMAKAWA.

- MIN-Baustein: ein Baustein, der acht Eingänge besitzt, aus deren Signalwerten das Minimum gebildet wird. Der Baustein hat zwei Ausgänge.

- MAX-Baustein: ein Baustein mit acht Eingängen, aus deren Signalwerten das Maximum entnommen wird. Es gibt zwei Ausgänge.

- Defuzzifizierungs-Baustein: beruht auf der Schwerpunktmethode. Er hat acht Eingänge für die voranstehenden MIN- bzw. MAX-Bausteine und jeweils dazugehörend acht Eingänge für Singletons, die zu den Konklusionen der entsprechenden Regeln gehören. Es wird dann eine Stellgröße nach der Schwerpunkt-Defuzzifizierung für Singletons an einem Ausgang ausgegeben. Hierzu gehört ein Entwicklungsboard, auf dem zwei Eingangskanäle mit je fünf Termen (Zugehörigkeitsfunktions-Bausteine) gesteckt werden können. Benutzt man Kombinationen von MIN- und MAX-Bausteinen, bevor man die acht Eingänge des Defuzzifizierungs-Bausteins benutzt, so kann man bis zu 25 Regeln realisieren. Das System ist noch nicht zum Verkauf angeboten.

Dieser Baukasten ist eine reine Hardware-Lösung für einen Fuzzy-Controller mit zwei Eingangsgrößen und einer Ausgangsgröße. Selbst die Zugehörigkeitsfunktionen werden mit Hilfe von Widerständen auf der Platine definiert. Ein sich selbst erklärendes Beispiel ist im Bild 6.4 zu finden (aus einer Produktinformation der Firma Apollo Electronic Co., Hakata, Japan, 1992).

## 6.2 Spezielle Fuzzy-Hardware

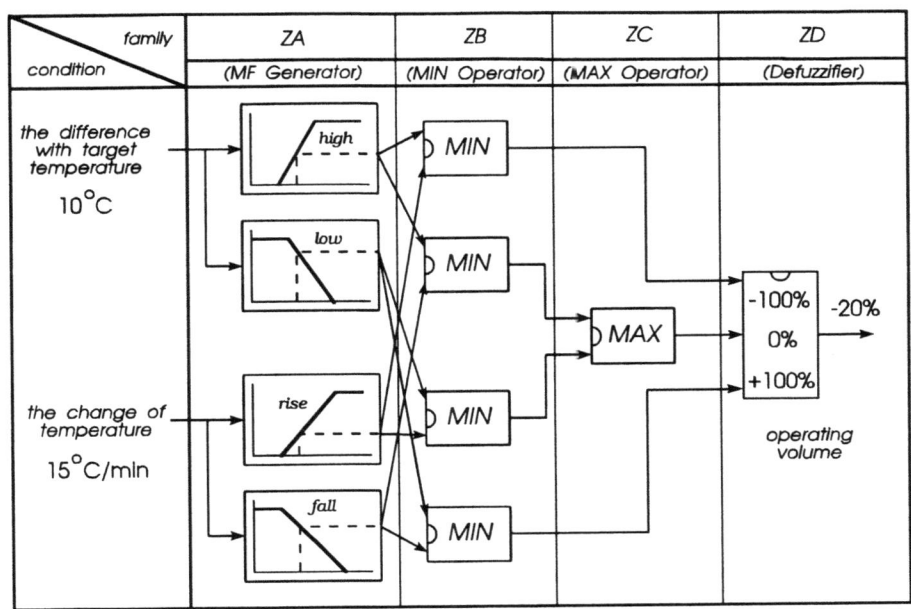

**Bild 6.4.** Beispiel eines Fuzzy-Controllers mit vier Regeln auf dem ZDIS-Board.

- *Fuzzy-Micro-Controller* **NLX 230** von NEURALOGIX

Es handelt sich dabei um einen VLSI-Fuzzy-Logik-Chip eigener Bauart, die mehr den Anforderungen der Mustererkennung entspricht. Da auf den Kenngrößen am Eingang nur Bereiche festgelegt werden können, auf denen eine Regel erfüllt sein soll, aber keine Zugehörigkeitswerte im Sinne einer Fuzzy-Menge definiert und ausgewertet werden, gibt es auch kein Fuzzy-Inferenzschema auf dem Chip. Zu jeder Regel gehört jedoch ein fester, frei wählbarer Wert, der bei der Aktivität einer Regel gleich der Ausgangsgröße ist (Immediate-Funktion) oder vom aktuellen Wert der Ausgangsgröße subtrahiert oder dazu addiert wird (Accumulate-Funktion). Durch die Accumulate-Funktion kann die Ausgangsgröße in Stufen geändert werden.

Durch Konvertieren der Regelbasis eines Fuzzy-Controllers kann diese nicht selten so verändert werden, daß die gegebenen Regeln erfolgreich in mögliche Regeln des NEURALOGIX-Chips umgewandelt werden können (Firma ZETEC: Ruckfreies Bremsen und positionsgenaues Halten eines Eisenbahn-Modells [KAH92]).

Der Chip trägt im wesentlichen nur Minimum- und Maximum-Komparatoren (siehe Bild 6.5) sowie Register für die Zugehörigkeitsfunktionen - sprich Gültigkeitsbereiche der Regeln. Es ist nur immer eine Regel aktiv. Insgesamt ergibt diese Konzeption eine Hardware-Lösung mit Antwortzeiten von 35ns bei 16 Regeln.

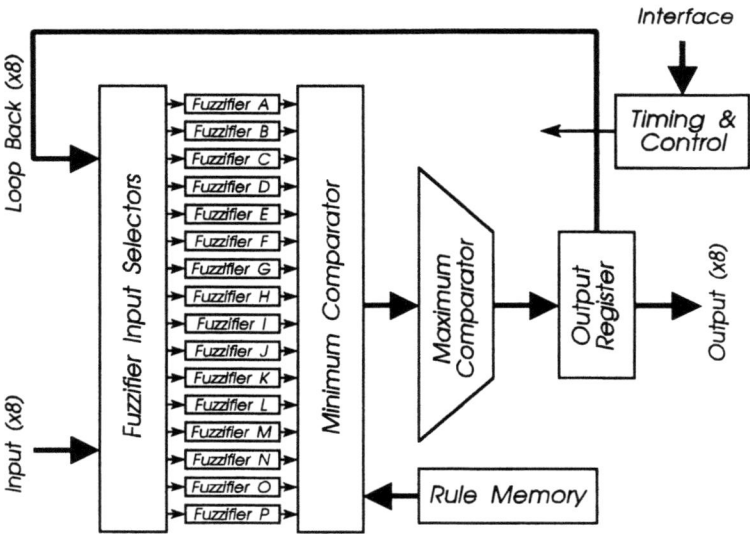

**Bild 6.5.** Aufbau des NLX 230 von NEURALOGIX.

- *Fuzzy-ASICs,*

also anwendungsspezifische ICs, werden vor allem in Konsumgütern wie etwa Fotoapparate, Videokameras u. a. m. eingebaut. Hierbei scheint bisher die Mustererkennungsmethode als Defuzzifizierungsverfahren zu dominieren.

Für umfangreichere Anwendungsbereiche werden Entwürfe für Fuzzy-ASICs, etwa zur Drehzahlregelung, von der Firma ZETEC, Dortmund, angeboten.

## 6.3 Eigenschaften der Fuzzy-Hardware

Bei der Realisierung von Fuzzy-Controllern auf Hardware gibt es Effekte, die wir zu unseren Gunsten beim Entwurf der Fuzzy-Mengen nutzen können. Im folgenden werden wir für die nachstehende Entwurfsregel einige Begründungen angeben:

> Beim Hardware-Entwurf genügt es, Fuzzy-Mengen mit linearen Flanken zu bilden.

## 6.3 Eigenschaften der Fuzzy-Hardware

Alle anderen Formen von Fuzzy-Mengen sind aus Hardwaresicht entweder theoretische Spielerei oder bedürfen einer Begründung. Z. B. lassen sich Fuzzy-Mengen in der Form statistischer Normalverteilungen leicht anlernen (siehe Abschnitt 8.2, Neuro-Fuzzy-Chip von GLORENNEC/PHILIPS). Standard-Fuzzy-Mengen, wie sie Bild 6.6 zeigt, sind für uns in der Regel ausreichend.

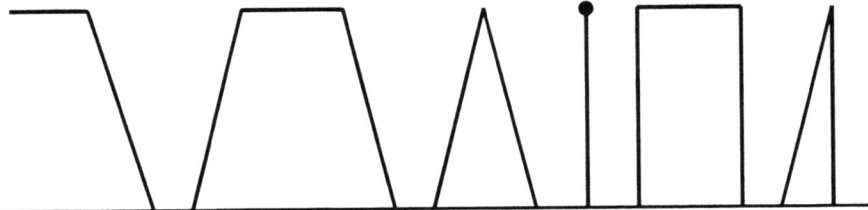

Bild 6.6. Standard-Fuzzy-Mengen für den Hardware-Entwurf.

Wir beginnen mit der Analogtechnik. Es ist eine bekannte Tatsache, daß scharfkantige Kennlinien mit analoger Hardware nicht realisierbar sind. Die Kennlinie etwa eines Transistors ist immer S-förmig, d. h. die lineare Flanke geht unten und oben sanft gekrümmt in die Horizontale über. Nur das dazwischen liegende Flankenstück ist linear.

Hier erinnern wir uns wieder an die Fuzzy-Ähnlichkeit von Fuzzy-Mengen, die darin besteht, daß die Schnittmengen zu jeder Niveauhöhe durch geeignete Faktoren gegenseitig untereinander gedrückt werden können. (Bild 6.8). Die Verfälschungen der Standard-Fuzzy-Mengen durch die analoge Hardware sind nur Fuzzy-Ähnlichkeiten, die keinen wesentlichen Einfluß auf das Arbeitsergebnis eines Fuzzy-Controllers haben. Bleiben wir also unbeirrt bei der einfachsten Beschreibung von Fuzzy-Mengen. Ihre Veränderung durch analoge Technik wird uns nicht stören.

Interessanter sind die Effekte mit digitaler

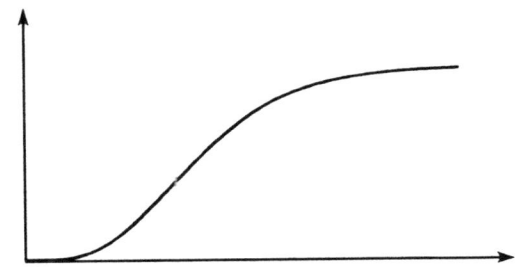

Bild 6.7. Kennlinie eines Transistorverstärkers.

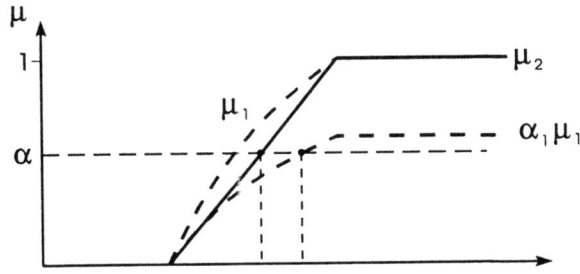

Bild 6.8. Fuzzy-ähnliche Fuzzy-Mengen $\mu_1$ und $\mu_2$.

Technik (siehe [FRA92]). Alles Nachfolgende gilt nicht nur für digitale Hardware, sondern auch für jede Digitalisierung in Software. Zunächst stellten wir bereits an früherer Stelle fest, daß jede Digitalisierung eine Gerade in eine Treppe verwandelt, deren Stufen dann auch noch unterschiedliche Längen haben können (siehe Bild 1.25 und 6.9). Ist die Steigung einer Geraden kleiner als 1 bzw. 45°, so entstehen bei der Diskretisierung Stufen, die zwei oder mehr Diskretisierungseinheiten haben können. Ist die Steigung größer als 1, so haben wir Stufenhöhen mit zwei oder mehr Diskretisierungsschritten zur Auswahl. Wir können also im letzten Fall das Auflösungsvermögen der Diskretisierung in der Höhe gar nicht voll nutzen. Die optimale Nutzung der Diskretisierung in der Höhe wird bei der Steigung 1, also 45°, erreicht, da in jeder Höhenstufe genau ein diskreter Wert gesetzt wird (siehe Abschnitt 6.2, NEURALOGIX-Chip: Dieser Chip nutzt nur Eingangs-Fuzzy-Mengen mit der Steigung ±1). Hieraus ergibt sich eine Optimierungsregel für digitale Hardware:

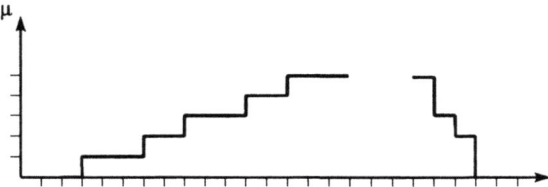

Bild 6.9. Digitalisierung von Geraden.

Sind $p$ die Anzahl der Bits auf der Grundmenge (Kenngröße) und $q$ die Anzahl der Bits für die Höhe des Erfüllungsgrades einer Regel in der MAX-MIN-Inferenz, so ist $m = 2^{p-q-1}$ die Anzahl der Dreiecks-Fuzzy-Mengen der Steigung ±1, mit denen die Grundmenge vollständig überdeckt werden kann.

Geben wir beispielsweise für die Kenngröße eine Auflösung von 8 Bit und für die Höhe eine solche von 5 Bit an, dann wird die Kenngröße durch 4 Fuzzy-Mengen in Dreiecksform mit Flankensteigungen ±1 vollständig überdeckt (Bild 6.10).

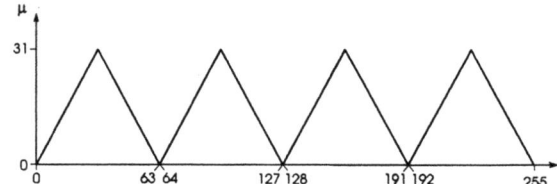

Bild 6.10. Optimale Dreiecks-Überdeckung der Kenngröße bei 8-Bit-Auflösung für ein Auflösungsvermögen mit 5 Bit in der Höhe.

Die voranstehende Optimierungsregel bestimmt also das Auflösungsvermögen eines digitalen Fuzzy-Chips: Es wird wesentlich bestimmt durch die Diskretisierung der Höhe der Erfüllungsgrade; alles andere ist eine Selbsttäuschung (bei SIEMENS wird diese Erkenntnis inzwischen auch genutzt: siehe [EIC92]).

## 6.3 Eigenschaften der Fuzzy-Hardware

Im Unterschied zur Betrachtung der Effekte bei der Analogtechnik gehen wir nun zunächst von S-förmig modellierten Fuzzy-Mengen aus und sehen nach, was bei der Digitalisierung daraus entsteht. Es genügt, auf die unterste und die oberste Diskretisierungsstufe zu achten, da nach den Gesetzen der Fuzzy-Ähnlichkeit nur die Toleranz (d. h. die Punkte der Grundmenge mit dem Zugehörigkeitswert eins) und die Einflußbreite, also der Grundmengenbereich mit Zugehörigkeitsgraden größer als null, auf die Entscheidung eines Fuzzy-Controllers wesentlichen Einfluß haben (siehe Abschnitt 1.1). Bild 6.11 zeigt deutlich, daß die Toleranz und die Einflußbreite bei einer S-förmig gekrümmten Flanke durch Diskretisierung verändert wird.

Das durch das Bild 6.11 vermittelte Schlüsselerlebnis führt unmittelbar zur Erkenntnis der nachstehenden Entwurfsregel.

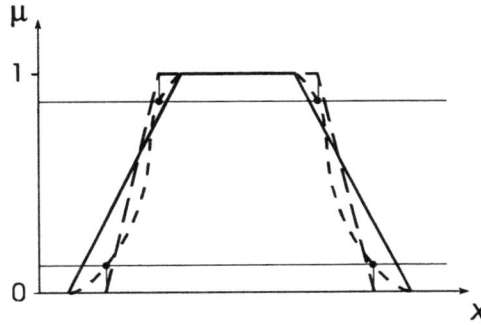

Bild 6.11. Veränderung von Toleranz und Einflußbreite durch Digitalisieren bei S-förmig gekrümmten Flanken.

> Bei Digitalisierung ist es wirkungsgleich oder besser, die Fuzzy-Modellierung mit S-förmigen Flanken durch die einfachere Methode zu ersetzen, bei der man die Toleranz und die Einflußbreite modifiziert und nur geradlinige Flanken benutzt.

Das Feinmodellieren mit Modifikatoren, die die Einflußbreite und die Toleranz nicht ändern, kann also bei bekannter Bit-Auflösung viel leichter durch die Änderung von Einflußbreite und Toleranz erreicht werden. Wir sparen uns damit viel Aufwand, auch in der Hardware, und die Enttäuschung darüber, daß noch so schöne (mathematische) Operatoren in der Praxis gemessen am Aufwand keine Wirkung in gewünschter Weise zeigen.

## 6.4 Zusammenfassung

Fassen wir die Kernpunkte dieses Kapitels noch einmal zusammen:

☞ Die Grundrechenoperationen eines Fuzzy-Controllers sind MIN- und MAX-Operator.

☞ Der Hardware-Aufwand ist beim NEURALOGIX-Chip mit nur drei Rechenoperationen am geringsten. Er enthält jedoch kein echtes Fuzzy-Inferenzschema, so daß der Erfüllungsgrad einer Regel nicht berücksichtigt werden kann.

☞ Der Fuzzy-Baukasten von YAMAKAWA ist eine reine Hardware-Lösung, die durch Aufstecken von Widerständen auf einer Platine zu einem individuellen Fuzzy-Controller mit zwei Eingängen und einem Ausgang konfiguriert werden kann.

☞ Aus der Sicht des Hardware-Entwurfs können wir uns auf Fuzzy-Mengen mit linearen Flanken beschränken.

☞ Auf digitaler Hardware werden die Flanken der Fuzzy-Mengen zu Treppenfunktionen.

☞ Das Auflösungsvermögen digitaler Hardware wird optimal bei linearen Flanken der Fuzzy-Mengen mit der Steigung ±45° genutzt.

☞ Aus der Sicht des Hardware-Entwurfs sollten Modifikatoren durch Änderungen von Toleranz und Einflußbreite einer Fuzzy-Menge ersetzt werden.

# Kapitel 7

# Microprozessoren, Hybridsysteme, Software

## 7.1 Microprozessoren

Ein weites Feld für Realisierungen von Fuzzy-Controllern bieten die sogenannten Microprozessoren in konfigurierter Form, auch als Microcontroller bezeichnet. Sie werden in vielen Maschinen und Prozessen zur Steuerung und Regelung eingesetzt und treten immer häufiger in Microcontroller-Konfigurationen für Embedded-Control-Aufgaben auf. Bild 7.1 zeigt eine typische Embedded-Controller-Konfiguration (siehe [BOT 92]).

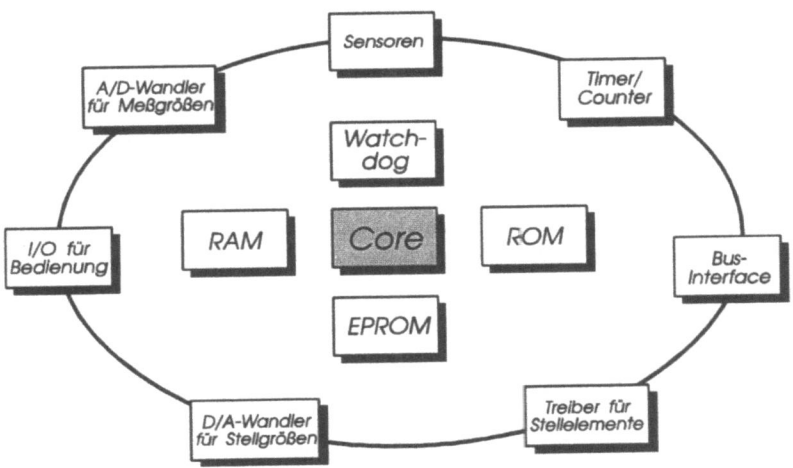

Bild 7.1. Elemente einer typischen Embedded-Controller-Konfiguration. Der Kern (Core) ist von außen nur über die Peripheriebausteine zugänglich.

Im Kern, englisch *Core* genannt, ist ein für die Problemumgebung geeigneter Befehlssatz installiert. Dieser Befehlssatz ist i. a. gegenüber dem Befehlssatz einer handelsüblichen CPU, etwa in einem PC, stark reduziert und damit nur für spezielle Aufgaben verwendbar. Ein Microcontroller kann also für bestimmte Aufgaben minimal ausgewählt werden. Man erreicht durch eine solche Beschränkung insbesondere eine Beschleunigung beim Abarbeiten von Programmen.

Im RAM (random access memory) sind im wesentlichen die Arbeitsregister des Core gespeichert. Das RAM ist i. a. als On-Chip-RAM mit dem Core auf einem Chip integriert. Im ROM (read only memory) wird das abzuarbeitende Programm abgelegt. Spezifisch auf den Microcontroller zugeschnittene

Compiler sorgen bei der Programmübersetzung dafür, daß die Zeigerzugriffe auf die Register des RAM zeitoptimiert erfolgen. Die spezifischen Programmdaten eines aktuellen Arbeitsprogramms liegen im EPROM. Für Fuzzy-Controller sind diese Programmdaten die Wissensbasis, die aus den Fuzzy-Mengen der Regeln besteht. Das EPROM kann über eine Schnittstelle, etwa zu einem PC, mit Hilfe eines Software-Entwicklungstools geladen werden.

Der Einsatz von Microcontrollern ist eine diffizile Angelegenheit für Spezialisten. Auf dem Elektronikmarkt werden viele Microcontroller angeboten, deren effektiver Einsatz gute eigene Kenntnisse oder gute Beratung von Spezialisten voraussetzt. Außerdem sind spezifische Entwicklungswerkzeuge erforderlich, die das Programmieren des jeweils ausgewählten Microcontrollers erst ermöglichen.

Der in Abschnitt 6.2 besprochene NEURALOGIX-Chip ist ein Microcontroller, der im wesentlichen nur die drei Befehle Minimum, Maximum und Accumulate besitzt. Es ist also eine sehr hardwarenahe Lösung. Alle in den nachfolgenden Abschnitten besprochenen Systeme sind Microcontroller-Systeme und unterscheiden sich von dieser Chip-Konfiguration schon dadurch, daß die auf jeder CPU vorkommenden Befehle Plus, Minus, Multiplikation und Division vorhanden sind. Sie sind, wie wir sagen, *hybrid*. Ihre Programmierung geschieht mit Hilfe von jeweils eigens dafür geschaffenen Entwicklungswerkzeugen, die immer gleichzeitig Entwurfssysteme für Fuzzy-Controller sind und außerdem eine rechnergestützte Simulation ermöglichen.

Die im nachfolgenden Abschnitt besprochenen Microcontroller sind Hybridlösungen des beschriebenen Typs. Bild 7.2 soll eine Einordnung bekannter Hardware- und Software-Lösungen vermitteln. Der Name OMRON kann durch viele weitere japanische Hersteller ergänzt werden, die allerdings bis jetzt kein gleichwertiges Leistungsspektrum aufweisen können.

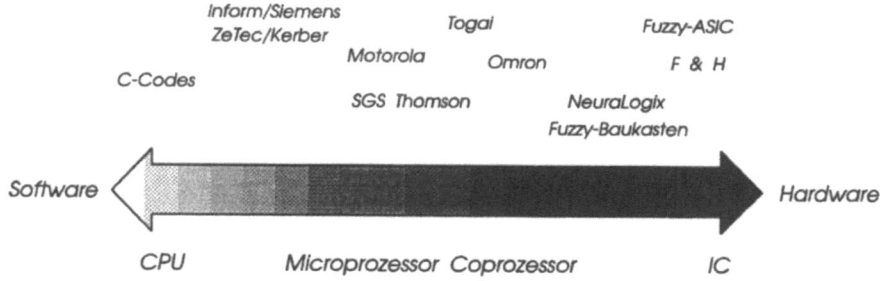

Bild 7.2. Klassifizierung von Software- und Hardware-Lösungen.

## 7.2 Hybride Systeme und ihre Shells

Wir streben in diesem Abschnitt keine Vollständigkeit in der Übersicht aller auf dem Markt befindlichen Fuzzy-Controller und der dazu gehörenden Entwicklungsumgebungen (Shells) an. Vielmehr sollen wie bereits im Kapitel 6 über Hardware praktiziert hier weithin bekannte oder im Ansatz grundlegend vom allgemeinen Trend abweichende Lösungen besprochen werden. Wir beginnen mit den am stärksten hardware-orientierten Systemen und steigen zu Systemen auf klassischen Microcontrollern hinab, eine Darstellungsrichtung, die der Abnahme der Arbeitsgeschwindigkeit und der verarbeiteten Datenmenge entspricht.

### OMRON FP-3000

Der Microcontroller OMRON FP-3000 ist ein digitaler Fuzzy-Prozessor. Aus der Produktinformation sind die nachfolgenden Daten entnommen:

- MAX-MIN-Inferenzschema.
- Defuzzifizierung: Schwerpunktmethode und Mustererkennungs-Methode mit der Modifikation, daß bei gleichem Erfüllungsgrad mehrerer Regeln eine Links- oder eine Rechtspriorität gesetzt werden kann.
- 8 Eingangskanäle mit jeweils bis zu 7 Fuzzy-Mengen der Form Dreieck, Trapez, S-Form, Glockenform.
- 4 Ausgangskanäle mit jeweils bis zu 7 Fuzzy-Mengen nur als Singletons.
- Bis zu 128 Regeln im expanded mode.
- Die Inferenzgeschwindigkeit liegt bei $650\,\mu s$ für 20 Regeln mit jeweils 5 Eingangs-Fuzzy-Mengen.
- Das äußere Auflösungsvermögen ist 12 Bit.

Im Microcode dieses Prozessors sind die Fuzzy-Funktionen des MAX-MIN-Inferenzschemas abgebildet. Der Nachfolger FP-5000 wird eine Bearbeitungsgeschwindigkeit von 1 Million Regeln in einer Sekunde für das MAX-MIN-Inferenzschema haben.

Zu dem auf dem Markt verfügbaren FP-3000 gibt es das Entwicklungsboard FB-30 AT als Steckkarte für IBM-kompatible PC/AT. Für den Entwurf und die Konfiguration des Entwicklungsboards steht das Softwarepaket FS-10AT zur Verfügung. Dieses Softwarepaket enthält neben einem Übungs- und Simulationsteil insbesondere den FP-3000-Compiler.

## TOGAI INFRA LOGIC FC 110

Der Microprozessor FC 110 ist ebenfalls ein digitaler Fuzzy-Prozessor. Seine wichtigsten Eigenschaften sind:

- MAX-MIN- und MAX-PROD-Inferenzschema.
- Defuzzifizierung nach der Schwerpunktmethode.
- Beliebige Anzahl der Eingangskanäle mit beliebiger Anzahl von Fuzzy-Mengen, die eine freigewählte Gestalt haben können.
- Die Inferenzgeschwindigkeit liegt bei 200.000 Regeln pro Sekunde.
- Das äußere Auflösungsvermögen ist 8 Bit.

Der FC 110 wird als Coprozessor für einen Hostprozessor oder als selbständig arbeitender Fuzzy-Prozessor eingesetzt. Als Entwicklungsumgebung steht ein Softwarepaket *TILShell* und ein Entwicklungsboard zur Verfügung.

In der Ausführung als Single-Board Fuzzy-Controller realisiert der FC 110 ein komplettes Fuzzy-Control-Modul. Das Board besitzt 8 analoge Ein- und 4 8-Bit-Ausgänge, $2 \times 8$ paralleles I/O, $5 \times 8$ Bit-Timer, serielles Interface und 8-Level-Interrupt-Controller. Ein Development Module als Single-Board-Lösung erlaubt die Entwicklung von FC110-basierten Expertensystemen, wobei der Prozessor mit 20 MHz arbeitet und mit 128 K EPROM als "Wissensbasis" ausgerüstet ist. Komplette Fuzzy-Logik-Applikationen auf dem PC erlaubt die AT Accelerator-Karte. Pro Host werden 64 Prozessoren unterstützt. Für komplette Echtzeit-Fuzzy-Anwendungen steht der VME-Board Accelerator zur Verfügung.

Es bleibt zu ergänzen, daß mit *TILGen* zusätzlich ein Software-Werkzeug zur Verfügung steht, mit dem Regeln für einen Fuzzy-Controller angelernt werden können. Hierzu werden Eigenschaften eines Neuronalen Netzes (siehe Kapitel 8) simuliert. Ein Fuzzy-Controller kann damit trainiert werden.

## INFORM/SIEMENS FUZZY-166

Der FUZZY-166 basiert auf der Microcontroller-Serie SAB 80C166 von SIEMENS. Die Fuzzy-Funktionen sind als Fuzzy-Modul in einem ROM abgelegt. Dieses Modul wird über einen C-Precompiler aus dem Entwurfssystem *fuzzyTECH* der Firma INFORM heraus programmiert. Neben den Fuzzy-Funktionen sind daher alle bereits vorhandenen klassischen Funktionen des SIEMENS-Controllers verfügbar.

Bisher sind in dieser Controller-Lösung die Fuzzy-Funktionen nicht im Microcode abgebildet, so daß das System durch viele Regeln leicht überfrachtet werden kann. Dies verlangsamt vor allem das Antwortzeitverhalten. Es sind als Inferenschema die MAX-MIN- und die MAX-PROD-Methode realisiert. Ebenso umfangreich sind die Gestaltungen der Fuzzy-Mengen und die Defuzzifizierungsmethoden aus dem *fuzzyTECH*-System übertragbar. Zur Entwicklung eines Fuzzy-Controllers auf der Basis des FUZZY-166 steht ein Entwicklungsboard zur Verfügung mit den folgenden Eigenschaften:

- 10 analoge Eingänge, die in 10 Bit-Auflösungen gewandelt werden.
- 2 Ausgangskanäle.
- MAX-MIN- und MAX-PROD-Inferenzschema.
- Fuzzy-Operatoren: MIN-MAX, GAMMA, MIN-AVG.
- Defuzzifizierung: Schwerpunktmethode, Zentrum des Maximums, Mittelwert der Maxima.

Außerdem gibt es eine Lernbox FAM, mit der Regeln nach den Methoden für Neuronale Netze (siehe Kapitel 8) angelernt werden können.

### ZeTec/Kerber FUZZY-BOX

Die *FUZZY-BOX* von ZETEC faßt das Entwicklungssystem *FCU* (Fuzzy-Construction Unit) für Fuzzy-Controller, welches in Form einer Demo-Version diesem Buch beiliegt, und das Microcontroller-Board *MICRO 4* von KERBER zu einem Entwicklungssystem zusammen. Die *FCU* ermöglicht den Fuzzy-Controller-Entwurf nach dem MAX-MIN-Inferenzschema und der Defuzzifizierungsmethode F. Dabei entstehen sehr effiziente Fuzzy-Controller mit optimalem Laufzeitverhalten und mit numerisch stabilen minimalen Algorithmen. Dieses System ist als Fuzzy-Modul im ROM des Microcontrollers MOTOROLA 68HC11 abgelegt. Der mit Hilfe der FCU entwickelte Fuzzy-Controller wird über eine serielle Schnittstelle dem EPROM des Microcontrollers übergeben. Neben dem Fuzzy-Controller stehen auch alle anderen Funktionen des Microcontrollers zur Verfügung, die mit Hilfe des Programmiersystems *FL SHELL* von KERBER genutzt werden können. Das Gesamtsystem ist urheberrechtlich geschützt. Diese Microcontroller-Konfiguration ist als Fuzzy-Chip am Markt verfügbar und kann als Stand-Alone-System verwendet werden.

Eigenschaften des Entwicklungsboards sind:

- 4 analoge Eingangskanäle mit bis zu 8 Fuzzy-Mengen, die mit 8 Bit-Auflösung gewandelt werden.
- 2 Ausgangskanäle mit bis zu 8 Fuzzy-Mengen.
- MAX-MIN-Inferenzschema.
- Defuzzifizierung: Methode F und Mustererkennung.
- Antwortzeitverhalten 0.5 ms für Regeln mit 40 Fuzzy-Mengen.
- Anschluß an Technikbaukästen über das Hardware-Interface *FlexLab*.

## 7.3 Software-Systeme

Neben den bisher beschriebenen Systemen gibt es mittlerweile eine zunehmende Zahl von Software-Entwurfssystemen für Fuzzy-Controller (Bild 7.3; siehe auch [ANG93]). Software-Realisierungen kommen nur dann in Frage, wenn der zu regelnde Prozess genügend langsam abläuft. Für das Antwortzeitverhalten spielt auch hier - natürlich neben der zugrundeliegenden Rechnerarchitektur - die Auswahl des Defuzzifizierungsverfahrens eine entscheidende Rolle.

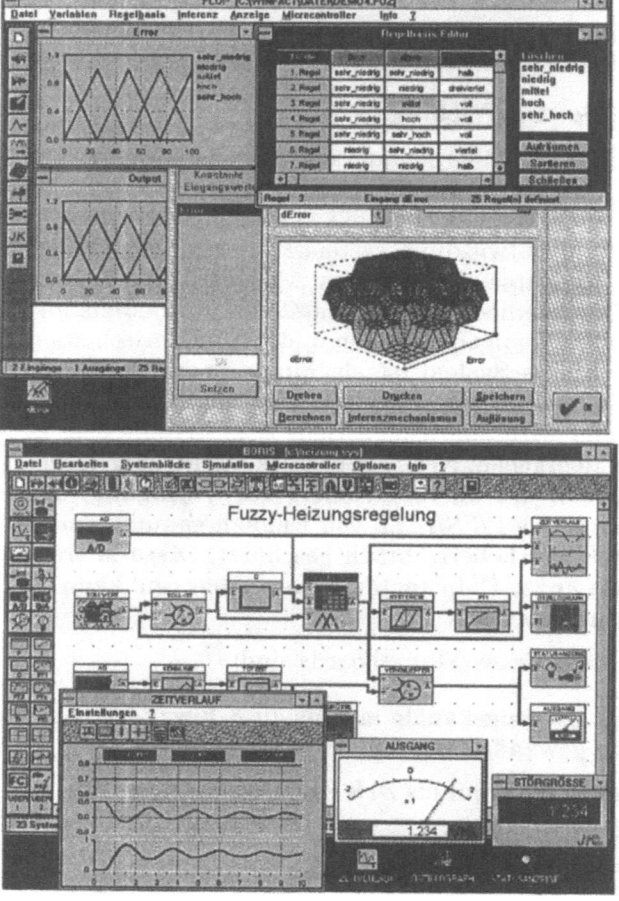

**Bild 7.3.** Typisches FC-Entwicklungssystem: Interaktiver Entwurf des FC (oben) und Simulation des zugehörigen Regelkreises (unten) (Quelle: Ingenieurbüro Dr. Kahlert).

# Teil IV

# Kapitel 8: Ausblick

## 8.1 Anwendungspotential von Fuzzy-Logik und Fuzzy-Control

Die Anwendungsbereiche von Fuzzy-Logik können hier noch nicht einmal andeutungsweise abgesteckt werden. Anhand der Beispiele "Baufirma" in Abschnitt 2.2 und "Mustererkennung" in Abschnitt 3.2 haben wir zumindest einen ersten Einblick in mögliche Anwendungsfelder "jenseits von Fuzzy-Control" gegeben. Es ist zu erwarten, daß allgemein für Problemstellungen, die mit WENN... DANN...-Regeln beschrieben werden, Fuzzy-Logik als Lösungsansatz in Frage kommt (siehe auch [REU93]).

Wir haben uns schwerpunktmäßig mit der Steuerungs- und Regelungstechnik beschäftigt, wo derzeit die meisten Anwendungen von Fuzzy-Control zu finden sind. Der erste industrielle Einsatz von Fuzzy-Control ist bei der Firma Smith, Dänemark, in einem Zementofen erfolgt. Die Pionierarbeiten auf diesem Gebiet wurden in den siebziger Jahren von MAMDANI, ASSILIAN (UK), VAN NAUTA LEMKE und KICKERT (NL) geleistet (siehe [MAM74-76], [KIC76-78]). Ein weiterer Markstein auf dem Weg zu Fuzzy-Control ist 1987 die Steuerung der U-Bahn von Sendai, Japan, mit Fuzzy-Logik. Ab 1989 können wir sagen, daß in Japan Fuzzy-Control als Stand der Technik betrachtet wird. Seit dieser Zeit kommen vor allem aus Japan Maschinen- und Prozeßsteuerungen und viele Konsumgüter mit Fuzzy-Logik: Waschmaschine, Staubsauger, Camcorder, Kamera u. v. a. m.

Es besteht kein Zweifel, daß Fuzzy-Control zukünftig ein selbstverständlicher Teil der Steuerungs- und Regelungstechnik sein wird. Für die Durchsetzung dieser Technologie außerhalb des fernöstlichen Raumes scheinen zwei Gesichtspunkte wesentlich: Zum einen benötigt man zur Beherrschung dieser Technik zuverlässige Werkzeuge, die unseren Qualitätsanforderungen entsprechen. Zum anderen sind von Theoretikern Fragen zu beantworten, die sich mit der Stabilität und Regelgüte von Fuzzy-Reglern befassen. Wir sollten von den theoretischen Antworten allerdings nicht mehr erwarten, als die bisherige Theorie in der klassischen Steuerungs- und Regelungstechnik an Antworten geliefert hat (siehe Abschnitt 4.1).

Bereits anhand der ausgewählten Systeme im Abschnitt 7.2 sehen wir, daß der Fuzzy-Controller-Entwurf durchaus Weiterentwicklungen zu besseren Systemen zuläßt. Die völlige Neuentwicklung *FUZZY-BOX* vermeidet viele Unzulänglichkeiten der Schwerpunktmethode und der daraus abgeleiteten Mittelbildungen. Sie ist außerdem durch die lokale Linearisierung der Controller-Charakteristik ein Beitrag zur Stabilität des Regleralgorithmusses.

Ein Verfahren zum Stabilitätsnachweis für Fuzzy-Regler wurde inzwischen gefunden. Es beruht auf der Approximation mit Rampenreglern und auf den Eigenschaften approximierender Facettenfunktionen (siehe [KIE92]). Diese Beiträge werden das Vertrauen der ansonsten sehr skeptischen und zurückhaltenden Entwicklungsingenieure zu dieser neuen Technik stärken.

## 8.2 Fuzzy-Logik und Neuronale Netze

In diesem Abschnitt soll eine weitere Entwicklungskomponente für Fuzzy-Control angesprochen werden. Die Anwendung neuronaler Netze in der ingenieurtechnischen Praxis ist bislang nicht recht vorangekommen. Zusammen mit Fuzzy-Control ergeben sich jedoch Ansätze, die in Zukunft mindestens ebenso wichtig werden können wie die beschriebene Fuzzy-Technik selbst. Wir werden daher kurz und ohne Anspruch auf Vollständigkeit auf die neuronalen Netze und ihre Eigenschaften eingehen, um dem Leser möglichst offenkundig die Brücke zu *Neuro-Fuzzy-Control* zu schlagen, wie dieser neue Entwicklungsbereich heißt.

Ein *Neuronales Netz* ist die mathematische Modellierung von Nervenzellen und deren Verbindungen, wie sie etwa im menschlichen Gehirn zu finden sind. Neuronale Netze sind unter den Netzwerken durch die beiden wesentlichen Eigenschaften

- *Adaption*
- *Assoziation*

gekennzeichnet. Die Adaption besteht in der Fähigkeit, Wissen zu erlernen und zu speichern. Die Assoziation befähigt ein Netzwerk, Informationen mit gespeichertem Wissen zu vergleichen, so daß wir Bekanntes wiedererkennen können. Neuronale Netze haben ein weites Anwendungsfeld (siehe [HOF91], [ECK89]). Wir beschränken uns hier auf die Darstellung wesentlicher Grundprinzipien ihrer Bauart.

> *Definition. Ein Neuronales Netz ist ein Netzwerk, dessen Knoten Neuronen genannt werden und dessen Verbindungen der Neuronen Schwellenwerte, auch Gewichte genannt, tragen mit den Eigenschaften:*
>
> - *Ein Neuron kann zwei Zustände annehmen, nämlich den Ruhezustand und den Erregungszustand.*

## 8.2 Fuzzy-Logik und Neuronale Netze

- *Ein Neuron kann mehrere Eingänge besitzen und genau einen Ausgang.*
- *Der Ausgang eines Neurons ist mit Eingängen anderer Neuronen oder mit der Außenwelt verbunden.*
- *Ein Neuron geht in den Erregungszustand über, wenn eine genügende Anzahl der Eingänge über dem jeweiligen Schwellenwert des Neurons erregt sind.*

Ein weithin bekanntes Netz ist das *Feedforward Netz*, ein Netz, dessen Neuronen in drei Schichten (*Layer*) organisiert sind. Die Eingangsinformation fließt von der Eingabeschicht (Input Layer) der Neuronen über die Verbindungen zur (verborgenen) Zwischenschicht (Hidden Layer) und von dort weiter zur Ausgabeschicht (Output Layer). Die Gewichte der Verbindungen können jeweils an den Eingängen der Neuronen angebracht werden (siehe Bild 8.1).

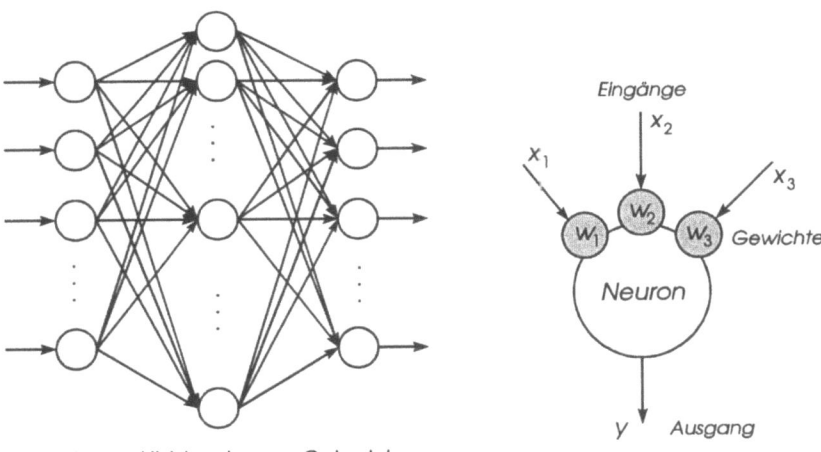

**Bild 8.1.** Feedforward Netzwerk.

In den Gewichten der Eingänge eines Neurons und dem Schwellenwert des Neurons selbst ist das Wissen durch Adaption abgespeichert. Die Assoziation einer Eingangsinformation zu den abgespeicherten Informationen findet durch einen Vergleichsalgorithmus im Neuron statt. Dieser Vergleichsalgorithmus zusammen mit den Gewichten definiert eine Netzwerkfunktion.

Die Gewichte eines Neuronalen Netzes können in einem Lernvorgang trainiert - wir sagen adaptiert - werden. Es gibt eine Reihe von Lernverfahren, wozu als das wohl bekannteste das *Backpropagation-Verfahren* gehört. Wir verweisen auf die Literatur (siehe z. B. [HOF91], [KOH88]), da die Behandlung von Lernverfahren den Rahmen dieses Buches sprengen würde.

Wir setzen die Schwellenwerte der Neuronen selbst hier einfach zu null und weichen die Erregungszustände der Neuronen im Sinne der Fuzzy-Theorie durch Zwischenstufen auf. Die Gewichte der Verbindungen werden auf Werte von 0 bis 1 normiert und den Eingängen der Neuronen zugeschrieben.

Unter diesem Fuzzy-Aspekt sehen wir auf das Bild 8.2 eines Fuzzy-Controllers und erkennen ein fuzzifiziertes Neuronales Netz, das wir kurz *Fuzzy-Neuronales Netz* nennen. Die Gewichte in diesem Netzwerk sind die Fuzzy-Mengen der linguistischen Terme, die in den Regeln des Fuzzy-Controllers stehen. Der Netzwerkalgorithmus ist bestimmt durch das MAX-MIN-Inferenzschema. Die Lernfähigkeit (Adaption!) eines solchen Fuzzy-Neuronalen Netzes kann etwa dadurch hergestellt werden, daß die Fuzzy-Mengen des Fuzzy-Controllers in einem Speicher (z. B. RAM) abgelegt sind, der ständig aktualisiert werden kann.

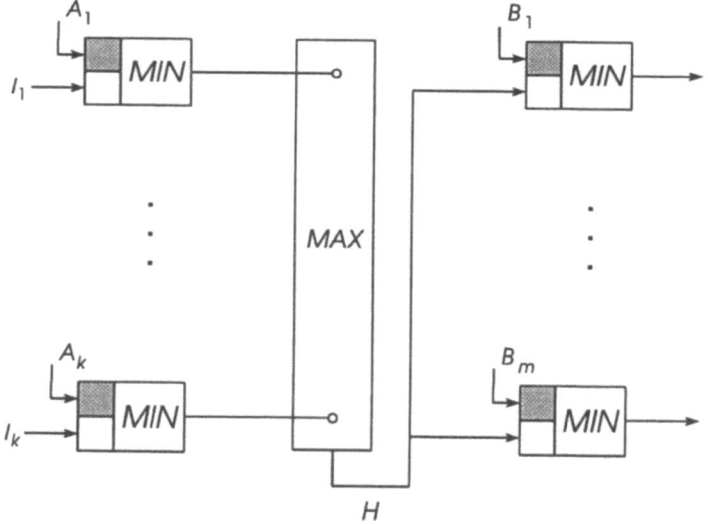

Bild 8.2. Ein Fuzzy-Controller unter der Sicht eines Neuronalen Netzes.

Softwaremäßig sind solche lernfähigen Fuzzy-Controller leicht zu realisieren (siehe *TILGen* und *FUZZY-166* in Abschnitt 7.2).

**Definition.** *Ein Neuro-Fuzzy-Controller ist die Realisierung eines Fuzzy-Controllers auf einem Neuronalen Netz, so daß die Netzwerkfunktion durch ein Fuzzy-Inferenzschema bestimmt wird.*

## 8.2 Fuzzy-Logik und Neuronale Netze

Bezüglich der hardwaremäßigen Realisierung gibt es zwei interessante Ansätze für Neuro-Fuzzy-Controller, die hier kurz beschrieben werden.

Der Neuro-Fuzzy-Controller von YAMAKAWA besteht aus einem festen Satz von Fuzzy-Mengen auf einem Eingang und einer Defuzzifizierung nach der Schwerpunktmethode, in die jede Regel ein Singleton als Konklusion einbringt. In jedem Neuron dieses Bausteins gibt es zu jedem Term des Satzes von Fuzzy-Mengen ein Gewicht $w_{ij}$. Die Gewichte $w_{ij}$ werden in einem ROM auf einer Platine abgelegt und durch einen Lernalgorithmus (Backpropagation-Methode) bestimmt. Der aktuelle Signalwert $x_i$ wird in der $j$-ten Eingangs-Fuzzy-Menge $\mu_{ij}$ des $i$-ten Eingangsbausteins fuzzifiziert. Nach der MAX-MIN-Methode wird dann das angelernte Singleton $w_{ij}$ in der Erfüllungshöhe $\mu_{ij}(x_i)$ abgeschnitten. Alle diese Inferenzergebnisse im $i$-ten Eingangsbaustein werden im Summationsbaustein $\Sigma$ (Bild 8.3) nach der Schwerpunktmethode für Singletons zusammengefaßt zu $f_i(x_i)$. Diese Ergebnisse der Eingangsbausteine werden ein weiteres Mal dem Summationsbaustein unterworfen und so eine scharfe Ausgangsgröße $y$ abgeleitet.

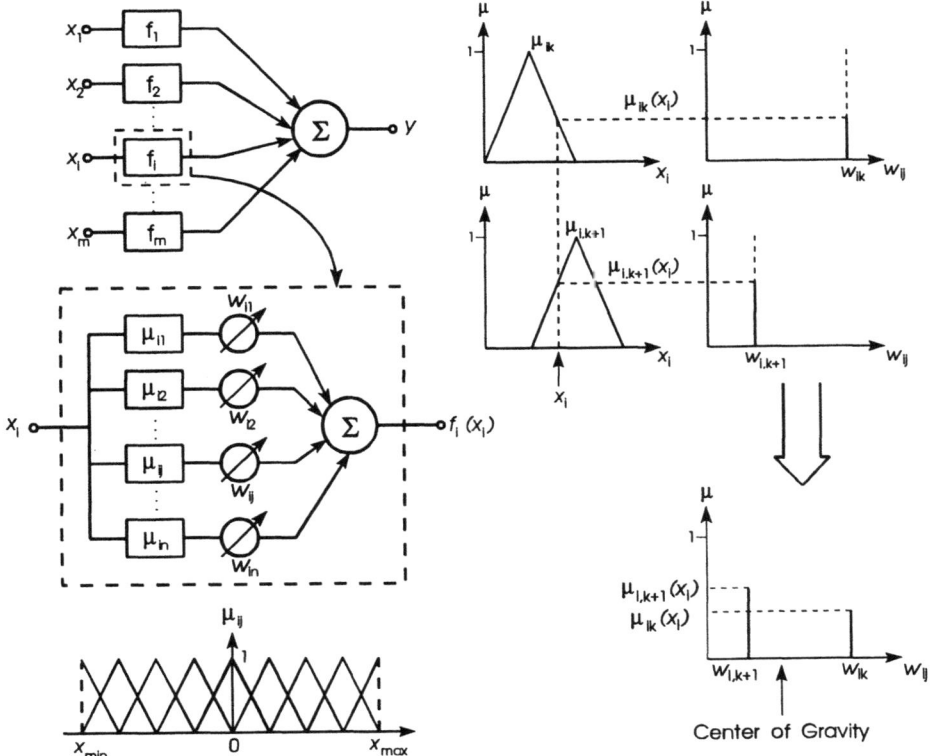

**Bild 8.3.** Neuro-Fuzzy-Controller von YAMAKAWA (aus einer Produktinformation 1992).

In diesem Neuro-Fuzzy-Controller können beliebig viele Eingangskanäle vorgesehen werden. Es werden zu Mustern $(x_1,...,x_m)$ von Eingangswerten jeweils Ausgangswerte angelernt. Die dadurch erlernten Regeln bestehen dann jeweils aus einem Muster von Eingangsgrößen und einem Ausgangswert. Es wird also in einem Lernprozeß die Ausgangsgröße als Funktion der Eingangsparameter bestimmt.

Der Neuro-Fuzzy-Controller von GLORENNEC ist auf zwei Eingänge beschränkt, was unmittelbar mit der gewählten Defuzzifizierung vermittels des LUKASIEWICZ-UND-Operators im Baustein $TV$ (Bild 8.4) zusammenhängt. Es gibt zwei Möglichkeiten in diesem Controller, um Regeln anlernen zu können. Die erste Lernmöglichkeit $\mathcal{L}$ besteht darin, daß die Eingangs-Fuzzy-Mengen mit Hilfe eines Feedforward Neuronalen Netzes trainiert werden. Bemerkenswert ist dabei, daß die Fuzzy-Mengen in der Form einer Glockenkurve als Gaußverteilung (siehe Abschnitt 1.1, Bild 1.5)

$$\mu(x) = \exp\left(-(ax+b)^2\right)$$

gewählt werden, so daß nur die Parameter $a$ und $b$ für eine Fuzzy-Menge zu bestimmen und als Netzwerkgewichte zu speichern sind.

Der zweite Lernvorgang bezieht sich auf Gewichte $w_i$, die der Defuzzifizierung $TV$ nachgestellt werden (Bild 8.4). Die fuzzifizierten Eingangsgrößen $\mu_i(x), \mu_i(y)$ der Eingangswerte $x, y$ zur $i$-ten Regel werden dem LUKASIEWICZ-UND unterworfen und mit dem angelernten Gewicht $w_i$ der $i$-ten Regel multipliziert. Die Summe über alle diese Resultate ergibt die Ausgangsgröße $z(x, y)$ zu

$$z(x,y) = \sum w_i \text{ UND}\left(\mu_i(x), \mu_i(y)\right), \quad \text{UND}(x', y') = \text{MAX}(0, x' + y' - 1)$$

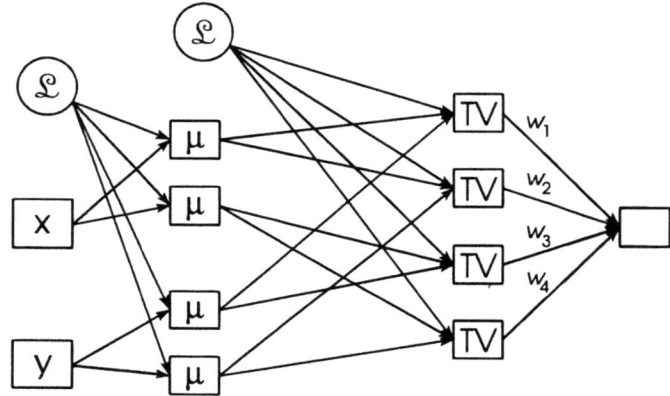

**Bild 8.4.** Neuro-Fuzzy-Inferenzsystem von GLORENNEC.

Es ist davon auszugehen, daß durch Neuro-Fuzzy-Techniken die Entwicklung von industriell einsetzbaren Fuzzy-Controllern in Zukunft beeinflußt wird.

## 8.3 Welche Entwurfsmethode?

Die Auswahl der Entwurfsmethode für Fuzzy-Controller hängt stark von der Problemstellung ab. Für den Erfolg in Fuzzy-Control müssen das Inferenzschema und die Defuzzifizierung zur Problemstellung passen. Außerdem hat die Methode der Defuzzifizierung einen wesentlichen Einfluß auf das Inferenzschema. Für den Anwender der Fuzzy-Logik in Fuzzy-Control ist es wichtig, die nachfolgenden Abhängigkeiten zu kennen, wenn er erfolgreich damit Probleme lösen möchte.

Zur Einführung in die mathematischen Grundlagen der Fuzzy-Modellierung linguistischer Terme auf linguistischen Variablen ist es zunächst ausreichend und richtig, einen einfachen Zugang mit standardisierten Fuzzy-Mengen (siehe Bild 2.2) und mit starren Term-Überdeckungen der linguistischen Variablen (siehe Bild 2.3) zu geben. Für den Aufbau einer Fuzzy-Linguistik, die als Grundlage von Fuzzy-Expertensystemen dient, ist ein solcher Zugang sinnvoll und zweckdienlich, wobei hier allerdings kein MAX-MIN-Inferenzschema angebracht ist (siehe [FRS 94]). Die angesprochenen starren Term-Überdeckungen sind für manche Defuzzifizierungsverfahren unumgänglich und für andere schlicht unbrauchbar.

Der Entwurf einer starren Term-Überdeckung auf einer linguistischen Variablen ist sowohl für die Mustererkennung (siehe Beispiel Seite 90 ff.) als auch für die Akkumulationsmethode (siehe Beispiel Seite 96 ff.) erforderlich. Die Terme werden problemorientiert auf der Grundmenge der linguistischen Variablen plaziert. Dadurch wird eine Bereichseinteilung getroffen. Das Einzelereignis wird zwar durch den Zugehörigkeitsgrad der Fuzzy-Menge des Terms bei der Fuzzifizierung (siehe Bilder 3.8 und 3.13) in seiner Relevanz bezüglich der eingeteilten Bereiche bewertet, aber es spielt nur das Maximum aller Bewertungen im Sinne der Zugehörigkeitsgrade eine Rolle und nicht die Höhe der Bewertung selbst. Wir sehen daraus: Insbesondere für die Akkumulationsmethode ist es voll ausreichend, scharf gegeneinander abgegrenzte Bereiche auf der linguistischen Variablen zu verteilen. Genau dieses geschieht auch im Fuzzy-Micro-Controller NLX 230 von NEURALOGIX (siehe Abschnitt 6.2).

Im Mustererkennungsbeispiel Bilder 3.7 und 3.8 kann die Modellierung der WENN... DANN...-Regeln an Stelle von Fuzzy-Mengen auch mit scharf abgegrenzten Bereichen gegeben werden, die sich dann allerdings überlappen. Die Modellierung der Fuzzy-Mengen bringt hier nur mehr Anschaulichkeit, aber keinen mathematischen Gewinn.

Für alle aufgeführten Defuzzifizierungsmethoden außer der Methode F ist eine starre Termüberdeckung wie in den voranstehenden Fällen vorzugeben. Sie kann durch eine statische Verteilung von Termen in standardisierten Grundformen (siehe Bild 6.6) vorbereitet und problemorientiert angepaßt werden. Dies gilt sowohl für die Eingangs- als auch für die Ausgangsvariablen. Bei solchen statischen Vorgaben ist es nicht leicht und manches Mal auch unmöglich, dynamische Prozesse wie in Fuzzy-Control zu modellieren. Für die Schwerpunktmethode ist dies ausführlicher behandelt in Abschnitt 5.3. Es ist wohl ein mathematisch bisher ungelöstes Problem, eine gegebene Kennlinie eines Controllers mit Hilfe des Schwerpunktes von Flächen zu approximieren. Die Methode F geht im Unterschied hierzu davon aus, daß im Bereich eines linguistischen Terms auf einer Ausgangsvariablen die Kennlinie vorgegeben oder in gewisser Form gewünscht oder erwartet wird. Sie kommt daher den Erfordernissen dynamischer Prozesse entgegen. Allerdings stellt diese Methode F dann auch Anforderungen an die Modellierung der Terme auf den Eingangsvariablen. Die Methode F der Defuzzifizierung erfordert ein dynamisches Entwurfsverfahren.

Die Unterschiede zwischen der statischen und der dynamischen Entwurfsmethode für ein Inferenzschema verdeutlichen wir an einem einfachen Beispiel ("Farbe-Reifegrad-Relation von Tomaten", siehe Seite 68 ff.):

WENN *Tomate* = *hellrot*    DANN *Tomate* = *unreif*

WENN *Tomate* = *rot*    DANN *Tomate* = *reif*

WENN *Tomate* = *dunkelrot* DANN *Tomate* = *überreif*

Diese Regelbasis modellieren wir zunächst nach dem statischen Entwurfsverfahren, damit die Schwerpunktmethode angewendet werden kann. Die Modellierung der Fuzzy-Mengen auf den linguistischen Variablen *Farbe* und *Reifegrad* entnehmen wir Bild 8.5. In diesem Bild sehen wir auch die Fuzzifizierung eines aktuellen Farbwertes und die Defuzzifizierung eines dazu gehörenden Reifegrades nach der Schwerpunktmethode D.

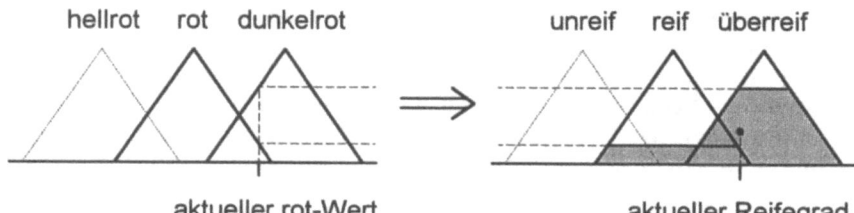

**Bild 8.5.** Modellierung der Fuzzy-Mengen für die Anwendung der Defizzifizierung nach der Schwerpunktmethode.

## 8.3 Welche Entwurfsmethode?

Im Unterschied hierzu gibt die dynamische Entwurfsmethode die Möglichkeit, unser Erfahrungswissen über den Reifungsprozeß voll zu nutzen. In der formalisierten Form der WENN... DANN...-Regeln lautet nun die Regelbasis

WENN *Tomate* = von hellrot nach rot     DANN *Tomate* = von unreif nach reif

WENN *Tomate* = von rot nach dunkelrot     DANN *Tomate* = von reif nach überreif

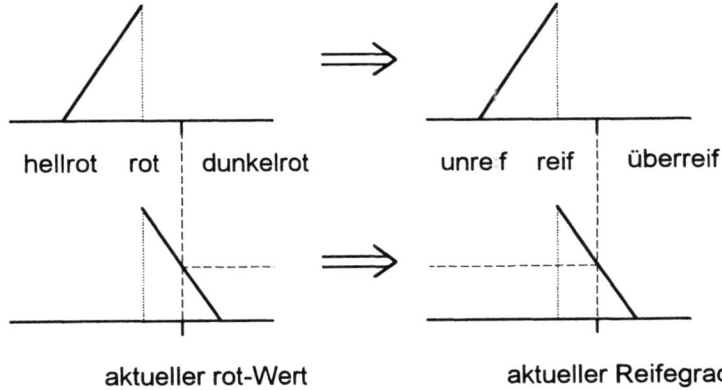

**Bild 8.6.** Fuzzy-Modellierung der Regeln bei der Defuzzifizierungsmethode F.

In Bild 8.6 sind die Fuzzy-Modellierung der geänderten Regelbasis sowie die Fuzzifizierung eines aktuellen Farbwertes und die Defuzzifizierung des dazugehörenden Reifegrades nach der Methode F zu sehen. In beiden Fällen wurde als Inferenzschema die MAX-MIN-Inferenz benutzt. Die resultierenden Kennlinien für den Vergleich der beiden Fuzzy-Modellierungen sind Bild 8.7 zu entnehmen.

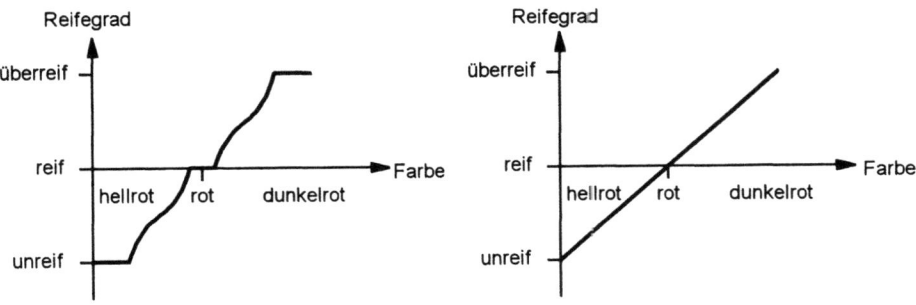

**Bild 8.7.** Vergleich der Kennlinien nach der Schwerpunktmethode (links) und der Methode F (rechts).

Mit der Schwerpunktmethode kann ein linearer Verlauf der Kennlinie nach Abschnitt 5.3 nur näherungsweise und mit einer großen Anzahl von Fuzzy-Mengen auf den linguistischen Variablen erreicht werden. Mehr Fuzzy-Mengen bedeuten aber auch automatisch mehr Regeln in der Regelbasis, da es mehr Farbterme und mehr dazu gehörende Terme der Reifegrade gibt.

Der Vorteil der dynamischen Entwurfsmethode nach der Defuzzifizierung F für regelbasierte Systeme, insbesondere für Fuzzy-Controller (siehe Kapitel 5) liegt daher auf der Hand. Ein weiterer Vorteil besteht nun darin, daß die Fuzzy-Mengen im DANN-Teil der Regeln nicht linear, sondern nach anderen Gesetzmäßigkeiten gebildet werden können ([siehe FRA 93]). Solche Modifikationen für die zweite Regel

WENN *Tomate* = *von rot*          DANN *Tomate* = *von reif*
              *nach dunkelrot*                    *nach überreif*

zeigt Abbildung 8.8 im Sinne eines Konzentrationsoperators (oben) und eines Dilationsoperators (unten) (siehe auch Bilder 1.33 und 1.34). Dabei wurden nur die Fuzzy-Mengen auf der Ausgangsvariablen modifiziert und die linearen Modellierungen (das ist mathematische Praxis) auf den Eingangsvariablen belassen. Die daraus resultierenden Kennlinien sind im Bild 8.9 dargestellt, wobei der lineare Zusammenhang der obigen Fuzzy-Modellierung der ersten Regel der Regelbasis und die lineare Defuzzifizierung nach der Methode F belassen sind.

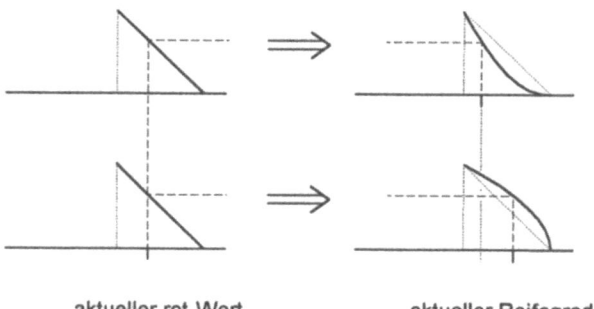

Bild 8.8. Eine Modifizierung der Ausgangs-Fuzzy-Mengen zur Änderung der Gesetzmäßigkeit nach der Defuzzifizierungsmethode F.

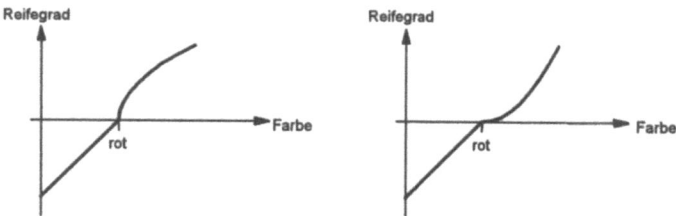

Bild 8.9. Kennlinie für die modifizierte Modellierung der Ausgangsmengen wie im davorstehenden Bild 8.8.

## 8.3 Welche Entwurfsmethode?

Wir können daher nach der Methode F durch Modifikationen der Fuzzy-Mengen auf der Ausgangsvariablen jede beliebige Gesetzmäßigkeit der Fuzzy-Modellierung der Regeln aufprägen. Mathematisch gesehen stellt die Flanke der Fuzzy-Menge gerade die inverse Funktion der gewünschten Gesetzmäßigkeit der Regelmodellierung dar. Die dynamische Entwurfsmethode nach der Defuzzifizierung F gibt im Unterschied zur Schwerpunktmethode die erwünschte Transparenz des Fuzzy-Regler-Entwurfs (siehe Kapitel 5). Aus den voranstehenden Ausführungen sehen wir aber auch, daß die MAX-PROD-Inferenz (siehe Bild 3.23) bei der Defuzzifizierung F keinen Sinn ergibt, so daß wir uns hier auf die MAX-MIN-Inferenz als einzig mögliches Inferenzschema beschränken müssen.

Das Verfahren nach der Methode F kann auch zur Feineinstellung von Güteklassen benutzt werden. Geben wir im voranstehenden Tomatenbeispiel einen Zielkorridor für die Farbe *rot* vor, so wird in der ersten Modifikation der Reifegrad nach oben sehr viel großzügiger ausgelegt und in der zweiten Modifikation sehr viel enger gefaßt (Bild 8.10). Das dynamische Entwurfsverfahren nach der Methode F ist über die Defuzzifizierung patentrechtlich für die Firma ZETEC, Dortmund, geschützt.

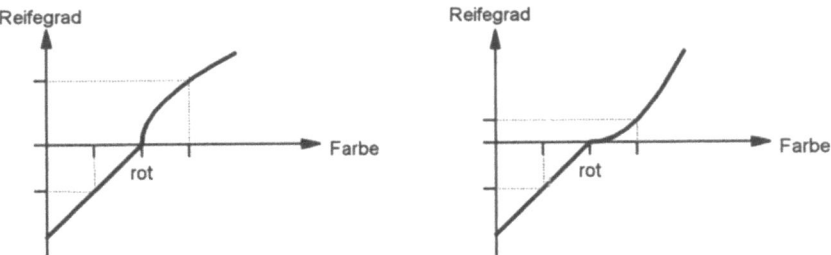

**Bild 8.10.** Änderung des Zielkorridors der Reife durch die Modifikation der Ausgangs-Fuzzy-Mengen.

Unsere Ausführungen lassen sich wie folgt zusammenfassen:

☞ Die Fuzzy-Modellierung eines regelbasierten Systems ist eine Mustererkennungstechnologie mit der zusätzlichen Eigenschaft, daß jedem Ereignis oder Zustand eine individuelle Bewertung im Sinne eines Zugehörigkeitsgrades mitgegeben werden kann - eine elegante Bereicherung für KI und Expertensysteme.

☞ Die Akkumulationsmethode erkennt vorgegebene Bereichsmuster und gibt im Unterschied zur Mustererkennungsmethode für jeden Musterbereich eine Gesetzmäßigkeit an, allerdings ohne eine Berücksichtigung des Zugehörigkeitsgrades eines Ereignisses oder Zustandswertes zu einem Bereich.

☞ Die Defuzzifizierung beeinflußt wesentlich die Fuzzy-Modellierung von regelbasierten Systemen.

☞ Alle Defuzzifizierungen außer der Methode F unterstützen nur den statischen Entwurf einer Regelbasis mit Fuzzy-Mengen.

☞ Nur die Methode F gestattet eine dynamische Fuzzy-Modellierung einer Regelbasis.

☞ Die Defuzzifizierung F läßt nur das MAX-MIN-Inferenzschema zu. Das MAX-PROD-Inferenzschema bewirkt auf allen anderen Defuzzifizierungen i. a. keinen wesentlichen Unterschied gegenüber dem MAX-MIN-Inferenzschema.

☞ Bei der Defuzzifizierung F können auf Parameter- und Zustandsbereichen vorgegebene Gesetzmäßigkeiten direkt und damit transparent fuzzy-modelliert werden.

☞ Bei der Schwerpunktmethode können Gesetzmäßigkeiten auf Parameter- und Zustandsbereichen höchstens näherungsweise und dann mit einem großen Aufwand an Fuzzy-Mengen fuzzy-modelliert werden.

## 8.4 Abschließende Bemerkungen

Betrachten wir einen Fuzzy-Controller als Spezialfall eines Kennlinien- oder Kennfeldreglers, wie er in Kapitel 5 beschrieben wurde, so ist die Fuzzy-Technologie eine Bereicherung der klassischen Steuerungs- und Regelungstechnik. Es ist zu erwarten, daß in Zukunft Fuzzy-Controller in allen Varianten und Zwischenstufen zwischen Software- und Hardware-Lösungen entwickelt werden. Insbesondere werden Kombinationen von Fuzzy-Controllern mit klassischen Konzepten, wie sie in Abschnitt 5.5 ansatzweise beschrieben wurden, zum Einsatz kommen. Dabei wird dem Fuzzy-Controller in der Regel die Aufgabe zufallen, den Prozeß aus Extrembereichen, die durch starke Abweichungen vom Arbeitspunkt gekennzeichnet sind, in einen konventionell regelbaren Zustand zurückzuversetzen. Solche Ansätze führen automatisch auf Mischformen von Controller-Konfigurationen. Inzwischen gibt es bereits leistungsfähige Software-Systeme zur Simulation und Analyse derartiger Konfigurationen (siehe z. B. [KAH93], [KAH93a], [ESR93]).

# Teil V

# Die Software zum Buch

*Fuzzy-Logik lebt vom Ausprobieren. Aus diesem Grunde wurde parallel zum Buch eine Lehr-, Experimentier- und Demonstrationssoftware entwickelt, die ein Nachvollziehen des vermittelten Stoffes ermöglicht und zur Durchführung eigener Experimente anregt. Die Benutzung dieser Software soll im folgenden anhand von Beispielen erläutert werden, die zum Teil bereits in vorangegangenen Kapiteln herangezogen wurden.*

*Die dem Buch beiliegende Software ist in wesentlich erweiterter Form Bestandteil des Programmsystems WINFACT - Windows Fuzzy And Control Tools, Ingenieurbüro Dr. Kahlert, Hamm (siehe [KAH93]). WINFACT ermöglicht neben der Analyse, Synthese und Simulation von Fuzzy-Systemen insbesondere auch die Bearbeitung konventioneller Regelungssysteme. Das Programm FCUDEMO ist in der Vollversion Bestandteil der FUZZY-BOX der Firma ZeTec GmbH, Dortmund (siehe [BEY93] und [BEY94]), die im Abschnitt 7.2 beschrieben wird.*

# Kapitel 9

# Fuzzy Logic Operating Program

## 9.1 Übersicht

Das Programm FLOP (Fuzzy Logic Operating Program) ermöglicht eine rechnergestützte Vertiefung des im Rahmen dieses Buches vermittelten Stoffes. Dabei liegt der Schwerpunkt im Bereich Fuzzy-Logik. Im einzelnen bietet das Programm folgende Möglichkeiten:

- Definition von linguistischen Variablen und zugehörigen Termen
- Verknüpfung und Modifikation von Fuzzy-Sets
- Ermittlung von Zugehörigkeitswerten
- Berechnung von Relationsmatrizen
- Erstellen von Regelwerken
- Inferenz bei ein oder zwei Eingangsgrößen
- Ermittlung von FC-Übertragungskennlinien bei einer Eingangsgröße

Für die unterschiedlichen Rechenoperationen, die i. a. grafisch dargestellt werden, stehen verschiedenen Operatoren, Inferenzmechanismen und Defuzzifizierungsmethoden zur Auswahl.

FLOP läuft unter der grafischen Benutzeroberfläche WINDOWS ab Version 3.0 und ist somit ohne größeren Einarbeitungsaufwand bedienbar. Darüber hinaus steht eine On line-Hilfefunktion zur Verfügung. Es gelten folgende Einschränkungen:

- Maximale Anzahl linguistischer Variablen: 3
- Maximale Anzahl linguistischer Terme pro Variable: 5
- Typ der Zugehörigkeitsfunktionen: Dreieck, Trapez, Singleton

Das Programm kann direkt aus WINDOWS heraus über die Menüfolge *Datei* / *Ausführen*[40] gestartet werden. Zweckmäßiger ist es jedoch, das Programm und alle zugehörigen Dateien auf die Festplatte in ein eigenes Verzeichnis zu kopieren und durch *Datei* / *Neu* oder das *Windows-Setup* in einer geeigneten Programmgruppe fest zu installieren.

---

[40] Menüoptionen werden im folgenden durch *Kursivschrift* gekennzeichnet und durch einen Schrägstrich voneinander getrennt.

In die Möglichkeiten des Programms wollen wir uns in den folgenden Abschnitten schrittweise anhand von Beispielen zunehmender Komplexität einarbeiten.

## 9.2 Linguistische Variablen und Terme

### 9.2.1 Definition und Bearbeitung

Zur Übersichtlichkeit des Programms trägt bei, daß der Benutzer jederzeit einen Überblick über die aktuell definierten linguistischen Variablen, die zugehörigen linguistischen Terme und - sofern vorhanden - die Regelbasis erhält. Die erste linguistische Variable mit dem Namen *unbenannt* wird beim Start des Programms automatisch vordefiniert. Diese Variable enthält allerdings noch keine linguistischen Terme. Demzufolge sitzen wir zunächst vor einem nahezu leeren Bildschirm (Bild 9.1).

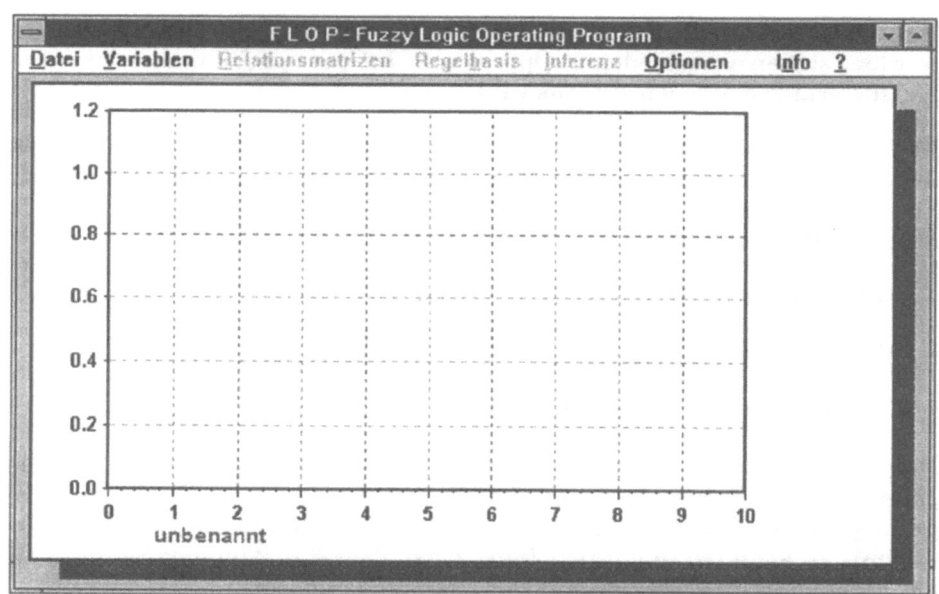

**Bild 9.1.** Hauptfenster des Programms direkt nach dem Aufruf.

## 9.2 Linguistische Variablen und Terme

Wir wollen zunächst eine linguistische Variable *Temperatur* definieren. Eine solche Variable ist festgelegt durch

- ihren Namen (maximal 15 Zeichen),
- ihren Wertebereich.

Da bereits eine linguistische Variable existiert, können wir diese umbenennen. Durch die Menüfolge *Variablen / Linguistische Variable bearbeiten* gelangen wir in den entsprechenden Dialog (Bild 9.2).

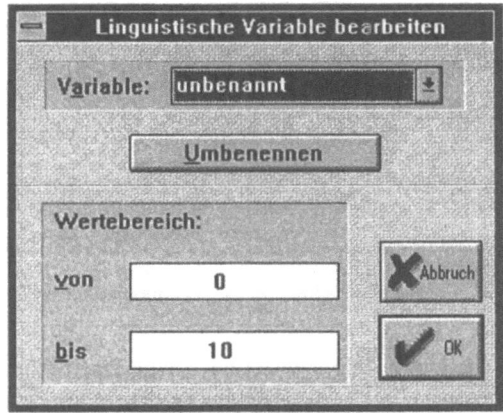

**Bild 9.2.** Dialog zur Bearbeitung einer linguistischen Variablen.

Hier können wir nun durch Anklicken der Schaltfläche *Umbenennen* zunächst den neuen Namen für unsere Variable (also *Temperatur*) eingeben. Entsprechend ändern wir den Wertebereich auf Temperaturen von 0 bis 100 °C. Nach dem Verlassen des Dialogs wird der Bildschirm automatisch mit den geänderten Werten aktualisiert.

Unsere Variable *Temperatur* müssen wir jetzt mit Leben, sprich linguistischen Termen, füllen. Dazu wollen wir zunächst die Terme *mittel* und *niedrig* definieren. Wir erreichen dies durch die Menüfolge *Variablen / Neues Fuzzy-Set ...* oder bequemer über die Tastenkombination [Strg] [N]. Bild 9.3 zeigt den zugehörigen Dialog nach Eingabe der ersten Fuzzy-Menge. Er legt zunächst nur die grundlegenden Parameter des Fuzzy-Sets fest:

- die zugehörige linguistische Variable (hier *Temperatur*)
- den Namen des Fuzzy-Sets (max. 12 Zeichen, hier *niedrig*)
- ein Kürzel für den Namen (max. 2 Zeichen, hier *N*)

Das Kürzel ist später für die übersichtliche Darstellung von Regeln wichtig und muß daher in jedem Fall festgelegt werden. Sollen wie in unserem Fall mehrere neue Terme nacheinander definiert werden, so kann dies über die Schaltfläche *Nächstes* geschehen, ohne daß dafür der Eingabedialog zwischendurch verlassen werden muß.

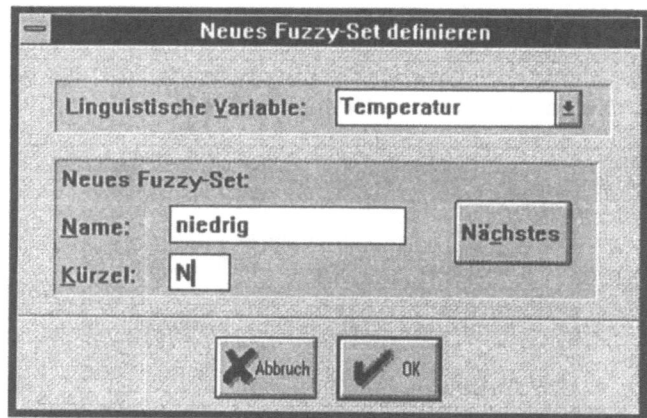

**Bild 9.3.** Dialog zur Definition neuer linguistischer Terme.

Die Zugehörigkeitsfunktion selbst wird bei ihrer Definition zunächst so initialisiert, daß sie symmetrisch und dreiecksförmig ist, wobei die Einflußbreite mit dem Wertebereich der zugeordneten linguistischen Variablen identisch ist. Auf die gleiche Weise können wir nach Betätigung der Schaltfläche *Nächstes* auch den Term *mittel* definieren. Nach Rückkehr aus dem Eingabedialog sollte der Bildschirm dann Bild 9.4 entsprechen. Er zeigt also nunmehr beide definierten Fuzzy-Sets an, die allerdings zur Zeit noch identisch sind und daher übereinander liegen.

Zur Bearbeitung der Zugehörigkeitsfunktionen wechseln wir in den zentralen Eingabedialog des Programms (Bild 9.5), den wir auf verschiedene Weisen erreichen können:

- Über die Menüfolge *Variablen / Fuzzy-Set bearbeiten ...*,
- über die Tastenkombination [Strg] [F],
- durch einen Doppelklick mit der linken Maustaste innerhalb eines Diagramms mit einer linguistischen Variable. In diesem Fall wird die angewählte Variable automatisch im Eingabedialog voreingestellt.

Von hier aus können wir folgende Aktionen durchführen:

- Bearbeiten von Zugehörigkeitsfunktionen aller linguistischen Variablen,
- Löschen und Umbenennen von linguistischen Termen,
- Löschen und Umbenennen von linguistischen Variablen.

## 9.2 Linguistische Variablen und Terme

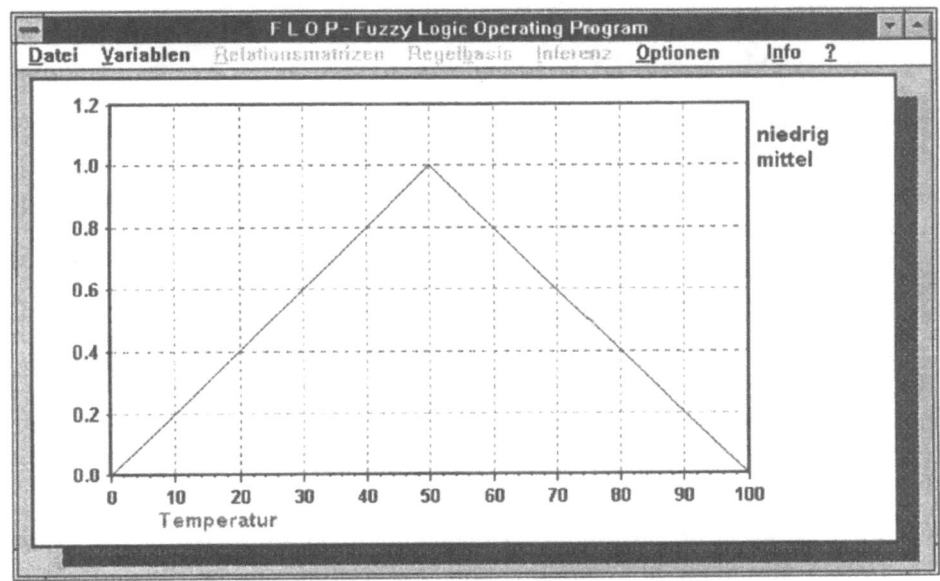

**Bild 9.4.** Bildschirm nach Definition zweier linguistischer Terme.

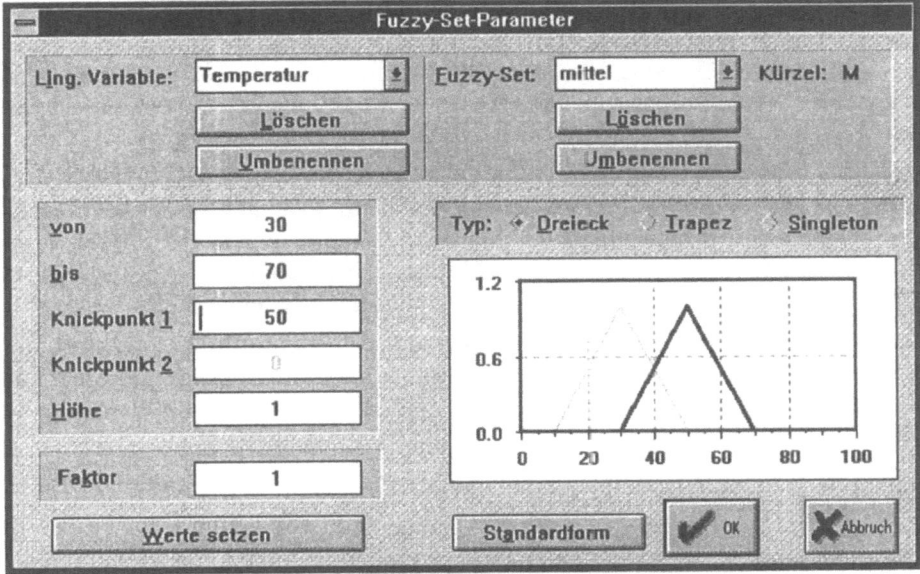

**Bild 9.5.** Dialog zum Bearbeiten von Fuzzy-Sets.

Die aktuelle linguistische Variable und die zu bearbeitende Zugehörigkeitsfunktion werden über aufklappbare Listenfenster am oberen Rand des Dialogs ausgewählt. Sämtliche linguistischen Terme zur aktuellen Variablen werden grafisch im entsprechenden Fenster angezeigt. Der angewählte Term wird zusätzlich farblich hervorgehoben. Alle durchgeführten Änderungen werden unmittelbar protokolliert.

Wir wollen für beide linguistischen Terme symmetrische, dreiecksförmige und normale Fuzzy-Sets definieren, und zwar

- für den Term *niedrig von* 10 *bis* 50 mit dem *Knickpunkt* bei 30,
- für den Term *mittel von* 30 *bis* 70 mit dem *Knickpunkt* bei 50.

Wurde als Typ der Zugehörigkeitsfunktion *Singleton* gewählt, so ist lediglich die Eingabe des (scharfen) Wertes im Feld *von* notwendig. Das Eingabefeld *Knickpunkt 2* ist nur anwählbar, wenn für die *Fuzzy-Set-Form* die Einstellung *Trapez* gewählt wurde. Über das Eingabefeld *Faktor* können die Kenngrößen der Zugehörigkeitsfunktion gemeinsam variiert werden. Dies entspricht für einen Wert kleiner 1 einer Stauchung der Zugehörigkeitsfunktion bei einer gleichzeitigen Verschiebung nach links, für Werte größer als 1 einer Spreizung mit Verschiebung nach rechts. Eine mögliche Anwendung liegt bei linguistischen Variablen, die eine Stellgröße repräsentieren: Hier läßt sich durch Eingabe des gleichen Faktors für alle linguistischen Terme auf einfache Weise eine Umnormierung erreichen, wodurch der "Verstärkungsfaktor" des Fuzzy-Controllers erhöht bzw. erniedrigt wird. Durch Eingabe einer *Höhe* kleiner als 1 lassen sich subnormale Fuzzy-Sets erzeugen, mit denen allerdings im Normalfall nicht gearbeitet werden sollte. Alle Eingaben (auch Änderungen des Typs der Zugehörigkeitsfunktion) werden erst bei Betätigung der Schaltfläche W̲erte setzen übernommen.

Besondere Aufmerksamkeit verdient die Schaltfläche *Sta̲ndardform*. Sie ermöglicht eine schnelle Grundeinstellung aller Zugehörigkeitsfunktionen der angewählten linguistischen Variablen als Ausgangspunkt für nachfolgende Modifikationen. Dabei wird die in Abschnitt 5.2 angegebene Standardform (dreiecksförmige Fuzzy-Sets, volle Überlappung) zugrundegelegt.

**Anmerkung**: Wird der Eingabedialog über die Schaltfläche *Abbruch* verlassen, so werden *alle* bis dahin im Eingabedialog durchgeführten Modifikationen rückgängig gemacht, d. h. der Zustand vor Aufruf des Eingabedialogs wiederhergestellt!

### 9.2.2 Berechnung von Zugehörigkeitswerten

Wir wollen jetzt versuchen, etwas sinnvolles mit unseren beiden Termen *niedrige Temperatur* und *mittlere Temperatur* anzufangen. Zunächst stellen

## 9.2 Linguistische Variablen und Terme

wir uns die Aufgabe, für scharfe Eingangsgrößenwerte (d. h. Temperaturwerte) die Zugehörigkeit zu beiden Fuzzy-Sets zu bestimmen. Dazu wählen wir die Menüfolge *Variablen / Zugehörigkeitswerte ...* oder die Tastenkombination [Strg] [M]. Wir gelangen in einen Dialog, der die Berechnung von Zugehörigkeitswerten zu beliebigen Fuzzy-Sets aller aktuellen linguistischen Variablen erlaubt (Bild 9.6).

Wie bereits gewohnt können wir den gewünschten linguistischen Term über zwei aufklappbare Listenfenster anwählen. Zur Festlegung des scharfen Temperaturwertes stehen uns zwei Möglichkeiten zur Auswahl:

- Die direkte Eingabe des Wertes im Editierfeld unterhalb des Anzeigefensters und Betätigung der Schaltfläche *Anzeigen*.
- Die Anwahl der Bildlaufleiste unmittelbar unter dem Anzeigefenster. Die Auflösung beträgt dabei standardmäßig 100 Schritte für den gesamten Wertebereich der linguistischen Variablen, kann aber über das Feld *Auflösung* vergrößert bzw. verkleinert werden.

Der entsprechende Zugehörigkeitsgrad kann oberhalb des Anzeigefensters abgelesen werden.

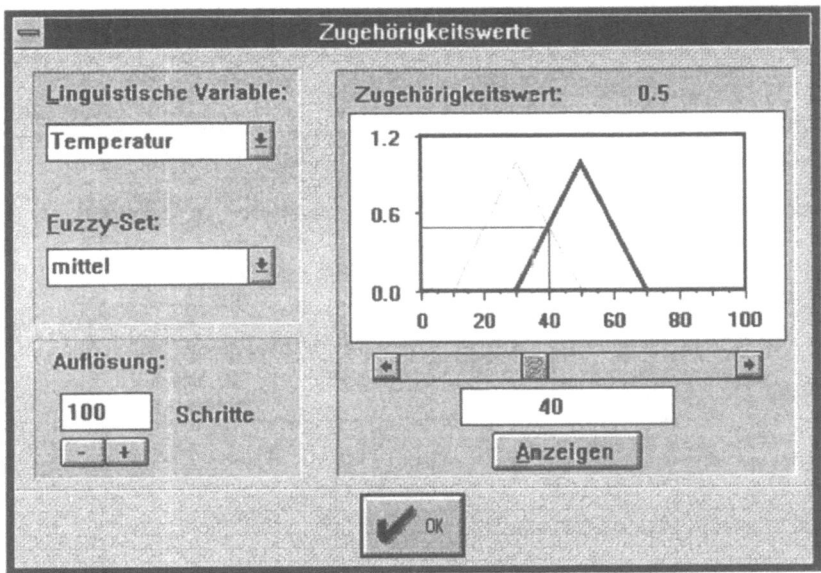

**Bild 9.6.** Dialog zur Berechnung von Zugehörigkeitswerten.

**Beispiel:**

Für die Temperatur $T = 40°C$ erhalten wir

$$\mu_{niedrig} = 0.5, \quad \mu_{mittel} = 0.5.$$

Für die Temperatur $T = 65°C$ erhalten wir

$\mu_{niedrig} = 0$, $\mu_{mittel} = 0.25$ .

### 9.2.3 Verknüpfung und Modifikation von Fuzzy-Sets

Da wir bereits zwei Fuzzy-Sets für die Variable *Temperatur* definiert haben, können wir versuchen, diese miteinander zu verknüpfen bzw. zu modifizieren. Zu diesem Zweck wählen wir die Menüfolge *Variablen / Verknüpfungen/Modifikatoren* oder die Tastenkombination [Strg] [K]. Wir gelangen in den Dialog nach Bild 9.7, in dem wir über das Listenfenster am rechten Rand den Verknüpfungs- bzw. Modifikationsoperator festlegen können. Die zu verknüpfenden Terme (hier *niedrig* und *mittel*) werden über die Kombinationsfenster im oberen Teil des Dialogs ausgewählt. Die resultierende Fuzzy-Menge wird nach kurzer Zeit als schraffierte Fläche dargestellt. In unserem Fall entspricht die UND-Verknüpfung gerade dem Durchschnitt beider Fuzzy-Mengen.

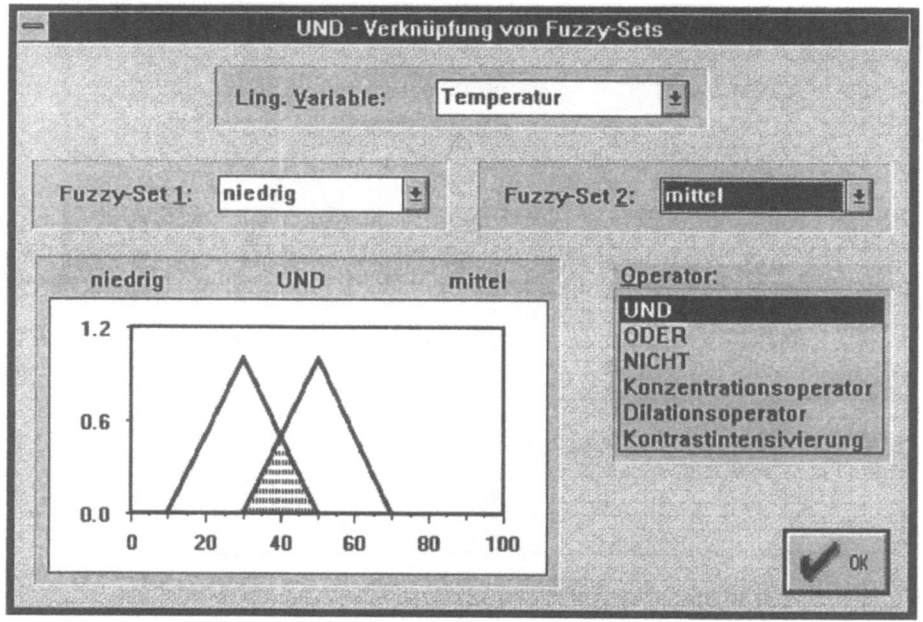

**Bild 9.7.** Dialog zur Verknüpfung und Modifikation von Fuzzy-Sets.

Das Komplement eines Fuzzy-Sets können wir über den NICHT-Operator ermitteln. So zeigt Bild 9.8 den linguistischen Term *nicht niedrig*.

## 9.2 Linguistische Variablen und Terme

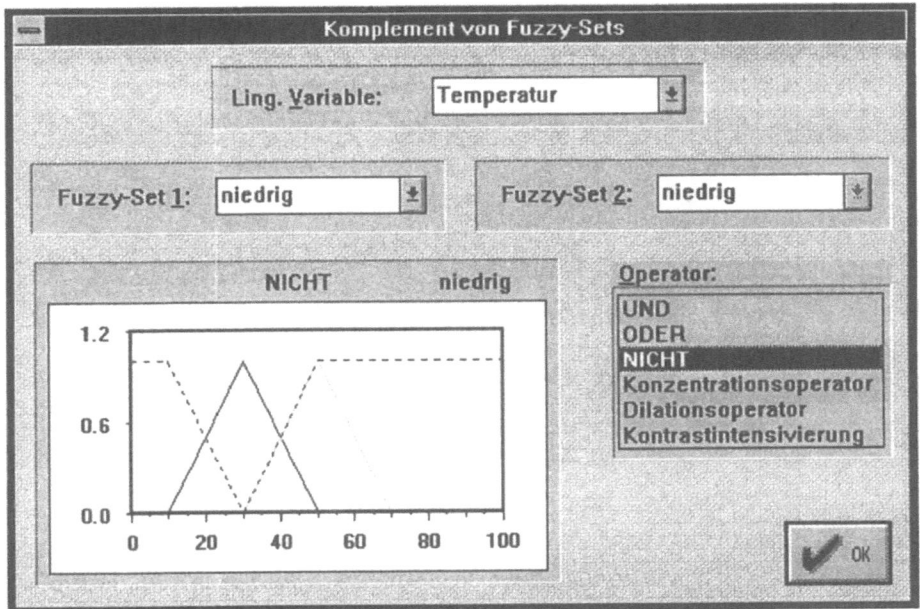

Bild 9.8. Berechnung des Komplements eines Fuzzy-Sets.

Darüber hinaus können einzelne Zugehörigkeitsfunktionen über entsprechende Operatoren modifiziert werden. Dazu stehen zur Auswahl

- der Konzentrationsoperator $CON(\mu)$,
- der Dilationsoperator $DIL(\mu)$,
- die Kontrastintensivierung $INT(\mu)$.

Als Beispiel zeigt Bild 9.9 die Anwendung des Konzentrationsoperators auf die Fuzzy-Menge *niedrig*, was umgangssprachlich etwa dem Ausdruck *sehr niedrig* entspricht.

Standardmäßig wird für die UND-Verknüpfung der MIN-Operator, für die ODER-Verknüpfung der MAX-Operator herangezogen. Alternativ dazu stehen jedoch weitere Operatoren zur Auswahl:

Für die UND-Verknüpfung:

- Bounded-Difference-Operator (Abgeschnittene Differenz)
- Algebraic-Product-Operator (Algebraisches Produkt)

Für die ODER-Verknüpfung:

- Bounded-Sum-Operator (Abgeschnittene Summe)
- Algebraic-Sum-Operator (Algebraische Summe)

Diese können über *Variablen* / *Operatoren* oder [Strg] [O] erreicht werden.
Bild 9.10 zeigt den entsprechenden Eingabedialog.

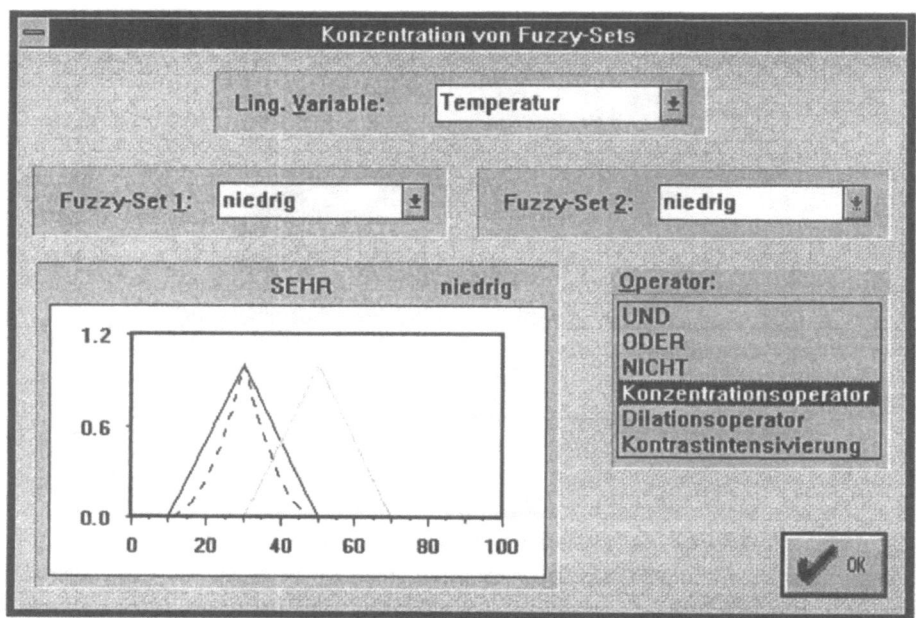

**Bild 9.9.** Bildung des Terms *sehr niedrig* über den Konzentrationsoperator.

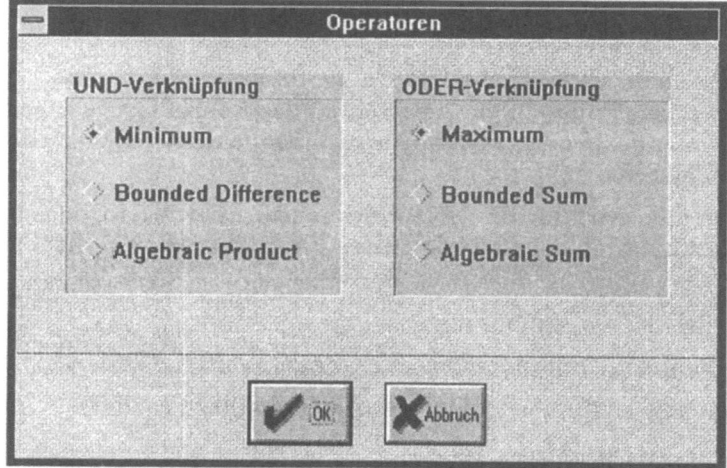

**Bild 9.10.** Dialog zur Wahl der Operatoren für die Verknüpfung von Fuzzy-Sets.

## 9.3 Dateioperationen

Obwohl wir noch nicht allzu viel Eingabetätigkeit geleistet haben, wollen wir unsere Daten zur Sicherheit in einer Datei ablegen. Dazu wählen wir die Menüfolge *Datei / Speichern* oder betätigen die Funktionstaste F2. Das Programm fordert uns daraufhin zunächst zur Eingabe eines Dateinamens auf, der die Extension .FUZ tragen muß (Bild 9.11).

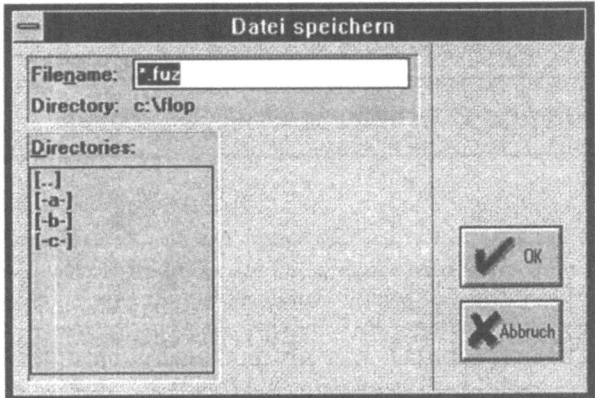

**Bild 9.11.** Speichern der Daten.

Nach Eingabe werden unsere aktuellen Daten abgespeichert. Dies sind

- alle linguistischen Variablen mit den zugehörigen linguistischen Termen,
- die aktuelle Regelbasis (sofern vorhanden).

Alle sonstigen Einstellungen (z. B. die Wahl der Verknüpfungsoperatoren) werden dagegen nicht abgespeichert. Der Name der Datei wird nach dem Abspeichern in der Titelzeile des Hauptfensters angezeigt.

Vor dem Abspeichern kann der Datensatz mit einem bis zu fünf Zeilen langen Kommentar versehen werden, der beim späteren Laden der Datei automatisch angezeigt werden kann. Die entsprechende Eingabemöglichkeit erhält man über *Datei / Datei-Info ...* bzw. Strg I. Ein bereits existierender Kommentar kann über diesen Menüpunkt jederzeit geändert werden.

Die Abfrage eines Dateinamens erfolgt nur beim erstmaligen Speichern einer Datei. Möchte man später einen Datensatz unter einem anderen Namen ablegen, so kann man dies über die Option *Datei / Speichern Unter* ... erreichen.

Zum Einlesen zuvor abgespeicherter Daten wählen wir die Menüoption *Datei / Öffnen* ... bzw. die Funktionstaste F3. Nach Wahl der Datei werden die Daten geladen, der Bildschirm automatisch aktualisiert und - sofern diese Option aktiviert ist (siehe Abschnitt 9.8) - das Datei-Info angezeigt. Ein Löschen aller aktuellen Daten ist jederzeit über *Datei / Neu* möglich. Das Programm wird dadurch in den Urzustand zurückversetzt.

Das in diesem Abschnitt betrachtete Beispiel befindet sich unter dem Namen DEMO1.FUZ auf der Programmdiskette.

## 9.4 Definition und Bearbeitung einer Regelbasis

Wir wollen uns im folgenden beschäftigen mit der Erstellung und Bearbeitung einer Regelbasis. Dabei werden wir uns zunächst beschränken auf den Fall *einer* Prämisse. Eingangsgröße unserer Regelbasis (WENN-Teil der Regeln) soll die bereits vorliegende Variable *Temperatur* sein. Da wir bisher lediglich zwei Terme, nämlich *niedrig* und *mittel* definiert haben, wollen wir die Variable durch die Terme *sehr_niedrig*, *hoch* und *sehr_hoch* vervollständigen. Die entsprechenden Zugehörigkeitsfunktionen sollen gemäß Bild 9.12 gewählt werden.[41] Wir erkennen, daß für die Randmengen trapezförmige Fuzzy-Sets gewählt wurden.

Im Listenfenster der Fuzzy-Sets werden die einzelnen Terme zunächst in der Reihenfolge angezeigt, in der sie über *Variablen / Neues Fuzzy-Set* definiert wurden. Nach dem Verlassen des Eingabedialogs werden sie vom Programm automatisch sortiert und in der korrekten Reihenfolge angezeigt.

Wir wollen als Problemstellung das Erhitzen von Wasser betrachten. Die linguistische Variable im Schlußfolgerungsteil (DANN-Teil) unserer Regeln ist demnach die *Wärmezufuhr*, die den Wertebereich von 0 bis 100 % überstreichen soll. Zunächst wählen wir also die Option *Variablen / Neue Linguistische Variable* ... bzw. Strg V und geben die entsprechenden Daten an (Bild 9.13).

---

[41] Der komplette Datensatz (allerdings noch ohne Regelbasis) befindet sich unter dem Namen DEMO2.FUZ auf der Programmdiskette.

## 9.4 Definition und Bearbeitung einer Regelbasis

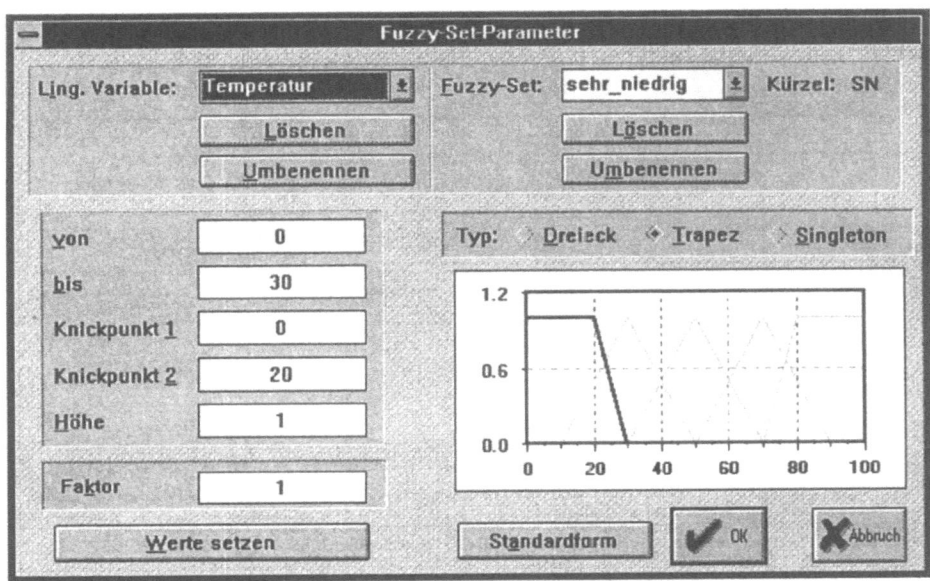

Bild 9.12. Linguistische Variable *Temperatur*.

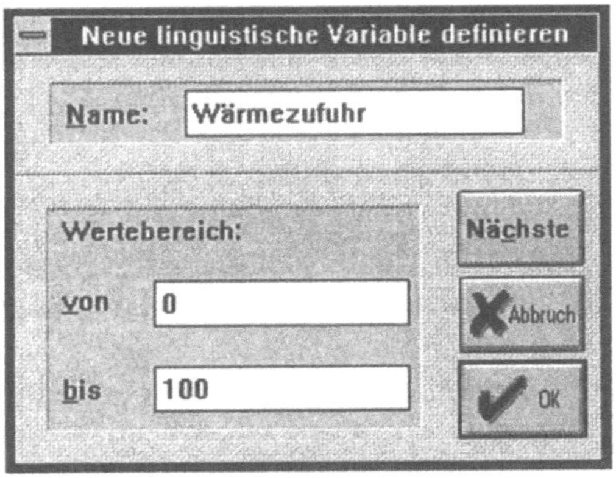

Bild 9.13. Definition einer neuen linguistischen Variablen.

Für diese Variable sollen die Terme *sehr_gering, gering, mittel, stark* und *sehr_stark* mit den Kürzeln *SG, G, M, S* und *SS* definiert werden.[42] Bild 9.14 zeigt die entsprechenden Zugehörigkeitsfunktionen.

---

[42] Die Bezeichner entsprechen an dieser Stelle nicht exakt den Bezeichnern in Kapitel 3.

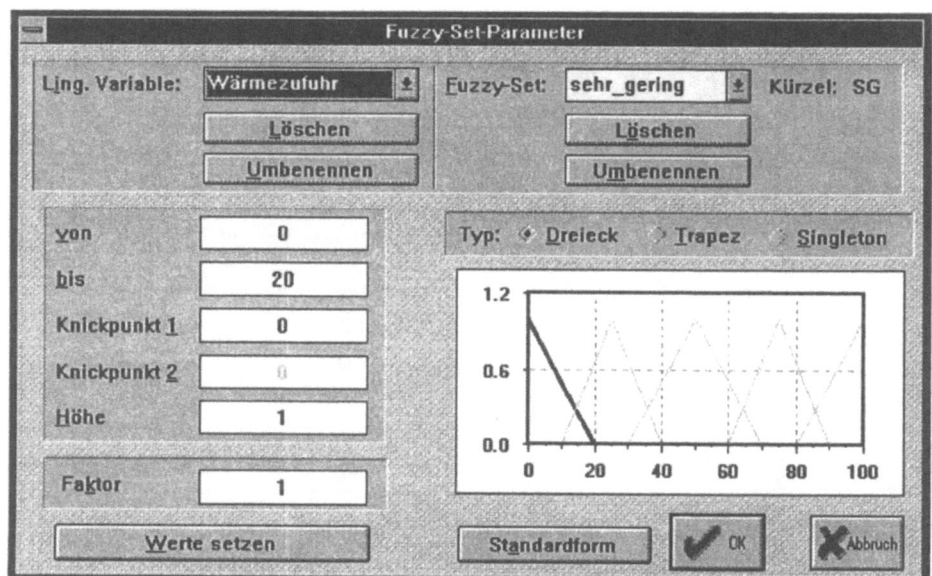

**Bild 9.14.** Linguistische Variable *Wärmezufuhr*.

Kehren wir aus diesem Eingabedialog zurück, so erhalten wir - aus Platzgründen jetzt in verkleinerter Form - beide linguistischen Variablen in getrennten Diagrammen angezeigt. Weiterhin können wir beobachten, daß die Menüoption *Regelbasis* nunmehr aktivierbar ist (genaugenommen war sie das schon nach der Neudefinition von *Wärmezufuhr*!).

Über die Menüfolge *Regelbasis / Neu* ... gelangen wir in den Eingabedialog für die Regelbasis (Bild 9.15). Die Regelbasis ist in Form einer Matrix aufgebaut und zunächst noch ohne Eintrag, d. h. es sind keinerlei Regeln definiert.

Da zur Zeit nur zwei linguistische Variablen definiert sind, kann die Regelbasis zwangsläufig nur eine Eingangsgröße (Prämisse) im WENN-Teil aufweisen. Daher ist der Parameter *Anzahl Eingänge* automatisch auf 1 festgelegt. Das untere Listenfenster für die zweite Eingangsgröße ist demnach passiv.

An dieser Stelle werden nun die Kürzel benötigt, die wir zuvor bei der Definition von linguistischen Termen neben dem eigentlichen Bezeichner des Terms festlegen mußten. Links neben der Regelmatrix stehen zunächst die Kürzel für die linguistischen Terme der Temperatur. In der ersten Spalte der Matrix müssen die zugehörigen Kürzel des DANN-Teils der Regel eingetragen werden. Die restlichen vier Spalten bleiben im Falle nur einer Eingangsgröße unbenutzt und sind auch nicht anwählbar. Als Gedächtnis-

## 9.4 Definition und Bearbeitung einer Regelbasis

stütze sind die Kürzel der Regel-Ausgangsgröße (hier also der *Wärmezufuhr*) rechts neben der Regelmatrix aufgelistet.

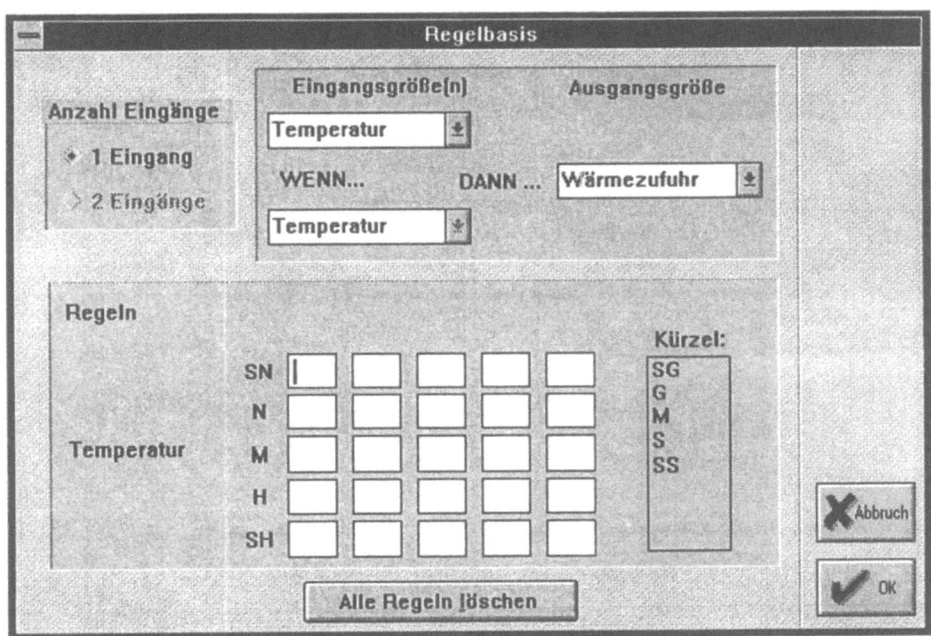

**Bild 9.15.** Definition der Regelbasis.

Wir wollen folgende Regeln aufstellen:

WENN *Temperatur = sehr_niedrig* DANN *Wärmezufuhr = sehr_stark*

WENN *Temperatur = niedrig* DANN *Wärmezufuhr = stark*

WENN *Temperatur = mittel* DANN *Wärmezufuhr = mittel*

WENN *Temperatur = hoch* DANN *Wärmezufuhr = gering*

WENN *Temperatur = sehr_hoch* DANN *Wärmezufuhr = sehr_gering*

Die erste Regel entspricht der ersten Zeile der Regelmatrix, die zweite Regel der zweiten Zeile usw. Bild 9.16 zeigt den Eingabedialog nach Festlegung sämtlicher Regeln.

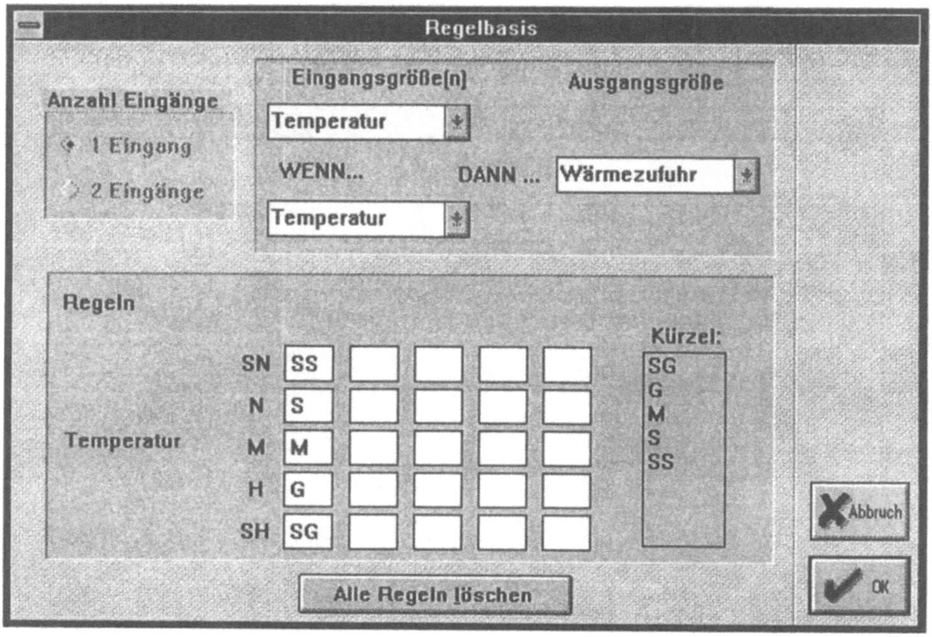

**Bild 9.16.** Dialog nach Eingabe der Regeln.

Es müssen nicht zwangsläufig - wie hier geschehen - alle möglichen Regeln auch definiert werden. Soll eine Regel weggelassen werden, so läßt man das entsprechende Feld frei. Durch Betätigen der Schaltfläche *Alle Regeln löschen* können alle Regeln gleichzeitig gelöscht werden.

Nach dem Verlassen des Eingabedialogs wird die Regelbasis in der rechten unteren Ecke des Bildschirms angezeigt (Bild 9.17). Eine spätere Modifikation oder Erweiterung der Regelbasis kann über die Menüfolge *Regelbasis / Bearbeiten ...*, die Tastenkombination [Strg] [R] oder einen Doppelklick mit der linken Maustaste auf die Regelbasis im Hauptfenster erfolgen.[43]

---

[43] Der komplette Datensatz für dieses Beispiel (linguistische Variablen und Regelbasis) befindet sich unter dem Namen DEMO3.FUZ auf der Programmdiskette.

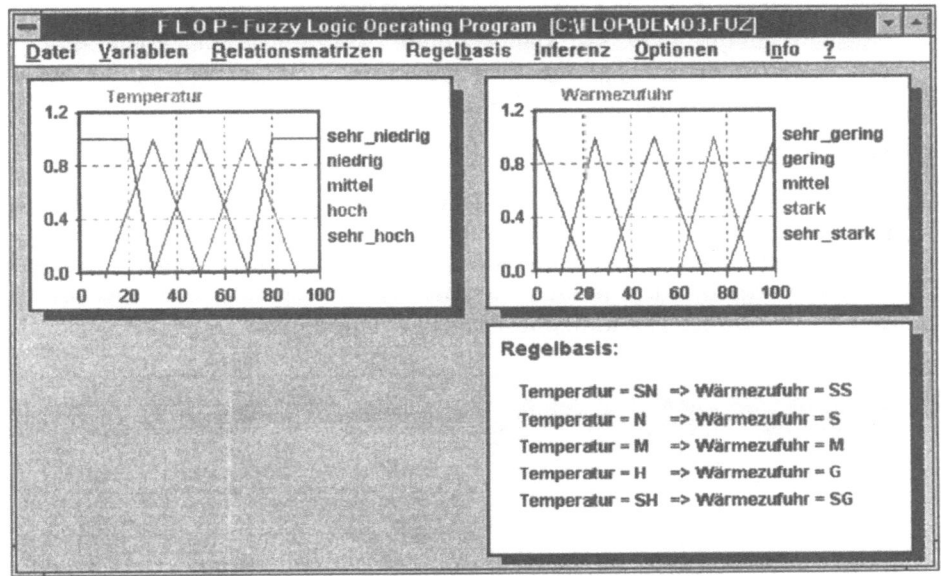

Bild 9.17. Bildschirm nach Definition der Regelbasis.

## 9.5 Inferenz

Nachdem wir den Eingabedialog für die Regelbasis verlassen haben, können wir feststellen, daß die Option *Inferenz* im Hauptmenü nunmehr aktivierbar ist. Wählen wir diese Option an, so gelangen wir in den Inferenzdialog nach Bild 9.18. Er ermöglicht es uns, zu scharfen Werten der Eingangsgröße *Temperatur* über den Inferenzmechanismus und die Defuzzifizierung scharfe Werte der Ausgangsgröße *Wärmezufuhr* zu berechnen.

Die Hauptkomponenten des Inferenzdialogs sind:

- Das Anzeigefenster für die Eingangsgröße (links oben)

  Die aktuelle Eingangsgröße kann, wie bei der Berechnung von Zugehörigkeitswerten, entweder direkt unterhalb des Fensters eingegeben und durch Betätigen der Schaltfläche *Anzeigen* übernommen oder über die Bildlaufleiste variiert werden. Die Auflösung des Scrollvorgangs ist einstellbar.

- Das Anzeigefenster für die Ausgangsgröße (rechts oben).

  Dieses Fenster zeigt die resultierende Ausgangsgrößen-Fuzzy-Menge und den ermittelten scharfen Ausgangsgrößenwert grafisch an. Letzterer wird zusätzlich unterhalb des Fensters numerisch angezeigt.

- Die Anzeige der Übertragungskennlinie (links unten)

  Bei nur einer Eingangsgröße wie in unserem Fall kann das Übertragungsverhalten des Fuzzy-Controllers in Form einer Kennlinie dargestellt werden. Diese wird beim Aufruf des Dialogs automatisch berechnet (dieser Vorgang kann je nach Rechnertyp und Defuzzifizierungsverfahren bis zu einigen Sekunden in Anspruch nehmen!).

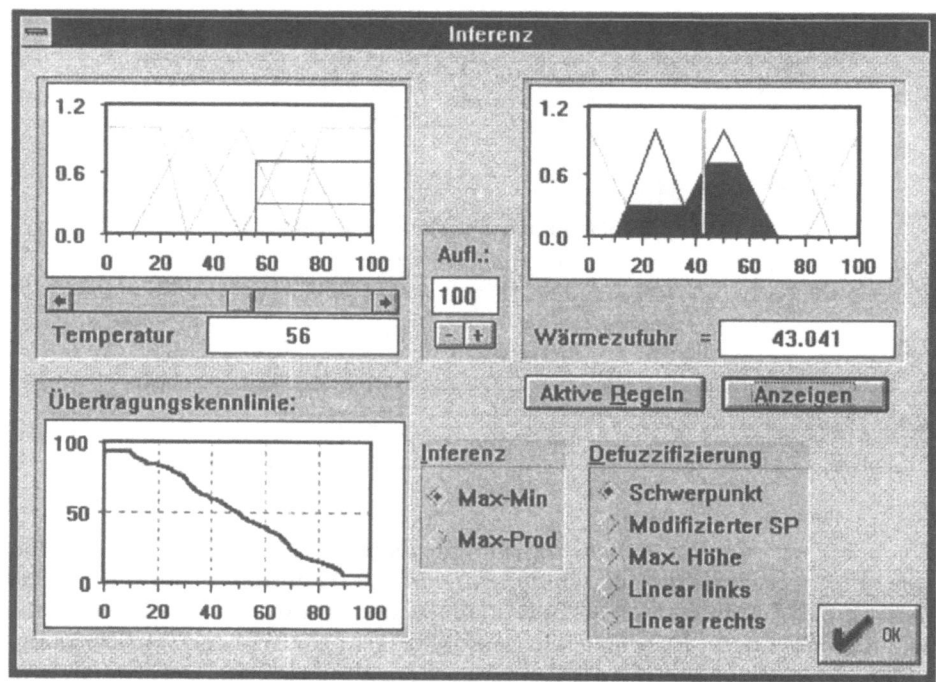

Bild 9.18. Inferenzdialog bei einer Eingangsgröße.

Die jeweils aktiven Regeln und ihr Erfüllungsgrad können über die Schaltfläche *Aktive Regeln* abgerufen werden. Sie werden dann in einem nicht modalen Fenster unterhalb des Dialogs angezeigt (Bild 9.19). Dieses Fenster kann beliebig verschoben werden und wird, solange es sichtbar ist, ständig aktualisiert.

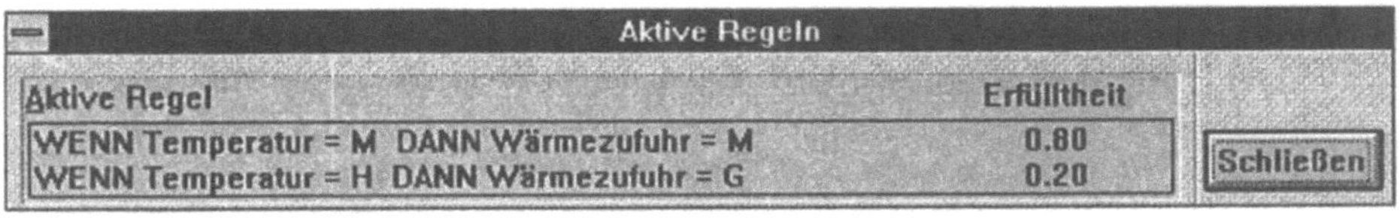

## 9.5 Inferenz

| Aktive Regeln | Erfülltheit |
|---|---|
| WENN Temperatur = M DANN Wärmezufuhr = M | 0.80 |
| WENN Temperatur = H DANN Wärmezufuhr = G | 0.20 |

**Bild 9.19.** Anzeige aktiver Regeln.

Über die Schaltergruppe *Inferenz* kann zwischen MAX-MIN-Inferenz und MAX-PROD-Inferenz gewählt werden. Weiterhin stehen in Form der Schaltergruppe *Defuzzifizierung* verschiedene Defuzzifizierungsmethoden zur Auswahl, die in Abschnitt 3.2 detailliert erörtert wurden:

- Schwerpunktmethode,
- modifizierte Schwerpunktmethode mit fiktiver symmetrischer Erweiterung der Randmengen,
- Defuzzifizierung nach maximaler Höhe (Maximum-Methode),
- linksseitige lineare Defuzzifizierung,
- rechtsseitige lineare Defuzzifizierung.

Beim Wechsel von Inferenzmechanismus oder Defuzzifizierungsmethode werden die Anzeigen automatisch aktualisiert. Ist für einen speziellen Eingangsgrößenwert keine der Regeln aktiv, so wird der vorherige Ausgangswert beibehalten.

Wir wollen für unser Beispiel durch MAX-MIN-Inferenz und Defuzzifizierung nach der modifizierten Schwerpunktmethode die Wärmezufuhr für einige Temperaturwerte ermitteln. Wir erhalten beispielsweise:

$Temperatur = 0°C \rightarrow Wärmezufuhr = 100\ \%$

$Temperatur = 40°C \rightarrow Wärmezufuhr = 60.5\ \%$

$Temperatur = 65°C \rightarrow Wärmezufuhr = 34.5\ \%$

$Temperatur = 100°C \rightarrow Wärmezufuhr = 0\ \%$

Defuzzifizieren wir demgegenüber nach der originalen Schwerpunktmethode, so erhalten wir

$Temperatur = 0°C \rightarrow Wärmezufuhr = 92.9\ \%$

$Temperatur = 40°C \rightarrow Wärmezufuhr = 60.5\ \%$

$Temperatur = 65°C \rightarrow Wärmezufuhr = 34.5\ \%$

$Temperatur = 0°C \rightarrow Wärmezufuhr = 6.25\ \%$

## 9.6 Regelbasis und Inferenz bei zwei Eingangsgrößen

In diesem Abschnitt wollen wir ein etwas komplexeres Problem betrachten, das sich vom vorangegangenen Beispiel im wesentlichen dadurch unterscheidet, daß zwei Eingangsgrößen vorhanden sind, der WENN-Teil der Regeln also zwei Prämissen enthält. Wir wollen uns vorstellen, wir befänden uns mit unserem Wagen auf der Autobahn und hätten die Aufgabe, abhängig von

- dem *Abstand* unseres Wagens zum vorausfahrenden Fahrzeug,
- der *Geschwindigkeit* unseres Wagens

einen Bremsvorgang auszuführen, d. h.

- die *Bremskraft*

vorzugeben.

Dazu definieren wir für unsere linguistischen Variablen zunächst folgende Terme (Kürzel in Klammern):

- Für den *Abstand* und die *Geschwindigkeit* die Terme *sehr_niedrig (SN)*, *niedrig (N)*, *mittel (M)*, *hoch (H)* und *sehr_hoch (SH)*,
- für die *Bremskraft* die Terme *null (NU)*, *viertel (VI)*, *halb (HA)*, *dreiviertel (DV)* und *voll (VO)*.

Auf die Definition der Zugehörigkeitsfunktionen für die einzelnen Terme wollen wir an dieser Stelle verzichten, da wir sämtliche Daten später aus einer Datei lesen wollen. Vielmehr wollen wir uns der Regelbasis zuwenden. Den Eingabedialog - bereits nach Eingabe aller Regeln - zeigt Bild 9.20.

Die Einstellungen für *Anzahl Eingänge*, *Eingangsgröße(n)* und *Ausgangsgröße* sind beim Aufruf des Dialogs bereits korrekt vorbelegt und brauchen normalerweise nicht geändert zu werden (es sei denn, wir hätten z. B. als erstes die Variable *Bremskraft* definiert; in diesem Fall würde sie beim Aufruf des Dialogs als erste Eingangsgröße voreingestellt). Wir sehen weiterhin, daß in der Regelmatrix nunmehr alle fünf Spalten aktiv sind, in die wir unsere Regeln einzutragen haben. Dabei gibt das Kürzel vor der Zeile des Eintrags jeweils die Bedingung an den *Abstand* an, das Kürzel oberhalb der Spalte die Bedingung an die *Geschwindigkeit*. Beide Bedingungen werden automatisch UND-verknüpft.

## 9.6 Regelbasis und Inferenz bei zwei Eingangsgrößen

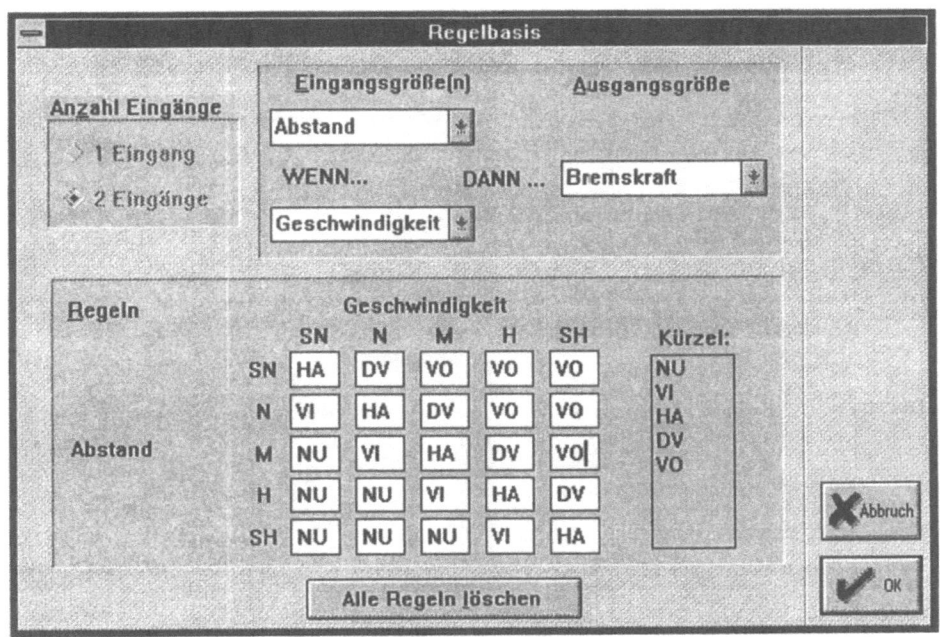

**Bild 9.20.** Regelbasis für Bremsvorgang auf Autobahn.

Wir können unserer Regelbasis beispielsweise folgende Regeln entnehmen:

WENN *Abstand = sehr_niedrig* UND *Geschwindigkeit = sehr_niedrig*
DANN *Bremskraft = halb*     (1. Zeile, 1. Spalte der Matrix)

WENN *Abstand = niedrig* UND *Geschwindigkeit = niedrig*
DANN *Bremskraft = halb*     (2. Zeile, 2. Spalte der Matrix)

WENN *Abstand = mittel* UND *Geschwindigkeit = hoch*
DANN *Bremskraft = dreiviertel*  (3. Zeile, 4. Spalte der Matrix)

WENN *Abstand = sehr_hoch* UND *Geschwindigkeit = hoch*
DANN *Bremskraft = viertel*  (5. Zeile, 4. Spalte der Matrix)

Der komplette Datensatz für dieses Beispiel befindet sich unter dem Namen DEMO4.FUZ auf der Programmdiskette. Bild 9.21 zeigt das Hauptfenster des Programms nach Einlesen der Daten. Es zeigt alle linguistischen Variablen sowie die Regelbasis an.

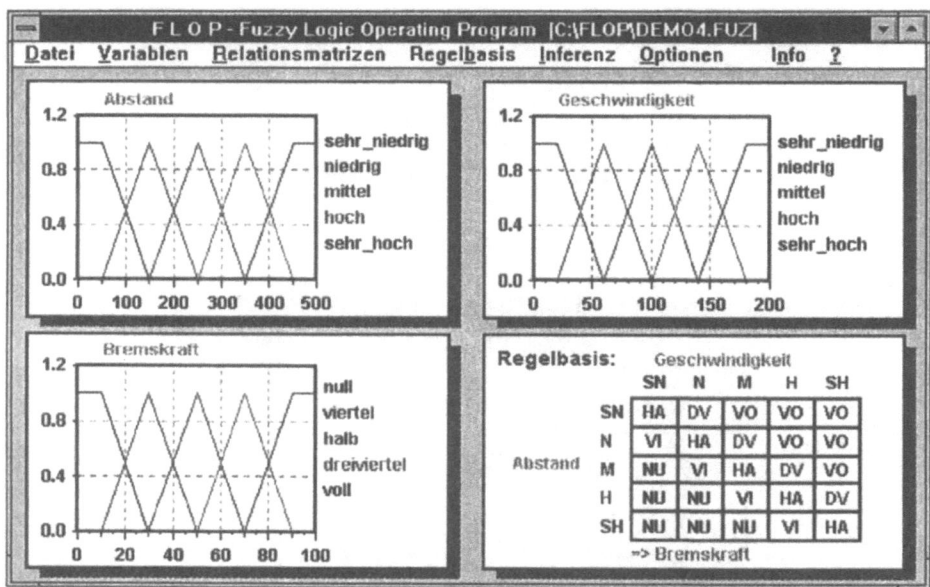

**Bild 9.21.** Hauptfenster des Programms nach Einlesen der Daten.

Zur Auswertung unserer Regelbasis begeben wir uns in den Inferenzdialog (Bild 9.22). Da wir in diesem Beispiel zwei Eingangsgrößen für das Regelwerk definiert haben, sieht auch der Inferenzdialog etwas anders aus als im ersten Beispiel: Die Anzeige der Übertragungskennlinie hat einem Fenster für die zweite Eingangsgröße Platz gemacht, das völlig analog zum oberen Fenster zu bedienen ist. Ansonsten sind, sieht man einmal von der Plazierung der Schalter und Schaltergruppen ab, keinerlei Änderungen festzustellen. Wir wollen wiederum einige Inferenzschritte nach dem MAX-MIN-Mechanismus und der modifizierten Schwerpunktmethode durchführen. Auf diese Weise erhalten wir beispielsweise

$Abstand = 20$ m  UND  $Geschw. = 180$ km/h  $\rightarrow$  $Bremskraft = 100$ %

$Abstand = 20$ m  UND  $Geschw. = 120$ km/h  $\rightarrow$  $Bremskraft = 100$ %

$Abstand = 20$ m  UND  $Geschw. = \phantom{0}60$ km/h  $\rightarrow$  $Bremskraft = 70$ %

$Abstand = 60$ m  UND  $Geschw. = 100$ km/h  $\rightarrow$  $Bremskraft = 98.1$ %

$Abstand = 200$ m  UND  $Geschw. = 120$ km/h  $\rightarrow$  $Bremskraft = 80.2$ %

$Abstand = 400$ m  UND  $Geschw. = 120$ km/h  $\rightarrow$  $Bremskraft = 19.8$ %

## 9.7 Relationsmatrizen

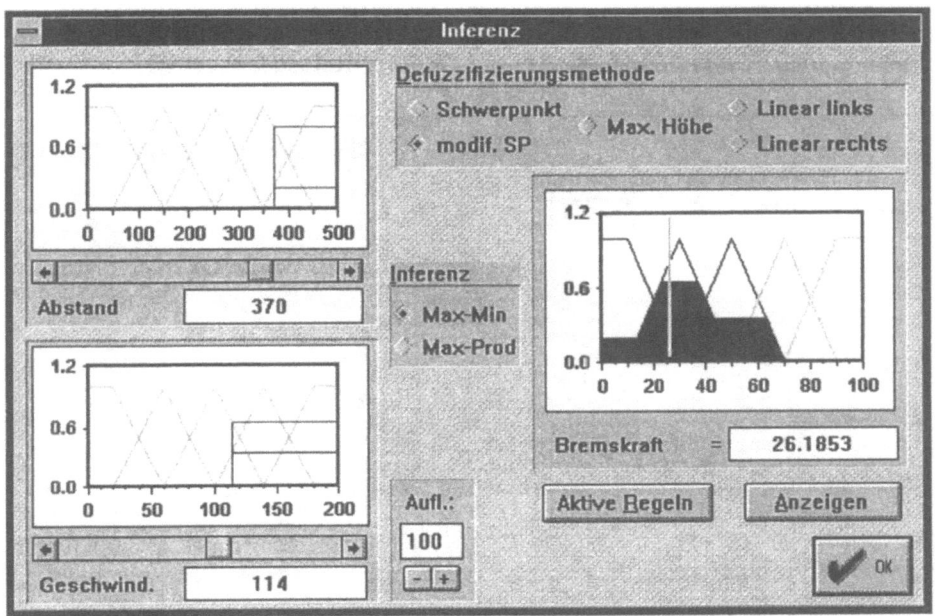

Bild 9.22. Inferenzdialog bei zwei Eingangsgrößen.

## 9.7 Relationsmatrizen

Die Verknüpfung von linguistischen Termen auf unterschiedlichen Grundmengen wird in Form einer Fuzzy-Relation bzw. bei diskretisierten Fuzzy-Sets in Form einer Relationsmatrix dargestellt. Dabei kann die UND-Verknüpfung oder auch die Implikation durch das Kreuzprodukt der diskretisierten Fuzzy-Sets gebildet werden. Dieses ist über den MIN-Operator definiert.

Über den Menüpunkt *Relationsmatrizen* lassen sich derartige Verknüpfungen ermitteln. Dazu wird ein Eingabedialog nach Bild 9.23 angeboten.

Er ermöglicht zunächst die Auswahl der beiden zu verknüpfenden linguistischen Terme (hier *sehr_niedriger Abstand* und *sehr_niedrige Geschwindigkeit*), die naturgemäß zu unterschiedlichen linguistischen Variablen gehören müssen. Die Wertebereiche der Relationsmatrix, dargestellt am oberen bzw. linken Rand[44], werden automatisch entsprechend der Einflußbreite der beiden linguistischen Terme festgelegt, da sich nur innerhalb dieses Bereiches von null verschiedene Werte für die Fuzzy-Relation ergeben.

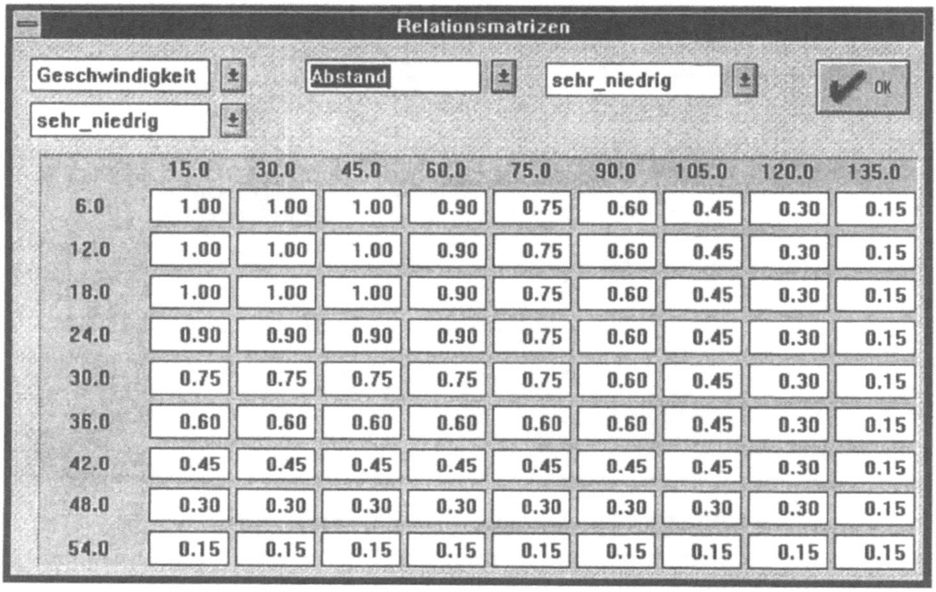

| Geschwindigkeit | | Abstand | | sehr_niedrig | | | | OK |
|---|---|---|---|---|---|---|---|---|
| sehr_niedrig | | | | | | | | |
| | 15.0 | 30.0 | 45.0 | 60.0 | 75.0 | 90.0 | 105.0 | 120.0 | 135.0 |
| 6.0 | 1.00 | 1.00 | 1.00 | 0.90 | 0.75 | 0.60 | 0.45 | 0.30 | 0.15 |
| 12.0 | 1.00 | 1.00 | 1.00 | 0.90 | 0.75 | 0.60 | 0.45 | 0.30 | 0.15 |
| 18.0 | 1.00 | 1.00 | 1.00 | 0.90 | 0.75 | 0.60 | 0.45 | 0.30 | 0.15 |
| 24.0 | 0.90 | 0.90 | 0.90 | 0.90 | 0.75 | 0.60 | 0.45 | 0.30 | 0.15 |
| 30.0 | 0.75 | 0.75 | 0.75 | 0.75 | 0.75 | 0.60 | 0.45 | 0.30 | 0.15 |
| 36.0 | 0.60 | 0.60 | 0.60 | 0.60 | 0.60 | 0.60 | 0.45 | 0.30 | 0.15 |
| 42.0 | 0.45 | 0.45 | 0.45 | 0.45 | 0.45 | 0.45 | 0.45 | 0.30 | 0.15 |
| 48.0 | 0.30 | 0.30 | 0.30 | 0.30 | 0.30 | 0.30 | 0.30 | 0.30 | 0.15 |
| 54.0 | 0.15 | 0.15 | 0.15 | 0.15 | 0.15 | 0.15 | 0.15 | 0.15 | 0.15 |

**Bild 9.23.** Berechnung von Relationsmatrizen über das Kreuzprodukt.

Wir können für unser Beispiel etwa folgende Beziehungen aus der Relationsmatrix ablesen:

- Das Wertepaar (*Geschwindigkeit* = 12 m/s, *Abstand* = 15 m) gehört der Fuzzy-Relation (*sehr_niedrige Geschwindigkeit* UND *sehr_niedriger Abstand*) mit der Zugehörigkeit 1 an (folgt aus 1. Zeile, 1. Spalte der Matrix).
- Das Wertepaar (*Geschwindigkeit* = 54 m/s, *Abstand* = 105 m) gehört der Fuzzy-Relation mit der Zugehörigkeit 0.15 an (folgt aus 9. Zeile, 7. Spalte der Matrix).

---

[44] Aufgrund des eingeschränkten Platzes für die Skalierung der Matrix kann es bei linguistischen Termen mit sehr großen Zahlenwerten für die entsprechende Variable u. U. zu Problemen bei der Beschriftung der Matrix kommen!

## 9.8 Optionen

Über die Option *Optionen* des Hauptmenüs lassen sich einige Programmparameter verändern, die im wesentlichen das äußere Erscheinungsbild beeinflussen (Bild 9.24).

Dies sind im einzelnen

- die automatische Anzeige der Datei-Informationen beim Laden eines Datensatzes,
- die Unterdrückung der Kennlinienberechnung bei Systemen mit einer Eingangsgröße (u. U. sinnvoll bei langsamen Rechnern, da die Kennlinienberechnung relativ zeitaufwendig ist),
- eine Sicherheitsabfrage vor sämtlichen Löschvorgängen.

Die eingestellten Optionen können durch Betätigung der Schaltfläche *Speichern* in der Konfigurationsdatei FLOP.CFG abgespeichert werden. Sie werden dann beim nächsten Programmaufruf automatisch eingelesen.

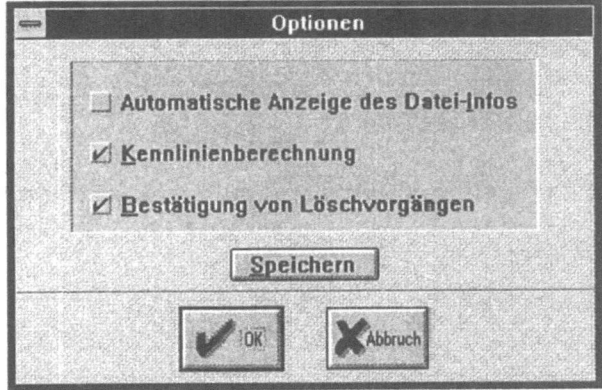

Bild 9.24. Einstellen von Programmoptionen.

# Kapitel 10

# Fuzzy-PID-Reglerentwurf

## 10.1 Übersicht

Das Programm FUZZYPID ermöglicht den interaktiven Entwurf eines Fuzzy-PI- bzw. Fuzzy-PD-Reglers für einen einschleifigen Standardregelkreis mit linearer Regelstrecke. Der geschlossene Regelkreis kann simuliert werden, wobei alle interessierenden Zeitverläufe grafisch dargestellt werden.

Bedienung und Konzeption des Programms sind im wesentlichen mit dem im vorangegangenen Kapitel beschriebenen Programm identisch. Folgende zusätzliche Einschränkungen sind zu beachten:

- Die linguistischen Variablen tragen die Bezeichnungen

    - $e$ für die Regelabweichung $e$,
    - $de/dt$ für die zeitliche Änderung $\dot{e}$ der Regelabweichung,
    - $u$ für die Stellgröße $u$ (Fuzzy-PD-Regler),
    - $du/dt$ für die zeitliche Änderung $\dot{u}$ der Stellgröße (Fuzzy-PI-Regler).

    Diese Bezeichnungen sind im Programm festgelegt und können nicht geändert werden. Ebensowenig können linguistische Variablen gelöscht werden.

- Die Anzahl der linguistischen Terme pro linguistischer Variable ist auf fünf festgelegt und kann nicht geändert werden. Die Terme tragen für alle Variablen die Bezeichnungen

    *Negative_Big*     (Kürzel --)

    *Negative_Small*   (Kürzel -)

    *Zero*             (Kürzel 0)

    *Positive_Small*   (Kürzel +)

    *Positive_Big*     (Kürzel ++).

    Auch diese Bezeichnungen können nicht geändert werden.

- Der Regler und damit die Regelbasis muß in jedem Fall zwei Eingangsgrößen, nämlich $e$ und $\dot{e}$, aufweisen. Möchte man daher einen Fuzzy-P-Regler realisieren, so wählt man zunächst den Fuzzy-PD-Regler aus und sorgt dann dafür, daß die generierte Stellgröße von $\dot{e}$ unabhängig ist.

Dies kann man erreichen, indem man in der Regelmatrix zeilenweise gleiche Einträge wählt.

Da die grundsätzlichen Eingabefunktionen wie die Bearbeitung von Fuzzy-Sets und das Erstellen der Regelbasis bereits in Kapitel 9 im Detail erläutert wurden, werden wir uns im Rahmen dieses Kapitels lediglich auf die für dieses Programm spezifischen Operationen beschränken.

## 10.2 Bildschirmaufbau

FUZZYPID zeichnet sich dadurch aus, daß sämtliche relevanten Informationen jederzeit im Hauptfenster des Programms dargestellt werden:
- Die Struktur des zugrundeliegenden Regelkreises,
- die Zugehörigkeitsfunktionen für die Ein- und Ausgangsgrößen des Reglers,
- die aktuelle Regelbasis,
- die Simulationsergebnisse.

Bild 10.1 zeigt den Bildschirm unmittelbar nach dem Aufruf des Programms. Man erkennt, daß die Regelbasis zunächst leer ist und die Zugehörigkeitsfunktionen für die linguistischen Terme alle identisch sind. Das Hauptmenü des Programms enthält folgende Optionen, die wir zum größten Teil in den nachfolgenden Abschnitten genauer unter die Lupe nehmen werden:

- *Datei*

  Ermöglicht die Ein- und Ausgabe von Datensätzen über eine Datei mit der Extension .FUZ. Diese Dateien enthalten alle Zugehörigkeitsfunktionen und die Regelbasis und sind vom Format her zum Programm FLOP kompatibel. Somit können Fuzzy-Controller, die mit FUZZYPID entworfen wurden, mit FLOP näher analysiert werden. Auch die umgekehrte Vorgehensweise ist denkbar. Die Unterpunkte dieser Menüoption entsprechen denen im Programm FLOP.

- *Regelkreis*

  Enthält alle Unterpunkte zur Wahl der Regelstrecke, des Reglertyps, der Führungsgröße und der Simulationsparameter.

## 10.2 Bildschirmaufbau

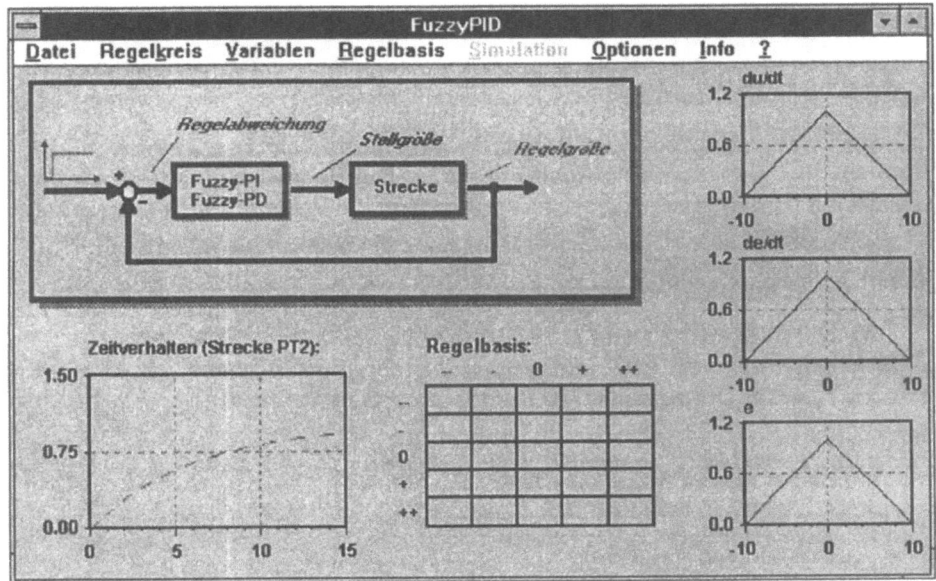

Bild 10.1. Hauptfenster des Programms nach dem Aufruf.

- *Variablen*

  Erlaubt die Bearbeitung der linguistischen Variablen und ihrer Terme.

- *Regelbasis*

  Ermöglicht die Erstellung und Bearbeitung der Regelbasis.

- *Simulation*

  Startet die Simulation. Dieser Menüpunkt ist erst anwählbar, nachdem eine Regelbasis erstellt bzw. aus einer Datei gelesen wurde.

- *Optionen*

  Enthält einige Programmoptionen wie Inferenzmechanismus, Defuzzifizierungsmethode und die während der Simulation angezeigten Zeitverläufe.

- *Info*

  Gibt ein Fenster mit Informationen zum Programm aus.

- *?*

  On line-Hilfefunktion des Programms.

## 10.3 Regelkreis

Der dem Programm zugrundeliegende Regelkreis besitzt eine einschleifige Struktur mit Ausgangsgrößenrückführung. Die Regelstrecke kann über die Menüfolge *Regelkreis* / *Regelstrecke* aus fünf verschiedenen Typen ausgewählt werden:

- $PT_2$-Strecke (nicht schwingfähig)

  Dieser Streckentyp weist eine Streckenverstärkung von 1 und zwei reelle Eigenwerte auf. Die zugehörigen Zeitkonstanten liegen bei $T_1 \approx 0.2$ s und $T_2 \approx 5$ s. Die zugehörige Übertragungsfunktion lautet

  $$G(s) = \frac{1}{s^2 + 6s + 1} .$$

- $PT_2$-Strecke (schwingfähig)

  Diese Strecke besitzt zwei konjugiert komplexe Eigenwerte und ist somit schwingfähig. Die Dämpfung liegt bei $\zeta = 0.25$, die Eigenfrequenz bei $\omega_n = 1$. Die zugehörige Übertragungsfunktion lautet

  $$G(s) = \frac{1}{s^2 + 0.5s + 1} .$$

- $PT_1$-I-Strecke

  Reihenschaltung aus einem $PT_1$-Glied mit einer Zeitkonstanten von $T = 10$ s und einem Integrierglied. Die zugehörige Übertragungsfunktion lautet

  $$G(s) = \frac{0.2}{s(1 + 10s)} .$$

- $PT_1$-$T_t$-Strecke

  $PT_1$-Glied mit Totzeit. Das $PT_1$-Glied besitzt die Zeitkonstante $T = 5$ s. Die Totzeit beträgt $T_t = 3$ s. Die zugehörige Übertragungsfunktion lautet somit

  $$G(s) = \frac{1}{1 + 5s} e^{-3s} .$$

## 10.3 Regelkreis

- $PT_2$- Strecke (zeitvariant)

  Entspricht prinzipiell der nicht schwingfähigen $PT_2$- Strecke, weist jedoch einen zeitabhängigen Verstärkungsfaktor auf:

  $$G(s) = \frac{K(t)}{s^2 + 0.5s + 1}.$$

  Dabei steigt der Verstärkungsfaktor für $0 \leq t \leq 5$ zunächst linear von 1 auf 2 und fällt danach für $5 \leq t \leq 10$ wieder linear auf 1 ab:

  $$K(t) = \begin{cases} 1 + t/5 & \text{für } 0 \leq t \leq 5 \\ 2 - (t-5)/5 & \text{für } 5 < t \leq 10 \\ 1 & \text{für } t > 10 \end{cases}.$$

Eine Modifikation der Streckenparameter ist in dieser Programmversion nicht möglich.

Als Reglertyp sind Fuzzy-PI- und Fuzzy-PD-Regler zugelassen. Eingangsgrößen des Reglers sind jeweils die Regelabweichung $e$ und ihre zeitliche Änderung $\dot{e}$, Ausgangsgröße ist im Falle des PI-Reglers die zeitliche Änderung $\dot{u}$ der Stellgröße, beim PD-Regler die Stellgröße $u$ selbst. Die Auswahl des Reglertyps wird über die Menüfolge *Regelkreis / Reglertyp PI* bzw. *Regelkreis / Reglertyp PD* vorgenommen.

Über die Menüfolge *Regelkreis / Simulationsparameter ...* oder die Tastenkombination [Strg] [P] kann der Eingabedialog für die Simulationsparameter erreicht werden (Bild 10.2). Dieser ermöglicht

- die Eingabe der Simulationsdauer,
- die Eingabe der Simulationsschrittzahl,
- die Beeinflussung der Simulationsgeschwindigkeit.

Eine Verringerung der Simulationsgeschwindigkeit kann beispielsweise dann sinnvoll sein, wenn man bei einem sehr schnellen Rechner den Ablauf der Simulation genauer studieren möchte.

Die Führungsgröße $r(t)$ für den Regelkreis kann aus drei verschiedenen Testsignalen ausgewählt werden:

- einer sprungförmigen Anregung mit der Amplitude 1,
- einer rampenförmigen Anregung mit der Steigung

  $$\frac{\Delta r}{\Delta t} = \frac{2}{T_{\text{Ende}}}$$

und einer maximalen Amplitude von 1, wobei $T_{Ende}$ die Simulationsdauer bezeichnet,

- einem Doppelimpuls der Form

$$r(t) = \begin{cases} 1 & \text{für } 0 < t \leq T_{Ende}/3 \\ -1 & \text{für } T_{Ende}/3 < t \leq 2T_{Ende}/3 \\ 0 & \text{für } t > 2T_{Ende}/3 \end{cases}.$$

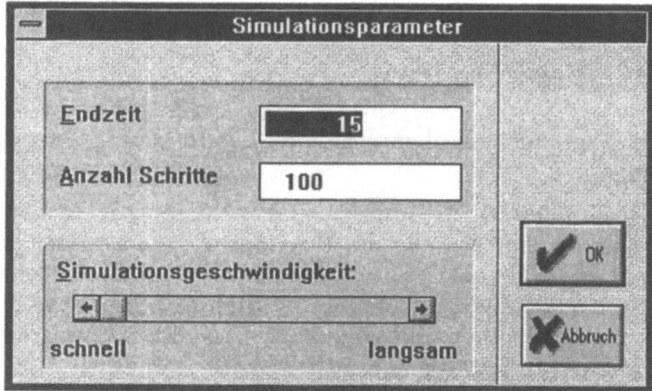

**Bild 10.2.** Eingabedialog für Simulationsparameter.

## 10.4 Simulation

Nachdem Zugehörigkeitsfunktionen und Regelbasis erstellt bzw. aus einer Datei gelesen wurden, kann die Simulation gestartet werden. Dazu stehen zwei unterschiedliche Optionen zur Auswahl, die sich im wesentlichen in der Art der während der Simulation dargestellten Daten unterscheiden.

Über die Menüfolge *Simulation / Alles anzeigen* oder die Tastenkombination [Strg] [S] wird ein Simulationablauf mit Anzeige sämtlicher relevanter Größen gestartet. Der Ablauf der Simulation kann im Hauptfenster des Programms unmittelbar verfolgt werden (Bild 10.3):

## 10.4 Simulation

- In den Diagrammen mit den Zugehörigkeitsfunktionen für die Regler-Ein- und Ausgangsgrößen am rechten Bildrand werden die aktuellen Werte in Form eines gelben Balkens angezeigt. Das obere Diagramm für die Stellgröße bzw. Stellgrößenänderung (je nach gewähltem Reglertyp) zeigt zusätzlich die aktiven Ausgangs-Fuzzy-Mengen und ihren Erfüllungsgrad an (blau schraffiert).
- In der Regelbasis werden die gerade aktiven Regeln gelb hervorgehoben.
- Das Diagramm in der linken unteren Bildschirmecke stellt schließlich den zeitlichen Verlauf aller Größen dar, wobei sich einzelne Größen über die Hauptmenüoption <u>O</u>ptionen ein- bzw. ausschalten lassen:

  - Das Zeitverhalten der Strecke allein, d. h. ohne Regler und Rückführung (gestrichelte violette Kurve),
  - die Führungsgröße $r(t)$ des Regelkreises (durchgezogene grüne Kurve),
  - die Regelgröße, d. h. Ausgangsgröße $y(t)$ des Regelkreises (durchgezogene violette Kurve),
  - die Regelabweichung $e(t)$ (durchgezogene orangefarbene Kurve),
  - die zeitliche Änderung $\dot{e}(t)$ der Regelabweichung (durchgezogene rote Kurve),
  - die Stellgröße $u(t)$ (durchgezogene dunkelblaue Kurve),
  - die zeitliche Änderung $\dot{u}(t)$ der Stellgröße (durchgezogene hellblaue Kurve). Diese kann nur im Falle eines PI-Reglers angezeigt werden.

Die Simulation kann durch Betätigung der Schaltfläche *Abbrechen* jederzeit abgebrochen werden.

Ist nur das Zeitverhalten des Regelkreises von Interesse, so ist es zweckmäßiger, die Simulation über die Menüfolge *Simulation / Zeit<u>v</u>erhalten* bzw. die Tastenkombination [Strg] [V] zu starten. Wir gelangen dann in das Dialogfenster nach Bild 10.4. Hier steht uns für die Darstellung des Zeitverhaltens ein wesentlich größeres Ausgabefenster zur Verfügung und wir haben zudem die Möglichkeit, die Skalierung der Achsen zu beeinflussen.[45] Während das Streckenverhalten unmittelbar nach Aufruf des Dialogfensters ausgegeben wird, können wir die Simulation des Regelkreises über die Schaltfläche <u>S</u>tart anwerfen. Da die zeitaufwendige Darstellung der Fuzzy-Sets und der Regelbasis bei dieser Simulationsart entfällt, läuft der gesamte Vorgang erheblich schneller ab.

---

[45]Man beachte, daß eine Umskalierung der Zeitachse lediglich den dargestellten Ausschnitt, nicht aber die Simulationsdauer (Anfangs- bzw. Endzeit der Simulation) beeinflußt!

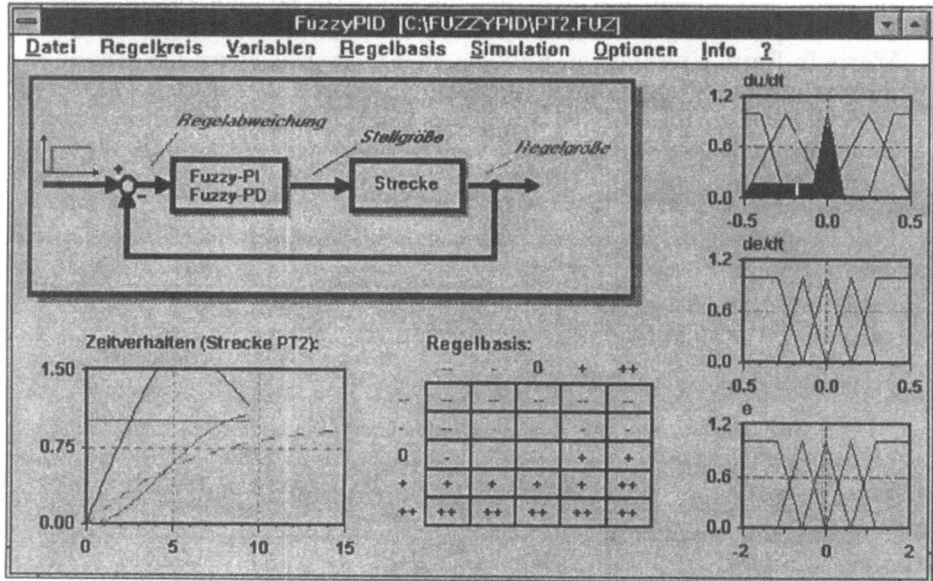

**Bild 10.3.** Hauptfenster des Programms während der Simulation.

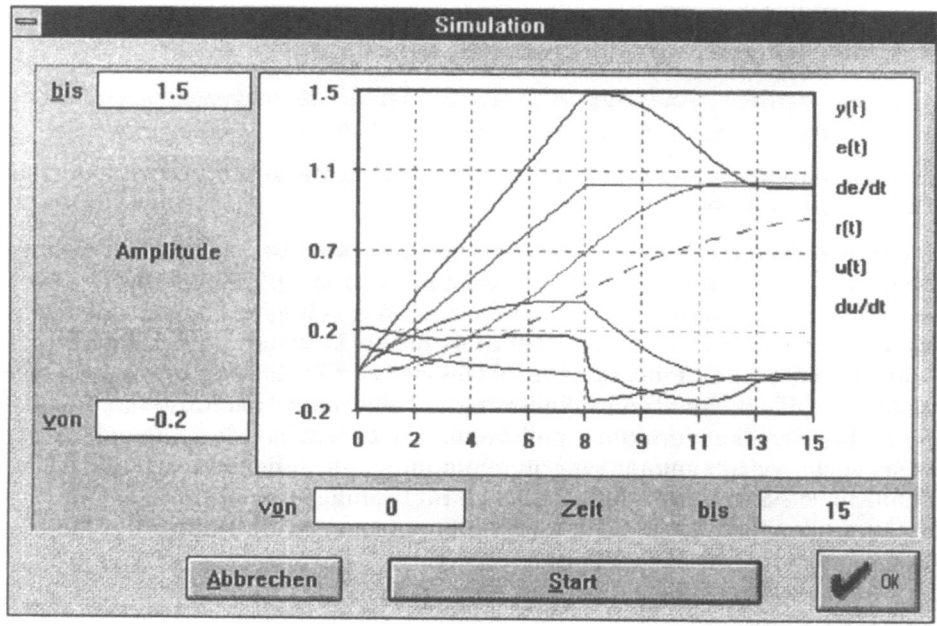

**Bild 10.4.** Dialogfenster zur Simulation des Zeitverhaltens.

## 10.5 Optionen

Da die zeitliche Änderung $\dot{e}$ der Regelabweichung während der Simulation bei sprungförmigen Führungsgrößenänderungen sehr große Werte annehmen kann, wird sie automatisch auf den vorgegebenen Wertebreich der linguistischen Variable beschränkt.

## 10.5 Optionen

Der Menüpunkt *Optionen* des Hauptmenüs führt in den Eingabedialog nach Bild 10.5. Dieser ermöglicht die Änderung folgender Programmparameter:

- Der während der Simulation im Diagramm *Zeitverhalten* dargestellten Größen,
- der Defuzzifizierungsmethode,
- des Inferenzschemas,
- der Sicherheitsabfrage vor Löschvorgängen,
- der automatischen Anzeige des Datei-Infos nach dem Einlesen eines Datensatzes.

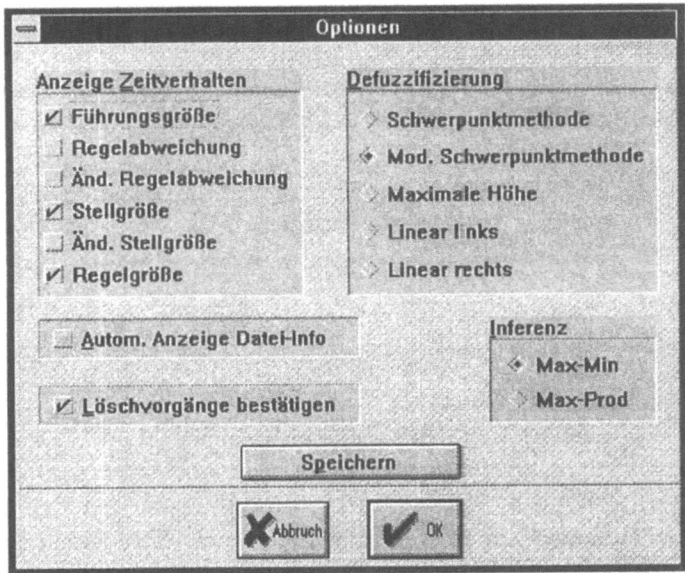

**Bild 10.5.** Programmoptionen.

Die eingestellten Werte können über die Schaltfläche *S̲peichern* in der Konfigurationsdatei FUZZYPID.CFG abgelegt werden. Sie werden dann beim nächsten Aufruf des Programms automatisch eingelesen.

## 10.6 Beispieldateien

Die Programmdiskette enthält für jeden der möglichen Regelstreckentypen einen Beispieldatensatz mit einem für sprungförmige Führungsgrößen bereits einigermaßen zufriedenstellend arbeitenden Fuzzy-Controller. Diese Datensätze können als Ausgangsbasis für eigene Experimente benutzt werden. Die entsprechenden Dateien tragen die Bezeichnungen

| | |
|---|---|
| PT2.FUZ | Fuzzy-PI-Regler für $PT_2$-Strecke (nicht schwingfähig), |
| PT2S.FUZ | Fuzzy-PI-Regler für $PT_2$-Strecke (schwingfähig), |
| PT1I.FUZ | Fuzzy-PD-Regler für $PT_1$-I-Strecke, |
| PT1TT.FUZ | Fuzzy-PI-Regler für $PT_1$-$T_t$-Strecke, |
| PT2ZV.FUZ | Fuzzy-PI-Regler für $PT_2$-Strecke (zeitvariant). |

Der jeweilige Reglertyp (PI bzw. PD) wird beim Einlesen der Datei anhand der Bezeichnungen für die Eingangsgrößen automatisch erkannt und vom Programm voreingestellt.

# Kapitel 11

# Fuzzy Construction Unit - Demo

## 11.1 Übersicht

Das Programm FCUDEMO ist eine Demoversion der Fuzzy Construction Unit FCU, Version 2.0, einem fensterorientierten und benutzerfreundlichen Entwurfs-, Simulations- und Optimierungswerkzeug für Fuzzy-Controller unter MS-WINDOWS. Die Systemanforderungen bestehen aus einem PC und MS-WINDOWS 3.1 mit mindestens VGA-Auflösung oder höher. Mit der einfach zu bedienenden graphischen Oberfläche kann der Leser komfortabel und unkompliziert Controller entwerfen. Die FCU zeichnet sich insbesondere durch eine **bilddominierte, objektorientierte** Benutzeroberfläche und eine **selbsterklärende** Benutzerführung aus - die erwarteten Eingaben erkennt der Benutzer anhand von Symbolen, die leicht verständlich sind.

Unterstützt von der durchdachten Vorgehensweise zur Festlegung eines Controllers in der FCU (siehe 8.3) und durch ihre spezifischen Methoden erscheint dieses System dem Entwicklungsingenieur besonders transparent. Insgesamt verfügt das System über eine größere Flexibilität als andere Entwurfssysteme. Die Demoversion bietet die folgende Funktionalität:

- Definition von Fuzzy-Controllern mit **beliebig** vielen Eingängen, Ausgängen und Regeln. Die Größen sind nur durch den Speicherplatz des Computers beschränkt. Die Fuzzy-Sets zu den Regeln können graphisch definiert und geändert werden.
- Wahl zwischen zwei verschiedenen Defuzzifizierungs-Methoden:
  - Lineare Defuzzifizierung (Methode F), die dem realen Verhalten eines Systems (Prozeß) angepaßt ist und ohne die aufwendige Schwerpunktberechnung auskommt,
  - "Schwerpunktmethode" für Singletons.
- Simulation von Fuzzy-Controllern unter Verwendung eines graphischen Debuggers mit
  - Darstellung der Inferenz,
  - 3D-Sicht des durch den Fuzzy-Controller realisierten Kennfelds für je zwei ausgewählte Eingänge und einen ausgewählten Ausgang.

In der Vollversion stehen stehen weitere Funktionen, insbesondere für den Einsatz von Hardware-Controllern, zur Verfügung. Der entworfene Controller kann direkt auf die Microcontroller-Boards MICRO4, MICRO6 oder MICRO8 portiert werden, mit denen eine PC-unabhängige Prozeßregelung möglich ist.

## 11.2 Bildschirmaufbau

Das Hauptarbeitsfenster besitzt zwei Modi, den Strukturmodus und den Regelmodus, die nach Bedarf umschaltbar sind. Die verschiedenen Schritte während der Arbeit mit dem Entwurfssystem laufen nach Auswahl über die Pull-Down-Menüs bzw. über die Ikonen in eigenen Fenstern ab.

Struktur-Modus

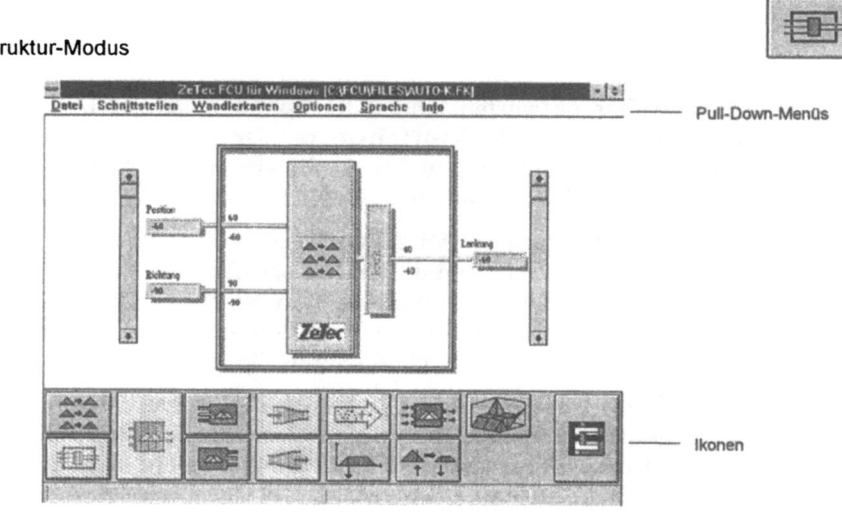

Regel-Modus

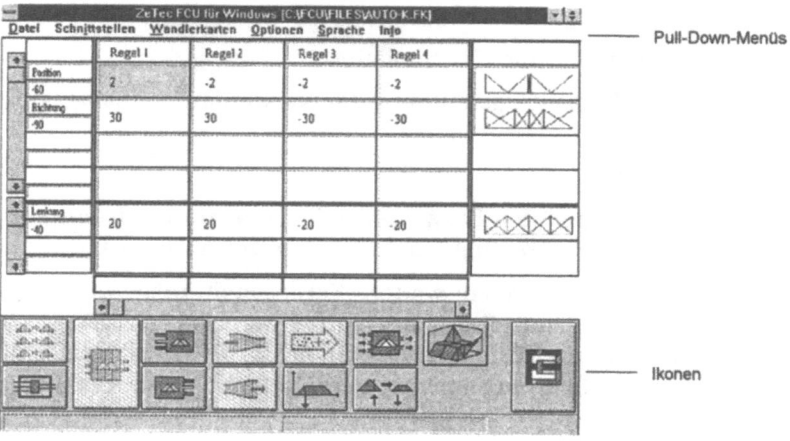

## 11.3 Übersicht über die Arbeitsschritte

Die Demoversion erlaubt ein Kennenlernen der Controllerstrategie der FCU und die Übung im Umgang mit dem Entwurfssystem. Die möglichen Kombinationen der einzelnen Arbeitsschritte sind in der folgenden Übersicht dargestellt.

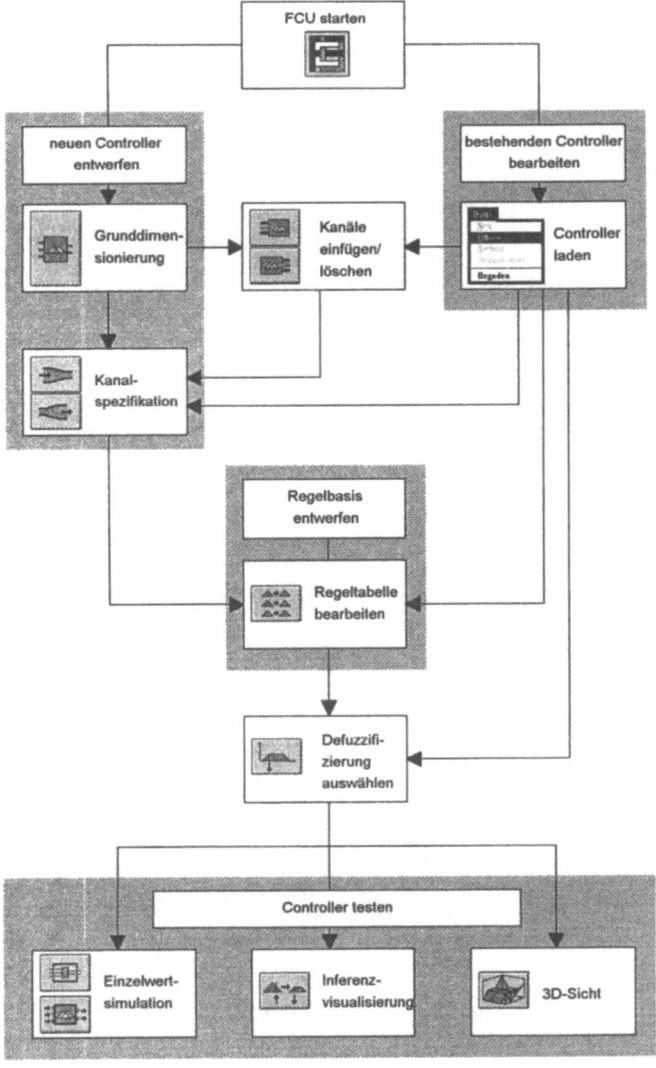

## 11.4 Datei-Operationen

Der entworfene Controller kann in einer Datei mit der Erweiterung .FK abgelegt werden (nur in der Vollversion möglich) und zur Weiterbearbeitung (Erweiterung, Korrektur) von einer Datei gelesen werden. Das geschieht über das Pull-Down-Menü *Datei*:

Lesen: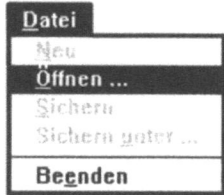

Auf der Diskette befinden sich zwei Beispiel-Controller, die im Abschnitt 11.8 näher erläutert werden.

## 11.5 Definition der Controller-Struktur

Entsprechend den Startbedingungen, ob Sie einen neuen Controller entwerfen oder einen bereits in einer Datei vorhanden Controller bearbeiten möchten, wählen Sie in der Ikonenleiste die Option *Grunddimensionierung* oder im Pull-Down-Menü *Datei* die Option *Öffnen*.... In der Grunddimensionierung wird die Anzahl der gewünschten Ein- und Ausgangskanäle festgelegt.

**Grunddimensionierung**

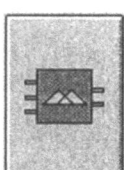 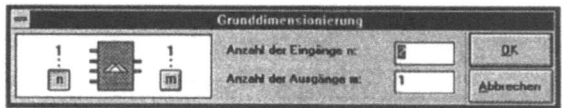

Sollte die eingestellte Grunddimensionierung des Controllers nicht mehr den Anforderungen genügen, kann sie nachträglich geändert werden. Das

## 11.6 Bearbeiten der Regelbasis

geschieht getrennt nach Ein- und Ausgangskanälen. Es können Kanäle eingefügt bzw. gelöscht werden.

**Dimensionierung Eingänge**

 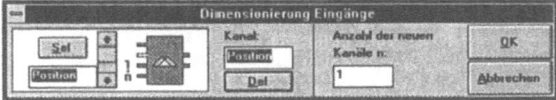

**Dimensionierung Ausgänge**

 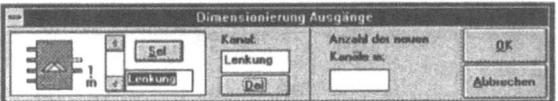

Für die Anpassung der Kanäle an die konkrete Regelungsaufgabe werden in der Option *Kanalspezifikation* die Meß- und Regelbereiche der Kanäle festgelegt. Sie können weiterhin einen problemangepaßten Kanalnamen vergeben.

**Kanalspezifikation Eingänge**

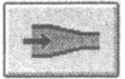 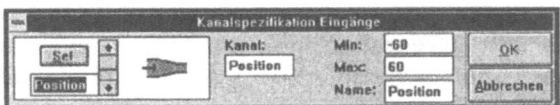

**Kanalspezifikation Ausgänge**

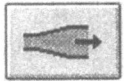 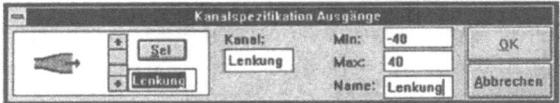

## 11.6 Bearbeiten der Regelbasis

Das Bearbeiten der Regelbasis erfolgt nach dem Umschalten in den Regelmodus. Im Regelmodus stehen die folgenden Funktions- und Anzeigebereiche zur Verfügung:

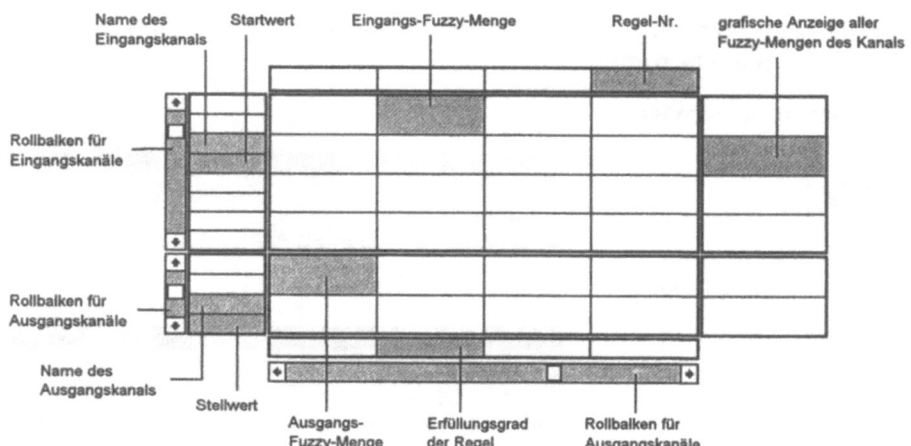

Wir wollen nun die Funktionen zum Aufstellen und Ändern einer Regelbasis besprechen. Durch Doppelklick auf die Felder *Startwert, Eingangs-Fuzzy-Menge, Ausgangs-Fuzzy-Menge* bzw. *Regel-Nr.* werden spezielle Fenster geöffnet.

In diesen Fenstern können die in der Regeltabelle ausgewählten Fuzzy-Mengen editiert, Regeln hinzugefügt, vertauscht und gelöscht werden. Durch die Vorgabe eines Startwertes ist es möglich die veränderte Reaktion des Controllers sofort an den sich ändernden Stellgrößen zu beobachten.

**Eingangs-Fuzzy-Menge**

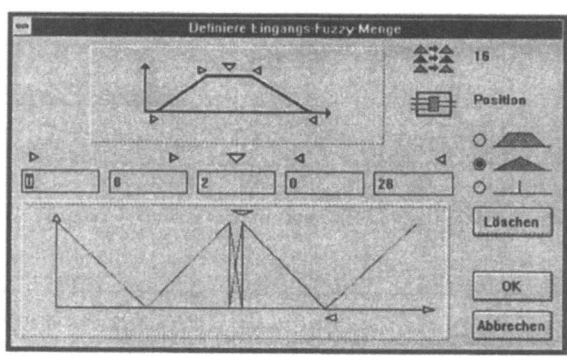

Die Fuzzy-Menge wird als Fuzzy-Zahl definiert. Sie haben die Möglichkeit, die Parameter der Fuzzy-Zahl (Zentrum, linke und rechte Toleranz, linke und rechte Einflußbreite) sowohl numerisch als auch grafisch durch Ziehen mit der Maus einzugeben. Durch Klicken auf die Symbole für Trapez, Dreieck bzw. Singleton werden Ihnen Default-Fuzzy-Mengen des ausgewählten Typs zum Editieren bereitgestellt.

**Ausgangs-Fuzzy-Menge**

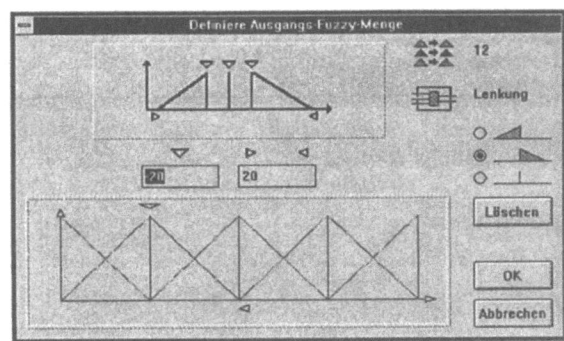

Als Ausgangs-Fuzzy-Mengen werden gemäß dem vorn beschriebenen Controller-Konzept ausschließlich halbe Dreiecksmengen oder Singletons benötigt. Deshalb sind als Parameter nur das Zentrum und eine Einflußbreite einzugeben.

**Regel-Nr.**

**Startwert**

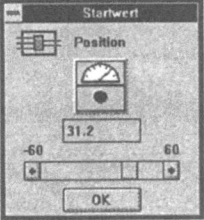

## 11.7 Simulation

Eine detaillierte Simulation des Controllers ist nach Wahl der Defuzzifizierungsmethode in Form einer Einzelwert-Simulation, einer Kennlinien-Analyse und einer 3D-Darstellung der Kennfläche für jeweils ausgewählte Ein- und Ausgangskanäle möglich.

**Eingangssignale**

 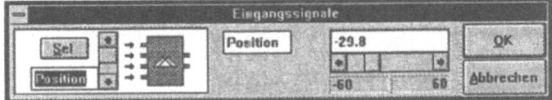

Die Reaktion des Controllers auf die eingegebenen Eingangssignale sind sowohl im Strukturmodus als auch im Regelmodus zu beobachten.

**Inferenz-Visualisierung**

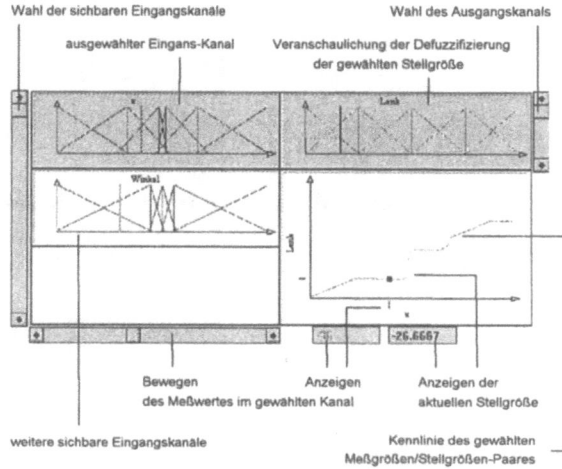

**3D-Sicht**

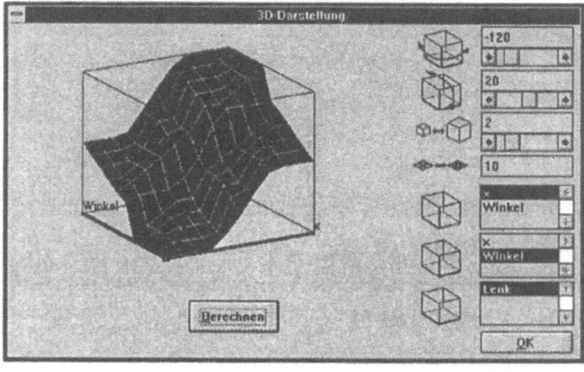

## 11.8 Beispieldaten

Auf der Diskette befinden sich zwei Controller, die zum ersten Kennenlernen der FCU eingeladen werden können. Es handelt sich dabei um je einen Controller zur Lösung der folgenden Regelungsaufgabe. Ein Fahrzeug ist durch geeignete Lenkbewegungen rückwärts in eine Kammparktasche einzuparken. Als Meßgrößen stehen die zwei Parameter *Position* und *Richtung* zur Verfügung. Die Stellgröße ist der *Lenkwinkel*. Für das Beispiel sind einige vereinfachende Annahmen getroffen worden.

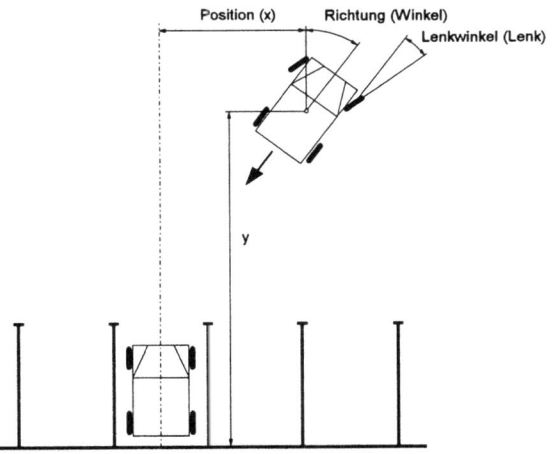

Der Abstand des Fahrzeuges von der Grundlinie der Parktaschen (y) wird nicht berücksichtigt. Das Ziel ist damit lediglich, die Fahrzeuglängsachse möglichst schnell mit der Parktaschenachse zur Deckung zu bringen. Die seitliche Position (x) bewegt sich zwischen -60 und +60 Meter und die mögliche Richtung (Winkel) des Fahrzeugs zwischen -90 und +90 Grad, d. h. es kann maximal quer zur Parklücke stehen. Der Lenkeinschlag ist durch -40 und +40 Grad begrenzt.

Die beiden Files unterscheiden sich durch die angewendete Defuzzifizierungsmethode, die sich wesentlich auf die Modellierung des Controllers auswirkt. Der Controller AUTO-F.FK ist ein Controller für die Defuzzifizierung nach der Methode F und der Controller AUTO-S.FK ein Controller für die Defuzzifizierung nach der Schwerpunktmethode mit Singletons.

# Literaturverzeichnis

[ABE91]   ABEL, D.
Fuzzy Control - eine Einführung ins Unscharfe.
at 39/1991

[ACH92]   ACHTHALER, H.
Unscharfe Lesehilfe.
c't 5/1992

[ALT91]   V. ALTROCK, C.
Über den Daumen gepeilt.
c't 3/1991

[ALT92]   V. ALTROCK, C.
Anwendungen der Fuzzy-Logik in Deutschland.
mikroelektronik 1/1992

[AND85]   ANDERSEN, T. R.; NIELSEN, S. B.
An efficient Single Output Fuzzy Control Algorithm for Adaptive Applications.
Automatica 21 (1985)

[ANG93]   ANGSTENBERGER, J.
atp-Marktanalyse: Software-Werkzeuge zur Entwicklung von Fuzzy-Reglern.
atp 35 (1993)

[AOK90]   AOKI, S. et al.
Application of Fuzzy Control Logic for Dead-Time Processes in a Glass Melting Furnace.
Fuzzy Sets and Systems 38/1990 251-265

[BAN90]   BANDEMER, H.; GOTTWALD, S.
Einführung in FUZZY-Methoden.
Verlag Harri Deutsch Thun 1990

[BEC92]   BECKER, M.
Einsatz von Fuzzy Control in der gewerblichen Kältetechnik.
Berichtsband zur VDE-Fachtagung "Technische Anwendungen von Fuzzy-Systemen", Dortmund 1992

[BEY93]   BEYER, G.
Fuzzy-Box - ein neues Fuzzy-Regelentwurfs-, Simulations- und Control-System.
3. Dortmunder Fuzzy-Tage, Posterbeitrag. In: B. Reusch (Hrsg.): Fuzzy Logic, Theorie und Praxis, Informatik aktuell, Springer Verlag, 1993

[BEY94]   BEYER, G.; STÖWER-GROTE, R.
Qualitätsklassifizierung durch Mustererkennung mit Fuzzy-Logik.
Kontrolle 3/1994

[BIE85]   BIEKER, B.; SCHMIDT, G.
Fuzzy Regelungen und Linguistische Regelalgorithmen - eine kritische Bestandsaufnahme.
at 2/1985

[BÖH90]   BÖHME, B. et al.
Fuzzy-Beratungssystem für die Steuerung eines industriellen Graphitierungsprozesses.
msr 33/1990

[BOS92]   BOSSEL, H.
Modellbildung und Simulation.
Vieweg-Verlag Braunschweig 1992

[BOT92]   BOTH, A. W.; MANOLI, Y.; NEUMANN, K.-T.
Embedded-Controller in C programmiert.
Elektronik 6, 1992, 114-117

[BRA79a]  BRAAE, M.; RUTHERFORD, D. A.
Selection of parameters for a Fuzzy Logic Controller.
Fuzzy Sets and Systems 2/1979

[BRA79b]  BRAAE, M.; RUTHERFORD, D. A.
Theoretical and Linguistic Aspects of the Fuzzy Logic Controller.
Automatica 15 (1979)

[BUC89]   BUCKLEY, J. J.; YING, H.
Fuzzy Controller Theory: Limit Theorems for Linear Fuzzy Control Rules.
Automatica 25 (1989)

[BUC90]   BUCKLEY, J. J.
Fuzzy Controller: Limit Theorems for Linear Control Rules.
Fuzzy Sets and Systems 36/1990

[CUN92]   CUNO, B.; MORKRAMER, A.; MEYER-GRAMANN, K. D.
Integration von fuzzy control in GEAMATICS, das Automatisierungssystem der AEG.
Berichtsband zur VDE-Fachtagung "Technische Anwendungen von Fuzzy-Systemen", Dortmund 1992

[CZO82]   CZOGALA, E.; PEDRYCZ, W.
Control problems in fuzzy systems.
Fuzzy Sets and Systems 7/1982 257-273

[CZO83]   CZOGALA, E.; PEDRYCZ, W.
On the concept of fuzzy probabilistic controllers.
Fuzzy Sets and Systems 10/1983

[DEM93]   DEMANT, B.
Fuzzy-Theorie oder Faszination des Vagen.
Vieweg Verlag Braunschweig/Wiesbaden 1993

[DOD88]   DODDS, D. R.
Fuzzyness in Knowledge-Based Robotics Systems.
Fuzzy Sets and Systems 26/1988

[DUP80]   DUBOIS, D., PRADE, H.
Fuzzy Sets und Systems: Theorie and Applications.
New York: Academic Press, 1980.

[ECK89]   ECKMILLER, R.; V. D. MALSBURG, CHR.
Neural Computers.
Springer Verlag, Berlin, 1989.

[EIC92]   EICHFELD, H.
Entwurf eines Fuzzy-Reglers in digitaler CMOS-Schaltungstechnik.
VDE-Fachtagung "Technische Anwendungen von Fuzzy-Systemen", Dortmund 1992

[EIC92M]  EICHFELD, H.; LÖHNER, M.; MÜLLER, M.
Architecture of a CMOS Fuzzy Logic controller with optimized memory organisation and operator design.
Intern. Conf. Fuzzy-Systems, Fuzz-IEEE'92, San Diego, USA, 8.-12.March, 1992.

[EPP92]   EPPLER, W.
Neuronaler Fuzzy-Controller zur Regelung eines $H_2/O_2$-Sofortdampferzeugers.
Berichtsband zur VDE-Fachtagung "Technische Anwendungen von Fuzzy-Systemen", Dortmund 1992

[ESH90]  ESHRAG, E.; MAMDANI, E. H.
A general approach to linguistic approximation.
Int. J. Man-Machine Studies, 1979, 11, 501-519

[ESR93]  UNIVERSITÄT DORTMUND
Dortmunder Regelungstechnische Anwenderprogramme DORA-PC 5.0
Universität Dortmund, Lehrstuhl für Elektrische Steuerung und Regelung

[FÖL70]  FÖLLINGER, O.
Nichtlineare Regelungen.
Oldenbourg Verlag 1970

[FÖL90]  FÖLLINGER, O.
Regelungstechnik.
Hüthig Buch Verlag, Heidelberg 1990

[FRA89]  FRANK, H.
Ein Diagnosesystem für ebene Kurven auf der Basis von Fuzzy-Mengen.
Angew. Informatik 6/89 255-260

[FRA92]  FRANK, H.
Fuzzy simular informations in fuzzy information techniques.
Proc. 2nd Intern. Conf. FuzzyLogic and Neural Networks, Iizuka, Japan 17.-22.July 1992, 261-263

[FRA93]  FRANK, H.
FUZZY-BOX: A new fuzzy controller design system.
Proc. EUFIT '93, Vol. 2, 839-844, 1993

[FRA94]  FRANK, H.
A new defuzzification and the fuzzy neural controller of ZeTec.
Proc. Fuzzy Duisburg '94, April 7.-8. 1994

[FRL92]  FRANK, H.
Fuzzy-Mengen, Fuzzy-Logik und ihre Anwendungen.
Ergebnisbericht der Lehrstühle III und VIII, Nr. 104, Dortmund, 1992

[FRS94]  FRANK, H.
Fuzzy-Logik und Anwendungen II.
Vorlesungsskriptum Universität Dortmund 1994

[FUK 80]  FUKAMI, S.; MIZUMOTO, M.; TANAKA, K.
Some considerations on fuzzy conditional inference.
Fuzzy Sets and Systems, 4, 1980, 243-273

[GAR91] GARIGLIO, D.
Fuzzy in der Praxis.
Elektronik 20/1991

[GLO99] GLORENNEC, P. V.
A Neuro-Fuzzy Inference system designed for implementation on a neural chip.
Proc. 2nd Int. Conf. FuzzyLogic and Neural Networks,
Iizuka, Japan, 7. - 22. July 1992, 209 - 212.

[GOS92] GOSER, K.; SURMANN, H.
Clevere Regler schnell entworfen.
Elektronik 6/1992

[GOS92D] GOSER, K.; DEFFONTAINES, FR. et al.
Concept d'architectur, d'un Processeur RISC pour la combinaison de Logique floue et d'une carte de Kohonen sur un circuit intégré.
Neuro Nimes, 2.-6.Nov.92, Nimes-F.

[GOS92S] GOSER, K.; SURMANN, H.; MÖLLER, B.
A distributed self-organizing fuzzy rule based system.
Neuro Nimes 92, 2.-6.Nov.92, Nimes-F.

[GOS92U] GOSER, K.; UNGERING, A. P. et al.
Architekturkonzept eines Fuzzy-RISC-Prozessors mit optimiertem Speicherbedarf.
Tagung "Rechner gest. Entwurf und Architektur mikroel. Systeme",
23./24. Nov. 92, Darmstadt-D.

[GOS92UQ] GOSER, K.; UNGERING, A. P.; QUBBAJ, B.
Geschwindigkeits- und speicheroptimierte VLSI-Architekturen für Fuzzy-Controller.
VDE-Fachtagung "Technische Anwendungen von Fuzzy-Systemen",
Dortmund 1992

[GRA88] GRAHAM, B. P.; NEWELL, P. B.
Fuzzy Identification and Control of a Liquid Level Rig.
Fuzzy Sets and Systems 26/1988

[GUP77] GUPTA, M. et al.
Fuzzy Automata and Decision Processes.
North-Holland 1977

[HEL92] HELLER, J.
Kollisionsvermeidung mit Fuzzy-Logik.
Elektronik 3/1992

[HET91]  HETZHEIM, H.; HOMMEL, G.
Fuzzy Logic für die Automatisierungstechnik?
atp 10/1991

[HOF75]  HOFMEISTER, W.
Prozeßregler.
VDI-Verlag 1975

[HOF91]  HOFFMANN, N.
Simulation Neuronaler Netze.
Vieweg-Verlag Braunschweig, 1991

[HOF92]  HOFFSTETTER, R.; SCHERF, H.
Vergleich eines Fuzzy-Reglers mit einem Zustandsregler an einem praktischen Beispiel.
atp 34/1992

[HOL81]  HOLMBLAD, L. P.; ØSTERGAARD, J.-J.
Übertragung von Betriebserfahrung mit der Fuzzy-Regelung auf die automatische Prozeßführung.
Zement-Kalk-Gips 34/1981

[HOL82]  HOLMBLAD, L. P.; ØSTERGAARD, J.-J.
Control of a Cement kiln by fuzzy logic.
In Gupta, M. M., Sanchez, E. (ed.): Fuzzy Information and Decision Processes, North-Holland, 1982, 389-399.

[KAH90]  KAHLERT, J.
Vektorielle Optimierung mit Evolutionsstrategien und Anwendungen in der Regelungstechnik.
Fortschrittberichte VDI VDI-Verlag 1990

[KAH92]  KAHLERT, J.; FRANK, H.
Robuste Positionsregelung durch Fuzzy Control am Beispiel eines Eisenbahnmodells.
Berichtsband zur VDE-Fachtagung "Technische Anwendungen von Fuzzy-Systemen", Dortmund 1992

[KAH93]  KAHLERT, J.
WINFACT - Windows Fuzzy And Control Tools.
4. VDE-Workshop "Regelungstechnische Programmpakete", Düsseldorf 1993

[KAH93a]  KAHLERT, J.
WINFACT - Neue regelungstechnische CAE-Tools.
GMA-Aussprachetag "Rechnergestützter Entwurf von Regelungssystemen", Kassel 1993

[KAH93b] KAHLERT, J.
Experimentieren mit Fuzzy-Control: Mustererkennung mit Einfachsensorik.
Elektronik 24/1993

[KAH93c] KAHLERT, J.
Robust Fuzzy Control of a Model Train.
Proc. EUFIT '93, Vol. 1 326-331

[KET92] KETTNER, T.; HEITE, C.; SCHUMACHER, K.
Realisierung eines analogen Fuzzy-Controllers in BiCMOS-Technik.
VDE-Fachtagung "Technische Anwendungen von Fuzzy-Systemen",
Dortmund 1992

[KIC76] KICKERT, W. J. M.; VAN NAUTA LEMKE, H. R.
Application of a fuzzy controller in a warm water plant.
Automatica 12, 1976, 301 - 308

[KIC78] KICKERT, W. J. M.; MAMDANI, E. H.
Analysis of a fuzzy logic controller.
Fuzzy Sets and Systems, 1, 1978, 29-44

[KIC79] KICKERT, W. J. M.
Towards an analysis of linguistic modelling.
Fuzzy Sets and Systems, 2, 1979, 293-307

[KIE92a] KIENDL, H.; RÜGER, J. J.
Verfahren zum Entwurf und Stabilitätsnachweis von Regelungssystemen
mit Fuzzy-Reglern basierend auf Facettenfunktionen.
Bericht 2. Workshop Fuzzy Control GMA-UA 1.4.2,
Dortmund, 19./20.11.1992, 1-9.

[KIE92b] KIENDL, H.
Stabilitätsanalyse von mehrschleifigen Fuzzy-Regelungssystemen mit Hilfe
der Methode der Harmonischen Balance.
Bericht 2. Workshop Fuzzy Control GMA-UA 1.4.2,
Dortmund, 19./20.11.1992, 315 - 321

[KIN77] KING, P. J.; MAMDAMI, E. H.
The application of fuzzy control systems to industrial processes.
Automatica 13 (1977)

[KLE91] KLEIN, R.-D.; SCHINNER, A.
Das mc-Fuzzy-Lab.
mc 9/1991

[KLI80]  KLIR, G.; FOLGER, T. A.
Fuzzy Sets, Uncertainty and Information.
Englewood, New Jersey: Prentice Hall, 1980

[KLO82]  KLOEDEN, P. E.
Fuzzy dynamical systems.
Fuzzy Sets and Systems 7 (1982) 275-296

[KOH88]  KOHENEN, T.
Self-organization and associative memory.
Springer Verlag, Berlin, 1988

[KOS91]  KOSKO, B.
Neural Networks and Fuzzy-Systems.
Prentice Hall 1991

[LAR85]  LARKIN, L. I.
A fuzzy logic controller for aircraft flight control.
In: Sugeno, M.(ed.): Industrial Applications of Fuzzy-Control, North-Holland, 1985, 87-98

[LI89]  LI, Y. F.; LAU, C. C.
Development of Fuzzy Algorithms for Servo Systems.
IEEE Control Systems Magazine 4/1989

[MAM74a]  MAMDANI, E. H.
Applications of fuzzy algorithm for control of simple dynamic plant.
Proc. IEEE 121(12), 1974, 1585-1588

[MAM74b]  MAMDANI, E. H.; ASSILIAN, S.
A case study on the application of fuzzy set theory in automatic control.
Proc. IFAC Stochastic Control Symposium, Budapest, 1974.

[MAM75a]  MAMDANI, E. H.; BAAKLINI, N.
Prescriptive method for deriving control policy in a fuzzy logic controller.
Electronic Letters 11/1975

[MAM75b]  MAMDANI, E. H.; ASSILIAN, S.
An experiment in linguistic synthesis with a fuzzy logic controller.
Int. J. Man-Machine Studies 7, 1975, 1-13

[MAM76]  MAMDANI, E. H.
Advances in the linguistic synthesis of fuzzy controllers.
Int. J. Man-Machine Sudies, 8, 1976, 669-678

[MCR80]  McRUER, D.
Human Dynamics in Process Control.
Automatica 16 (1980)

[MIZ80]  MIZUMOTO, M.; ZIMMERMANN, H.-J.
Comparison of fuzzy reasoning methods.
Fuzzy Sets and Systems, 8, 1980, 253-283

[MOO92]  MOOSBURGER, G.
Brillante Unschärfe.
Elektronik 7/1992

[NN89]  N. N.
Time for some Fuzzy Thinking.
Time 9/1989

[NN90]  N. N.
Automatic Train Operation.
Techno Japan Vol. 23 No.3 March 1990

[NN91]  N. N.
Was Fuzzy-Tools wirklich leisten.
Elektronik 24/1991

[NN92a]  N. N.
Klärung durch Unschärfe.
Konstruktion & Elektronik 15/1992

[NN92b]  N. N.
Pi mal Daumen.
Industrie Anzeiger 28/1992

[NN92c]  N. N.
Unscharfe Präzisionsarbeit.
Chip 5/1992

[NOV89]  NOVÁK, V.
Fuzzy-Sets and their Applications.
Bristol, Philadelphia: Adam Hilger, 1989

[OST82]  ØSTERGAARD, J.-J.
Fuzzy logic control of a heat exchanger process.
In: Gupta, M.M. (ed.): Fuzzy Automata and Decision Process, New York:
North-Holland, 1982, 285-320

[OTT92]   OTTO, M.
          Fuzzy-Anwendungen in der Chemie.
          mikroelektronik 1/1992

[PAL89a]  PALM, R.
          Fuzzy Controller for a Sensor Guided Robot.
          Fuzzy Sets and Systems 31/1989

[PAL89b]  PALM, R.
          Steuerung eines sensorgeführten Roboters unter Berücksichtigung eines
          unscharfen Regelkonzepts.
          msr 32/1989

[PAL91a]  PALM, R.; HELLENDOORN, H.
          Fuzzy-Control: Grundlagen und Entwicklungsmethoden.
          KI 4/1991

[PAL91b]  PALM, R.; HELLENDOORN, H.
          Fuzzy-Methoden in der Robotik.
          KI 4/1991

[PAL92]   PALM, R.; REHFUEß, U.
          Fuzzy-Steuerung in der Robotik.
          mikroelektronik 1/1992

[PAP77]   PAPPIS, C. P.; MAMDANI, E. H.
          A fuzzy controller for a traffic junction.
          IEEE Transaction on Systems, Man and Cybernetics, SMC-7,
          No.10, 1977, 707-717

[PED81]   PEDRYCZ, W.
          An approach to the analysis of fuzzy systems.
          Int. Journal of Control 34(1981) 403-421

[PED84]   PEDRYCZ, W. et al.
          Some remarks on the identification problem in fuzzy systems.
          Fuzzy Sets and Systems 12 (1984) 185-189

[PEN88]   PENG, X.-T. et al.
          Self-regulation PID controllers and its applications to a temperature
          controlling process.
          in: Fuzzy Computing, Gupta, M. M. und Yamakawa, T. (Hrsg) 1988
          Elsevier Science Publishers B. V. (North-Holland)

[PEN90]   PENG, X.-T.
          Generating Rules for Fuzzy Logic Controllers by Functions.
          Fuzzy Sets and Systems 36/1990

[POS91] POST, H.
Verschläft Europa wieder eine High-tech-Chance?
Elektronik 7/1991

[PRE92a] PREUSS, H. P.
Fuzzy Control - heuristische Regelung mittels unscharfer Logik.
atp 4-5/1992

[PRE92b] PREUSS, H. P. et al.
Fuzzy Control - werkzeugunterstützte Funktionsbaustein-Realisierung für Automatisierungsgeräte und Prozeßleitsysteme.
atp 8/1992

[PRO79] PROCYK, T. J.; MAMDANI, E. H.
A Linguistic Self-Organising Process Controller.
Automatica 15/1979

[RES69] RESCHER, N.
Many Valued Logic.
New York: McGraw Hill, 1969

[REU93] REUSCH, B. (Hrsg.)
Potential der Fuzzy-Technologie in Nordrhein-Westfalen.
Studie der Fuzzy-Initiative NRW, Fuzzy-Demonstrations-Zentrum Dortmund, 1993

[RHE90] VAN DER RHEE, F. et al.
Knowledge Based Fuzzy Control of Systems.
IEEE Trans. Autom. Control 35/1990

[SAM91] SAMAL, E.
Grundriß der praktischen Regelungstechnik.
Oldenbourg-Verlag München 1991

[SCH92] SCHÖDEL, H.
Fuzzy-Logik zum Erkennen von Ölverunreinigungen.
mikroelektronik 1/1992

[SHA88] SHAO, S.
Fuzzy self-organizing controller and its applications for dynamic processes.
Fuzzy Sets and Systems 26/1988

[SIL89] SILER, W.; YING, H.
Fuzzy Control Theory: The Linear Case.
Fuzzy Sets and Systems 33/1989

[SLI88]    SLIVINSKA, S. et al.
           Some Problems of the Shape of Fuzzy Stes and the Dimension of a Model with Respect to its Adequacy.
           Fuzzy Sets and Systems 26/1988

[SUG83]    SUGENO, M.; TAKAGI, T.
           Multi-dimensional fuzzy reasoning.
           Fuzzy Sets and Systems 9 (1983) 313-325

[SUG85a]   SUGENO, M. (Hrsg.)
           Industrial Applications of Fuzzy Control.
           North-Holland 1985

[SUG85b]   SUGENO, M.
           An Introductory Survey of Fuzzy Control.
           Information Sciences 36/1985

[SUG85c]   SUGENO, M.; NISHIDA, M.
           Fuzzy Control of a Model Car.
           Fuzzy Sets and Systems 16 (1985) 103-113

[SUG88]    SUGENO, M.; KANG, G. T.
           Structure Identification of Fuzzy Model.
           Fuzzy Sets and Systems, 28/1988

[TAK85]    TAKAGI, T.; SUGENO, M.
           Fuzzy Identification of Systems and its Applications to Modeling and Control.
           IEEE Trans. on Systems, Man and Cybernetics 15(1)/1985

[TAN87]    TANG, K. L.; MULHOLLAND, R. J.
           Comparing Fuzzy Logic with Classical Controllers Designs.
           IEEE Trans. on Systems, Man and Cybernetics 17(6)/1987

[TAN88]    TANSCHEIT, R.; SCHARF, E. M.
           Experiments with the use of a rule-based self-organising Controller for Robotic applications.
           Fuzzy Sets and Systems 26/1988

[TIL91]    TILLI, T.
           Fuzzy-Logik.
           Franzis-Verlag 1991

[TIL92]    TILLI, T.
           Automatisierung mit Fuzzy-Logik.
           Franzis-Verlag 1992

[TOG86] TOGAI, M.; WATANABE, H.
An inference engine for real-time approximate reasoning. Toward an expert on a chip.
IEEE Expert 1, 1986, 55-62

[TON76] TONG, R. M.
Analysis of fuzzy control algorithms using the relation matrix.
Int. J. Man Machine Studies 8, 1976, 679-686

[TON78] TONG, R. M.
Analysis and control of fuzzy systems using finite discrete relations.
Int. Journal of Control 27(1978) 431-440

[TON80a] TONG, R. M. et al.
Fuzzy Control of the Activated Sludge Wastewater Treatment Process.
Automatica 16 (1980)

[TON80b] TONG, R. M.
Some Properties of Fuzzy Feedback Systems.
IEEE Trans. on Systems, Man and Cybernetics 10(6)/1980

[TON84] TONG, R. M.
A retrospective view of fuzzy control systems.
Fuzzy Sets and Systems, 14, 1984, 199-210

[TRA90] TRAUTZL, G.
Unscharfe Logik: Fuzzy Logic.
der elektroniker 3/1990

[TRA91] TRAUTZL, G.
Mit Fuzzy-Logik näher zur Natur?
Elektronik 9/1991, 10/1991, 16/1991, 26/1991

[UNB92] UNBEHAUEN, H.
Regelungstechnik Band I-III.
Vieweg-Verlag Braunschweig 1992

[WAT90] WATANABE, H.; WAYNE, D. D.; YOUNT, K. E.
A VLSI Fuzzy Logic Controller with reconfigurable, cascadable architecture.
IEE Journ. Solid-State Circuit 25, 1990, 376-382

[WEC78] WECHLER, W.
The Concept of Fuzziness in Automata and Language Theory.
Berlin: Akademie-Verlag, 1978.

[WOL91]   WOLF, T.
Fuzzy, die Revolution aus japanischen High-Tech-Tempeln.
mc 3/1991

[YAG85]   YAGISHITA, O.; ITOH, O.; SUGENO, M.
Application of fuzzy reasoning to the water purification process.
In: Sugeno, M.(ed.): Industrial Applications of Fuzzy Control, North-Holland, 1985, 19-39

[YAM89]   YAMAKAWA, T.
Stabilization of an Inverted Pendulum by a High-Speed Fuzzy Logic Controller Hardware System.
Fuzzy Sets and Systems 32/1989

[YAS85]   YASUNOBO, S.; MAMDANI, E. H.
Automatic train operation system by predictive fuzzy control.
In: Sugeno, M.(ed.): Industrial Applications of Fuzzy Control. North-Holland, 1985, 1-18

[ZAD65]   ZADEH, L. A.
Fuzzy-Sets.
Information and Control 8/1965

[ZAD72]   ZADEH, L. A.
A fuzzy set theoretic interpretation of linguistic hedges.
Journal of Cybernetics, 2, 1972, 4-34

[ZAD73]   ZADEH, L. A.
Outline of a new Approach to the Analysis of Complex Systems and Decision Processes.
IEEE Transactions on systems, man and cybernetics; Vol. 3 No. 1, Jan. 1973

[ZAD75a]  ZADEH, L. A.
Calculus of fuzzy restrictions.
In: Zadeh, L. A. et al. (ed): Fuzzy Sets und Their Application to Cognitive and Decision Processes, New York: Academic Press, 1975, 1-39

[ZAD75b]  ZADEH, L. A.
The concept of a linguistic variable and its application to approximate reasoning.
Information Sciences, 8, 199-249(I), 8, 301-357(II), 9, 43-80(III), 1975

[ZAD75c]  ZADEH, L. A.
Fuzzy Logic and approximate reasoning.
Synthese, 30, 1975, 407-428

[ZAD83]   ZADEH, L. A.
          A computational approach to fuzzy quantifiers in natural languages.
          Comp. Math. with Applications, 9, No. 1, 1983, 149-184

[ZIM85]   ZIMMERMANN, H.-J.
          Fuzzy-Set-Theorie and its applications.
          Kluwer-Nishoff-Publication 1985

[ZIM91a]  ZIMMERMANN, H.-J.; V. ALTROCK, C.
          Prinzipien und Anwendungspotential der Fuzzy Mengentheorie.
          KI 4/1991

[ZIM91b]  ZIMMERMANN, H.-J.
          Fuzzy Set Theory and Its Applications.
          Boston, Dordrecht, London: Kluwer Academic Publishers, 1991

[ZIM92]   ZIMMERMANN, H.-J.
          Attraktive technische Lösungen durch Kombination alter und neuer Methoden.
          mikroelektronik 1/1992

# Installation der Software

Die mit dem Buch erworbene Diskette enthält die folgenden Dateien:

| | |
|---|---|
| README.DOC: | enthält letzte Informationen zur Software |
| FLOP.EXE: | Fuzzy-Logik-Hauptprogramm (siehe Kapitel 9) |
| FLOP.HLP: | zugehörige Hilfedatei |
| FUZZYPID.EXE: | Fuzzy-Control-Hauptprogramm (siehe Kapitel 10) |
| FUZZYPID.HLP: | zugehörige Hilfedatei |
| FCUDEMO.EXE: | Fuzzy Construction Unit - Hauptprogramm (Kap. 11) |
| FCUDEMO.WRI: | zugehörige Kurzbeschreibung (WRITE-Dokument) |
| FCUINTER.DLL: | zugehörige DLL |
| FKERN.DLL: | zugehörige DLL |
| DEMO1.FUZ: | Fuzzy-Logik-Beispieldatensatz 1 |
| DEMO2.FUZ: | Fuzzy-Logik-Beispieldatensatz 2 |
| DEMO3.FUZ: | Fuzzy-Logik-Beispieldatensatz 3 |
| DEMO4.FUZ: | Fuzzy-Logik-Beispieldatensatz 4 |
| PT2.FUZ: | Regler-Datensatz für nicht schwingfähige $PT_2$-Strecke |
| PT2S.FUZ: | Regler-Datensatz für schwingfähige $PT_2$-Strecke |
| PT1I.FUZ: | Regler-Datensatz für $PT_1$-I-Strecke |
| PT1TT.FUZ: | Regler-Datensatz für $PT_1$-$T_t$-Strecke |
| PT2ZV.FUZ: | Regler-Datensatz für zeitvariante $PT_2$-Strecke |
| AUTO-F.FK: | FCU-Beispieldatensatz |
| AUTO-S.FK: | FCU-Beispieldatensatz |
| BWCC.DLL: | DLL für Borland-Custom-Controls |

Zur Installation der Software aus der DOS-Oberfläche heraus gehen Sie wie folgt vor:

① Legen Sie auf Ihrer Festplatte ein Unterverzeichnis z. B. mit dem Namen *FUZZBUCH* an:

    `MD C:\FUZZBUCH`

② Kopieren Sie alle Dateien von der Diskette in das angelegte Verzeichnis:

    `COPY A:*.* C:\FUZZBUCH`

③ Starten Sie WINDOWS.

④ Wählen Sie im Programmanager die Menüoptionen *Datei* / *Neu* und legen Sie eine neue Programmgruppe mit beliebigem Namen an:

| Programmgruppeneigenschaften | |
|---|---|
| Beschreibung: Fuzzy-Logik und Fuzzy-Control | OK |
| Gruppendatei: | Abbrechen |
| | Hilfe |

⑤ Wählen Sie nochmals *Datei* / *Neu* zur Einrichtung der Programme FLOP, FUZZYPID und FCUDEMO und geben Sie den entsprechenden Pfad an:

| Programmeigenschaften | |
|---|---|
| Beschreibung: Fuzzy-Logik | OK |
| Befehlszeile: c:\fuzzbuch\flop | Abbrechen |
| Arbeitsverzeichnis: | Durchsuchen... |
| Tastenkombination: Keine | Anderes Symbol... |
| ☐ Als Symbol | Hilfe |

| Programmeigenschaften | |
|---|---|
| Beschreibung: Fuzzy-Control | OK |
| Befehlszeile: c:\fuzzbuch\fuzzypid | Abbrechen |
| Arbeitsverzeichnis: | Durchsuchen... |
| Tastenkombination: Keine | Anderes Symbol... |
| ☐ Als Symbol | Hilfe |

# Installation der Software 353

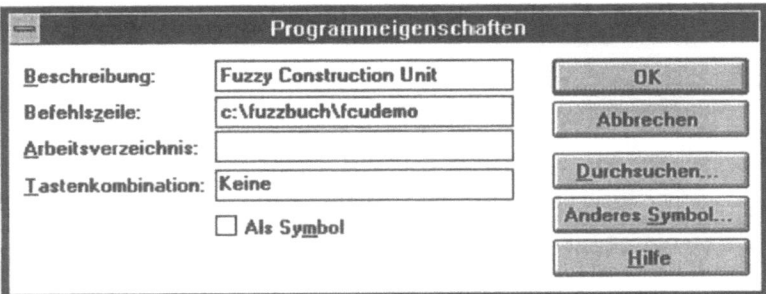

Die Programme sind nun aufrufbereit installiert und erscheinen in ihrer Programmgruppe mit dem entsprechenden Symbol:

# Sachwortverzeichnis

## A

α-Schnitt, 16
abgeschnittene Differenz, 24; 107; 247
abgeschnittene Summe, 24; 107
Accumulate-Funktion, 251
Adaption, 268
Adaptionsalgorithmus, 224
Adaptive Regelung, 223
Akkumulationsmethode, 95
algebraische Summe, 108
algebraisches Produkt, 24; 108
Analogtechnik, 253
approximate reasoning, 43
arithmetisches Mittel, 94
Assoziation, 268
Assoziativgesetz, 24; 107
Ausgangsgrößen, 163
Ausgangsgrößenrückführung, 121; 167
Ausgleichszeit, 144
Ausregelzeit, 142

## B

Backpropagation-Verfahren, 269
Beschreibungsfunktion, 152; 229
Bode-Diagramm, 146

## C

cartesisches Produkt, 34
Compositional Rule of Inference, 81
Coprozessor, 249
Core, 259
CPU, 249
Crisp-Ausgangsgröße, 89

## D

Darstellung von Fuzzy-Sets
    diskrete, 12
    grafische, 12
    parametrische, 12
Dauerschwingung, 228; 231
Defuzzifizierung, 66; 86; 163
Dekomposition, 141
Differentialgleichung
    lineare, 127
    nichtlineare, 128
Digitalisierung, 21; 254
Dilationsoperator, 27
direkte Summe, 24
Diskretisierung, 14; 20; 209; 254
drastische Summe, 107
drastisches Produkt, 107
Dreipunktregler, 138
Durchschnitt, 22; 35

## E

Eigenwerte, 153
Eigenwertplazierung, 151
Einflußbreite, 13
Eingangsgröße
    Wertebereich, 169
Eingangsgrößen, 163
Einstein-Produkt, 107
Einstein-Summe, 107
Einstellregeln, 144
Eisenbahnmodell, 203
Embedded-Controller, 259
Entwurfsschritte, 140
Erfüllungsgrad, 65; 73
Ergebnis-Fuzzy-Menge, 76
Erregungszustand, 268
Ersetzungsregel, 78; 80
Evolutionsstrategien, 171
Experteninterview, 175
Expertensysteme, 104

## F

Faktum, 43
Faustformelverfahren, 144

Feedforward Netz, 269
Fehlerschlauch, 142
Fourierreihe, 228
Frequenzbereich, 128
Frequenzgang, 129; 146
Frequenzkennlinienverfahren, 145
Führungsgröße, 120
Führungsverhalten, 142
Fuzzifizierung, 54; 73; 163
fuzzy-ähnlich, 17
Fuzzy-Ähnlichkeit, 16; 46
   strenge, 19
Fuzzy-ASIC, 252
Fuzzy-Baukasten, 247; 249
Fuzzy-Controller, 163
   adaptiver, 224
   als P-Regler, 190
   als Relationsmatrix, 207
   als Zweipunktregler, 190
   Entwurfsschritte, 168
   Freiheitsgrade, 170
   logische Struktur, 163
   nach SUGENO und TAKAGI, 219
   Parametrierung, 188
   selbstorganisierende, 223
   Typen, 175; 189
   Übertragungskennlinie, 178
   Übertragungsverhalten, 177
   Wahl der Meßgrößen, 169
Fuzzy-Ersetzungsregel, 81
Fuzzy-Güteindex, 225
Fuzzy-I-Regler, 207
Fuzzy-Inferenz, 43; 62
Fuzzy-Inferenz-Bild, 44
Fuzzy-Inferenzschema, 67; 73
Fuzzy-Linguistik, 52
Fuzzy-Logik, 79
fuzzy-logisches Schließen, 79
Fuzzy-Menge, 10
   leere, 15
   normale, 14
   subnormale, 14
   universelle, 15
Fuzzy-Neuronales Netz, 270
FUZZY-ODER, 105
Fuzzy-P-Regler, 195
Fuzzy-PD-Regler, 198
Fuzzy-PI-Regler, 197
Fuzzy-PID-Regler, 195
Fuzzy-Prozeßmodell, 225
Fuzzy-Relation, 28
Fuzzy-Relationsmatrix, 29; 62
Fuzzy-Schaltungslogik, 27
Fuzzy-Set, 10

LR-Fuzzy-Set, 12
Fuzzy-Sets
   Überlappungsgrad, 180
Fuzzy-Teilmenge, 16
FUZZY-UND, 105
Fuzzy-Wahrheitswerte, 79
Fuzzy-Zahlen, 13

## G

$\gamma$-Operator, 106
Gesamtfrequenzgang, 146
Geschwindigkeitsalgorithmus, 197
Gewichtete Defuzzifizierung, 104
Grenzzyklus, 227
Grundwelle, 228
Güteanforderungen, 140
Güteintegral
   quadratisches, 151
Gütekriterien, 142

## H

Hamacher-Produkt, 108
Hamacher-Summe, 108
Hardware, 247
Hardware-Entwurf, 253
Harmonische Balance, 227
Heuristik, 175
Höhe, 14
Höhenliniendarstellung, 186
Hyperstabilitätstheorie, 152; 227
Hysterese, 138
Hysteresekennlinie, 189

## I

Identifikation, 141; 221
Identifikationsverfahren, 141
Immediate-Funktion, 251
Implikation, 43
Inferenz, 43; 64; 163
Inferenz-Regel, 80
Inferenzschema
   Parallelisierung, 108
   Variationen, 105
Informationen
   unscharfe, 11
Interpolation, 164; 211
Istwert, 120

## K

Kaskadenregelkreis, 121
Kausalität, 125
Kennfelddarstellung, 186

Kennfelder, 127
Kennfeldregler, 138; 187
Kenngröße, 55
Kennlinie, 11; 137
    statische, 178
    stufenförmige, 185
Kennlinien, 127
Kennlinienregler, 137; 187
Klassifikation, 141
Knowledge-Engineering, 175
Kommutativgesetz, 107
Komplement, 25
Konklusion, 43
Kontrastintensivierung, 27
Konzentrationsoperator, 27
Kraftadaptive Roboterregelung, 219
Kreuzprodukt, 34; 46
Kreuzproduktmenge, 29

## L

Laplace-Transformation, 128
Laplacebereich, 128
Layer, 269
Lead-Lag-Glied, 148
Lineare Defuzzifizierung, 103
Linearisierung
    um Arbeitspunkt, 128
Linearität, 123
Linguistische Variable, 52
    Anzahl ling. Terme, 170
    Randmengen, 183
    Standardformen, 170
Linguistischer Term, 52
    Bezeichner, 174
logisches Schließen, 77
Lukasiewicz-ODER, 24; 107
Lukasiewicz-UND, 24; 107

## M

MAX-Average-Komposition, 38
MAX-MIN-Komposition, 38
MAX-PROD-Inferenz, 109
MAX-PROD-Komposition, 38
Maximum-Gatter, 247
Maximum-Methode, 89
Maximum-Mittel-Methode, 93
Menge
    unscharfe, 9
Meßgrößenaufbereitung, 167
Microprozessor, 249; 259
Minimum-Gatter, 247
Modalwert, 12
Model-Based-Controller, 225

Modell
    mathematisches, 127
Modellauto, 221
Modellbildung, 140
Modifikation, 26
Modifikatoren, 27; 60
Modus Ponens, 78
Monotonie, 106
Multirelaischarakteristik, 187
Mustererkennung, 89

## N

Nachstellzeit, 134
NeuraLogix-Chip, 251; 260
Neuro-Fuzzy-Control, 268
Neuro-Fuzzy-Controller, 270
Neuron, 268
Neuronales Netz, 220; 268
NICHT-Operator, 25; 107
Nichtlinearität, 124
NLX-230, 251
Nyquist-Kriterium, 154

## O

Oberwelle, 228
ODER-Verknüpfung, 23
Operator, 21
    Befragung, 175
    Verhalten, 175
Ortskurvenkriterium, 154

## P

P-Regler, 133
Parameter
    konzentrierte, 125
    verteilte, 125
Parametervariationen, 143; 203
PD-Regler, 135
Pendel
    inverses, 122; 128
PI-Regler, 134
PID-Regler, 132
    Realisierung, 135
POPOV-Kriterium, 227
Positionsalgorithmus, 197
Positionsregelung, 203
Prämisse, 43
Produktraum, 36
Proportionalverhalten, 133
Prozeß, 120

## R

RAM, 259
RC-Netzwerk, 128
Regelabweichung, 120
    bleibende, 133; 142
regelbasiertes System, 85
Regelbasis, 85
    Erstellung, 174
    Konsistenz, 177
    Redundanzfreiheit, 177
    Vollständigkeit, 176
Regelgröße, 120
Regelkreis
    offener, 147
    unterlagerter, 121
Regelkreisdynamik, 143
Regelstrecke, 120
Regelung, 119
Regler, 120
    schaltende mit Rückführung, 138
Reglerfunktional, 133
Reglerparameter
    Bestimmung, 140; 143
Reglerstruktur
    Wahl, 140; 143
Reglertypen, 132
Reglerverstärkung, 133
Relationsmatrix, 164
Riccati-Zustandsregler, 151
Roboterdynamik, 218
Robustheit, 143; 155; 203; 226
ROM, 259
Rückkopplung, 119
Ruhezustand, 268

## S

S-Normen, 106
Schaltalgebra, 79
Schaltgerade, 213
Schaltungsalgebra, 81
Schluß, 43
Schwerpunktmethode, 98
    für Singletons, 101
    modifizierte, 173
    Näherung, 99
    originale, 173
Sensor, 120
Simulation, 140; 143
Singleton, 10; 14; 182
Sliding-Mode-FC, 212
Sollwert, 120
Split-Range-Regelungen, 183

Stabilität, 126; 153; 226
    totale, 152
Stabilitätsbereich, 153
Stabilitätskriterium
    algebraisches, 153
Stabilitätssektor, 152
Stabilitätstheorie von Ljapunov, 152; 227
Standardformen, 170
Stellglied, 120
Stellgröße, 120
Stellgrößenausnutzung, 173
Stellgrößenauswahl, 225
Stellgrößenbeschränkung, 136; 151
Stellungsalgorithmus, 197
Steuereinrichtung, 119
Störgrößen, 120
Störverhalten, 142
Strecke, 120
Strukturvarianten, 222
Superpositionsprinzip, 123
Support, 13
System
    instabiles, 126
    kausales, 125
    nichtlineares, 124
    stabiles, 126
    zeitinvariantes, 125
    zeitvariantes, 125
Systemanalyse, 123
Systeme von Differentialgleichungen, 129
Systemeigenschaften, 123

## T

T-Konormen, 106
T-Normen, 106
Tabelle, 164
Tautologie, 78
Temperaturregelung, 137
Testsignal, 124
Toleranz, 13
Träger, 13

## U

Überlagerungsgesetz, 123
Überschwingen, 142
Überschwingweite, 142
Übertragungsfunktion, 128
Übertragungssystem, 123
Umskalierung ling. Variablen, 173
UND-Verknüpfung, 22
Unempfindlichkeitszone, 137

Unschärfe
  informale, 7
  sprachliche, 7
  stochastische, 7
Unscharfes Schließen, 43

## V

Vereinigung, 23; 35
Verknüpfungen, 24
Verladebrücke, 155
Verstärkungsfaktor, 147
Verstärkungsprinzip, 123
Verstellstrategie, 224
Verzugszeit, 144
Vorhalteglied, 136
Vorhaltezeit, 135

## W

Wahrheitsgehalt, 77
Wahrheitstabelle, 78
Wahrscheinlichkeit, 7; 25
Wendepunkt, 144
Wendetangente, 144
Wirkungskreis
  geschlossener, 119
  offener, 119
Wurzelortskurve, 149
Wurzelortsverfahren, 148

## Y

Yager-Operatoren, 108

## Z

Zeitbereich, 127
zeitinvariant, 125
Zugehörigkeitsfunktion, 8
  dreiecksförmige, 12
  trapezförmige, 12
Zugehörigkeitsgrad, 8
Zustandsgrößen, 121
Zustandsraummethoden
  lineare, 150
Zustandsraummodell, 129
Zustandsregelkreis, 121; 139; 168
Zustandsregler, 139
  linearer, 139
Zweipunktregler, 137
zweiwertige Logik, 77
Zweiwertigkeitsprinzip, 8
zylindrische Erweiterung, 56

# Fuzzy-Theorie oder
# Die Faszination des Vagen

Grundlagen einer präzisen Theorie des Unpräzisen
für Mathematiker, Informatiker und Ingenieure

von Bernd Demant

*1993. VIII, 152 Seiten. Gebunden.*
*ISBN 3-528-05331-3*

Das Buch enthält im ersten Kapitel eine Einführung in die Fuzzy-Theorie. Besonderer Wert wird auf eine anschaulich mathematische-bildliche Begleitung der formalen Darstellungen gelegt.

Die Kapitel 2 und 4 stützen sich auf die Lukasiewizc-Logik. Diese gestattet eine besonders glatte und gut interpretierbare Darstellung wichtiger, der Fuzzy-Methodik zugänglicher, Themen: Vage Einordnungen (Fuzzy-Subsumption), Vage Gleichheit (Ähnlichkeit), Vage Ordnungen, Vage Inferenzierung (u.a. Fuzzy-Regelung).

Das dritte Kapitel stellt als Gegensatz zum Begriff der Wahrscheinlichkeit den Begriff „Möglichkeit eines Ereignisses" in den Mittelpunkt. Eine hierauf aufbauende elementare Zuverlässigkeitstheorie wird entwickelt.

Verlag Vieweg · Postfach 58 29 · 65048 Wiesbaden

If you have any concerns about our products,
you can contact us on
**ProductSafety@springernature.com**

In case Publisher is established outside the EU,
the EU authorized representative is:
**Springer Nature Customer Service Center GmbH
Europaplatz 3, 69115 Heidelberg, Germany**

Printed by Libri Plureos GmbH
in Hamburg, Germany